东南大学简明力学系列教材
普通高等教育规划教材

工程力学

Engineering Mechanics

郭应征　周志红　主　编

人民交通出版社
China Communications Press

内 容 提 要

本书是江苏省“工程力学系列课程教学内容课程体系改革的研究与实践”项目的研究成果之一。本书的主要特色是：理论阐述简明，文字简洁。突出工程观念的培养和力学在工程设计中的应用，删除一些偏深和偏难的内容。编入了许多密切联系工程实际的例题与习题，以便于教师选用和学生练习之用。通过对工程实例的简化和比较，培养学生建立力学模型和解决实际问题的能力。力求进行启发式教学，在正文中用楷体编入一些思考题，尝试用提问的方式进行教学，给学生留下思考的空间。全书共十四章，编写中考虑到便于使用者取舍，采用了模块式结构，可根据需要拼装成不同学时类型的工程力学教材。

本书可作为普通高等院校土木、机械、动力和电力等专业的工程力学课程教材，也可供有关工程技术人员参考。

图书在版编目(CIP)数据

工程力学 / 郭应征，周志红主编. —北京：人民交通出版社，2009.8
(东南大学简明力学系列教材)
ISBN 978-7-114-07370-0

Ⅰ. 工… Ⅱ. ①郭…②周… Ⅲ. 工程力学-高等学校-教材 Ⅳ. TB12

中国版本图书馆 CIP 数据核字 (2008) 第 137384 号

东南大学简明力学系列教材
书　　名：工程力学
著 作 者：郭应征　周志红
责任编辑：吴有铭 (wym@ccpress.com.cn)
出版发行：人民交通出版社
地　　址：(100011) 北京市朝阳区安定门外外馆斜街 3 号
网　　址：http://www.ccpress.com.cn
销售电话：(010) 59757973
总 经 销：人民交通出版社发行部
经　　销：各地新华书店
印　　刷：北京鑫正大印刷有限公司
开　　本：787 × 1092　1/16
印　　张：18
字　　数：446 千
版　　次：2009 年 8 月第 1 版
印　　次：2015 年 1 月第 3 次印刷
书　　号：ISBN 978-7-114-07370-0
定　　价：29.00 元

前　言

本书是江苏省“工程力学系列课程教学内容课程体系改革的研究与实践”项目的研究成果之一，是为新世纪的工科大学生编写的工程力学课程的更新教材。主要特色如下：

1. 删除了与物理学重复的内容，增加了反映现代科学技术的有关内容。同时注意精选内容，以减少教学学时。

2. 全书按照“静力学”和“材料力学”编排，突出工程观念的培养和力学在工程设计中的应用，删除了一些偏深和偏难的内容。编入了许多密切联系工程实际的例题与习题，以便于教师选用和学生练习之用。在编写过程中，注意通过对工程实例的简化和比较，培养学生建立力学模型和解决实际问题的能力。

3. 全书体系合理，理论阐述简明，概念叙述准确，文字简洁。注意将难点分解，力求易教易学，便于学生真正理解和掌握工程力学的基本概念和方法。

4. 按照最新的工程力学教学基本要求，对非基本内容均加上星号予以区别，以便于使用者根据需要选用。加星号的内容属于加深和加宽部分，叙述力求简练，内容力求精练。

5. 进行启发式教学，在正文中用楷体编入一些思考题，尝试用提问的方式进行教学，从而将对重要概念的理解引向深入，给学生留下思考的空间。

本书为工程力学的基础部分，适用于工科各专业。全书共分两篇：静力学和材料力学。编写中考虑到便于使用者取舍，采用了模块式结构，可根据需要拼装成不同学时类型的工程力学教材。

本书第一章至第五章由周志红编写，第六章至第十四章由郭应征编写。东南大学的诸关炯教授和胡增强教授等对本书的编写提出了宝贵的意见。本书的编者谨向他们表示衷心的感谢。

本书在编写过程中，主要参考了郭应征和周志红编写的《理论力学》，梁治明和邱侃编写的《材料力学》，郭应征和李兆霞主编的《应用力学基础》，同时还参考了国内外一些优秀教材，在此也向这些教材的编著者们深表感谢。

编　者
2009 年 3 月 18 日
于东南大学

目　　录

第一篇　静　力　学

第一章　静力学基本概念和物体受力分析 …… 1
§1.1　力和刚体的概念 …… 1
§1.2　静力学公理 …… 2
§1.3　约束与约束力 …… 4
§1.4　物体的受力分析与受力图 …… 7
本章小结 …… 10
习题 …… 11
第二章　平面汇交力系和平面力偶系 …… 13
§2.1　平面汇交力系合成与平衡的几何法 …… 13
§2.2　平面汇交力系合成与平衡的解析法 …… 15
§2.3　平面内力对点的矩 …… 17
§2.4　平面力偶理论 …… 18
§2.5　平面力偶系的合成和平衡条件 …… 20
本章小结 …… 21
习题 …… 22
第三章　平面任意力系 …… 25
§3.1　力线平移定理 …… 25
§3.2　平面力系向一点的简化 …… 26
§3.3　平面任意力系的平衡方程 …… 29
§3.4　物体系统的平衡 …… 31
§3.5　平面简单桁架的内力计算 …… 35
本章小结 …… 37
习题 …… 38
第四章　摩擦 …… 43
§4.1　滑动摩擦 …… 43
§4.2　摩擦角和自锁现象 …… 45
§4.3　考虑摩擦的平衡问题 …… 47
§4.4　滚动摩阻 …… 50

本章小结 …… 52
习题 …… 52
第五章　空间力系 …… 55
§5.1　空间汇交力系 …… 55
§5.2　力对点之矩矢和力对轴之矩 …… 57
§5.3　空间力偶 …… 60
§5.4　空间任意力系向一点简化 …… 61
§5.5　空间任意力系的平衡 …… 62
§5.6　重心 …… 66
本章小结 …… 70
习题 …… 70

第二篇　材料力学

第六章　材料力学绪论 …… 75
§6.1　材料力学的任务和研究方法 …… 75
§6.2　变形固体及其基本假设 …… 76
§6.3　杆件变形的基本形式 …… 76
第七章　拉伸与压缩 …… 78
§7.1　轴向拉伸与压缩的概念及实例 …… 78
§7.2　内力　轴力与轴力图 …… 79
§7.3　应力　拉伸或压缩杆的应力 …… 82
§7.4　拉伸或压缩杆的变形 …… 85
§7.5　拉伸或压缩杆的应变能 …… 90
§7.6　拉伸或压缩时材料的力学性能 …… 91
§7.7　拉伸或压缩杆的强度计算 …… 97
§7.8　拉压超静定问题 …… 100
本章小结 …… 102
习题 …… 104
第八章　扭转 …… 109
§8.1　扭转的概念及实例 …… 109
§8.2　外力偶矩　扭矩与扭矩图 …… 110
§8.3　切应力与切应变 …… 113
§8.4　扭转圆轴的应力　强度计算 …… 115
§8.5　扭转圆轴的变形　刚度计算 …… 119
§8.6　扭转圆轴的应变能 …… 124
§8.7　矩形截面轴扭转的概念 …… 125
本章小结 …… 127
习题 …… 129

第九章　弯曲内力……………………………………………………………… 133
§9.1　弯曲的概念及梁的计算简图 …………………………………………… 133
§9.2　剪力与弯矩　剪力图与弯矩图 ………………………………………… 138
§9.3　分布荷载集度、剪力及弯矩之间的关系……………………………… 144
本章小结……………………………………………………………………… 148
习题…………………………………………………………………………… 149
第十章　弯曲应力……………………………………………………………… 155
§10.1　弯曲正应力……………………………………………………………… 155
§10.2　惯性矩　平行轴定理…………………………………………………… 159
§10.3　弯曲切应力……………………………………………………………… 161
§10.4　梁的强度计算…………………………………………………………… 162
§10.5　两互垂平面内的弯曲…………………………………………………… 166
§10.6　提高梁弯曲强度的措施………………………………………………… 168
*§10.7　非对称弯曲正应力 …………………………………………………… 169
*§10.8　弯曲中心 ……………………………………………………………… 171
本章小结……………………………………………………………………… 172
习题…………………………………………………………………………… 173
第十一章　弯曲变形…………………………………………………………… 178
§11.1　梁的挠度和转角………………………………………………………… 178
§11.2　用积分法求梁的变形…………………………………………………… 179
§11.3　用叠加法求梁的变形…………………………………………………… 185
§11.4　梁的刚度计算　提高弯曲刚度的措施………………………………… 189
§11.5　简单超静定梁…………………………………………………………… 191
本章小结……………………………………………………………………… 195
习题…………………………………………………………………………… 196
第十二章　应力状态　强度理论……………………………………………… 200
§12.1　应力状态的概念………………………………………………………… 200
§12.2　平面应力状态分析……………………………………………………… 201
§12.3　空间应力状态简介……………………………………………………… 206
§12.4　广义胡克定律…………………………………………………………… 208
§12.5　复杂应力状态下的应变能密度………………………………………… 209
§12.6　强度理论的概念………………………………………………………… 211
§12.7　工程中常用的强度理论………………………………………………… 212
本章小结……………………………………………………………………… 217
习题…………………………………………………………………………… 218
第十三章　组合变形及连接件的计算………………………………………… 223
§13.1　组合变形的概念………………………………………………………… 223
§13.2　拉伸或压缩与弯曲的组合……………………………………………… 224
§13.3　偏心压缩　截面核心…………………………………………………… 229

§13.4　弯曲与扭转的组合……………………………………………………………… 231
§13.5　连接件的实用计算……………………………………………………………… 235
本章小结……………………………………………………………………………… 239
习题…………………………………………………………………………………… 240
第十四章　压杆稳定…………………………………………………………………… 245
§14.1　稳定性的概念…………………………………………………………………… 245
§14.2　压杆的临界荷载………………………………………………………………… 247
§14.3　压杆的稳定计算………………………………………………………………… 254
§14.4　提高压杆稳定性的措施………………………………………………………… 255
本章小结……………………………………………………………………………… 257
习题…………………………………………………………………………………… 257

附录　型钢表…………………………………………………………………………… 262
习题答案………………………………………………………………………………… 271
参考文献………………………………………………………………………………… 279

第一篇　静　力　学

第一章　静力学基本概念和物体受力分析

教学要求：

1. 介绍力、刚体等几个基本概念及静力学五个公理；
2. 熟悉常见约束的性质；
3. 熟练掌握物体的受力分析。

本章首先介绍力、刚体等几个基本概念，然后讨论作为静力学基础的五个公理，最后介绍约束、约束类型和物体的受力分析。这些内容是研究静力学的基础。

§1.1　力和刚体的概念

1. 力的概念

力是物体之间的机械作用，这种相互作用使物体的运动状态和形状发生变化。力使物体运动状态发生改变的效应称为力的外效应，而力使物体形状发生改变（即变形）的效应称为力的内效应。理论力学主要研究力的外效应，而力的内效应则留待材料力学研究。在静力学中，如果不特别指明，则力对物体的效应都是指外效应。

实践证明，力对物体的效应（包括内、外效应）取决于三个要素：大小、方向和作用点。在国际单位制中，力的单位是牛（N）或千牛（kN）。

在力学中要区别两类量：标量和矢量。在确定某种量时，只需一个数就能确定的量称为标量。例如长度、时间、质量都是标量。在确定某种量时，不但要考虑它的大小，而且要考虑它的方向，这类量称为矢量。矢量有两方面的含义：第一，它具有大小和方向，可以用一个"矢"来表示；第二，要按特定的运算规则进行运算，其中最基本的就是矢量的加法规则——平行四边形法则。

力对物体的效应不仅决定于它的大小，而且还决定于它的方向和作用点，所以是矢量。

2. 刚体的概念

一般情况下，工程上的机械零件和结构构件在力的作用下产生的变形是很微小的，在很多工程问题中，这种微小的变形对于研究物体的平衡问题影响极小，可以略去不计。忽略了物体微小的变形后便可把物体看成**刚体**。刚体是指在力的作用下保持其形状和大小不变的物体，或者说，在力的作用下其内任意两点之间的距离保持不变的物体。刚体是对物体加以抽象后得到的一种理想模型。在研究平衡问题时，将物体看成刚体能大大简化问题的研究。然而也应当注意，当研究另一类性质的问题时，例如研究物体内力的分布规律时，即使变形很小，也不能把物体视为刚体，而必须作为变形体来处理。所以，一个物体能否看作刚体，不仅取决于物体变形的大小，而且与要解决问题的要求有关。

§1.2 静力学公理

静力学的全部理论，就建立在以下五个公理的基础上。

公理一　二力平衡原理

受两力作用的刚体，其平衡的必要和充分条件是：此两力的大小相等，方向相反，并且作用在同一直线上（简称此两力等值、反向、共线）。

这是最简单的平衡力系。例如不计重力的拉杆 AB，其两端分别受到两个力 $\boldsymbol{F}_A$ 和 $\boldsymbol{F}_B$ 的作用（图 1.1a），由经验知道，要使拉杆平衡，这两个力必须而且只需大小相等、方向相反、且作用在同一直线上。再如钢丝绳提升重物（图 1.1b），重物受到钢丝绳拉力 $\boldsymbol{F}_T$ 和重力 $\boldsymbol{G}$ 的作用，这两个力方向相反，作用在同一直线上。实践证明，要使重物匀速上升、匀速下降或静止（即处于平衡状态），必须且只须使 $F_T=G$。

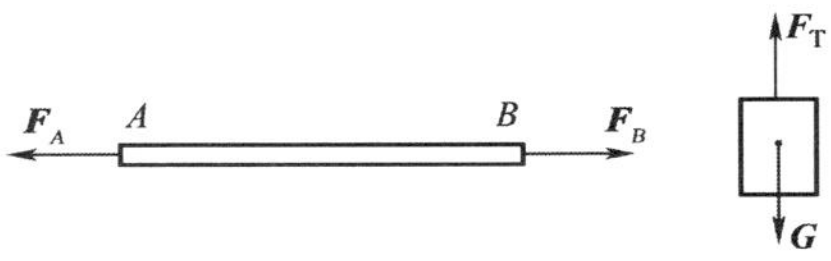

(a)　　(b)

图 1.1

二力平衡原理只适用于刚体。它是论证刚体平衡条件的基础。

在两个力作用下且处于平衡的刚体称为二力体。如果物体是某种杆件或构件，则称为二力杆件或二力构件。

公理二　加减平衡力系原理

在作用于刚体上的任意一个力系上，加上或减去任意个平衡力系，并不改变原力系对刚体的效应。

此公理只是对刚体而言的，是研究力系等效代换的基础。它不适用于变形体，因为加减平衡力系会影响到物体的变形。

应用本公理可以得出如下重要推论。

推论 1　（力的可传性）

作用在刚体上的一个力，可沿其作用线任意移动作用点而不改变此力对刚体的效应。

必须指出，力的可传性只适用于刚体而不适用于变形体。

根据力的可传性，对于作用于刚体上的力来说，力的三要素成为大小、方向和作用线，这样，力矢就可以沿其作用线滑动。因此，作用于刚体上的力是**滑动矢量**。

公理三　力的平行四边形法则

作用于物体上同一点的的两个力可以合成为一个合力，合力也作用于该点，其大小和方向由以两分力为邻边所构成的平行四边形的对角线表示。

力的平行四边形法则指出，两个力相加（合成）要用平行四边形法则求几何和，即矢量和。

合力可用下列矢量等式来表示(图 1.2a):

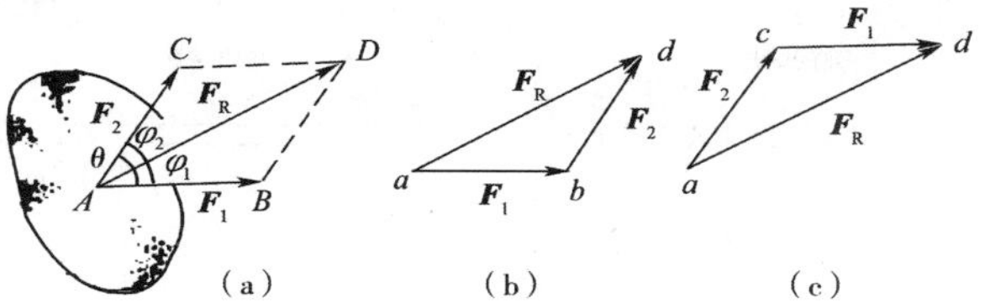

图 1.2

$$\boldsymbol{F}_R=\boldsymbol{F}_1+\boldsymbol{F}_2 \tag{1.1}$$

为了求出合力 $\boldsymbol{F}_R$ 的大小和方向,可以用几何作图法,或利用三角公式计算。用几何作图法时,可选取适当的力比例尺作平行四边形,然后直接从图上量取对角线的长度,它按比例表示合力 $\boldsymbol{F}_R$ 的大小,对角线与分力间的夹角表示合力的方向,可用量角器量出。利用三角公式计算时,若已知 $\boldsymbol{F}_1$,$\boldsymbol{F}_2$ 和它们的夹角 θ,则由余弦定理可得

$$F_R=\sqrt{F_1^2+F_2^2+2F_1F_2\cos\theta} \tag{1.2}$$

为了求合力 $\boldsymbol{F}_R$ 与分力 $\boldsymbol{F}_1$、$\boldsymbol{F}_2$ 之间的夹角,可由正弦定理求得

$$\sin\varphi_1=\frac{F_2\sin\theta}{F_R}\ ,\sin\varphi_2=\frac{F_1\sin\theta}{F_R} \tag{1.3}$$

由图 1.2b,也可以用力三角形法则求合力 $\boldsymbol{F}_R$,从任意点 a 作力矢 $\boldsymbol{F}_1$,再以力矢 $\boldsymbol{F}_1$ 的末端 b 作为力矢 $\boldsymbol{F}_2$ 的始端画出力矢 $\boldsymbol{F}_2$(即两分力首尾相连),那么矢量 $\overrightarrow{ad}$ 就代表合力矢 $\boldsymbol{F}_R$。分力矢和合力矢所构成的三角形 abd 称为力三角形。如果先画 $\boldsymbol{F}_2$,后画 $\boldsymbol{F}_1$(图 1.2c),也能得到相同的合力矢 $\boldsymbol{F}_R$。可见力满足矢量的加法法则,即

$$\boldsymbol{F}_R=\boldsymbol{F}_1+\boldsymbol{F}_2=\boldsymbol{F}_2+\boldsymbol{F}_1$$

根据以上三个公理,可以得出如下推论:

推论 2 (三力平衡汇交定理)

当刚体受三个力作用而处于平衡时,若其中二个力的作用线相交于一点,则此三力必共面和共点。

公理四 作用和反作用定律

这个定律就是牛顿第三定律。两个物体间相互作用的一对力,总是大小相等,方向相反,作用线相同,且分别作用于这两个物体上。

必须把作用和反作用定律与二力平衡原理严格地区别开来。作用和反作用定律是表明两个物体相互作用的力学性质,而二力平衡原理则说明一个刚体在两个力作用下处于平衡时两力应满足的条件。

公理五 刚化原理

变形体在力系作用下处于平衡状态时,如假想将变形后的物体换成刚体(刚化),则此刚化后的物体在原力系作用下处于平衡。

例如绳 AB 在等值、反向、共线的两个拉力 $\boldsymbol{F}_1$ 和 $\boldsymbol{F}_2$ 作用下处于平衡(图 1.3a),则按刚化原理可知,假想 AB 为刚杆,则此刚杆在原力系作用下仍然处于平衡。这就是说,变形体平衡时力系必须满足刚体平衡时所需满足的平衡条件。但应注意,满足了刚体平衡条件,对变形体来说并不一定平衡。如图 1.3b,刚体 AB 在等值、反向、共线的两个压力 $\boldsymbol{F}_1$ 和 $\boldsymbol{F}_2$ 作用下处于

平衡，但若把刚杆 AB 换成为柔软的绳索，则就不可能处于平衡了。由此得出结论，刚体平衡的必要与充分条件对变形体的平衡来说，仅是必要条件而不是充分条件。

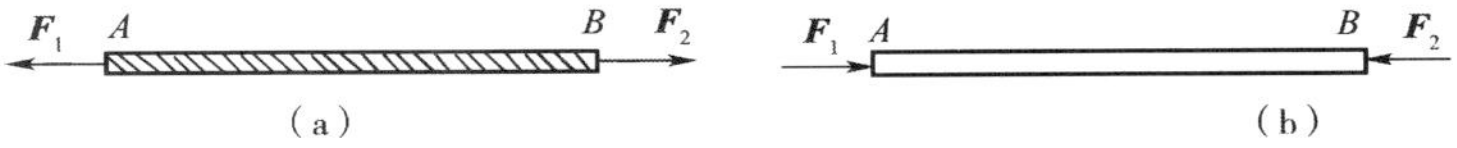

图 1.3

刚化原理建立了刚体静力学和变形体静力学之间的联系，它对于研究变形体静力学具有重要的意义。

§1.3 约束与约束力

限制物体运动的条件称为**约束**。在静力学中所遇到的约束，往往都是由研究对象周围与其直接接触的物体所构成的。例如桌面就是桌面上物体的约束，机床床身导轨就是工作台的约束等等。

既然约束能够限制物体沿某些方向的位移，因而当物体沿着约束所限制方向有运动趋势时，约束就与物体之间互相存在着作用力。约束对被约束物体的作用力称为**约束力**。约束力以外的其他力统称为主动力。主动力往往是给定的或可测定的，例如地球引力、电磁力、气体的压力等等。而约束力往往是未知的，需要应用静力学的力系平衡条件求得。

工程中大量平衡问题是作用于物体上的主动力与约束力的平衡，因此研究约束及其约束力的特征对于解决静力平衡问题具有十分重要的意义。下面介绍工程中常见的几种基本约束类型，并对其约束力进行分析。

1. 柔索

工程中的钢丝绳、皮带、链条都可以简化为柔索。其特点是不计自重，不可伸长，只能承受拉力。柔索限制物体上与柔索联结的一点沿着柔索方向离开柔索，而不限制这一点沿其他方向的运动(图 1.4)。因此，柔索给被约束物体的约束力 $\boldsymbol{F}_T$，作用在接触点上，方位一定沿着柔索，其指向则背离物体。

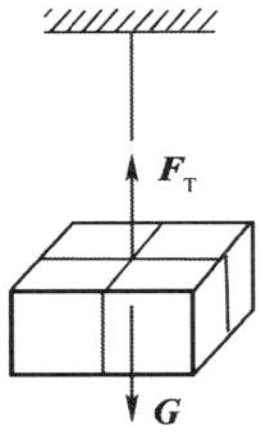

图 1.4

2. 光滑接触面

若两物体接触面之间的摩擦力很小，可以略去不计时，则认为接触面是“光滑”的。如物体搁置在光滑支承面上(图 1.5a)，支承面只能限制接触点沿过该点的接触面公法线的向下的位移，而不能限制该点离开支承面或沿其他方向的运动。因此，光滑接触面对被约束物体的约束力，作用在接触点上，作用线过接触点的接触面公法线，并指向被约束的物体，即物体受压力。如图 1.5b 中直杆搁置在凹槽中，A、B、C 三点受到约束。假定接触面是光滑的，则其约束力分别为 $\boldsymbol{F}_{NA}$、$\boldsymbol{F}_{NB}$、$\boldsymbol{F}_{NC}$，而方向垂直相应的接触面。

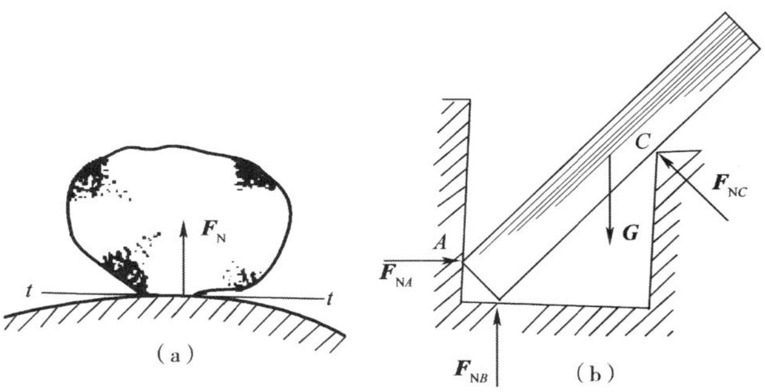

图 1.5

3. 光滑铰链约束

光滑铰链约束是由两个带有圆孔的构件并由圆柱销钉连接构成。它在工程中有多种具体形式。

(1)圆柱铰链

在机器中常用圆柱销钉将两个带销钉孔的构件连接在一起(图 1.6a、b),并且假定销钉和孔是光滑的,构成**圆柱铰链**。这样被约束的两个构件只能绕销钉的轴线作相对转动。

图 1.7 是垂直于销钉轴线的结构对称面图。由图可见,如果摩擦较小,可以略去,销钉与构件实际上是以两个光滑圆柱相接触的。按照光滑接触约束力的特点,销钉给构件的约束力 $\boldsymbol{F}_A$ 应沿圆柱在接触点的公法线(图 1.7a),即在通过 K 点的半径方向而过圆心。但因接触点 K 不能预先确定,所以约束力 $\boldsymbol{F}_A$ 的方向也不能预先确定。因此,在受力分析中,通常将圆柱铰链的约束力用两个正交分力 $\boldsymbol{F}_{Ax}$、$\boldsymbol{F}_{Ay}$ 表示(图 1.7b)。

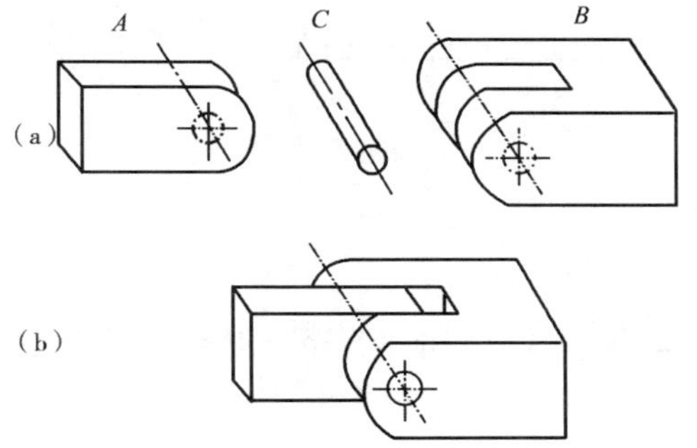

图 1.6

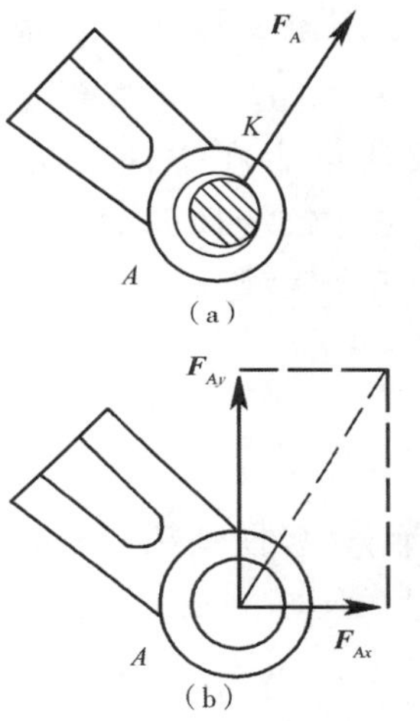

图 1.7

(2)固定铰链支座

工程上常用铰链将桥梁钢架、起重机的起重臂等构件同支座或机架等连接起来,构成固定铰链支座。图 1.8a 表示桥架 A 端用固定铰链支座支承。固定铰链支座的构造如图 1.8b 所示,它用圆柱销钉把桥梁钢架同固定支座连接起来。在力学上用图 1.8c 所示的简化图来表示固定铰链支座。固定铰链支座的约束力方向往往不能预先确定,因此可以用两个正交分力 $\boldsymbol{F}_{Ax}$、$\boldsymbol{F}_{Ay}$ 来表示。

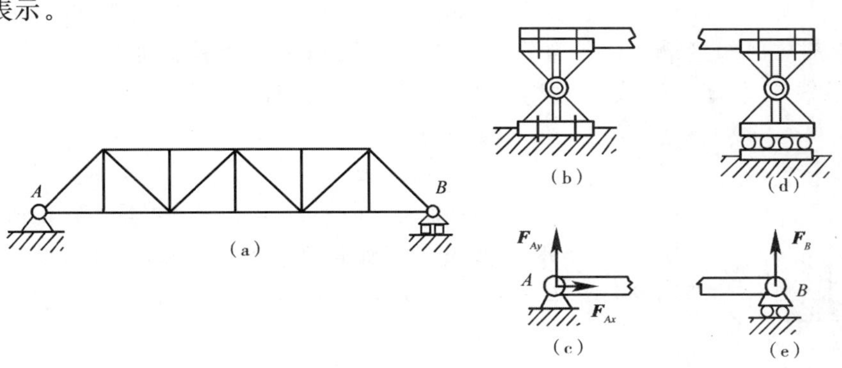

图 1.8

(3)滚动铰链支座(辊轴支座)

如果在支座和支承面之间有辊轴，就称为滚动铰链支座或称辊轴支座。图 1.8a 桥架的 B 端为滚动铰链支座。其构造如图 1.8d 所示。图 1.8e 是滚动铰链支座的简化图。因为有了辊轴，且支承面可以看作是光滑的，支座对结构沿支承面的运动没有限制，因此，滚动铰链支座的约束力垂直于支承面。当桥梁因热胀冷缩而长度稍有变化时，滚动铰链支座相应地能沿支承面移动，从而避免桥梁产生温度应力。

4. 光滑球铰链

球铰链是固连于物体的球嵌入另一物体上的球窝内而构成的一种约束(图 1.9a)。这种铰链在空间问题中用途比较广。例如机床上照明灯具的固定，汽车上变速操纵杆的固定以及照相机与三角架之间的接头等等均是。在不计摩擦的情况下，构成球铰链的两个物体之间是光滑球面接触，物体只能绕球心相对转动，因而约束力必通过球心且垂直于球面(即沿半径方向)。由于预先不能确定接触点的位置，故约束力在空间的方位未能确定。图 1.9b 是球铰链简图的表示方法。约束力一般以三个正交分力 $\boldsymbol{F}_{Ax}$、$\boldsymbol{F}_{Ay}$、$\boldsymbol{F}_{Az}$ 来表示。

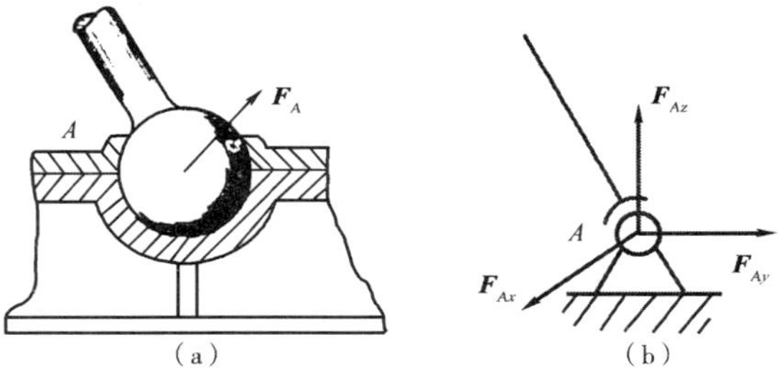

图 1.9

5. 轴承

(1)向心轴承(径向轴承)

向心轴承的转轴的轴颈由向心滑动轴承所支承(图1.10)时，若略去摩擦，则轴颈与轴承

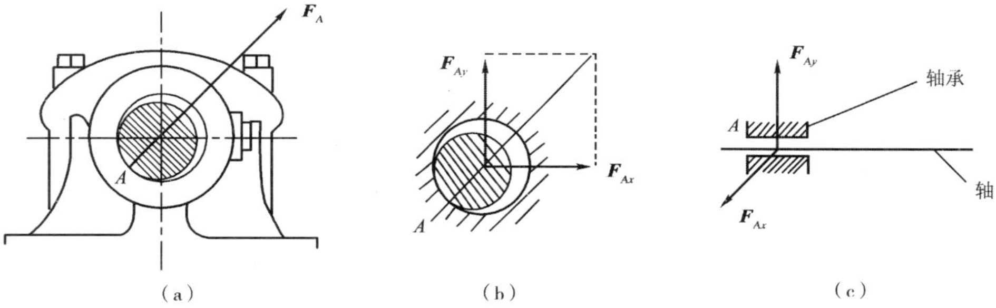

图 1.10

以两个光滑圆柱面相接触。在受力分析上与光滑圆柱销钉连接是相同的。径向轴承的约束力的作用线在垂直于轴线的对称平面内，其方向不能预先确定，故可用两个正交分力 $\boldsymbol{F}_{Ax}$、$\boldsymbol{F}_{Ay}$ 表示。

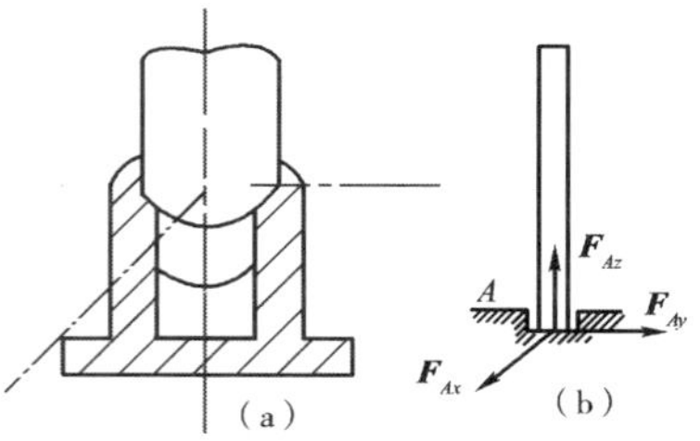

图 1.11

(2)止推轴承

止推轴承与向心轴承不同，它除了限制轴的径向位移外，还限制轴沿轴向的位移，即比向心轴承多一个沿轴向的约束力。因此其约束力有三个正交分力 $\boldsymbol{F}_{Ax}$、$\boldsymbol{F}_{Ay}$、$\boldsymbol{F}_{Az}$，如图 1.11 所示。

6. 链杆

两端用光滑铰链连接且不计自重的刚杆称为**链杆**，常常用于拉杆或撑杆。由于链杆为二力杆，既能受拉又能受压，故链杆的约束力沿两端铰链的连线，指向不能事先确定，如图 1.12 所示。

因此，固定铰链支座可以用两根不相平行的链杆来代替(图 1.13a)，而滚动铰链支座可以用垂直于支承面的一根链杆来代替(图 1.13b)。它们是这两种支座的另一种计算简图。

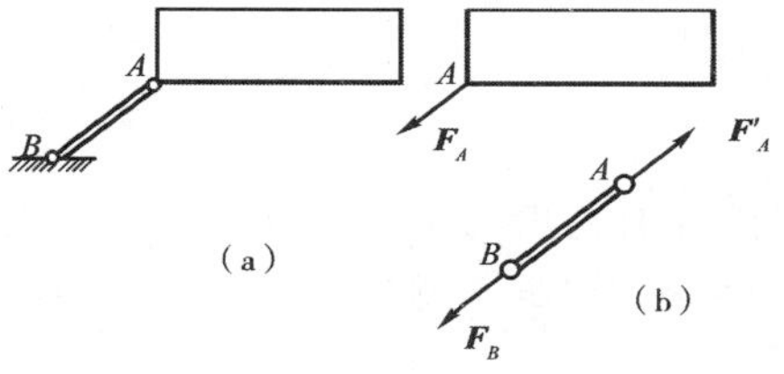

图 1.12

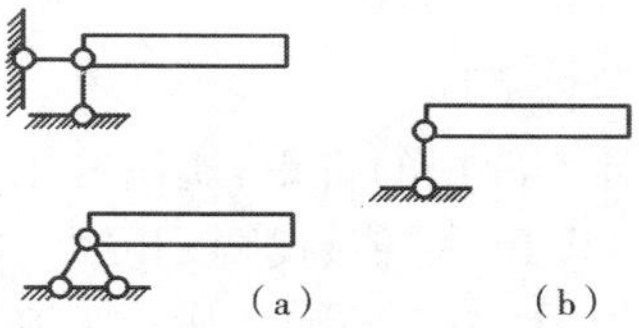

图 1.13

除以上几种常见的约束外，我们会不断地遇到新的约束，但只要掌握了“约束力的方向与所阻碍的运动方向相反”，是不难掌握各种约束的特性的，并给约束力以适当的表达方式。

§1.4 物体的受力分析与受力图

在研究静力平衡问题时，首先要确定研究对象，然后要对研究对象进行受力分析。设想把研究对象所受到的约束予以解除，即把所要研究的物体从周围物体的约束中分离出来，单独画出。这样被分离出来的物体称为**分离体**。然后用约束力代替约束对分离体的作用，并画出其上的所有主动力，这种包括分离体所受的全部作用力(包括约束力和主动力)的图称为**受力图**。

在静力学的研究中，正确地选择研究对象，进行受力分析和作出完整的受力图是解决问题的关键。

下面举例说明受力分析的步骤和受力图的作法。

例 1.1 冲天炉的加料斗由钢丝绳牵引沿倾斜轨道匀速提升，料斗连同所装炉料共重 G，重心在点 C(图 1.14a)。略去料斗小轮与钢轨之间的摩擦，试画出料斗的受力图。

解： 取料斗为研究对象，把料斗从与周围物体的联系中分离出来，单独画出(图 1.14b)。

料斗所受的力有：重力 $\boldsymbol{G}$，作用在重心 C 上；钢丝绳拉力 $\boldsymbol{F}_T$，根据柔索约束力的特性，其方向沿钢丝绳，且为拉力；铁轨对车轮的约束力 $\boldsymbol{F}_{NA}$、$\boldsymbol{F}_{NB}$，根据光滑接触面约束力的特性，它们应垂直于钢轨，且指向车轮。料斗的受力图如图 1.14b 所示。

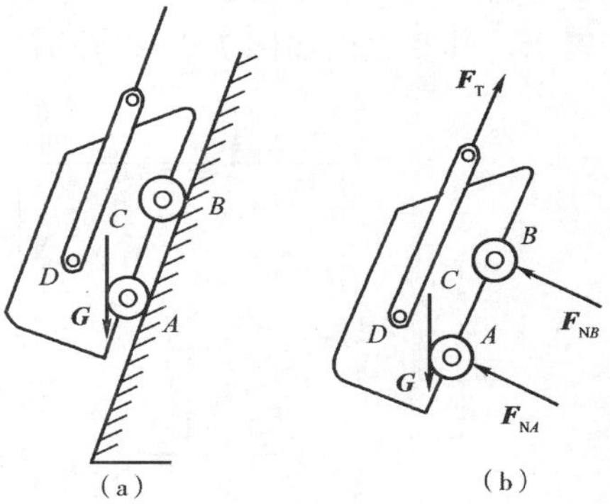

图 1.14 例 1.1 图

对于单个物体和物体系统，也可将受力分析直接画在原图上。

例 1.2 梁 AB 的 B 端安装着重量为 $\boldsymbol{P}$ 的电动机，并用直杆 CD 支撑，如图 1.15a 所示，若 A、C、D 三处均为光滑圆柱铰链连接，不计梁和直杆的重量，试画出梁 AB(连电动机)的受力图。

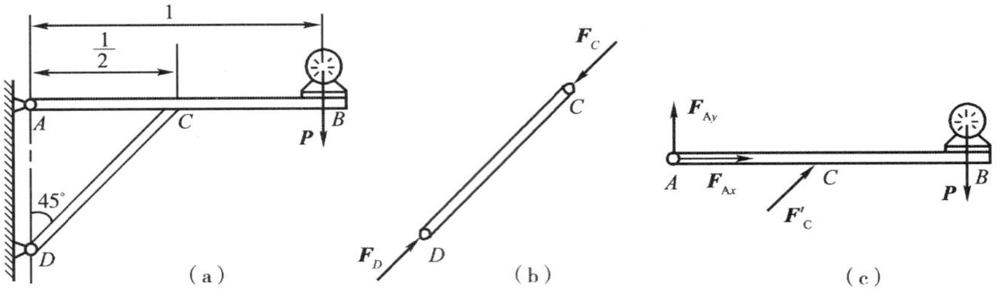

图 1.15　例 1.2 图

解：(1)杆 CD

因不计 CD 杆的自重，所以杆上只受到两端铰链的约束力 $\boldsymbol{F}_C$，$\boldsymbol{F}_D$ 作用，是二力杆。因此约束力 $\boldsymbol{F}_C$ 与 $\boldsymbol{F}_D$ 等值、反向、共线，其指向可任意假设。根据本题中受载情况，可判断出杆 CD 受压力作用，其受力图如图 1.15b 所示。

(2)梁 AB(连电动机)

将梁 AB 和电动机看成一个整体作为研究对象，解除约束后将其单独画出(图 1.15c)。B 端电动机所受重用 $\boldsymbol{P}$ 表示。A 端受到固定铰支座施加的约束力，因方向未知，用两个正交分力 $\boldsymbol{F}_{Ax}$，$\boldsymbol{F}_{Ay}$ 表示。梁在铰链 C 处受到二力杆 CD 施加的约束力 $\boldsymbol{F}'_C$ 的作用，由作用与反作用定律可知，$\boldsymbol{F}'_C$ 与 $\boldsymbol{F}_C$ 等值、反向、共线。

如果对梁 AB 用三力平衡汇交定理，则受力图应怎样画？

例 1.3　如图 1.16a 所示的三铰拱 ABC，在拱 AC 上作用荷载 $\boldsymbol{F}$，不计拱的自重。试分别画出拱 AC、CB 以及整个系统的受力图。

解：(1)拱 CB。

判断拱 CB 为二力构件，则 $\boldsymbol{F}_B = -\boldsymbol{F}_C$。其受力图由图 1.16b 所示。

(2)拱 AC

根据作用和反作用定律，在铰链 C 处受有拱 CB 给它的约束力 $\boldsymbol{F}'_C$，且 $\boldsymbol{F}'_C = -\boldsymbol{F}_C$。在 A 处受有固定铰链支座给它的约束力，由于方向未定，可用两个大小未知的正交分力 $\boldsymbol{F}_{Ax}$ 和 $\boldsymbol{F}_{Ay}$ 表示。其受力图如图 1.16c 所示。

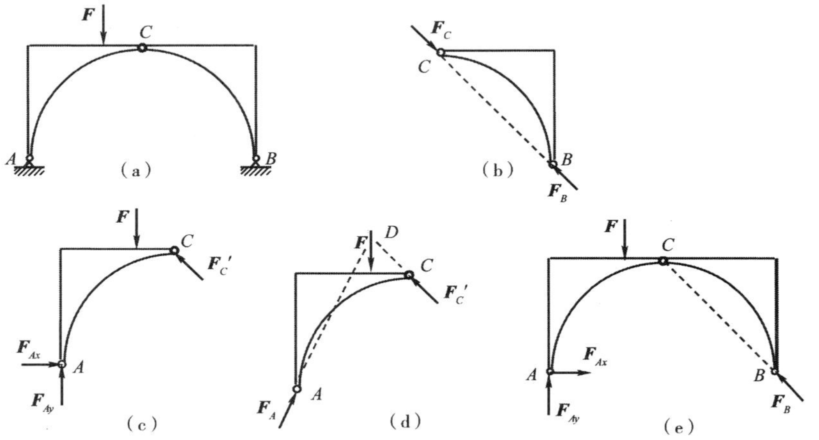

图 1.16　例 1.3 图

进一步分析，由于拱 AC 在 $\boldsymbol{F}$、$\boldsymbol{F}'_C$ 和 $\boldsymbol{F}_A$ 三个力作用下平衡，故可根据三力平衡汇交定理，确定铰链 A 处约束力 $\boldsymbol{F}_A$ 的方位。其受力图如图 1.16d 所示。

(3)整个系统

由于中间铰链 C 处所受的力是内力，它们成对出现，不影响系统的平衡，因而受力图上只要画出系统以外的物体施加于系统的外力。画出荷载 $\boldsymbol{F}$，根据二力平衡条件确定 $\boldsymbol{F}_B$ 的作用线，A 处约束力用两个正交分力 $\boldsymbol{F}_{Ax}$ 和 $\boldsymbol{F}_{Ay}$ 表示(亦可由三力平衡汇交定理确定 $\boldsymbol{F}_A$ 的方位)。其受力图如图 1.16e 所示。

若考虑左右两拱的自重时，各受力图该如何来画？

例 1.4 杆 AB 和 BC 在 B 处用铰链连接，在 B 处作用一力 $\boldsymbol{F}_1$，在 H 处作用一力 $\boldsymbol{F}_2$。DE 杆分别用铰链与杆 AB 和 BC 相连。不计各杆自重和摩擦力，如图 1.17a 所示，试分别画出杆 AB 和 BC 的受力图。

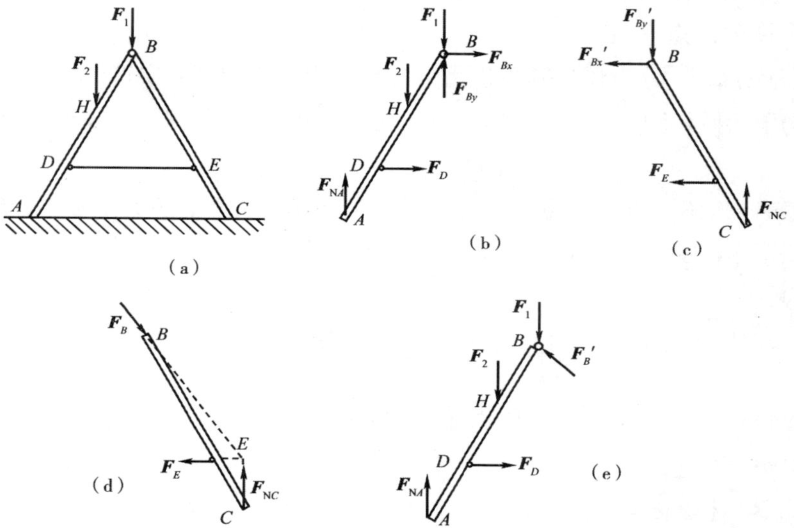

图 1.17 例 1.4 图

解：(1)杆 AB

设 $\boldsymbol{F}_1$ 直接作用在铰链 B 的销钉上，且销钉 B 与杆 AB 连接。A 处为光滑接触面，受到 $\boldsymbol{F}_{NA}$ 的作用；杆 DE 是二力杆，受到沿杆轴线方向的力 $\boldsymbol{F}_D$；B 处受到中间铰链施加的约束力，因方向未知，用两个正交分力 $\boldsymbol{F}_{Bx}$，$\boldsymbol{F}_{By}$ 表示。其受力图如图 1.17b 所示。

(2)杆 BC

取杆 BC 为研究对象，C 处受到光滑接触面约束力 $\boldsymbol{F}_{NC}$ 的作用；E 处受到沿二力杆 DE 轴线方向的力 $\boldsymbol{F}_E$；B 处的正交分力 $\boldsymbol{F}'_{Bx}$，$\boldsymbol{F}'_{By}$ 是连接杆 AB 的销钉上 $\boldsymbol{F}_{Bx}$，$\boldsymbol{F}_{By}$ 的反作用力。其受力图如图 1.17c 所示。

若考虑对 BC 部分应用三力平衡汇交定理，则 BC 和 AB 的受力图分别如图 1.17d、e 所示。

请读者考虑，若 $\boldsymbol{F}_1$ 仍作用在销钉 B 上，但销钉与杆 BC 连接；或分别取 AB、BC 和销钉 B 为研究对象，其受力图又应如何画？

由以上例子可以看出，在研究静力学平衡问题时，首先要正确地选择研究对象，并对研究对象进行受力分析，画出受力图，这是解决静力学问题的关键。进行受力分析时需要注意以下几点：

(1)选取研究对象。根据问题的已知条件和题意要求明确研究对象，并将其约束解除。研究对象可以是单个物体、几个物体的组合，也可以是整个物体系统。

(2)正确分析研究对象受到哪些主动力和约束力的作用。力是物体之间的相互机械作用，因此对于研究对象所受的每一个力都应清楚地知道它是哪一个物体作用的。主动力可先行画出。在分析约束力时要严格区别约束类型、分析约束力的作用点、方位和指向。未知指向通常可以任意假定。有时可以根据简单的平衡条件确定约束力的作用线和指向。如利用二力平衡条件可以确定二力构件的约束力方位，等等。

(3)分析两物体之间的相互作用力。要注意作用力与反作用力的性质。作用力的方向在图上一经确定，则反作用力的方向就应与之相反。

(4)画受力图的**几点说明**：

①用字母标明每个力(力偶)，其中作用力与反作用力用相同的字母。

②尽管作用于刚体上的力可沿其作用线滑动，但为增强受力图的直观性，尽可能画在力的作用点上。

③分布荷载一般不用合力代替；若用合力代替，则须给出合力的大小及作用线的位置。

④在受力图上不必画出内力。

本章小结

1. 静力学研究了物体在力系作用下的平衡规律。

2. 力和刚体的概念

力是物体间的机械作用，力有三要素，力是矢量。刚体是指在力的作用下保持其形状和大小不变的物体。

3. 静力学公理

公理一　二力平衡原理

公理二　加减平衡力系原理

公理三　力的平行四边形法则

公理四　作用和反作用定律

公理五　刚化原理

4. 约束与约束力

约束是对非自由体施加的限制，约束对非自由体施加的力称为约束力，约束力的方向与该约束所能阻碍的运动方向相反。

5. 物体的受力分析与受力图

对物体进行受力分析时，须首先将研究对象取为分离体，再画出分离体的受力图。画受力图是学习理论力学的基本功，而正确分析约束力是画好受力图的关键。还须注意作用力与反作用力的关系。画物体系统的受力图时，只画外力，不画内力。

习 题

1.1 指出下列各图中的二力构件。

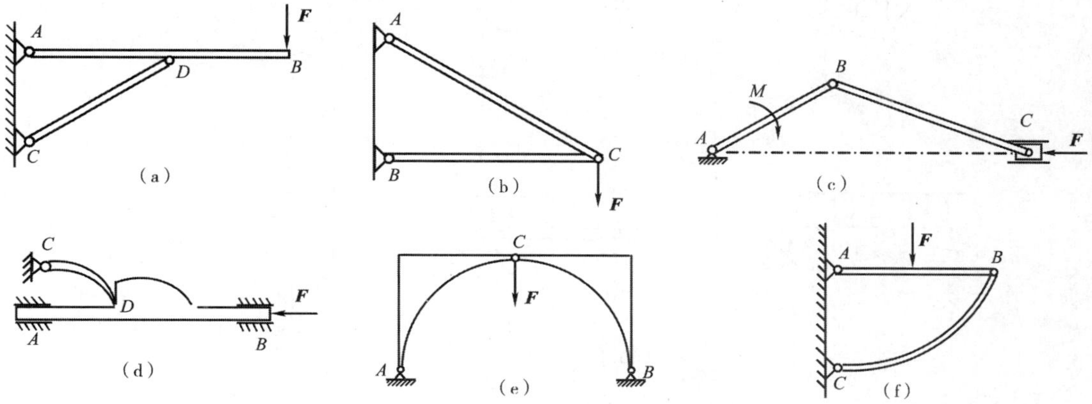

题 1.1 图

1.2 画出下列各图中物体 A,ABC 或构件 AB,AC 的受力图。未画重力的各物体的自重不计,所有接触处均为光滑接触。

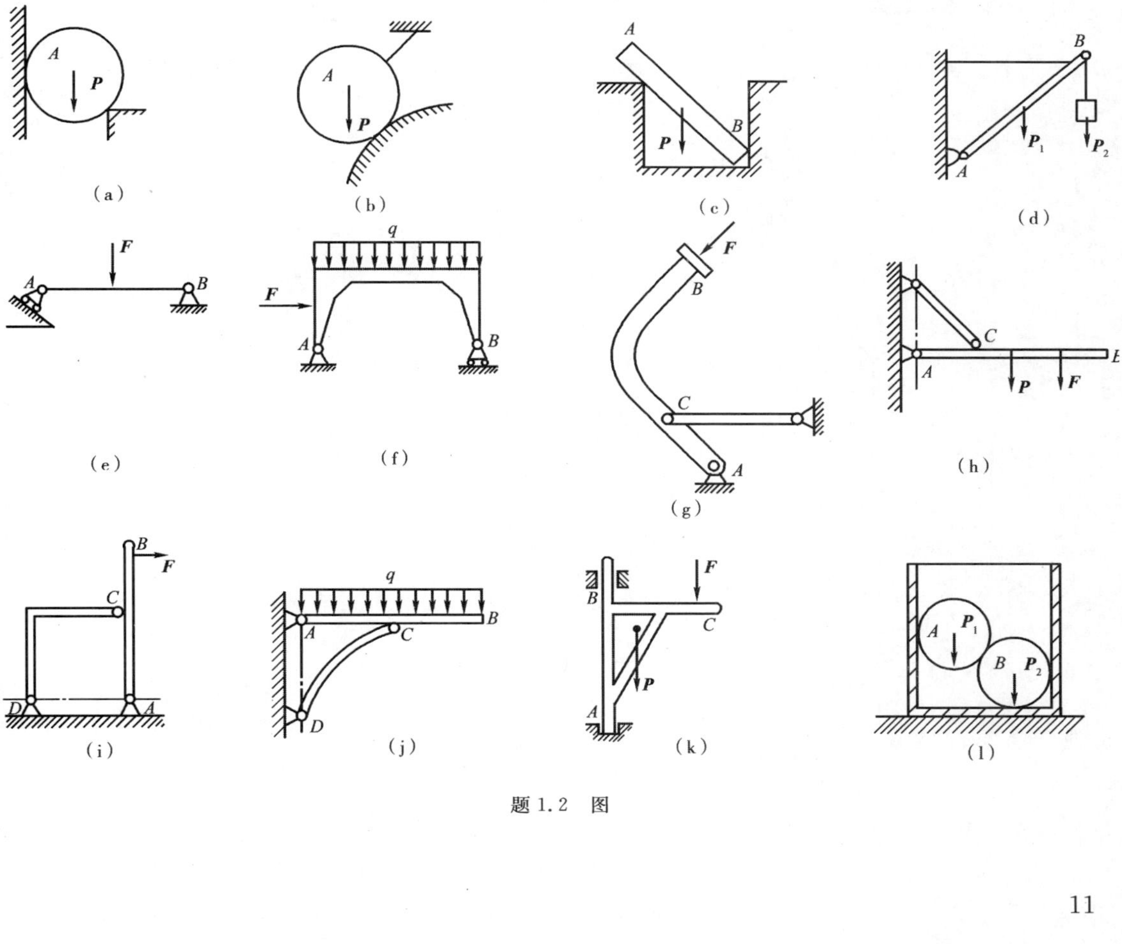

题 1.2 图

1.3 画出下列各图中标注字母的构件的受力图。未画重力的物体的重力均不计，所有接触处均为光滑接触。

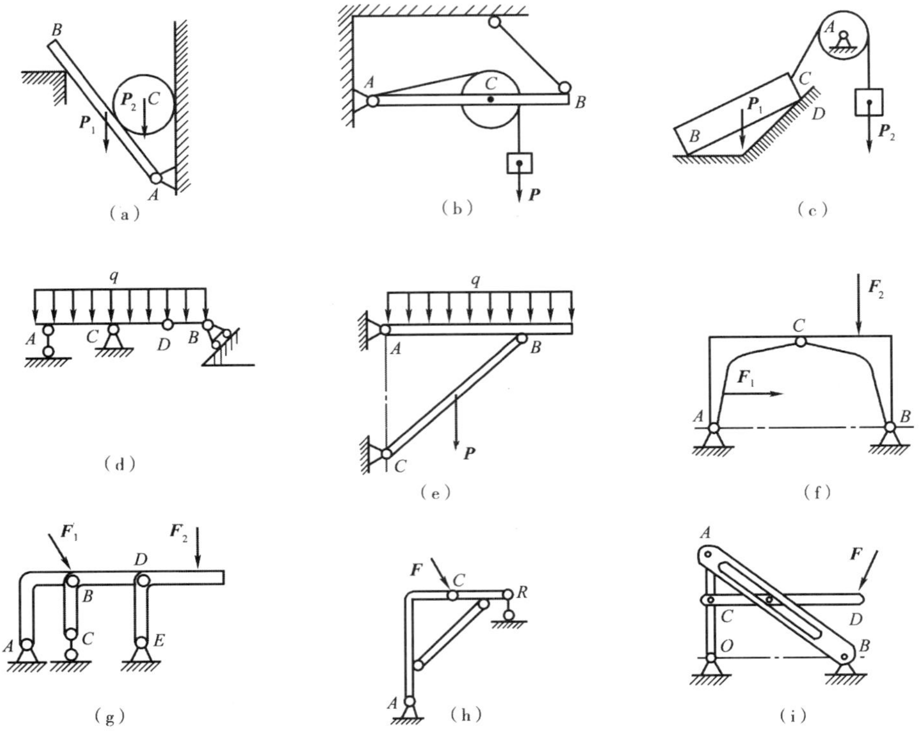

题 1.3　图

第二章 平面汇交力系和平面力偶系

教学要求：

1. 熟练掌握平面汇交力系的合成与平衡条件；

2. 清楚地理解平面力偶矩的概念，掌握平面力偶系的合成与平衡条件。

在静力学里我们将问题分成平面和空间两部分来研究，按照力系中各力的作用线是否在同一平面内来分，可将力系分为平面力系和空间力系两类。平面静力学的研究不但在实际问题中有广泛的应用，而且可以作为空间静力学的研究基础。只要作用于物体上的力主要分布在一个平面上，或物体的受力情形有一对称面，都可当作平面力系来处理。

本章先研究两种平面特殊力系：平面汇交力系和平面力偶系。

§2.1 平面汇交力系合成与平衡的几何法

所谓平面汇交力系，是各力的作用线都位于同一平面内且汇交于同一点。

1. 平面汇交力系合成的几何法

现在用**几何法**来研究平面汇交力系的**合成**。如图 2.1a 所示，设有一作用于刚体上的平面汇交力系 $\boldsymbol{F}_1$、$\boldsymbol{F}_2$、$\boldsymbol{F}_3$、…，设其作用线共同汇交于同一点 O。显然合力 $\boldsymbol{F}_R$ 的作用线必过点 O，其大小及方向可见图 2.1b。

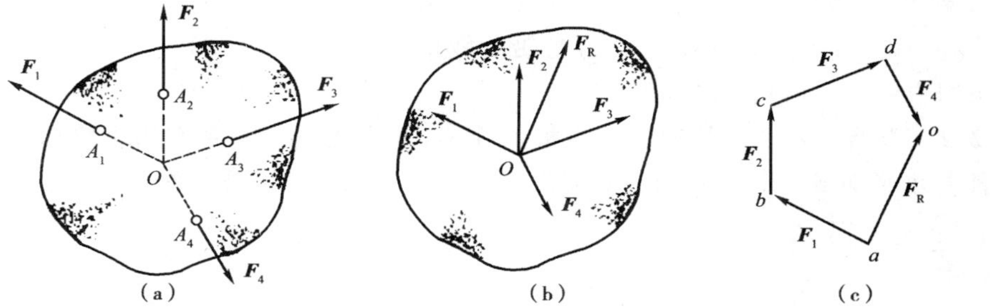

图 2.1

为求该力系的合力，可连续应用力三角形法则将各力依次合成。即先将力 $\boldsymbol{F}_1$ 与 $\boldsymbol{F}_2$ 合成为一合力 $\boldsymbol{F}_{R1}$，再将力 $\boldsymbol{F}_{R1}$ 与 $\boldsymbol{F}_3$ 合成一合力 $\boldsymbol{F}_{R2}$。这个合力 $\boldsymbol{F}_{R2}$ 就是 $\boldsymbol{F}_1$、$\boldsymbol{F}_2$、$\boldsymbol{F}_3$ 的合力。实际上，作图时力 $\boldsymbol{F}_{R1}$、$\boldsymbol{F}_{R2}$ 可不必画出，只要把各力首尾相连，则连接第一个分力始端与最后一个分力末端的矢量就是合力 $\boldsymbol{F}_R$，如图 2.1c 所示。这样作出的多边形称为力多边形。合力是力多边形的封闭边。这种用力多边形求合力的几何方法称为**力多边形法则**。可以证明，任意改变力合成的先后次序，虽然所得到的力多边形形状不同，但合力 $\boldsymbol{F}_R$ 完全相同，即合力 $\boldsymbol{F}_R$ 与各分力的合成次序无关。

上述方法可推广到由 n 个力组成的平面汇交力系的情况。从而可得如下结论：**平面汇交力系一般可合成为一合力，合力作用线通过力系的汇交点，合力矢等于各力的矢量和。**即

$$\boldsymbol{F}_R = \boldsymbol{F}_1 + \boldsymbol{F}_2 + \cdots + \boldsymbol{F}_n = \sum_{i=1}^{n} \boldsymbol{F}_i \tag{2.1}$$

2. 平面汇交力系平衡的几何条件

由于平面汇交力系可用其合力来代替，因此，平面汇交力系平衡的必要与充分条件是：该力系的合力等于零。即

$$\boldsymbol{F}_R = 0 \text{ 或} \sum_{i=1}^{n} \boldsymbol{F}_i = 0 \tag{2.2}$$

在平衡情形下，力多边形中最末一力的终点与第一力的起点重合，则该力系的力多边形的封闭边变为一点，即合力等于零。因此，任何两个相邻的力都首尾相接，构成一个封闭的力多边形。由此，可得**平面汇交力系平衡的几何条件：汇交力系平衡的必要和充分条件是各力矢构成的力多边形自行封闭。**

例 2.1 螺拴环眼上套有三根钢丝绳，分别受力 $F_{T1}=3$ kN、$F_{T2}=6$ kN、$F_{T3}=15$ kN，其方向如图 2.2a 所示。欲使合力 $\boldsymbol{F}_R$ 铅垂向下，试求合力 $\boldsymbol{F}_R$ 的大小和 $\boldsymbol{F}_{T3}$ 的方向。

解：三根钢丝绳都只能受拉力作用，而且三力作用线都通过环心 O，从而构成一平面汇交力系。用几何法求解。

用图 2.2 所示力的比例尺，先画已知力矢：作矢 $\overrightarrow{ab}=\boldsymbol{F}_{T1}$，由 b 点作矢 $\overrightarrow{bc}=\boldsymbol{F}_{T2}$；由于只知道 F_{T3} 的大小，故以 c 点为圆心，以 F_{T3} 的大小为半径作圆弧。由题意，合力 $\boldsymbol{F}_R$ 的方向铅垂向下，故由 a 点作铅垂线与圆弧交于 d 点，得力多边形 $abcd$。

力多边形的封闭边 $\overrightarrow{ad}$ 即代表合力 $\boldsymbol{F}_R$，方向铅垂向下。从图 2.2b 中量得 ad 的长，再按比例尺换算可得 $F_R=18.9$ kN。$\overrightarrow{cd}$ 边就是 $\boldsymbol{F}_{T3}$，与铅垂线的夹角 θ 可由由图 2.2b 量得，$\theta=23.6°$。

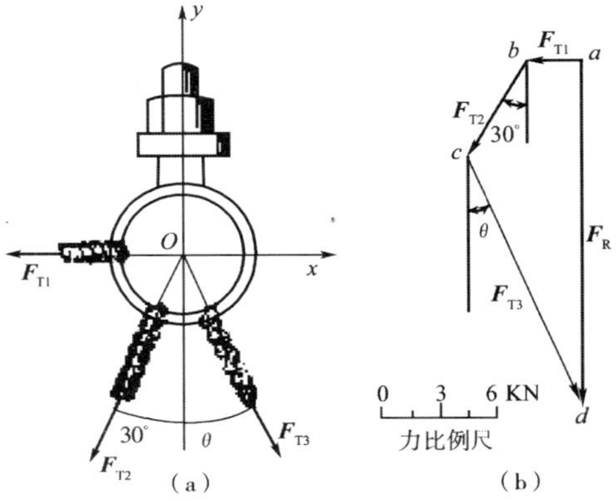

图 2.2 例 2.1 图

例 2.2 重 $W=20$ kN 的球置于光滑斜面上，并用无重软绳系在铅直墙面上(图 2.3a)。已知斜面与水平面成 30°角，绳与铅直墙面成 60°角，求绳的拉力及斜面对于球的约束力。

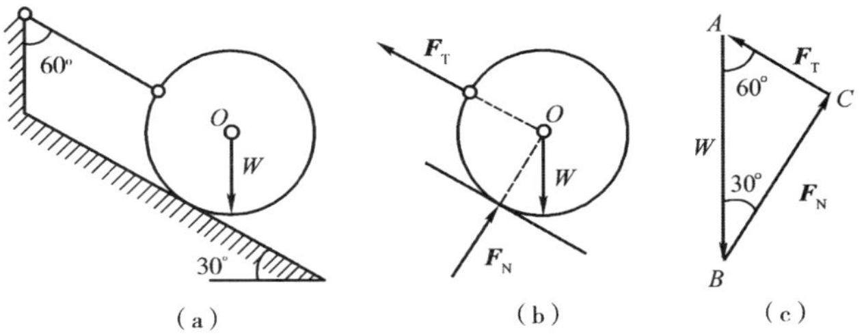

图 2.3 例 2.2 图

解：取球为研究对象，作球的受力图。作用于球上的力有：重力 $\boldsymbol{W}$ 铅直向下，绳拉力 $\boldsymbol{F}_T$，光滑斜面的约束力 $\boldsymbol{F}_N$ 垂直于斜面。这三个力的作用线都通过球的中心，因而构成平面汇交力系。因为球处于平衡状态中。故这三个力所构成的力三角形应自行封闭，如图 2.3c 所示。

可用三角公式算出要求的未知力：

$$F_{\mathrm{T}}=W\cdot\sin30^{\circ}=10\ \mathrm{kN}$$

$$F_{\mathrm{N}}=W\cdot\cos30^{\circ}=17.3\ \mathrm{kN}$$

通过以上例题，总结出几何法解题的主要步骤如下：

(1)选取研究对象。根据题意，选取合适的物体作为研究对象，并画出简图。

(2)画受力图。在研究对象上，画出它所受的全部主动力和约束力。

(3)作出力多边形。选择适当的比例尺，从已知力开始作出该力系的力多边形。根据首尾相连的矢序规则和封闭特点，可以确定未知力的指向。

(4)求出未知量。量出未知量的大小和方向，或者用三角公式计算未知量的大小和方向。

§2.2 平面汇交力系合成与平衡的解析法

1.力在坐标轴上的投影

汇交力系合成的解析法是以力在坐标轴上的投影为基础的。

设在刚体上 A 点作用一力 $\boldsymbol{F}$，为求力 $\boldsymbol{F}$ 在 x 轴上的投影，可通过力 $\boldsymbol{F}$ 的两端 A 和 B 分别向 x 轴作垂线，垂足为 a 和 b(图 2.4)，线段 ab 的长度冠以适当的正负号就表示这个力在 x 轴上的投影，记为 F_x。如果从 a 到 b 的指向与投影轴 x 的正向一致，则力 $\boldsymbol{F}$ 在 x 轴上的投影 F_x 为正值，反之为负值。

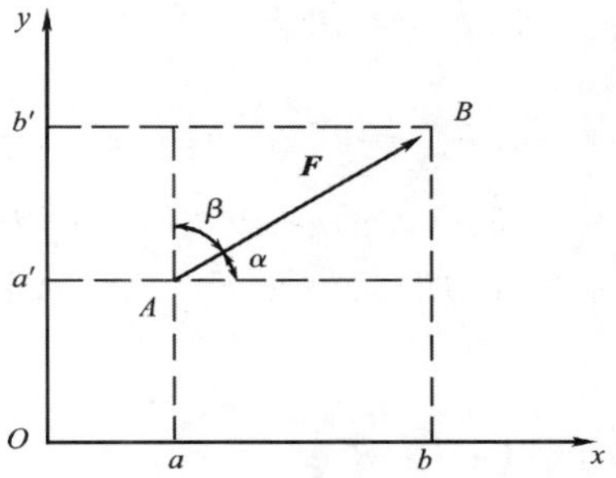

图 2.4

若力 $\boldsymbol{F}$ 与 x 轴之间的夹角为 α，$\boldsymbol{F}$ 与 y 轴之间的夹角为 β，则有

$$\left.\begin{aligned}F_x&=F\cos\alpha\\F_y&=F\cos\beta\end{aligned}\right\}\qquad(2.3)$$

即力在某轴上的投影，等于力的大小乘以力与该轴的正向间夹角的余弦。当夹角为锐角时，投影为正值；当夹角为钝角时，投影为负值。可见，力在轴上的投影是个**代数量**。

如果已知一力在直角坐标轴上的投影分别为 F_x 和 F_y，则该力的大小和方向为：

$$\left.\begin{aligned}&F=\sqrt{F_x^2+F_y^2}\\&\cos\alpha=\frac{F_x}{F},\cos\beta=\frac{F_y}{F}\end{aligned}\right\}\qquad(2.4)$$

则力 $\boldsymbol{F}$ 的解析表达式

$$\boldsymbol{F}=F_x\boldsymbol{i}+F_y\boldsymbol{j}\qquad(2.5)$$

2.平面汇交力系合成的解析法

合力投影定理：合力在任一轴上的投影等于各分力在同一轴上投影的代数和。即

$$F_{\mathrm{R}x}=F_{1x}+F_{2x}+\cdots+F_{nx}=\sum_{i=1}^{n}F_{ix}\qquad(2.6)$$

设由 n 个力组成的平面汇交力系作用在刚体上，则合力

$$\boldsymbol{F}_{\mathrm{R}}=F_{\mathrm{R}x}\boldsymbol{i}+F_{\mathrm{R}y}\boldsymbol{j}\qquad(2.7)$$

由合力投影定理可得合力在 x、y 轴上的投影为

$$\left.\begin{aligned}F_{\mathrm{R}x}&=F_{1x}+F_{2x}+\cdots+F_{nx}=\sum F_{ix}\\F_{\mathrm{R}y}&=F_{1y}+F_{2y}+\cdots+F_{ny}=\sum F_{iy}\end{aligned}\right\}\tag{2.8}$$

由此可按式(2.4)求得合力的大小和方向。

注意，本节所讲述的概念和结论适用于任何矢量。

3.平面汇交力系的平衡方程

由于平面汇交力系平衡的必要和充分条件是力系的合力等于零。由式(2.8)可知，要合力 $\boldsymbol{F}_{\mathrm{R}}=0$，必须也只需

$$\sum F_x=0,\sum F_y=0\tag{2.9}$$

由此可得平面汇交力系解析法平衡的必要和充分条件是：各力在作用面内两个任选的坐标轴(不共线)上投影的代数和分别等于零。式(2.9)称为平面汇交力系的平衡方程。这是两个独立的方程，可以求解两个未知量。

例 2.3 用解析法重解例 2.1(图 2.5)。

解：建立坐标 Oxy，根据题意，$F_{\mathrm{R}x}=0$，$F_{\mathrm{R}y}=-F_{\mathrm{R}}$，“$-$”号表示合力方向铅垂向下，$F_{\mathrm{R}}$ 是合力的大小。由式(2.8)得

$$F_{\mathrm{R}x}=\sum F_{ix}=-F_{\mathrm{T1}}-F_{\mathrm{T2}}\sin30^\circ+F_{\mathrm{T3}}\sin\theta=0$$

$$F_{\mathrm{R}y}=\sum F_{iy}=-F_{\mathrm{T2}}\cos30^\circ-F_{\mathrm{T3}}\cos\theta=-F_{\mathrm{R}}$$

得 $\sin\theta=0.4$，$\theta=23.58^\circ$($\theta=156.42^\circ$不合题意，舍去)是 $\boldsymbol{F}_{\mathrm{T3}}$ 与铅垂线的夹角。

合力的大小为 $F_{\mathrm{R}}=18.94\ \mathrm{kN}$

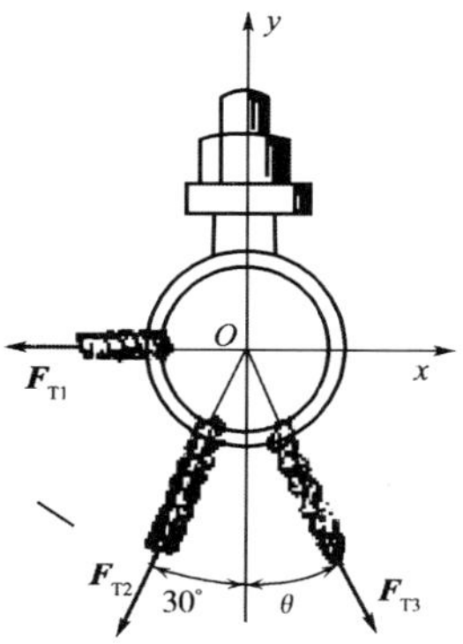

图 2.5 例 2.3 图

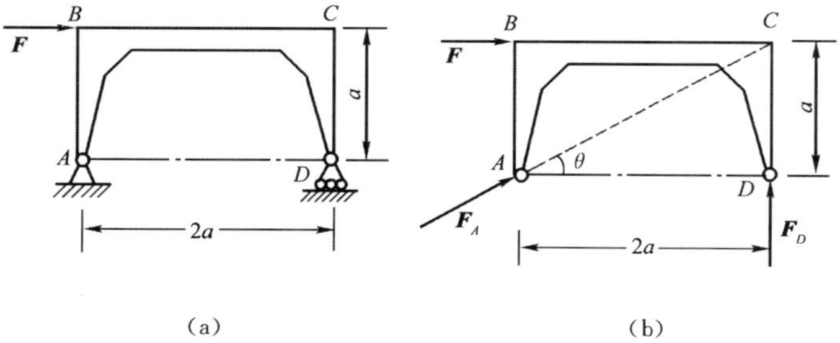

图 2.6 例 2.4 图

例 2.4 平面刚架 $ABCD$ 在 B 点受一水平力 $\boldsymbol{F}$ 作用，如图 2.6a 所示。设 $F=20\ \mathrm{kN}$，不计刚架本身的重力，求 A 与 D 两支座的约束力。

解：以刚架为研究对象，其受力图如图 2.6b 所示。根据铰链支座约束的类型，其中力 $\boldsymbol{F}_A$ 的方向本属未定，但因刚架只受三力作用而平衡，且力 $\boldsymbol{F}_D$ 铅垂向上并与力 $\boldsymbol{F}$ 相交于点 C，这样力 $\boldsymbol{F}_A$ 的作用线位置就可由三力平衡汇交定理来确定(图 2.6b)。用解析法求解时，受力图中力 $\boldsymbol{F}_A$ 的方位是由三力平衡汇交定理确定的，但其指向则是假定的。列平衡方程

$$\sum F_x=0,F+F_A\cos\theta=0$$

$$\sum F_y=0,F_D+F_A\sin\theta=0$$

求得

$$F_A=-F/\cos\theta=-22.4\ \text{kN}$$

“－”号表示 F_A 的真实方向与假设相反。

$$F_D=-F_A\sin\theta=10\ \text{kN}$$

例 2.5 如图 2.7a 所示，重物 $W=20$ kN，用钢丝绳挂在支架的滑轮 A 上，钢丝绳的另一端缠绕在铰车 D 上。杆 AB 与 AC 铰接，并以铰 B、C 与墙连接。如两杆和滑轮的自重不计，并忽略摩擦和滑轮的大小，试求平衡时杆 AB 和 AC 所受的力。

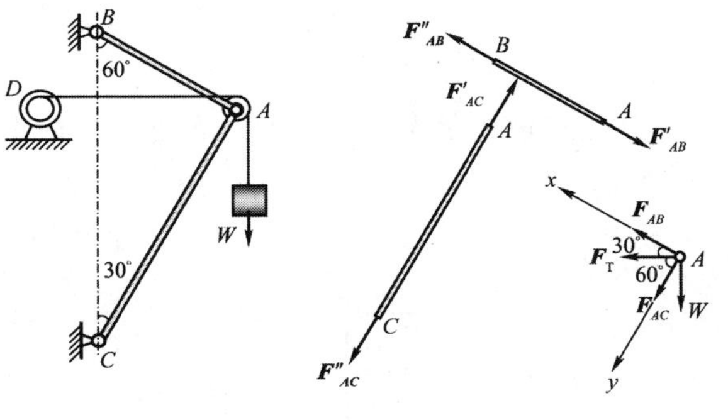

(a)　　(b)

图 2.7　例 2.5 图

解：(1) AB、AC 两杆都是二力杆，按一般习惯假设杆 AB 和杆 AC 都受拉力，如图 2.7b 所示。若求出值为正号，则为拉杆；求出值为负号，即为压杆。为了求出这两个未知力，可通过求两杆对滑轮的约束力来解决。因此选取滑轮上销钉 A 为研究对象。

(2) 滑轮受到钢丝绳的拉力 $\boldsymbol{F}_T$，如图 2.6c所示。已知 $F_T=W$。此外，杆 AB 和 AC 对销钉 A 的约束力用 $\boldsymbol{F}_{AB}$ 和 $\boldsymbol{F}_{AC}$ 表示。由于滑轮的大小可忽略不计，故这些力可看作是平面汇交力系。

(3) 选取坐标轴如图 2.7b 所示。为使每个未知力只在一个轴上有投影，在另一轴上的投影为零，坐标轴应尽量取在与未知力作用线相垂直的方向。这样在一个平衡方程中只有一个未知数，不必解联立方程。

(4) 列平衡方程并求解

$$\sum F_x=0,F_{AB}+F_T\cos30°-W\sin30°=0$$

$$\sum F_y=0,F_{AC}+F_T\sin30°+W\cos30°=0$$

解得

$$F_{AB}=-0.366\ \text{W}=-7.32\ \text{kN}$$

$$F_{AC}=-1.366\ \text{W}=-27.32\ \text{kN}$$

所求结果，F_{AB}、F_{AC} 为负值，表示这两杆受力的假设方向与实际方向相反，即杆 AB 和杆 AC 都受压，即为压杆。

例 2.4、例 2.5 也可用几何法求解。

§2.3　平面内力对点的矩

1. 平面内力对点之矩

首先研究平面内力对点之矩的概念。以扳手扳动螺母为例（图 2.8）来说明。设螺母能绕点 O 转动，由经验知，螺母能否扳动，不仅取决于作用在扳手上的力 $\boldsymbol{F}$ 的大小，而且还和从点 O 到力 $\boldsymbol{F}$ 的作用线的垂直距离 d 有关。只有乘积 Fd 达到或者超过某值时，才能把给

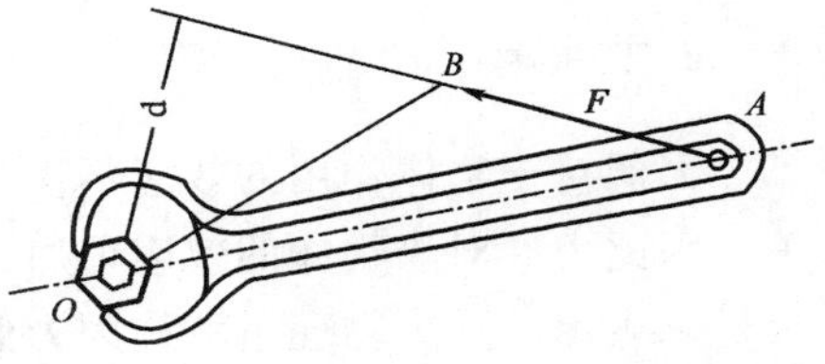

图　2.8

定的螺母扳动。可见，这个乘积可用来作为力 $\boldsymbol{F}$ 绕点 O 转动效应的度量。由于转动有正反两个可能方向，所以乘积 Fd 也要冠以适当的正负号来表明这两个不同的转向。这个量称为平面内力 $\boldsymbol{F}$ 对点 O 的矩，简称**力矩**。距离 d 称为力 $\boldsymbol{F}$ 对点 O 的力臂；点 O 称为矩心。用符号 $M_O(\boldsymbol{F})$ 表示力 $\boldsymbol{F}$ 对点 O 的矩，有

$$M_O(\boldsymbol{F})=\pm F\cdot d \tag{2.10}$$

习惯规定，使物体产生逆时针方向转动效应的力矩取正值；反之取负值。

力矩的单位在国际单位制中是 N·m，或 kN·m。

2.合力矩定理

合力矩定理：平面汇交力系的合力对于平面内任一点的矩等于力系中所有各力对于该点之矩的代数和。即

$$M_O(\boldsymbol{F}_{\mathrm{R}})=\sum_{i=1}^{n}M_O(\boldsymbol{F}_i) \tag{2.11}$$

合力矩定理建立了合力对点之矩与分力对同一点之矩的关系。这个定理也适合于有合力的其他各种力系。它提供了计算力矩的又一方法，此外利用它还可以确定力系的合力作用线位置。

例 2.6 某支架 A 点作用一力 $\boldsymbol{F}$，如图 2.9 所示，图中尺寸 l_1、l_2、l_3 和角 θ 均为已知。试求 $M_O(\boldsymbol{F})$。

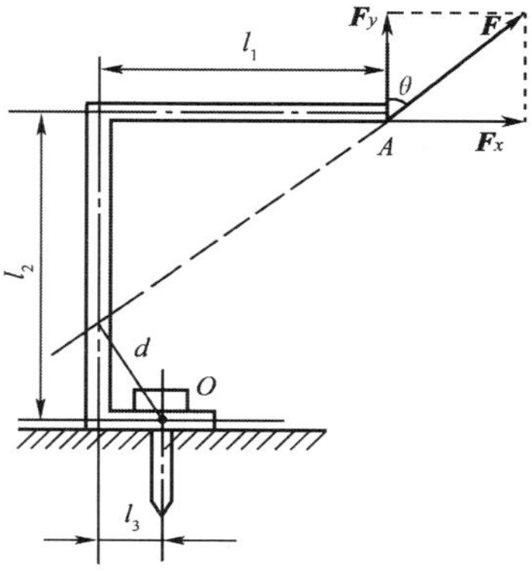

图 2.9 例 2.6 图

解：$\boldsymbol{F}=\boldsymbol{F}_x+\boldsymbol{F}_y$

由式(2.11)有

$$\begin{aligned}M_O(\boldsymbol{F})&=M_O(\boldsymbol{F}_x)+M_O(\boldsymbol{F}_y)\\&=-F\sin\theta\cdot l_2+F\cos\theta\cdot(l_1-l_3)\end{aligned}$$

§2.4 平面力偶理论

1.力偶的概念

由等值、反向、平行的两个力组成的力系称为**力偶**。力偶不能合成为一个力，也不能用一个力来与它相平衡。因此，力偶和力是静力学两个基本的力学量。力偶能使物体转动，在生活和生产实践中，经常遇到物体受力偶或力偶系作用的情况，例如汽车驾驶员转动的方向盘(图 2.10a)，钳工用丝锥在工件上攻螺纹(图 2.10b)等。在力学中，力偶常用符号$(\boldsymbol{F},\boldsymbol{F}')$表示，两力作用线所决定的平面称为**力偶作用面**，两力作用线间的垂直距离称为**力偶臂**，如图 2.10 所示。

2.力偶矩

力偶对于物体作用的效应不仅与组成力偶的力的大小 F 有关，而且与力偶臂的长短 d 有关。因此力偶对于物体的效应可用力偶的任一力的大小与力偶臂长度的乘积再冠以相应的正负号来表示。这个物理量就称为**力偶矩**，用 M 代表，则

$$M=\pm Fd \tag{2.12}$$

力偶矩的正负号通常规定如下：若力偶使物体沿逆时针方向转动，则取正号；反之取负号。力偶矩为代数量，可采用旋转符号来表示。力偶矩在国际制中的单位是 N·m，或 kN·m。

3. 平面力偶的性质

力偶对于刚体的效应，有如下性质：

(1)力偶无合力。因此，力偶只能与力偶平衡。

(2)力偶中的两力对作用面内任一点之矩的代数和等于力偶矩。设有力偶($\boldsymbol{F},\boldsymbol{F}'$)，其力偶臂为 d，如图 2.11 所示。力偶对点 O 的矩为 $M_O(\boldsymbol{F},\boldsymbol{F}')$，则

$$\begin{aligned} M_O(\boldsymbol{F},\boldsymbol{F}') &= M_O(\boldsymbol{F})+M_O(\boldsymbol{F}')=F'\cdot\overline{AO}-F\cdot\overline{BO} \\ &= F(\overline{AO}-\overline{BO})=Fd \end{aligned}$$

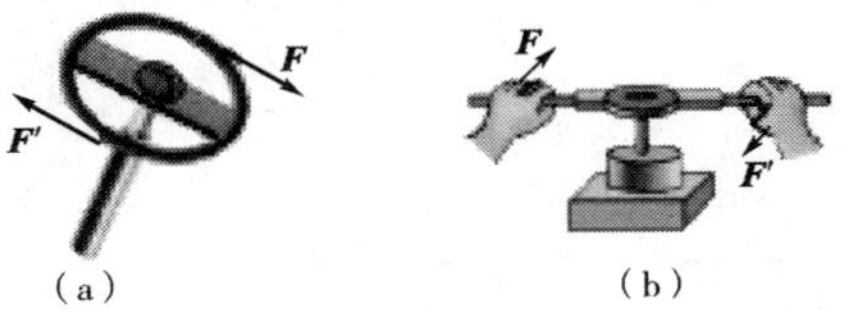

图 2.10

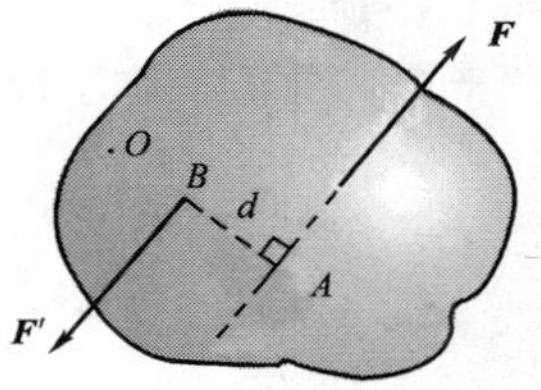

图 2.11

因为矩心 O 是任意选取的，因而力偶对作用面内任一点之矩与矩心无关。因此可用符号 M 表示**力偶矩**，而无需标注矩心，如式(2.12)所示。

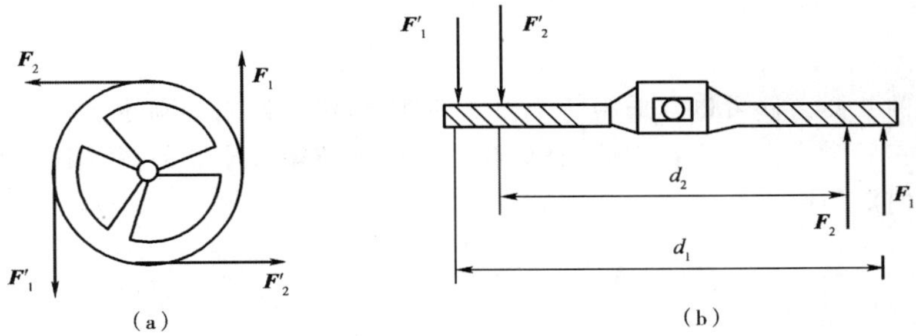

图 2.12

综上可知，平面力偶对物体的作用效应，决定于两个因素：力偶矩的大小；力偶矩的转向。所以平面力偶为代数量。

(3)同平面内力偶的等效定理。既然力偶没有合力，也就不能与力等效，只能与另一个力偶等效。而力偶对物体的转动效应又完全决定于力偶矩，且与矩心的位置无关。所以，在同一平面内的两个力偶，只要它们的力偶矩大小相等、转动方向相同，则两力偶必等效。这就是平面力偶的等效定理。

上述结论，可直接由经验证实。例如图 2.12a 中作用在转向盘上的力偶($\boldsymbol{F}_1,\boldsymbol{F}'_1$)，或($\boldsymbol{F}_2,\boldsymbol{F}'_2$)，虽然它们的作用位置不同，但如果它们的力偶矩大小相等、转向相同，则对物体的作用效应就一样；又如作用在丝锥扳手上的力偶($\boldsymbol{F}_1,\boldsymbol{F}'_1$)或($\boldsymbol{F}_2,\boldsymbol{F}'_2$)(图 2.12b)，虽然 $F_1\neq F_2$，$d_1\neq d_2$，但当两个力偶矩相等时，即 $F_1\cdot d_1=F_2\cdot d_2$，且转向相同，则它们对物体的作用效应就相同。

综上所述，可以得出下列两个推论：

(1)力偶可以在它的作用面内任意移转，而不改变它对刚体的作用。因此，力偶对刚体的作用与力偶在其作用面内的位置无关。

(2)只要保持力偶矩的大小和转向不变,可以同时改变力偶中力的大小和力偶臂的长短,而不改变力偶对刚体的作用。由此可见,力偶的臂和力的大小都不是力偶的特征量,只有力偶矩才是力偶作用的唯一度量。

§2.5 平面力偶系的合成和平衡条件

1.平面力偶系的合成

设在同一平面内有两个力偶($\boldsymbol{F}_1$,$\boldsymbol{F}'_1$)和($\boldsymbol{F}_2$,$\boldsymbol{F}'_2$),它们的力偶臂各为 d_1 和 d_2,如图2.13a所示。这两个力偶的矩分别为 M_1 和 M_2,求它们的合成结果。为此,在保持力偶矩不变的情况下,同时改变这两个力偶的力的大小和力偶臂的长短,使它们具有相同的臂 d,并将它们在平面内移转,使力的作用线重合,如图2.13b所示。可得合力偶为 M_1 和 M_2 的代数和,即

$$M=M_1+M_2$$

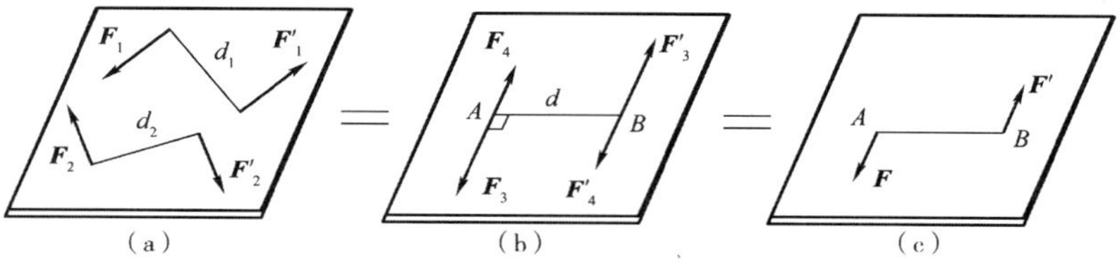

图 2.13

根据上述两共面力偶可以合成为一个力偶的性质,对于作用于刚体上的一个平面力偶系,总可以逐一将它们合成为一个合力偶,且该合力偶的力偶矩等于原力偶系各力偶矩的代数和。即合力偶的力偶矩为

$$M=M_1+M_2+\cdots+M_n=\sum_{i=1}^{n}M_i \tag{2.13}$$

2.平面力偶系的平衡条件

当力偶的力偶矩为零时,不是力偶的力为零就是力偶臂为零,都是平衡力系。因此平面力偶系平衡的必要和充分条件是:各力偶矩的代数和为零。即

$$\sum M_i=0 \tag{2.14}$$

例2.7 梁 AB 上作用一个力偶,它的矩的大小 $M=100\ \text{kN}\cdot\text{m}$,如图2.14a,试求 A、B 两处的约束力。$l=5$ m,倾角 $\theta=30°$,梁的重力不计。

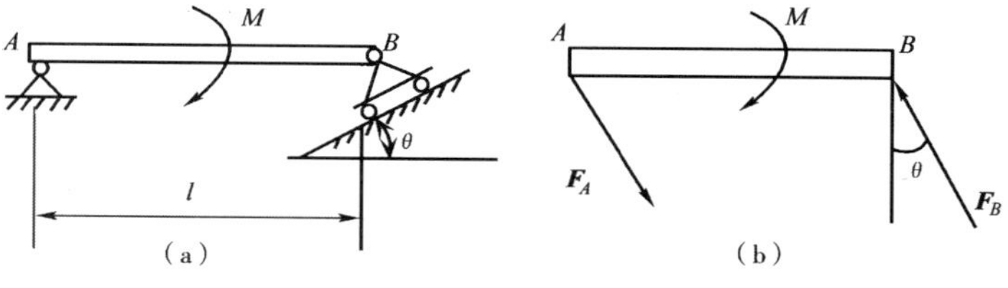

图2.14 例2.7图

解:取 AB 梁为研究对象,梁受力偶 M 作用,两支座 A、B 的约束力必构成一力偶与这个力偶相平衡,故 $\boldsymbol{F}_A$ 和 $\boldsymbol{F}_B$ 的作用线相互平行,方向相反,且 $F_A=F_B$,其受力图如图 2.14b 所示。由平面力偶系的平衡条件有

$$\sum M=0, F_A \cdot l\cos\theta - M=0$$

代入数据,有

$$F_A \cdot 5\ \text{m} \cdot \cos 30° - 100\ \text{kN}\cdot\text{m}=0$$

解得

$$F_A=F_B=23.1\ \text{kN}$$

本 章 小 结

1. 平面汇交力系的合成

(1)几何法:由力多边形法则,其合力矢量是各力矢量构成的力多边形的封闭边,合力作用线通过汇交点。

(2)解析法:合力矢为

$$\boldsymbol{F}_{\text{R}}=\sum \boldsymbol{F}_i=F_{\text{R}x}\boldsymbol{i}+F_{\text{R}y}\boldsymbol{j}$$

$$F_{\text{R}x}=\sum F_{ix}, \qquad F_{\text{R}y}=\sum F_{iy}$$

由此可以求得合力的大小与方向。

2. 平面汇交力系的平衡条件

(1)平衡的几何条件:平面汇交力系的力多边形自行封闭。

(2)平衡的解析条件(平衡方程)

$$\sum F_x=0, \qquad \sum F_y=0$$

3. 平面内的力对点 O 之矩是代数量,记为 $M_O(\boldsymbol{F})$

$$M_O(\boldsymbol{F})=\pm Fd$$

4. 力偶和力偶矩

力偶是由两个等值、反向、平行的力组成的特殊力系。力偶无合力,也不能用一个力来平衡。

平面力偶对物体的作用效应取决于力偶矩 M 的大小和转向,即

$$M=\pm Fd$$

力偶对平面内任一点的矩等于力偶矩,力偶矩与矩心的位置无关。

5. 同平面内力偶的等效定理

同平面内的两个力偶,如果力偶矩相等,则彼此等效。

6. 平面力偶系的合成与平衡

平面力偶系可以合成为一个合力偶,合力偶的力偶矩等于各力偶力偶矩的代数和。

$$M=\sum M_i$$

平面力偶系的平衡条件为

$$\sum M_i=0$$

习　　题

2.1　铆接薄板在孔心 A、B 和 C 处受三力作用，如图所示。$F_1=100$ N，沿铅直方向；$F_3=50$ N，沿水平方向，并通过点 A；$F_2=50$ N，力的作用线也通过点 A，尺寸如图。求此力系的合力。

2.2　如图所示，固定在墙壁上的圆环受三条绳索的拉力作用，力 $\boldsymbol{F}_1$ 沿水平方向，力 $\boldsymbol{F}_3$ 沿铅直方向，力 $\boldsymbol{F}_2$ 与水平线成 40°角。三力的大小分别为 $F_1=2\ 000$ N，$F_2=2\ 500$ N，$F_3=1\ 500$ N。求三力的合力。

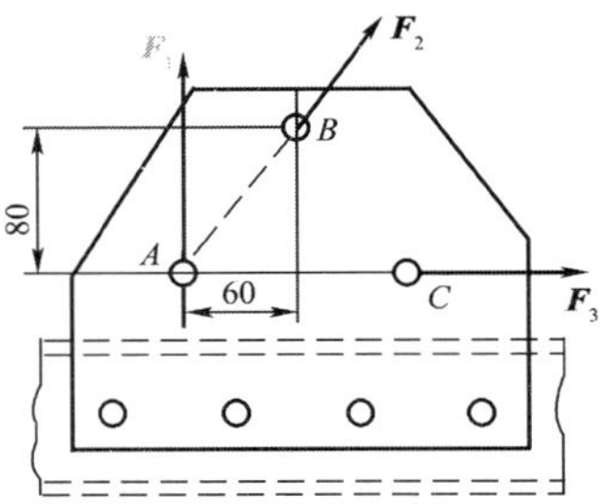

题 2.1　图

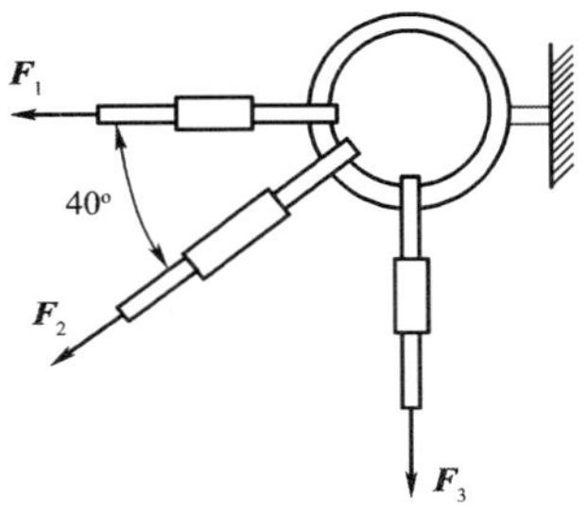

题 2.2　图

2.3　电动机重 $P=5\ 000$N，放在水平梁 AC 的中央，如图所示。梁的 A 端以铰链固定，另一端以撑杆 BC 支持，撑杆与水平梁的夹角为 30°。如忽略梁和撑杆的重量，求撑杆 BC 的内力及铰支座 A 处的约束力。

2.4　物体重 $W=20$ kN，用绳子挂在支架的滑轮 B 上，绳子的另一端接在铰车 D 上，如图所示。转动绞车，物体便能升起。设滑轮的大小、AB 与 CB 杆自重力及摩擦力略去不计，A、B、C 三处均为铰链连接。当物体处于平衡状态时，试求拉杆 AB 和支杆 CB 所受的力。

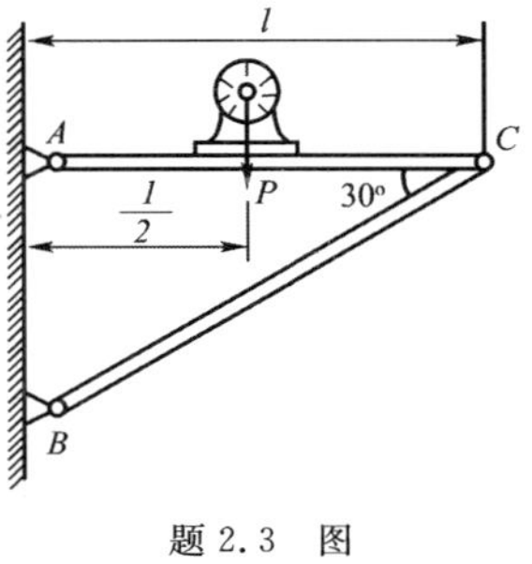

题 2.3　图

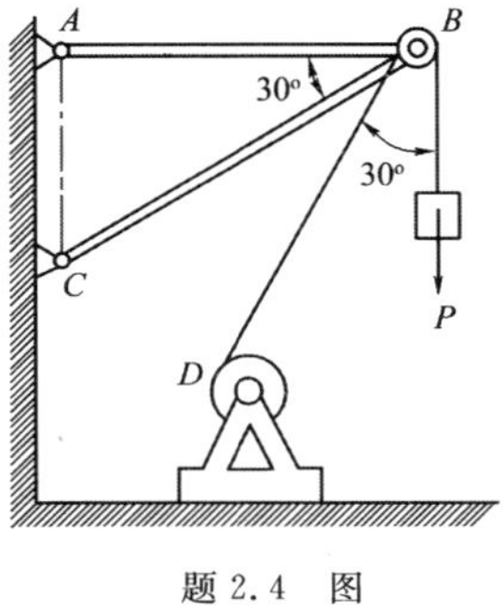

题 2.4　图

2.5　图示液压夹紧机构中，D 为固定铰链，B、C、E 为活动铰链。已知力 F，机构平衡时角度如图，求此时工件 H 所受的压紧力。

2.6　图示为一拔桩装置。在木桩的点 A 上系一绳，将绳的另一端固定在点 C，在绳的点 B 系另一绳 BE，将它的另一端固定在点 E。然后在绳的点 D 用力向下拉，并使绳的 BD 段水平，AB 段铅直，DE 段与水平线、CB 段与铅直线间成等角 $\theta=0.1$rad（弧度）（当 θ 很小时，$\tan\theta\approx\theta$）。如向下的拉力 $F=800$ N，求绳 AB 作用于桩上的拉力。

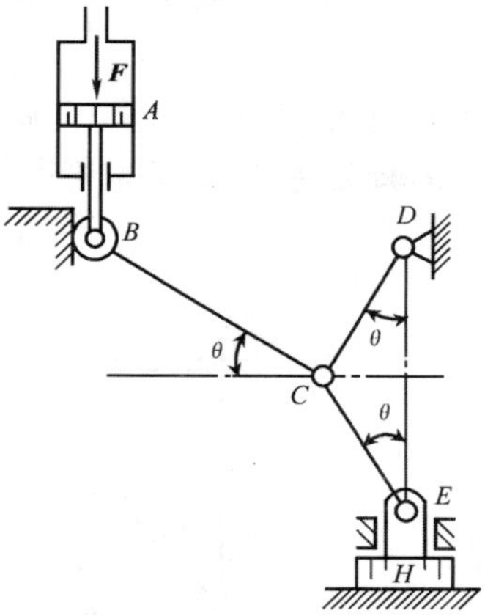

题 2.5　图

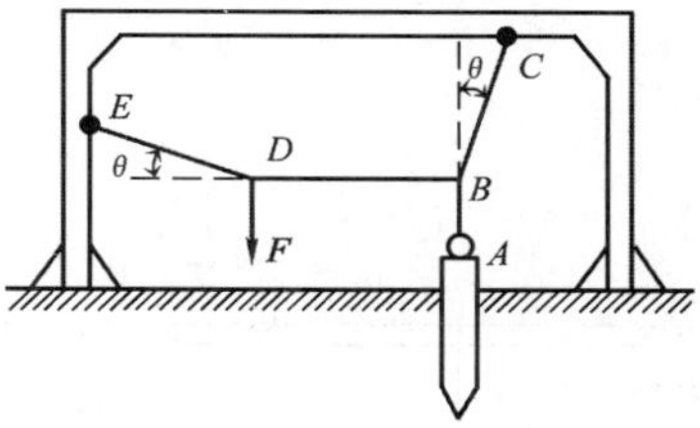

题 2.6　图

2.7　铰链四杆机构 $CABD$ 的 CD 边固定，在铰链 A、B 处有力 $\boldsymbol{F}_1$、$\boldsymbol{F}_2$ 作用，如图所示。该机构在图示位置平衡，杆重略去不计，求力 $\boldsymbol{F}_1$ 与 $\boldsymbol{F}_2$ 的关系。

2.8　为了测定飞机螺旋桨所受的空气阻力偶，可将飞机水平放置，其一轮搁置在地秤上。当螺旋桨未转动时，测得地秤所受的压力为 4.6 kN，当螺旋桨转动时，测得地秤所受的压力为 6.4 kN。已知两轮间距离 $l=2.5$ m，求螺旋桨所受的空气阻力偶的矩 M。

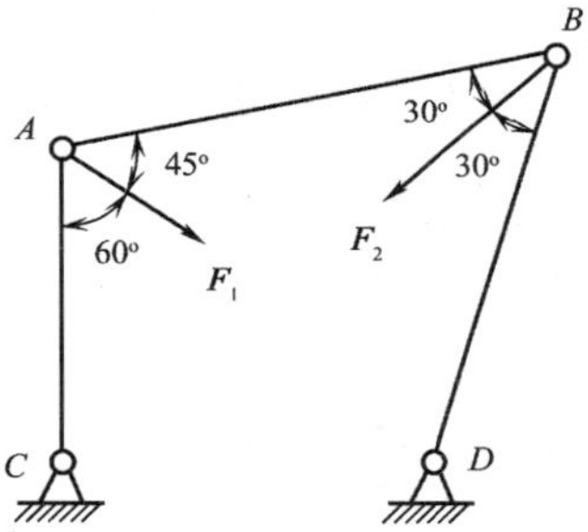

题 2.7　图

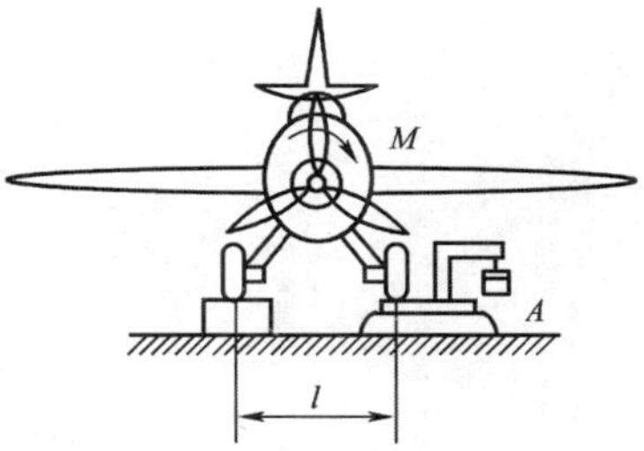

题 2.8　图

2.9　铰接四连杆机构 $OABO_1$ 在图示位置平衡。已知：$OA=0.4$ m，$O_1B=0.6$ m，作用在 OA 上的力偶的力偶矩 $M_1=1$ N·m。各杆的重量不计，试求力偶矩 M_2 的大小和杆 AB 所受的力。

2.10　在图示结构中，各构件的自重不计。在构件 AB 上作用一力偶矩为 M 的力偶，求支座 A 和 C 的约束力。

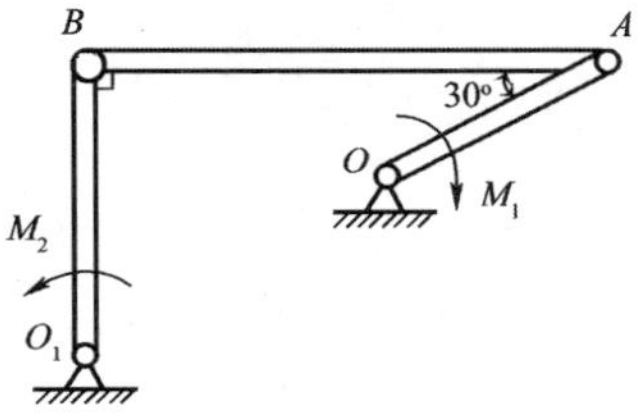

题 2.9　图

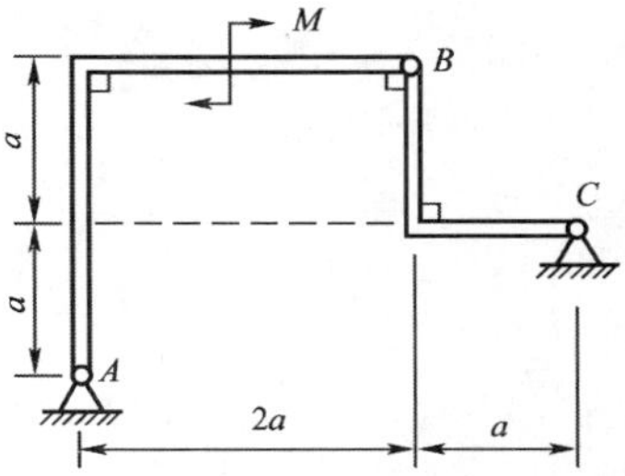

题 2.10　图

2.11 在图示结构中，各构件的自重不计，在构件 BC 上作用一力偶矩为 M 的力偶，各尺寸如图，求支座 A 处的约束力。

2.12 直角弯杆 $ABCD$ 与直杆 DE 及 EC 铰接如图，作用在 DE 杆上力偶的力偶矩 $M=40\ \text{kN}\cdot\text{m}$，不计各杆件自重，不考虑摩擦，尺寸如图。求支座 A、B 处的约束力及 EC 杆受力。

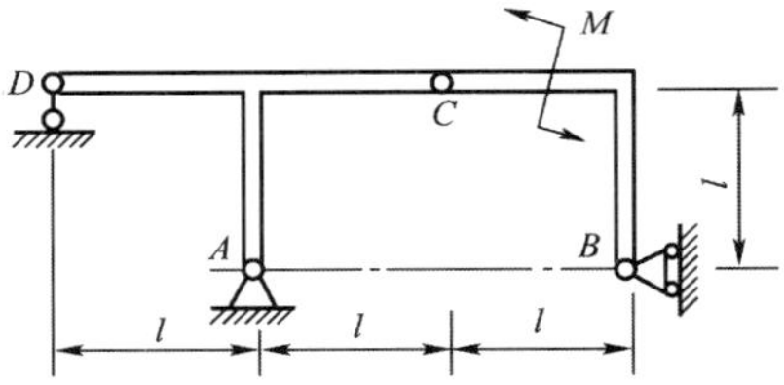

题 2.11 图

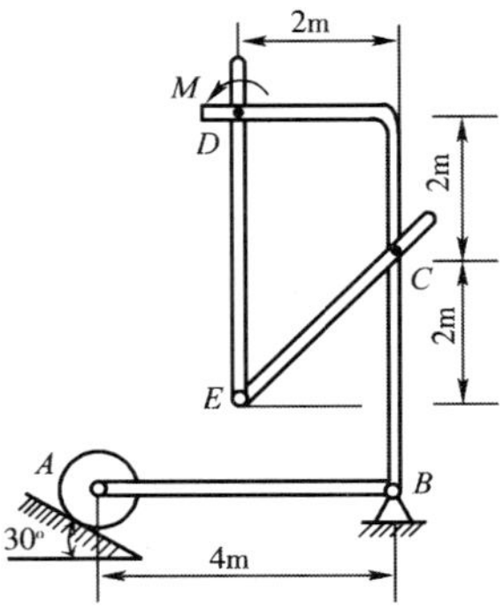

题 2.12 图

工程力学

第三章　平面任意力系

教学要求：
1. 掌握平面任意力系的简化；
2. 熟练选取分离体，应用平面任意力系的平衡方程求解平衡问题；
3. 掌握求解平面简单桁架内力的节点法和截面法。

前面讨论了两种特殊的平面力系的合成与平衡。在工程上常常遇到作用线在同一平面内，但彼此既不平行、也不汇交于一点的平面力系，这种力系称为平面任意力系。本章讨论平面任意力系的简化和平衡条件。

§3.1　力线平移定理

平面任意力系的简化有多种方法，一般采用力系向一点简化的方法。在讲述这个方法以前，先引入力线平移定理。

定理：作用在刚体上的力可以从原来的作用点平行移动到任一点，但须附加一个力偶，附加力偶的矩等于原来的力对平移点的矩。

证明：设在刚体上某点 A 作用一力 $\boldsymbol{F}_A$。为了使这个力平移到刚体内任意给定的一点 B（图 3.1a），而不改变对刚体的效应，可进行如下变换。

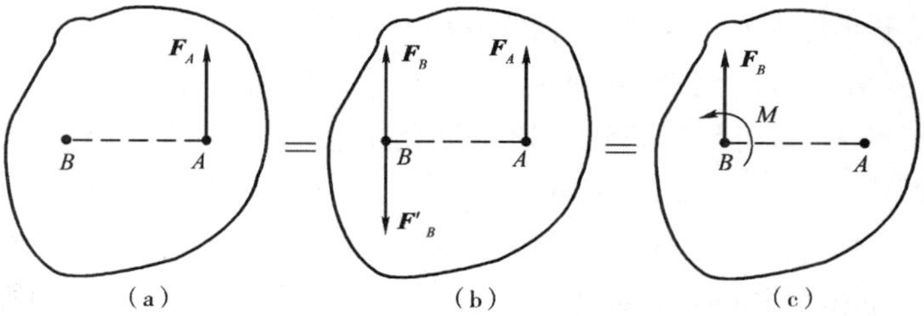

图　3.1

在点 B 上加上一对与原来力 $\boldsymbol{F}_A$ 平行的平衡力 $\boldsymbol{F}_B$、$\boldsymbol{F}'_B$，且 $\boldsymbol{F}_B=-\boldsymbol{F}'_B=\boldsymbol{F}_A$（图 3.1b）。显然，这样做并不改变原力系对刚体的作用效应。但是，现在刚体可看成受一个力 $\boldsymbol{F}_B$ 和一个力偶（$\boldsymbol{F}_A$，$\boldsymbol{F}'_B$）的作用，力偶（$\boldsymbol{F}_A$，$\boldsymbol{F}'_B$）的矩等于原力 $\boldsymbol{F}_A$ 对点 B 的矩 $M_B(\boldsymbol{F}_A)$（图 3.1c），即有

$$M=F_A\cdot\overline{AB}=M_B(\boldsymbol{F}_A) \tag{3.1}$$

这个力偶称为附加力偶。

由此可见，可以把作用于刚体上 A 点的力平移到另一点 B，但同时需附加一个力偶。此外，由上述证明的逆过程可知，作用在同一平面内的一个力和力偶，可以用一个力来等效替换。

§3.2 平面力系向一点的简化

1.平面力系向一点的简化

在力系所在平面内任取一点 O 作为简化中心。应用力的平移定理，将各力平移至 O 点并各附加一力偶，于是得到一个作用于 O 点的平面汇交力系 $\boldsymbol{F}'_1$、$\boldsymbol{F}'_2$、…、$\boldsymbol{F}'_n$ 和力偶矩为 M_1、M_2、…、M_n 的一个平面力偶系（图 3.2b）。因此平面任意力系的简化就转化为此平面汇交力系和平面力偶系的合成。然后将汇交力系及力偶系分别合成，就得到一个作用于 O 点的力 $\boldsymbol{F}'_{\mathrm{R}}$ 和力偶矩为 M_O 的一个力偶（图 3.2c）。

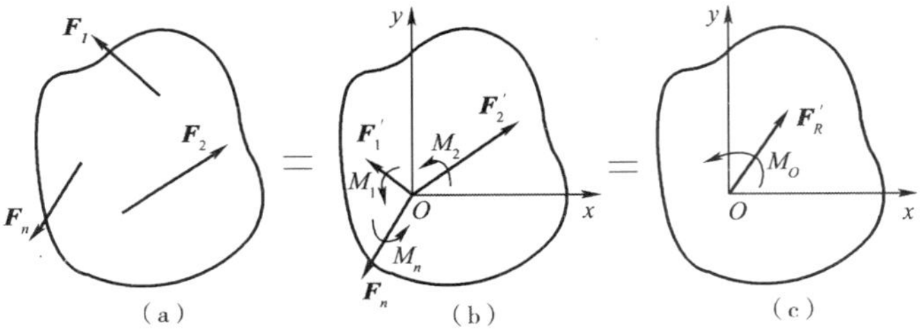

图 3.2

根据平面汇交力系合成的理论有

$$\boldsymbol{F}'_{\mathrm{R}} = \boldsymbol{F}_1 + \boldsymbol{F}_2 + \cdots + \boldsymbol{F}_n = \sum_{i=1}^{n} \boldsymbol{F}_i \tag{3.2}$$

$\boldsymbol{F}'_{\mathrm{R}}$ 称为该力系的主矢。显然，主矢 $\boldsymbol{F}'_{\mathrm{R}}$ 的大小与方向均与简化中心位置无关。另根据平面力偶系合成的理论有

$$M_O = M_1 + M_2 + \cdots + M_n = \sum_{i=1}^{n} M_O(\boldsymbol{F}_i) \tag{3.3}$$

M_O 称为该力系对于简化中心的主矩。主矩一般与简化中心的位置有关，取不同的点为简化中心，各力的力臂及各力对简化中心的矩也有改变，因而主矩也将改变。

为了计算主矢和主矩，可用解析法。通过简化中心 O 建立直角坐标 Oxy，将主矢 $\boldsymbol{F}'_{\mathrm{R}}$ 及各力分别投影在两个直角坐标轴上，则有

$$F'_{Rx} = \sum F_{ix}, \quad F'_{Ry} = \sum F_{iy} \tag{3.4}$$

可得主矢 $\boldsymbol{F}'_{\mathrm{R}}$ 的大小和方向余弦分别为

$$\left.\begin{aligned} & F'_{\mathrm{R}} = \sqrt{(\sum F_{ix})^2 + (\sum F_{iy})^2} \\ & \cos(\boldsymbol{F}'_{\mathrm{R}}, \boldsymbol{i}) = \frac{\sum F_{ix}}{F'_{\mathrm{R}}}, \cos(\boldsymbol{F}'_{\mathrm{R}}, \boldsymbol{j}) = \frac{\sum F_{iy}}{F'_{\mathrm{R}}} \end{aligned}\right\} \tag{3.5}$$

而力系对简化中心 O 的主矩的解析表达式为

$$M_O = \sum_{i=1}^{n} M_O(\boldsymbol{F}_i) \tag{3.6}$$

由此得结论：平面任意力系可以简化为在任意选定的简化中心上作用的主矢及主矩，主矢与主矩是描述力系的两个特征量。显然，主矢与简化中心的选择无关；而主矩一般与简化中心的选择有关。亦即，选择不同的简化中心时，所得的主矢量的大小和方向相同，主矩一般不同。

2. 固定端约束

下面利用力系向一点简化的方法，分析固定端(插入端)约束及其约束力。在工程实际中，经常见到固定端约束(图 3.3a)，比如房屋建筑中将阳台砌入墙体就可以简化为固定端约束，又如悬臂梁、刀架、卡盘等。以悬臂梁为例，固定端支座在物体与之接触的面上作用了分布的约束力。在平面问题中，这些力为一平面任意力系(图 3.3b)。

将这些力向作用平面内点 A 简化，得到一个主矢和一个主矩(图 3.3c)。一般情况下这个主矢的大小和方向均为未知量，可用两个正交分力来代替。因此，在平面力系情况下，固定端 A 处的约束力作用可简化为两个约束力分量 $\boldsymbol{F}_{Ax}$、$\boldsymbol{F}_{Ay}$ 和一个力偶矩为 M_A 的约束力偶(图 3.3d)。

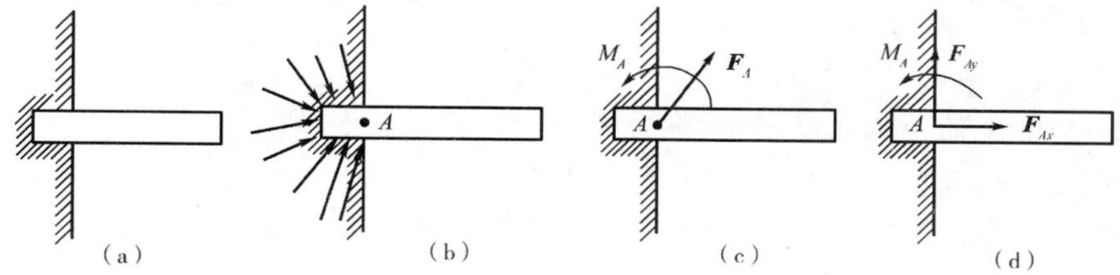

图 3.3

3. 平面任意力系简化结果的讨论

平面任意力系向一点简化，随着主矢 $\boldsymbol{F}'_R$ 和主矩 M_O 的不同，可能出现下列几种不同的情况：

(1) $\boldsymbol{F}'_R=0, M_O=0$。力系平衡，将在后面的章节中详细讨论这种情况。

(2) $\boldsymbol{F}'_R=0, M_O\neq 0$。力系简化为合力偶，合力偶的力偶矩等于力系对简化中心 O 的主矩。这时，如把原力系向其它点简化，结果一样，即在这一情况下，力系的主矩与简化中心的位置无关。

(3) $\boldsymbol{F}'_R\neq 0, M_O=0$。力系简化为合力，合力的作用线一定通过简化中心。

(4) $\boldsymbol{F}'_R\neq 0, M_O\neq 0$。这时可以做进一步的简化，利用力线平移定理，可将主矢、主矩进一步简化为一个作用于另一点的合力，如图 3.4 所示。合力作用线与简化中心的距离为

$$d=\left|\frac{M_O}{F'_R}\right| \tag{3.7}$$

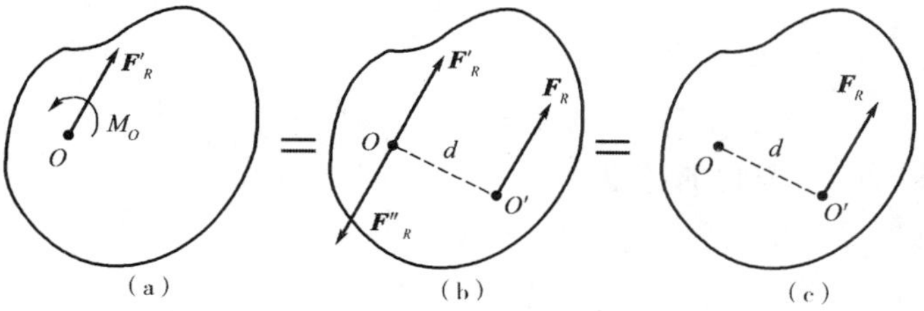

图 3.4

由上易得

$$M_O(\boldsymbol{F}_R)=\boldsymbol{F}_R\cdot d=\boldsymbol{F}'_R\cdot d=M_O$$

又因为主矩为

$$M_O=\sum M_O(\boldsymbol{F}_i)$$

所以

$$M_O(\boldsymbol{F}_R)=\sum M_O(\boldsymbol{F}_i) \tag{3.8}$$

式(3.8)即为平面任意力系的合力矩定理。即平面任意力系的合力，对于平面内任一点的矩等于各分力对于同一点之矩的代数和。

4. 分布荷载

结构物的荷载如果作用面积很小，可以简化成一个单个的力，称为集中力或集中荷载，如机车车轮对铁轨的压力，吊车缆绳对货物的提升拉力等。在求解实际的工程问题时还会遇到另一种力——分布力，这种荷载连续地作用在一定范围之内，称为分布力或分布荷载，如结构的自重力、风载、水压等。描述分布力的大小用单位作用长度（面积、体积）上的荷载总量表示，称为荷载集度 q。平行的分布力的简化或合成比较容易，如图3.5a所示的均布荷载，荷载集度为 q，作用线长度为 l，则其合力为 $F=ql$，作用于长度 l 的中点。图3.5b所示为三角形分布荷载，其合力为 $F=\frac{1}{2}ql$，作用点距右端距离为 $l/3$。对集度不均匀的一般荷载，其合力大小及作用位置应通过积分确定。

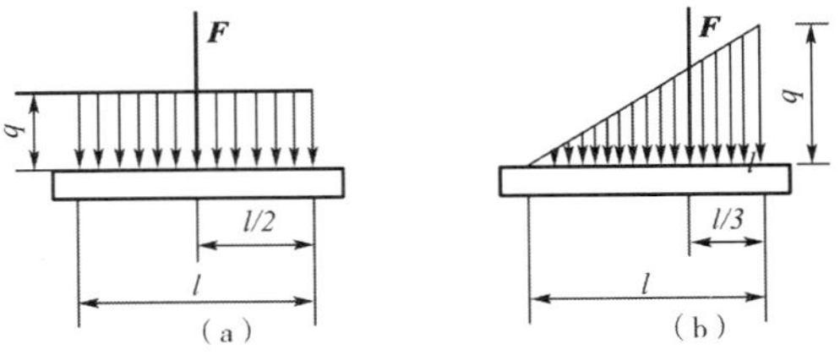

图 3.5

以上结果表明，沿直线且垂直于该直线分布的同向线荷载，其合力的大小等于荷载图形的面积，合力方向与原荷载方向相同，合力作用线通过荷载图形的形心。

例 3.1 图3.6a中，已知 $F_1=150$ N，$F_2=200$ N，$F_3=300$ N，$F=F'=200$ N。求力系向点 O 简化的结果；并求力系合力的大小及其与原点 O 的距离 d。

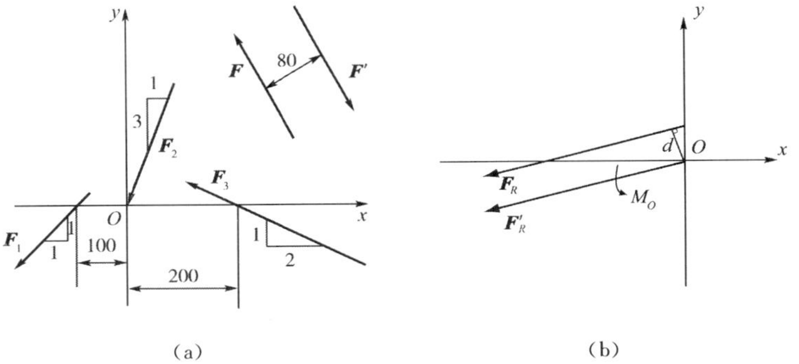

图 3.6 例 3.1 图

解：(1)求力系向点 O 简化的结果

一般的简化结果是得主矢和主矩。主矢为

$$F'_{Rx}=\sum F_x=-F_1\times\frac{1}{\sqrt{2}}-F_2\times\frac{1}{\sqrt{10}}-F_3\times\frac{2}{\sqrt{5}}$$

$$=-(150\ \text{N})\times\frac{1}{\sqrt{2}}-(200\ \text{N})\times\frac{1}{\sqrt{10}}-(300\ \text{N})\times\frac{2}{\sqrt{5}}=-437.62\ \text{N}$$

$$F'_{Ry}=\sum F_y=-F_1\times\frac{1}{\sqrt{2}}-F_2\times\frac{3}{\sqrt{10}}-F_3\times\frac{1}{\sqrt{5}}$$

$$=-(150\ \text{N})\times\frac{1}{\sqrt{2}}-(200\ \text{N})\times\frac{3}{\sqrt{10}}+(300\ \text{N})\times\frac{1}{\sqrt{5}}=-161.62\ \text{N}$$

主矢的大小 $F'_R=\sqrt{(\sum F_x)^2+(\sum F_y)^2}=\sqrt{(-437.62\ \mathrm{N})^2+(-161.62\ \mathrm{N})^2}=466.5\ \mathrm{N}$

主矩 $M_O=F_1\times\frac{0.10}{\sqrt{2}}\ \mathrm{m}+F_3\times\frac{0.20}{\sqrt{5}}\ \mathrm{m}-F\times0.08\ \mathrm{m}$

$=150\ \mathrm{N}\times\frac{0.10}{\sqrt{2}}\ \mathrm{m}+300\ \mathrm{N}\times\frac{0.20}{\sqrt{5}}\ \mathrm{m}-200\ \mathrm{N}\times0.08\ \mathrm{m}=21.44\ \mathrm{N\cdot m}$(逆时针转向)

(2)求合力 $\boldsymbol{F}_R$ 的大小及距离 d

因主矢和主矩都不为零,故该力系可以进一步简化为合力,合力的大小为

$$F_R=F'_R=466.5\ \mathrm{N}$$

由主矩的转向,可得合力 $\boldsymbol{F}_R$ 在原点 O 的左侧上方(图 3.6b),且

$$d=\left|\frac{M_O}{R'}\right|=\frac{21.44\ \mathrm{N\cdot m}}{466.5\ \mathrm{N}}=0.0459\ \mathrm{m}=4.59\ \mathrm{cm}$$

§3.3 平面任意力系的平衡方程

当平面任意力系的主矢和主矩同时等于零时,刚体平衡。由式(3.5)和式(3.3)知,要使 $\boldsymbol{F}'_R=0$,$M_O=0$,必须且只需

$$\sum F_x=0,\sum F_y=0,\sum M_O=0 \tag{3.9}$$

方程(3.9)称为平面任意力系的平衡方程。这是三个独立的代数方程,可以求解三个未知量。方程(3.9)是平面任意力系平衡方程的基本形式,除了这种形式外,还可将平衡方程表示为二力矩形式或三力矩形式。

二力矩形式的平衡方程:

$$\sum F_x=0,\sum M_A=0,\sum M_B=0 \tag{3.10}$$

即一个投影方程和两个力矩方程,其中 A 和 B 是平面内任意两点,但 A、B 的连线不能与 x 轴垂直。如果不加上 A、B 的连线不能与 x 轴垂直这一附加条件,则方程(3.10)只是平衡的必要条件。

三力矩形式的平衡方程:

$$\sum M_A=0,\sum M_B=0,\sum M_C=0 \tag{3.11}$$

三力矩形式的平衡方程是任取不在一直线上的三点 A、B、C 为矩心而得到的平衡方程。

尽管平衡方程可以写成不同的形式,但是,平面任意力系的独立平衡方程只有三个,只能求解三个未知数。平衡方程的多种形式给我们列写平衡方程提供了很大的选择余地,为了简化计算,可适当选取投影轴和矩心,尽可能使一个方程只含一个未知数,尽量不解或少解联立方程。如能灵活运用,可使解题过程十分简捷。

例 3.2 起重吊车的简图如图 3.7a 所示,A 端为止推轴承,B 处为向心轴承,自重 P,起吊重物重 W。求吊车平衡时 A,B 处的约束力。

解:(1)考虑吊车的平衡。对吊车进行受力分析,画受力图。

根据止推轴承对物体的限制作用,A 处约束力有 x、y 方向两个分量 $\boldsymbol{F}_{Ax}$、$\boldsymbol{F}_{Ay}$。向心轴承 B 可简化为一光滑圆环,因而其约束力 $\boldsymbol{F}_B$ 垂直于支承面,可向左也可向右,此处假设向右,如果计算结果为负数,则表示向左。再画出主动力 W、P,得吊车的受力图(图 3.7b)。

(2)建立坐标系,列写平衡方程,由已知量求未知量。

$$\sum F_x=0,F_{Ax}+F_B=0$$

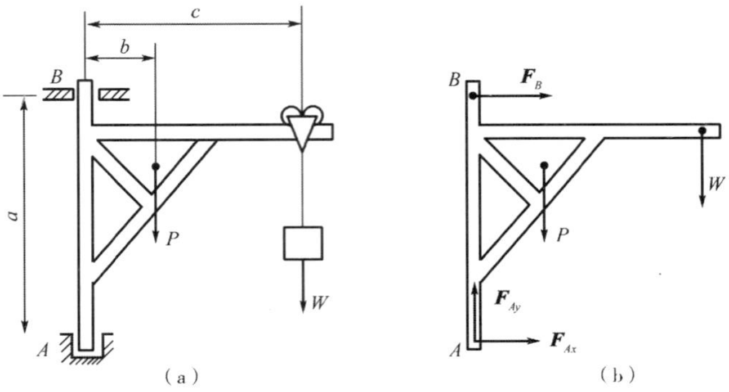

图 3.7 例 3.2 图

$$\sum F_y=0, F_{Ay}-W-P=0$$

$$\sum M_A=0, -F_B \cdot a-P \cdot b-W \cdot c=0$$

解得

$$F_B=-\frac{P \cdot b+W \cdot c}{a}, \quad F_{Ax}=\frac{P \cdot b+W \cdot c}{a}, F_{Ay}=P+W$$

例 3.3 在图 3.8a 所示刚架中,已知 $q_m=3$ kN/m,$F=6\sqrt{2}$ kN,$M=10$ kN·m。不计刚架自重量,求固定端 A 处的约束力。

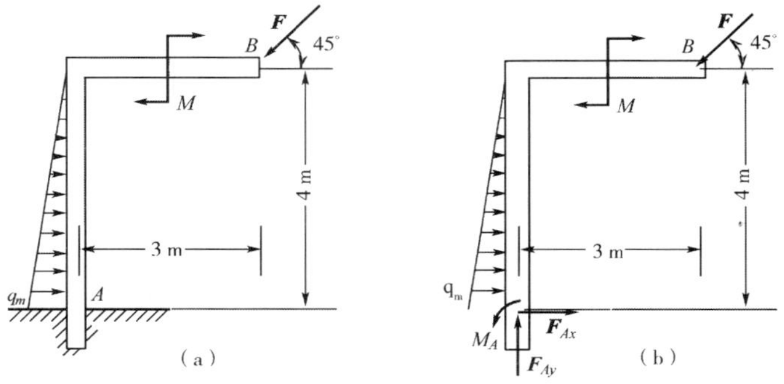

图 3.8 例 3.3 图

解:分析刚架受力,其上所受荷载有集中力 $\boldsymbol{F}$、集中力偶 M、线性分布荷载,约束力有固定端的 $\boldsymbol{F}_{Ax}$、$\boldsymbol{F}_{Ay}$ 和 M_A,刚架的受力图如 3.8b 所示。

列平衡方程:

$$\sum F_x=0, F_{Ax}+\frac{1}{2}q_m \cdot 4\ \text{m}-F\cos45°=0$$

$$\sum F_y=0, F_{Ay}-\frac{\sqrt{2}}{2}F=0$$

$$\sum M_A=0, \quad M_A-M-\frac{1}{2}q_m \cdot 4\ \text{m} \cdot \frac{1}{3} \cdot 4\ \text{m}+\frac{F}{\sqrt{2}}(4\ \text{m}-3\ \text{m})=0$$

代入数值,解得

$$F_{Ax}=0, F_{Ay}=6\ \text{kN}, M_A=12\ \text{kN} \cdot \text{m}$$

平面汇交力系、平面力偶系的平衡方程易于从平面任意力系的结果中得到。

各力作用线在同一平面内且相互平行的力系称为平面平行力系。它也是平面任意力系的特例,也应满足平面任意力系平衡方程。若取力系中各力平行于 Oy 轴,则 $\sum F_x \equiv 0$,于是平面

平行力系的平衡方程只有两个，即

$$\sum F_y=0, \sum M_O=0 \tag{3.12}$$

当然也可将上式表示为两力矩形式。平面平行力系的独立平衡方程只有两个，只能求解两个未知量。

例 3.4 塔式轨道起重机如图 3.9 所示。机身重 $G=220$ kN，作用线通过塔架的中心。已知最大起重量 $P=50$ kN，起重悬臂长 12 m，轨道 AB 的间距为 4 m，平衡重 $\boldsymbol{W}$ 到机身中心线的距离为 6 m。试求能保证起重机不会翻倒的平衡重的大小 W。

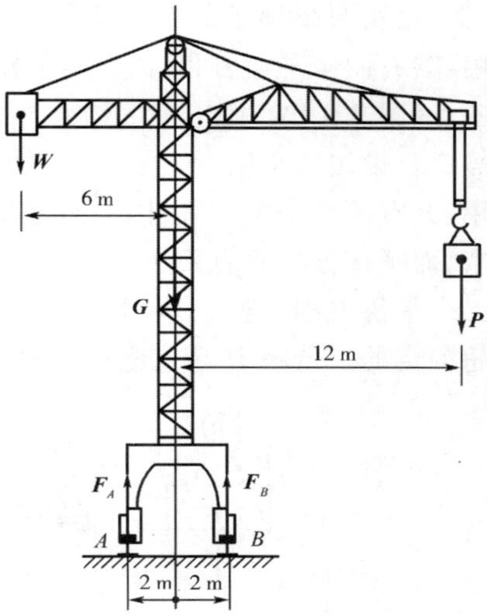

图 3.9 例 3.4 图

解:取起重机整体为研究对象。起重机在起吊重物时，作用在它上面的力有机身自重 $\boldsymbol{G}$，平衡重 $\boldsymbol{W}$，起重量 $\boldsymbol{P}$，以及轨道对轮子的约束力 $\boldsymbol{F}_A$，$\boldsymbol{F}_B$，这些力组成一平面平行力系如图所示。

要保证起重机不会翻倒，就是要保证起重机在满载时不绕 B 点向右翻倒；空载时不绕 A 点向左翻倒。这就要求作用在起重机上的力系在以上两种情况下都能满足平衡条件。

满载时（$P=50$ kN），假定起重机处于平衡的临界情况（即将翻未翻时），则有 $F_A=0$，这时可由平衡方程式求出平衡重的最小值 $W_{\min}$，列平衡方程

$$\sum M_B=0, G\times 2\ \text{m}+W_{\min}\cdot(6+2)\text{m}-P\cdot(12-2)\text{m}=0$$

求得满载时保证起重机不会翻倒的最小平衡重为

$$W_{\min}=7.5\ \text{kN}$$

空载时（$P=0$），又假定起重机处于平衡的另一临界情况，则有 $F_B=0$，这时可由平衡方程求出平衡重的最大值 $W_{\max}$。由平衡方程

$$\sum M_A=0, \quad W_{\max}\cdot(6-2)\text{m}-G\times 2\ \text{m}=0$$

可得空载时保证起重机不会翻倒的最大平衡重为

$$W_{\max}=110\ \text{kN}$$

上面 $W_{\min}$ 的 $W_{\max}$ 和是在满载和空载两种极限平衡状态下求得的，起重机实际工作时当然不允许处于这种危险状态。因此要保证起重机不会翻倒，平衡重的大小 W 应在这两者之间，即

$$7.5\ \text{kN}<W<110\ \text{kN}$$

从以上例题可知，求解静力学平衡问题的步骤为：(1)取研究对象；(2)画受力图；(3)选择并建立坐标系；(4)列平衡方程式；(5)解方程；(6)校核。

§3.4 物体系统的平衡

1. 静定和超静定问题的概念

当系统中的未知量数目等于独立的平衡方程数时，则所有未知量都能由静力学平衡方程求出，这样的问题称为**静定问题**。显然前面列举的各例都是静定问题。在工程实际中，有时为

了提高结构的强度和刚度，常常会增加约束，从而使这些结构的未知量的数目多于独立平衡方程的数目，未知量就不能全部由静力学平衡方程求出，这样的问题称为**超静定问题**或**静不定问题**。对于超静定问题，必须考虑物体因受力作用而产生的变形，加上某些补充方程后，才能使方程的数目等于未知量的数目。超静定问题已超出刚体静力学的范围，将在材料力学和结构力学中研究。本书仅讨论静定问题。

设用两根绳子悬挂一重物（图 3.10a），未知的约束力有两个，而重物受平面汇交力系作用，共有两个平衡方程，因此是静定的。如用三根绳子悬挂重物，且力的作用线在平面内交于一点（图 3.10b），则未知的约束力有三个，而平衡方程只有两个，因此是超静定的，且为 1 次超静定。设用两个轴承支承一根轴（图 3.10c），未知的约束力有两个，因轴受平面平行力系作用，共有两个平衡方程，因此是静定的。若用三个轴承支承（图 3.10d），则未知的约束力有三个，而平衡方程只有两个，因此是 1 次超静定。图 3.10e 和 3.10f 所示的平面任意力系，均有三个平衡方程，图 3.10e 中有三个未知数，因此是静定的；而图 3.10f 中有四个未知数，因此是超静定的。若将 B 端支座换成固定铰支座，则为 2 次超静定。

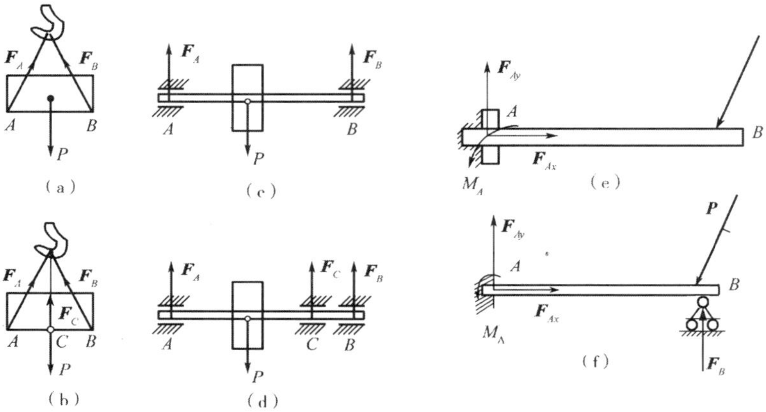

图 3.10

2. 物体系统的平衡

当物体系统平衡时，组成系统的每一个物体都处于平衡状态，因此对于系统中每一个物体，均可写出一定数目的平衡方程。例如平面任意力系有三个独立的平衡方程，平面汇交力系和平面平行力系的独立的平衡方程各有二个，而平面力偶系有一个独立的平衡方程。则**物体系统的独立的平衡方程数等于组成系统各物体的独立平衡方程数之和。**

下面通过实例来说明各种物体系统平衡问题的解法。

例 3.5 图 3.11a 所示滑道连杆机构，在滑道连杆上作用着水平力 $\boldsymbol{F}$。已知 $OA=r$，滑道倾角为 β，机构自重和各处摩擦均不计。求当机构平衡时，作用在曲柄 OA 上的力偶矩 M 与角 θ 之间的关系。

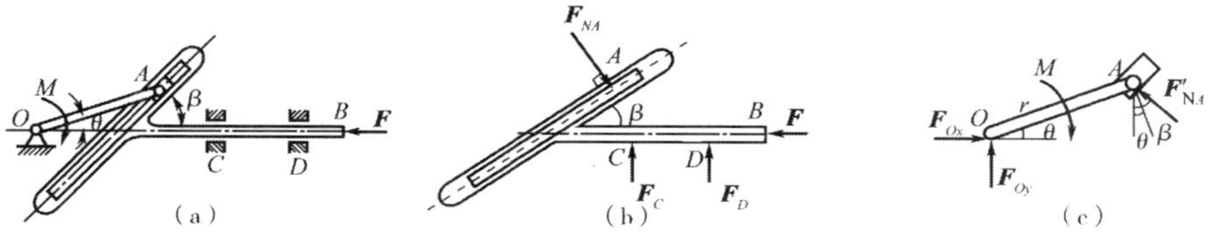

图 3.11　例 3.5 图

解:分析:有一类物体系统,不是每一个物体的运动都被限制住,而是能够实现既定的运动,这样的物体系统称为**运动机构**。对于这类物体系统,只有当作用于其上的主动力之间满足一定关系时,才会平衡。作用于机构上的主动力的传递规律是:沿机构运动传动顺序逐个构件地进行传递,从而引起各构件的约束力。因此,求解机构平衡问题时,通常是由已知到未知,依运动传动顺序,逐个选取研究对象求解。

研究滑道连杆 AB,受力图 3.11b:

$$\sum F_x=0,F_{NA}\sin\beta-F=0,F_{NA}=\frac{F}{\sin\beta}$$

研究曲柄 OA 及滑块 A,受力图 3.11c:

$$\sum M_O=0,-M+F'_{NA}\cdot r\cos(\beta-\theta)=0$$

可得

$$M=Fr\cdot\frac{\cos(\beta-\theta)}{\sin\beta}$$

例 3.6 如图 3.12a 所示组合梁,已知 a、θ、q,$F=qa$,试求 A、C 处的约束力。

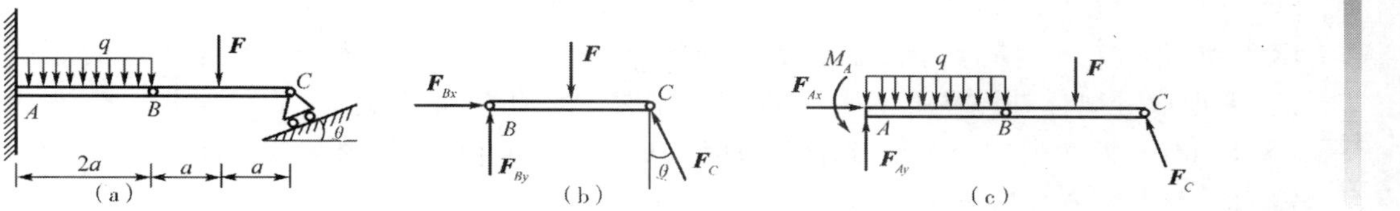

图 3.12 例 3.6 图

解:分析:组合梁的各部分有主次之分,在研究有主次之分的物体系统的平衡时,应先分析次要部分,后分析主要部分或整体。本题 AB 梁是主要部分或基本部分,而 BC 梁是次要部分或附属部分。

先取 BC 梁为研究对象,受力图如图 3.12b。列平衡方程:

$$\sum M_B=0,\quad F_C\cos\theta\cdot 2a-Fa=0,F_C=qa/(2\cos\theta)$$

再研究整体(图 3.12c):

$$\sum F_x=0,F_{Ax}-F_C\sin\theta=0,F_{Ax}=(qa\tan\theta)/2$$

$$\sum F_y=0,F_{Ay}-2qa-F+F_C\cos\theta=0,F_{Ay}=5qa/2$$

$$\sum M_A=0,M_A-2qa\cdot a-F\cdot 3a+F_C\cos\theta\cdot 4a=0,M_A=3qa^2$$

例 3.7 由 AC 和 CD 构成的组合梁通过铰链 C 连接。它的支承和受力如图 3.13a 所示。已知 $q=10$ kN/m,$M=40$ kN·m,不计梁的自重力,求支座 A,B,D 及铰链 C 处的约束力。

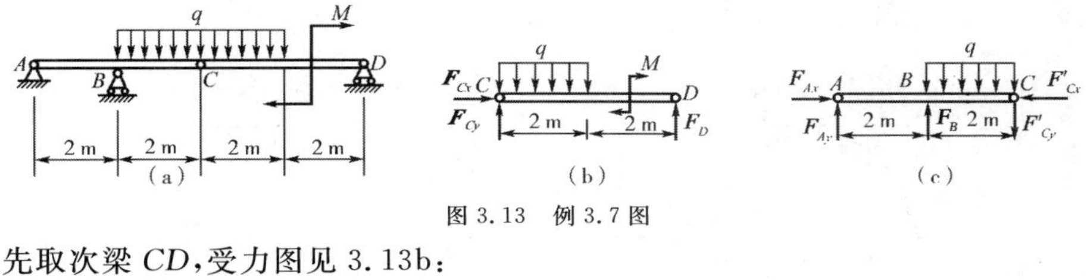

图 3.13 例 3.7 图

解:先取次梁 CD,受力图见 3.13b:

$$\sum M_C=0,F_D\times 4\ \text{m}-\frac{1}{2}q\times(2\ \text{m})^2-M=0,F_D=15\ \text{kN}$$

$$\sum F_x=0,F_{Cx}=0$$

$$\sum F_y=0,F_{Cy}+F_D-q\times 2\ \text{m}=0,F_{Cy}=5\ \text{kN}$$

再取主梁 AC，受力图见 3.13c：

$$\sum M_A=0, F_B\times 2\ \text{m}-F_{Cy}\times 4\ \text{m}-q\cdot 2\ \text{m}\times 3\ \text{m}=0, F_B=40\ \text{kN}$$

$$\sum F_x=0, F_{Ax}=0$$

$$\sum F_y=0, F_A+F_B-F_{Cy}-q\times 2\ \text{m}=0, F_A=-15\ \text{kN}$$

例 3.8 构架如图 3.14a 所示。已知 A、B、C、O 均为光滑铰链连接，重物重力 P，滑轮半径 $r=\dfrac{a}{2}$，杆及滑轮的重力不计。求支座 A 和 B 处的约束力。

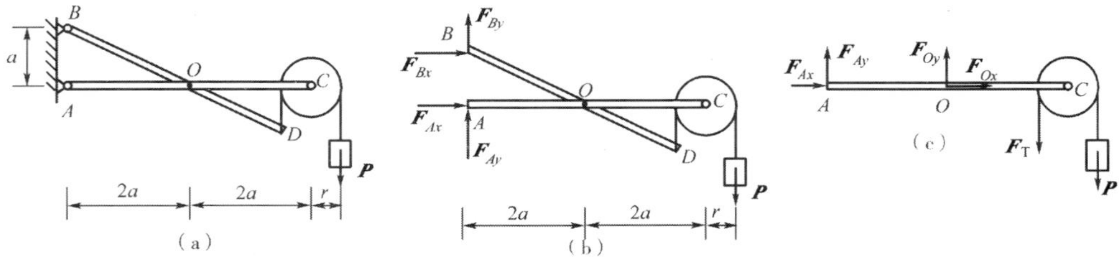

图 3.14 例 3.8 图

解：分析：本系统没有主次之分。先考虑取整体为研究对象（图 3.14b）可显示 A、B 处待求未知力，4 个未知量 3 个方程无法全部解出，但可以求出 F_{Ax} 和 F_{Bx}。为达到全部求出的目的，考虑取分离体补充平衡条件。由于水平杆 AC 几何关系简单，故可取杆 AC 为研究对象（图 3.14c），两个研究对象有 6 个未知量和 6 个独立方程，可以求解。根据题意，杆 AC 部分只需列一个平衡方程即可求解。

先取整体为研究对象，受力图如图 3.14b 所示。列平衡方程

$$\sum M_B=0, F_{Ax}\cdot a-P\cdot(4a+r)=0 \qquad F_{Ax}=4.5P$$

$$\sum M_A=0, -F_{Bx}\cdot a-P\cdot(4a+r)=0 \qquad F_{Bx}=-4.5P$$

$$\sum F_y=0, F_{Ay}+F_{By}-P=0 \tag{a}$$

该方程有两个未知量，需要补充方程。

再取 AC 杆、滑轮及重物组成的系统为研究对象，受力图如图 3.14c 所示。列平衡方程

$$\sum M_O=0, -F_{Ay}\cdot 2a-F_T\cdot(2a-r)-P(2a+r)=0$$

利用 $F_T=P$，得

$$F_{Ay}=-2P$$

将 F_{Ay} 代入到方程(a)，得

$$F_{By}=3P$$

可由 BD 杆的平衡条件校核以上结果。

例 3.9 三铰拱如图 3.15a 所示。已知 $\boldsymbol{F}_1$、$\boldsymbol{F}_2$、l，试求 A、B 处的约束力和铰链 C 所受的力。

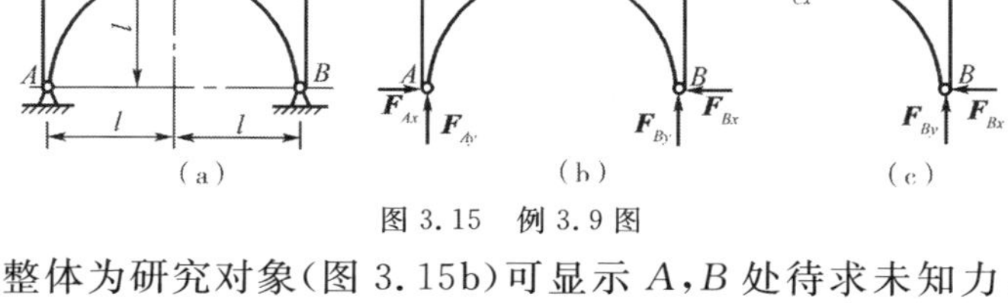

图 3.15 例 3.9 图

解：分析：先取整体为研究对象（图 3.15b）可显示 A，B 处待求未知力，4 个未知量 3 个方程无法全部解出。再取 AC 或 BC 为研究对象（图 3.15c），两个研究对象有 6 个未知量和 6 个

独立方程,可以求解。

研究整体(图 3.15b):

$$\sum M_A=0, F_{By}\cdot 2l-F_1\cdot\frac{l}{3}-F_2\cdot\frac{3l}{2}=0$$

$$\sum M_B=0, F_1\cdot\frac{5l}{3}+F_2\cdot\frac{l}{2}-F_{Ay}\cdot 2l=0$$

$$\sum F_x=0, F_{Ax}-F_{Bx}=0$$

由前两式,可得

$$F_{By}=\frac{F_1}{6}+\frac{3F_2}{4}, F_{Ay}=\frac{5F_1}{6}+\frac{F_2}{4}$$

研究 BC(图 3.15c):

$$\sum M_C=0, F_{By}\cdot l-F_{Bx}\cdot l-F_2\cdot\frac{l}{2}=0$$

可得 F_{Bx},代入整体平衡方程第三式,可解出 F_{Ax},即

$$F_{Ax}=F_{Bx}=\frac{F_1}{6}+\frac{F_2}{4}$$

又有

$$\sum F_x=0, F_{Cx}=F_{Bx}=\frac{F_1}{6}+\frac{F_2}{4}$$

$$\sum F_y=0, F_{By}-F_{Cy}-F_2=0, F_{Cy}=\frac{F_1}{6}-\frac{F_2}{4}$$

§3.5　平面简单桁架的内力计算

本节介绍桁架的一些最基本的概念以及桁架内力的计算。桁架是一种常见的工程结构,如桥梁、房屋建筑、起重机、油田井架、电视塔以及其他结构物常用桁架结构。

桁架的杆件与杆件相结合的点,称为**节点**。若所有杆件都在同一平面内,且荷载作用在相同的平面内,这种桁架称为**平面桁架**,否则称为空间桁架(图 3.16)。

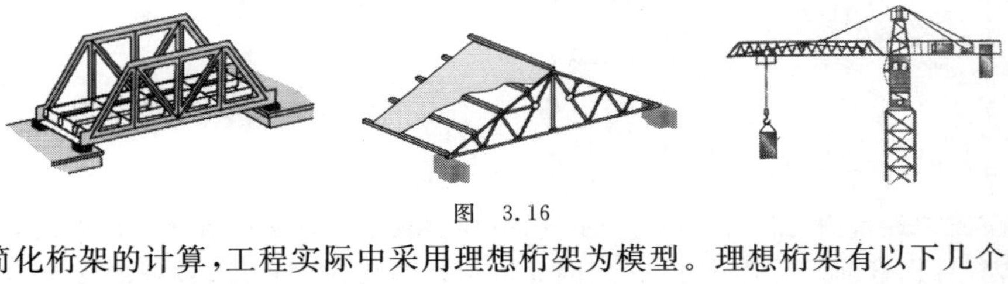

图　3.16

为了简化桁架的计算,工程实际中采用理想桁架为模型。理想桁架有以下几个**假设**:

(1)桁架的杆件都是直杆;

(2)杆件用光滑的铰链连接;

(3)桁架所受的力(荷载)都作用在节点上,而且在桁架面内;

(4)桁架杆件的重力略去不计,或平均分配在杆件两端的节点上。

实际的桁架,当然与上述假设有差别,如桁架的节点不一定是铰接的,杆件的中心线也不可能是绝对直的。但在工程实际中,上述假设能够简化计算,而且所得的结果能够满足工程实际的要求且偏于安全的。根据这些假设,桁架的杆件都看成为**二力杆**。因此各杆件所受的力均沿着杆子的轴线方向,只受拉力或压力。

计算桁架杆件内力有两种方法：节点法和截面法。

所谓的**节点法**就是逐个地选取节点为研究对象，从而求出每个杆件的内力的方法。桁架的每个节点都受一个平面汇交力系的作用，在求解平面汇交力系时，可以用解析法，也可以用几何法。

在工程实际中，有时只要求计算桁架内某几个杆件所受的内力，可以适当地选择一假想截面，在需求其内力的杆件处将桁架截成为两部分，然后考虑其中任一部分的平衡，用平面任意力系平衡方程求出这些被截断杆件的内力，这就是**截面法**。应用截面法求桁架内某些杆件内力的步骤和要点与节点法基本相同。

例 3.10 房屋结构如图 3.17a 所示，已知屋架跨度 5 m，铅垂杆沿跨度均匀分布，人字梁与水平面夹角为 30°，屋架之间的间距为 4 m。屋面自重力为 500 N/m^2，最大雪荷载为 200 N/m^2，试求屋架中杆 1、2、3 的内力。

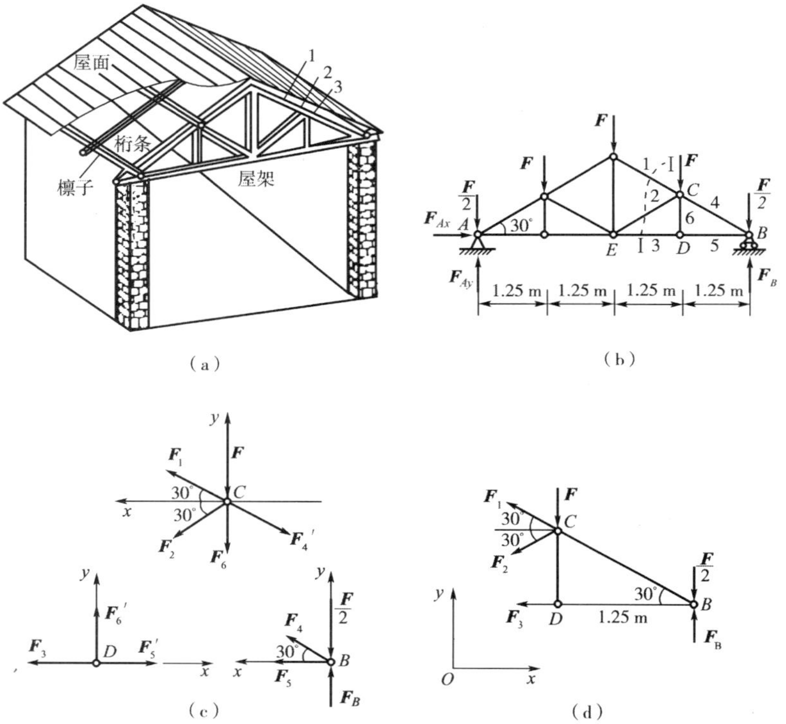

图 3.17　例 3.10 图

解：欲对屋架进行内力计算，需从尺寸、约束和荷载三个方面将实际结构简化为力学模型。因为屋架各杆件横截面尺寸远小于长度，因此可用杆轴线代表杆件；各杆的交点多半是榫接、铆接或焊接，因杆件为细长杆，主要承受拉伸或压缩，忽略弯曲次要因素，可近似看作光滑铰链连接，各杆自重力不计，故均可看作二力杆。屋架一端通常可简化为固定铰支座，另一端可简化为滚动铰支座。屋顶荷载由桁条传给檩子，再由檩子传给屋架，非常接近于集中力，其大小等于两屋架之间和两檩子之间屋面的荷载，所有外荷载沿屋架平面作用于节点上。最后画出屋架计算简图（图 3.17b）。

计算荷载 F：

$$F=(500+200)\ N/m^2\times 4\ m\times 1.25\ m/\cos 30^\circ=4\ kN$$

研究桁架整体（图 3.17b）：

$$\sum M_A=0, F_B\times 5\ \text{m}-F\times 1.25\ \text{m}-F\times 2.5\ \text{m}-F\times 3.75\ \text{m}-0.5F\times 5\ \text{m}=0$$

$$F_B=2F=8\ \text{kN}$$

［**解法 1**］ 节点法(图 3.17c)

研究节点 B：

$$\sum F_y=0, F_4\sin 30°+F_B-F/2=0, F_4=-12\ \text{kN}$$

$$\sum F_x=0, F_5+F_4\cos 30°=0, F_5=10.4\ \text{kN}$$

研究节点 D：

$$\sum F_y=0, F_6=0$$

$$\sum F_x=0, F_5-F_3=0, F_3=10.4\ \text{kN}$$

研究节点 C：

$$\sum F_y=0, (F_1-F_2-F_4)\sin 30°-F_6-F=0$$

$$\sum F_x=0, (F_1-F_4)\cos 30°+F_2\cos 30°=0$$

$$F_1=-8\ \text{kN}, F_2=-4\ \text{kN}$$

因为在受力图中假设各杆均受拉力，解出的结果为正是拉力，反之是压力。故知杆 1 和杆 2 受压，杆 3 受拉。

［**解法 2**］ 截面法

研究 I-I 截面右半段(图 3.17b)：

$$\sum M_C=0, F_3\times(1.25\ \text{m})\tan 30°-(F_B-F/2)\times 1.25\ \text{m}=0$$

$$\sum M_B=0, F\times 1.25\ \text{m}+F_2\cos 30°\times(1.25\ \text{m})\tan 30°+F_2\sin 30°\times 1.25\ \text{m}=0$$

$$\sum F_y=0, F_1\sin 30°-F-F/2+F_B-F_2\sin 30°=0$$

得： $F_3=10.4\ \text{kN}, F_2=-4\ \text{kN}, F_1=-8\ \text{kN}$

由于桁架的各个杆件只受轴向拉力或压力，从而充分发挥了材料的承载能力，可以减轻结构自重，节省材料，所以在工程中，尤其是大跨度结构，常采用桁架结构。

由此题可见，需求桁架全部杆件的内力时宜用节点法；若只需求某几根指定杆件的内力，用截面法可迅速求得结果。对某些复杂的问题，常需综合应用截面法和节点法，才能简便地求出待求杆件的内力。为简化计算，通常根据观察，先找出内力为零的杆件，即**零力杆**。

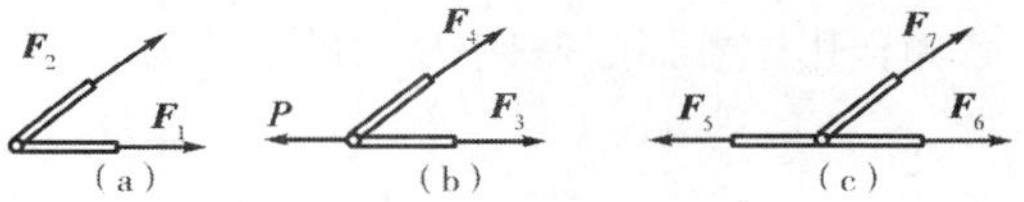

图 3.18

试找出图 3.18 中的零力杆。

本章小结

1. 力的平移定理：平面中一力 $\boldsymbol{F}$ 可以向一点 O 平移而不改变对刚体的作用，但必须附加一力偶，附加力偶的力偶矩等于原力对平移点的力矩，$M=M_O(\boldsymbol{F})$。

2. 平面任意力系可以向平面上任选的简化中心 O 简化，一般可得一个力和一个力偶。这个力即为力系的主矢，有

$$\boldsymbol{F}'_{\text{R}}=\sum \boldsymbol{F}_i$$

或

$$F'_{\text{R}x}=\sum F_{ix}, F'_{\text{R}y}=\sum F_{iy}$$

与简化中心的选择无关，作用线通过简化中心；这个力偶即为力系的主矩，有

$$M_O = \sum M_O(\boldsymbol{F}_i)$$

一般与简化中心的选择有关。

3. 平面任意力系简化的最后结果有三种情况：平衡、合力偶、合力。

4. 平面任意力系的平衡条件是：

$$\sum \boldsymbol{F}_i = 0, \sum M_O(\boldsymbol{F}_i) = 0$$

独立的平衡方程有 3 个，其基本形式为

$$\sum F_x = 0, \sum F_y = 0, \sum M_O = 0$$

平衡方程还有二矩式 $\sum F_x = 0, \sum M_A = 0, \sum M_B = 0$，其中 x 轴不得垂直于 A、B 连线；三矩式 $\sum M_A = 0, \sum M_B = 0, \sum M_C = 0$，其中 A、B、C 不得共线。

5. 平面任意力系在特殊情况下的平衡方程基本形式是：

平面汇交力系为　$\sum F_x = 0, \sum F_y = 0$，独立平衡方程的个数是 2；

平面平行力系（各力与 y 轴平行）为 $\sum F_y = 0, \sum M_O = 0$，独立平衡方程的个数是 2；

平面力偶系为 $\sum M_i = 0$，独立平衡方程的个数是 1。

6. 当系统中未知量的数目与独立的平衡方程数目相等，这样的问题称为静定问题。当未知量数目大于独立平衡方程数目，称为超静定问题。

7. 理想桁架中各杆件均为二力杆。求解桁架各杆内力可用节点法或截面法。节点法考虑各节点的平衡，用平面汇交力系平衡方程求解。截面法考虑部分桁架的平衡，用平面任意力系平衡方程求解。

习　　题

3.1　试将图示滑轮上所受的力系 $\boldsymbol{F}_1$、$\boldsymbol{F}_2$、$\boldsymbol{F}_3$ 向其中心简化，其中 $F_1 = 1\ 200$ N，$F_2 = 900$ N，$F_3 = 500$ N，$R = 0.3$ m，$r = 0.2$ m。

3.2　图示平面任意力系中，$F_1 = 40\sqrt{2}$ N，$F_2 = 80$ N，$F_3 = 40$ N，$F_4 = 110$ N，$M = 2\ 000$ N·mm。各力作用位置如图，图中尺寸的单位为 mm。试求力系向点 O 简化的结果。

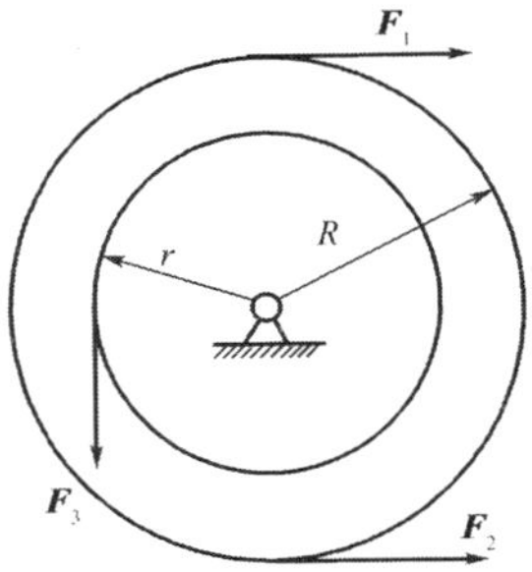

题 3.1　图

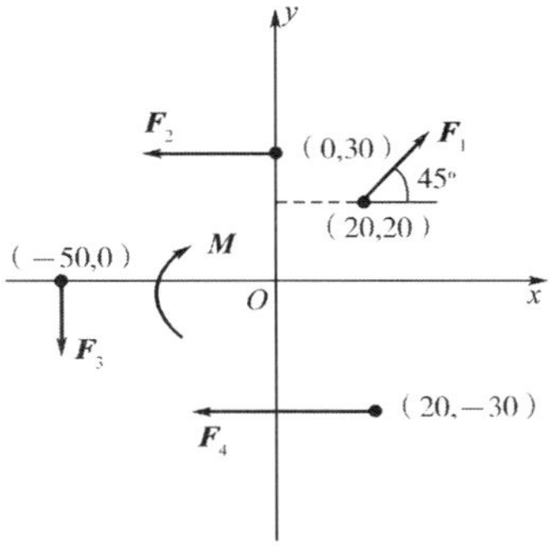

题 3.2　图

3.3　杠杆 ABC 在 A 处用铰链连接，而在 B 处与一曲杆 BD 相连如图示。已知作用于 C 处的水平力 $F = 400$ N，构件自重力不计，求 A 处所受的约束力。

3.4　如图所示，飞机机翼上安装 1 台发动机，作用在机翼 OA 上的气动力按梯形分布：$q_1 = 60$ kN/m，$q_2 = 40$ kN/m，机翼重 $P_1 = 45$ kN，发动机重力 $P_2 = 20$ kN，发动机螺旋桨的反作用力偶矩 $M = 18$ kN·m。求机翼处于平衡状态时，机翼根部固定端 O 的受力。

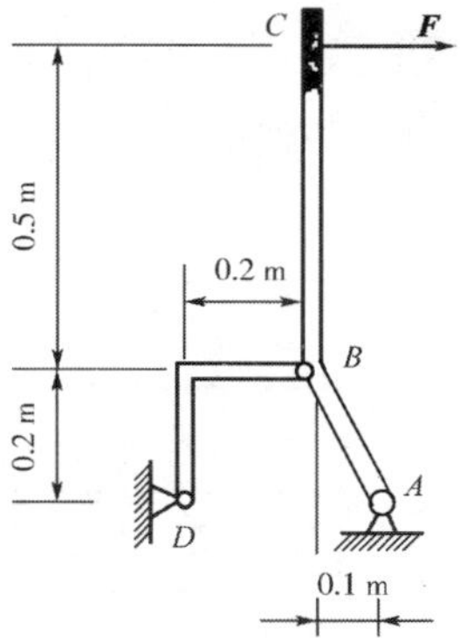

题 3.3　图

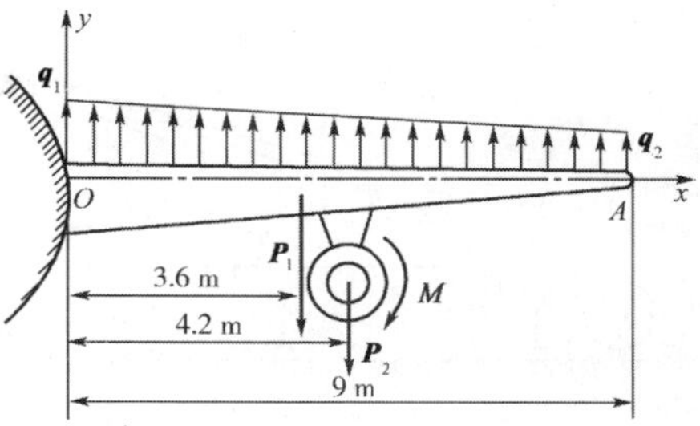

题 3.4　图

3.5　无重水平梁的支承和荷载如图所示。已知力 $\boldsymbol{F}$、力偶矩为 M 的力偶和荷载集度为 q 的均布荷载。求支座 A 和 B 处的约束力。

3.6　悬臂梁 AB 受到均布荷载和力偶的作用，已知荷载集度 $q=2$ kN/m，力偶矩 $M=5$ kN·m，$l=4$ m，求固定端 A 处的约束力。

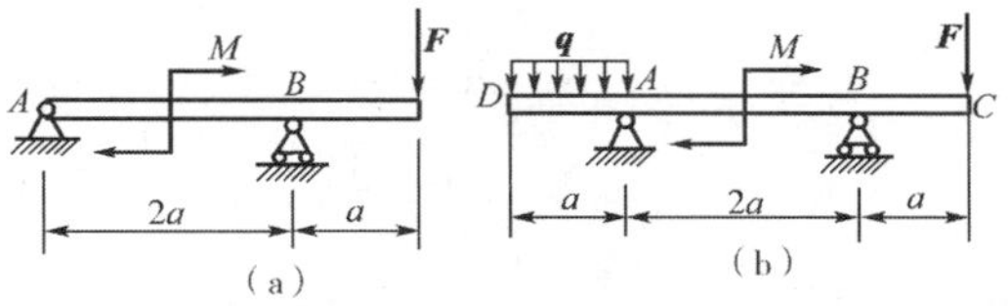

题 3.5　图

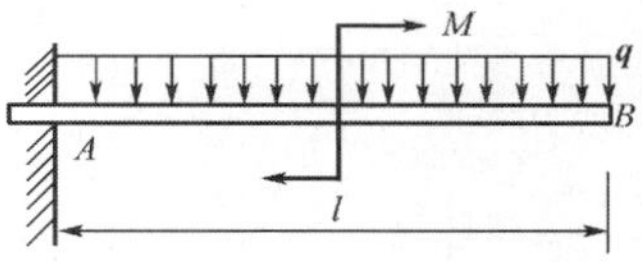

题 3.6　图

3.7　厂房立柱的根部用混凝土砂浆与基础连在一起，已知吊车梁给立柱的铅垂荷载 $P=60$ kN，风的分布荷载集度 $q=2$ kN/m，立柱自身的重力 $G=40$ kN，且 $a=0.5$ m，$h=10$ m，试求立柱根部的约束力。

3.8　梁 AB 用 a、b、c 三根链杆支承，其受载情况如图。已知 $F=100$ kN，$M=50$ kN·m，试求三根链杆所受的约束力。

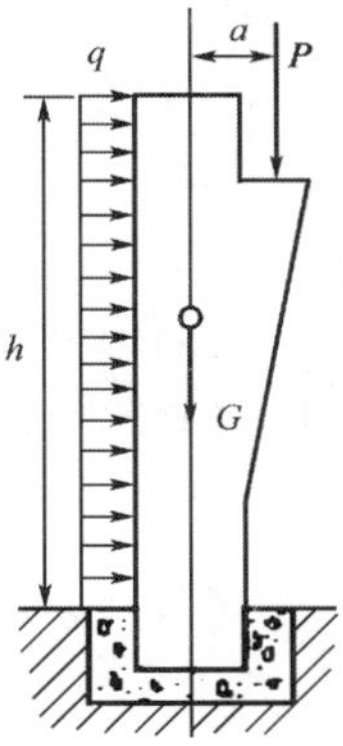

题 3.7　图

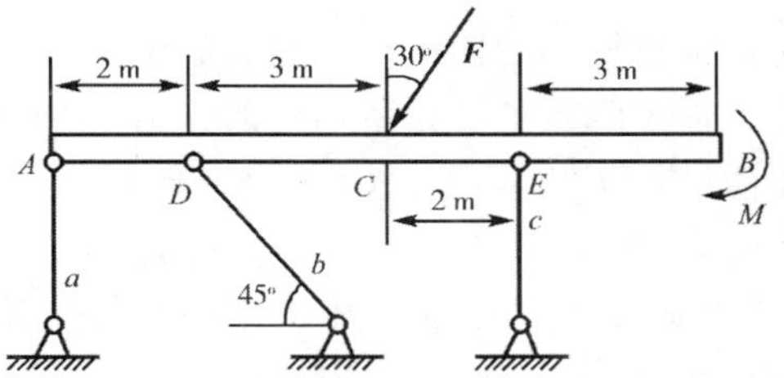

题 3.8　图

3.9　如图所示，液压式汽车起重机全部固定部分（包括汽车自重）总重 $P_1=60$ kN，旋转部分总重 $P_2=20$ kN，$a=1.4$ m，$b=0.4$ m，$l_1=1.85$ m，$l_2=1.4$ m。求：(1)当 $l=3$ m，起吊重力 $P=50$ kN 时，支撑腿 A，B 所受地面的约束力；(2)当 $l=5$ m 时，为了保证起重机不致翻倒，问最大起重量为多大？

3.10 水平梁 AB 由铰链 A 和杆 BC 所支持，如图所示。在梁上 D 处用销子安装半径为 $r=0.1$ m 的滑轮，在一跨过滑轮的绳子，其一端水平地系于墙上，另一端悬挂有重 $P=1\ 800$ N 的重物。如 $AD=0.2$ m，$BD=0.4$ m，$\varphi=45°$，且不计梁、杆、滑轮和绳的重力。求铰链 A 和杆 BC 对梁的约束力。

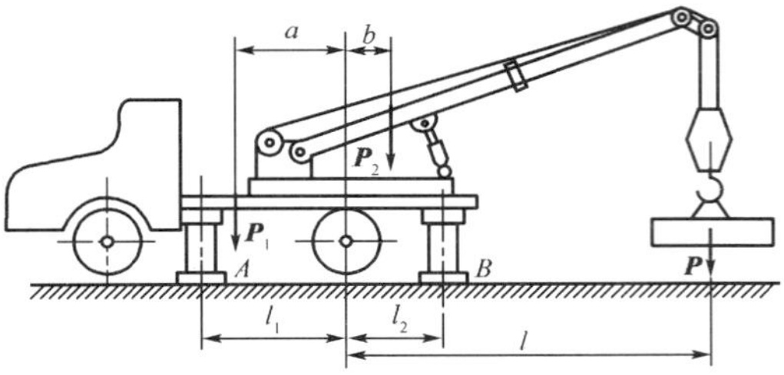

题 3.9 图

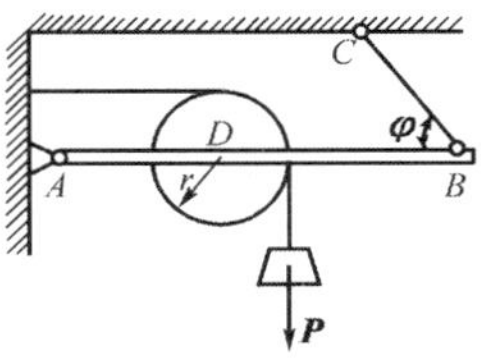

题 3.10 图

3.11 试判断图示各平衡问题是静定的还是超静定的。荷载如图，各构件自重不计。

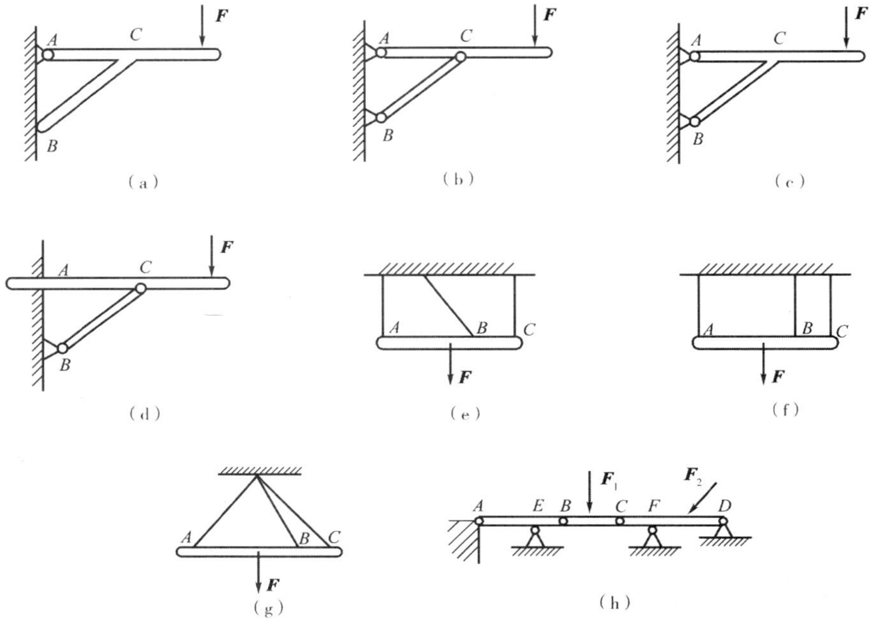

题 3.11 图

3.12 轮式拖拉机制动器的操纵机构如图所示。作用在踏板 A 上的力 $\boldsymbol{F}$ 通过杠杆 AOB 和拉杆 BC 传给摇臂 CD，若不计各构件的重力，求平衡时力 F_1 与力 F 的比值。

3.13 在曲柄压力机中，已知曲柄 $OA=R=230$ mm，设计要求：当 $\theta=20°$，$\varphi=3.2°$时达到最大冲压力 $F=3\ 150$ kN，求最大冲压力 $\boldsymbol{F}$ 作用时，导轨对滑块的侧压力和曲柄上所加的转矩 M，并求此时轴承 O 处的约束力。

3.14 如图所示，组合梁由 AC 和 CD 两段铰接构成，起重机放在梁上。已知起重机重 $P_1=50$ kN，重心在铅直线 EC 上，起重荷载 $P_2=10$ kN。如不计梁重，求支座 A、B、D 三处的约束力。

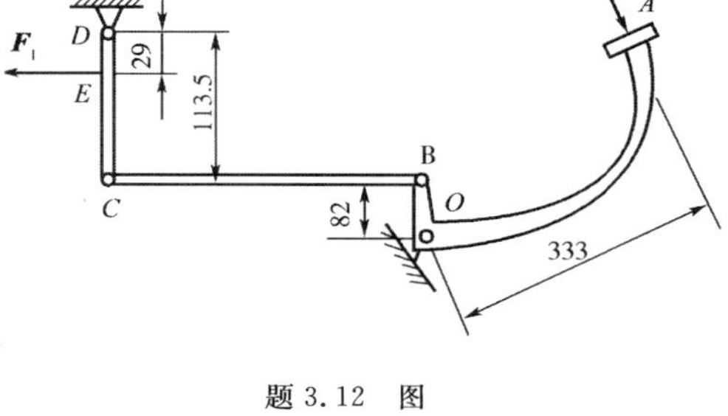

题 3.12 图

3.15 在图示(a)、(b)两连续梁中，已知 q、M、a 及 θ，不计梁的自重，求两连续梁在 A、B、C 三处的约束力。

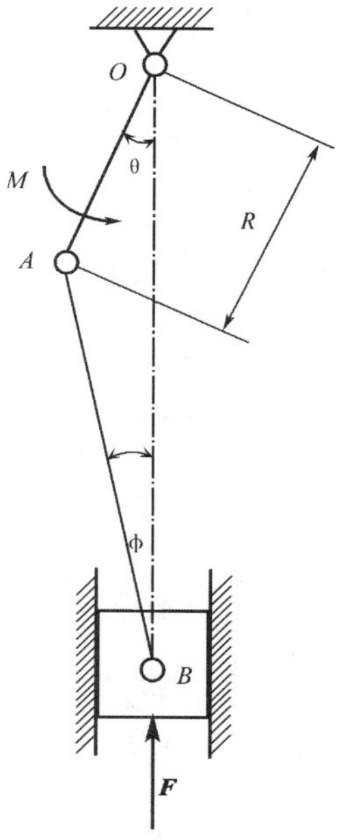

题 3.13 图

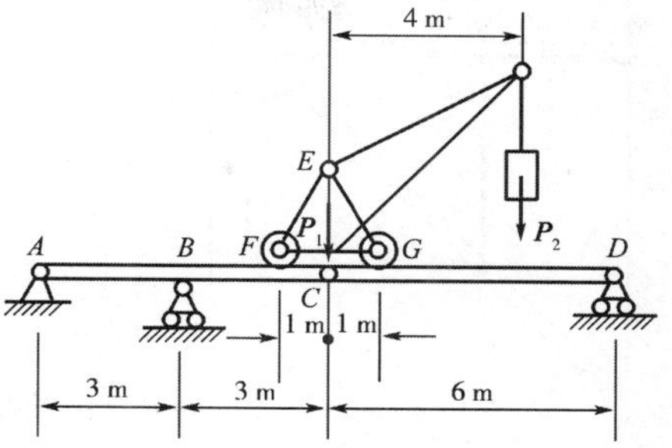

题 3.14 图

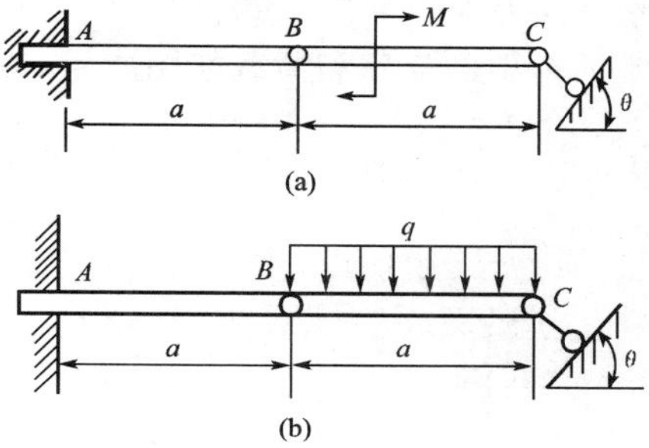

题 3.15 图

3.16 图示构架中，物体重 $P=1\ 200$ N，由细绳跨过滑轮 E 而水平系于墙上，尺寸如图。不计杆和滑轮的重力，求支承 A 和 B 处的约束力，以及杆 BC 的内力 $\boldsymbol{F}_{BC}$。

3.17 折梯由两个相同的部分 AC 和 BC 构成，这两部分各重 $W=100$ N，在点 C 用铰链连接，并用绳子在点 D、E 互相连接，销钉上悬挂重物 $P=500$ N。已知 $AC=BC=4$ m，$DC=EC=3$ m，$\angle CAB=60^\circ$，不计摩擦力，求绳子的拉力和杆 AC、BC 作用于销钉 C 的约束力。

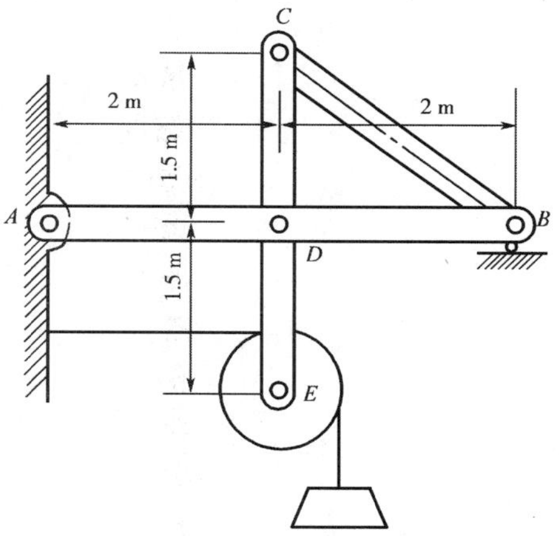

题 3.16 图

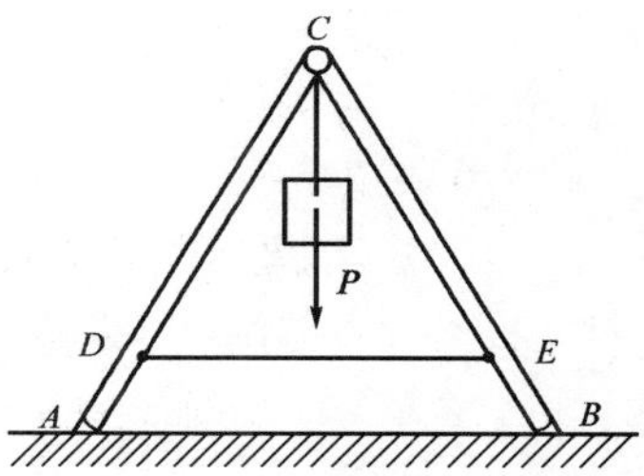

题 3.17 图

3.18 构架由杆 AB 和 BC 组成。已知重物 $G=20$ kN，$AD=DB=1$ m，$AC=2$ m，滑轮半径均为 30 cm，不计杆和滑轮的自重，试求 A 和 C 处的约束力。

3.19 构架由杆 AB，AC 和 DF 组成，如图所示。杆 DF 上的销子 E 可在杆 AC 的光滑槽内滑动，不计各杆的重力。在水平杆 DF 的一端作用铅直力 $\boldsymbol{F}$，求铅直杆 AB 上铰链 A，D

和 B 所受力。

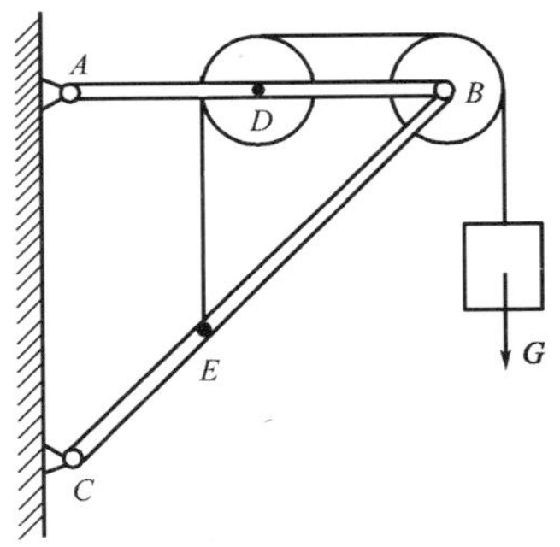

题 3.18　图

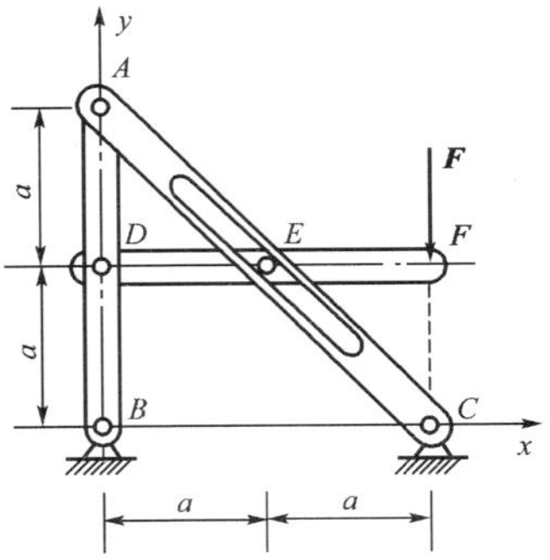

题 3.19　图

3.20　桁架受力如图所示，已知 $F_1=10$ kN，$F_2=F_3=20$ kN，求桁架 4、5、7、10 各杆的内力。

3.21　平面桁架的支座和荷载如图所示。ABC 为等边三角形，且 $AD=DB$，求杆 CD 的内力 $\boldsymbol{F}$。

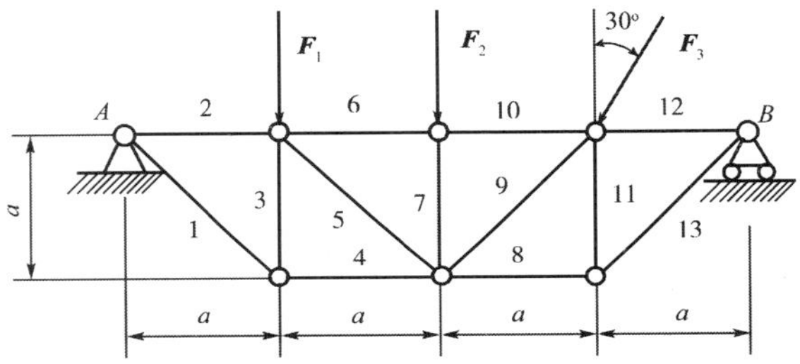

题 3.20　图

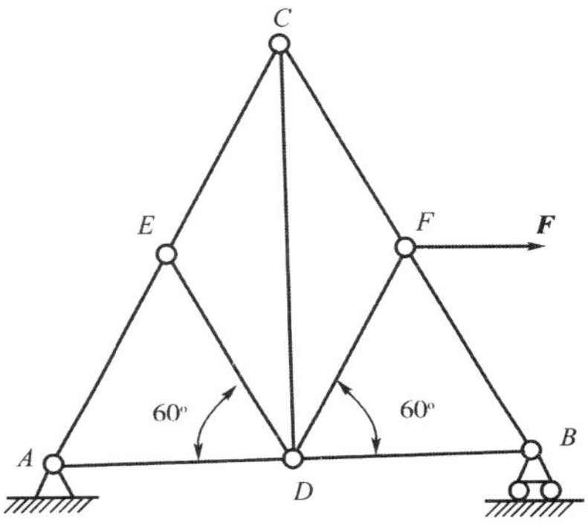

题 3.21　图

第四章　摩　　擦

教学要求：

1. 理解滑动摩擦的概念和特征；
2. 能求解考虑摩擦时的平衡问题；
3. 了解滚动摩阻的概念。

本章阐述静滑动摩擦和动滑动摩擦的性质、摩擦定律以及工程中常用的摩擦角、自锁现象等，说明考虑摩擦时物体平衡问题的分析方法，最后介绍滚动摩阻的概念。

§4.1　滑动摩擦

1.摩擦的概念

在前面几章中，我们都假定物体间的接触是绝对光滑的，因而接触物体间的相互作用力都是沿着接触面的公法线方向。实际上，绝对光滑的接触面并不存在，任何物体表面总有些凹凸不平。因此，当两个接触物体沿接触面有相对运动或相对运动趋势时，在接触面上就产生阻碍运动的阻力，即摩擦力。在许多问题中摩擦的作用十分显著，甚至起主要作用。例如，梯子倚在墙边不倒，就是依靠了粗糙地面的摩擦力；汽车之所以能向前行驶，也是依靠了主动轮与地面间向前的摩擦力。其他如人的行走，机床上用的夹具，摩擦轮的传动，都是依靠摩擦来实现的。根据两物体间接触表面物理本质的不同，摩擦可分为干摩擦和湿摩擦。如果接触面是干燥的，例如，摩擦桩与土体，夹具与工件等，即为干摩擦；如果两物体接触处存在润滑剂，或流体与其他物体间所出现的摩擦，例如，加有润滑剂的轴与轴承、流水与坝面间的摩擦等，都属于湿摩擦。此外，按两接触物体相对运动的形式，摩擦又可分为滑动摩擦和滚动摩擦。前者是指接触物体间有相对滑动或滑动趋势时出现的摩擦；后者指有相对滚动或滚动趋势时所产生的摩擦。本章着重研究发生在干燥接触面上的滑动摩擦。

2.滑动摩擦

两个表面粗糙的物体，当其接触表面之间有相对滑动趋势或相对滑动时，彼此作用有阻碍相对滑动的阻力，即滑动摩擦力。摩擦力作用在两物体相互接触处，其方向与相对滑动的趋势或相对滑动的方向相反，它的大小根据主动力的不同，可以分为三种情况，即静滑动摩擦力、最大静滑动摩擦力和动滑动摩擦力。

(1)静滑动摩擦力

当物体间仅有相对滑动趋势时，沿公切线的阻力称为**静滑动摩擦力。**

在粗糙的水平面上放置一重为 $\boldsymbol{W}$ 的物体，在重力 $\boldsymbol{W}$ 和法向约束力 $\boldsymbol{F}_{\mathrm{N}}$ 的作用下处于平衡

状态。今在该物体上作用一个大小可变化的水平力 $\boldsymbol{P}$，当力 $\boldsymbol{P}$ 由零逐渐增大但不超过某一值时，物体仍保持静止。由此可见，支承面对物体的作用力，除了法向约束力 $\boldsymbol{F}_{\mathrm{N}}$ 之外，还有一个阻碍物体沿水平面向右滑动的切向约束力，此力即为**静滑动摩擦力**，简称**静摩擦力**，以 $\boldsymbol{F}_{\mathrm{s}}$ 表示，方向向左，如图 4.1。因而，静摩擦力是不光滑接触面对物体作用的切向约束力，其方向与物体的相对滑动趋势相反，它的大小可由平衡方程确定，即由 $\sum F_x=0$，解得静摩擦力的大小 $F_{\mathrm{s}}=P$。由此可知，当主动力 $\boldsymbol{P}$ 的大小在一定的范围内时，静摩擦力的大小随水平力 $\boldsymbol{P}$ 的增大而增大，这是静摩擦力和一般约束力相同的性质。

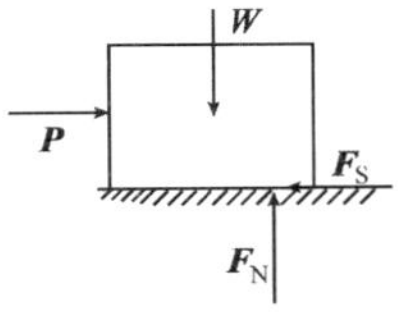

图 4.1

当力 $\boldsymbol{P}$ 的大小增至某一数值时，物体处于将要滑动，但尚未滑动的临界平衡状态。这时，力 $\boldsymbol{P}$ 再增大一点，物体即开始滑动。当物体处于临界平衡状态时，静摩擦力达到最大值，即为**最大静滑动摩擦力**，简称**最大静摩擦力**，以 $F_{\max}$ 表示。此后，如果 $\boldsymbol{P}$ 再继续增大，物体由静止进入滑动，平衡被破坏。

由上面的讨论可知，静摩擦力的大小随主动力变化而改变，但它有一个确定的范围，即

$$0\leqslant F_{\mathrm{s}}\leqslant F_{\max} \tag{4.1}$$

式(4.1)表明，静摩擦力并不随着力 $\boldsymbol{P}$ 的增大而无限度地增大，这是静摩擦力与其他约束力的根本区别。大量的实验证明：最大静摩擦力的大小与两接触物体间的正压力(即法向约束力)成正比，即

$$F_{\max}=f_{\mathrm{s}}F_{\mathrm{N}} \tag{4.2}$$

式中，f_{s} 称为**静滑动摩擦因数**(简称静摩擦因数)，它是无量纲的数值，其大小需由实验测定。它与相互接触的物体的材料、表面粗糙度、湿度、温度有关，而与接触面积的大小无关。表 4.1 中列出了部分材料的静摩擦因数，供参考。式(4.2)称为**静摩擦定律**(又称库仑定律)，它是静摩擦的近似定律，远不能反映出静滑动摩擦的复杂现象。但由于公式简单，计算方便，且有足够的准确性，所以在工程实际中被广泛地应用。

常用材料的滑动摩擦因数 表 4.1

材料名称	静摩擦因数 f_{s}		动摩擦因数 f	
	无润滑剂	有润滑剂	无润滑剂	有润滑剂
钢－钢	0.15	0.1～0.12	0.15	0.05～0.10
钢－铸铁	0.30	—	0.18	0.05～0.15
钢－青铜	0.15	0.1～0.15	0.15	0.1～0.15
钢－软钢	—	—	0.2	0.1～0.2
铸铁－铸铁	—	0.18	0.15	0.07～0.12
皮革－铸铁	0.4	0.15	0.6	0.15
木材－木材	0.4～0.6	0.1	0.2～0.5	0.07～0.15

静摩擦定律给我们指出了利用摩擦和减少摩擦的途径。要增大最大静摩擦力，可以通过加大正压力或增大摩擦因数来实现。例如，汽车一般都用后轮驱动，因为后轮正压力大于前轮，这样可以产生较大的向前推动的摩擦力。又例如，要在下雪后的路面上洒煤渣，以增大汽车行驶时的摩擦因数，避免打滑。

(2)动滑动摩擦力

在图 4.1 中，当摩擦力达到最大值，即最大静摩擦力时，若主动力 $\boldsymbol{P}$ 再继续增大，两接触物体之间将出现相对滑动。这时在接触面上产生的摩擦力，称为**动滑动摩擦力**，简称**动摩擦力**，以 F_d 表示，F_d 的数值略小于 F_{max}。实验表明：动摩擦力的大小与两接触物体间的正压力（即法向约束力）成正比，即

$$F_d = fF_N \tag{4.3}$$

式中，f 称为**动滑动摩擦因数**（简称动摩擦因数），它与接触物的材料和接触表面情况有关，且略小于静摩擦因数，即 $f<f_s$，见表 4.1。实验表明，通常 f 随两接触物体的相对速度增加而减小，最后达到某一极限值，但在一定的速度范围内，可近似地认为是个常数。在机器中，通常用降低接触面的粗糙度或加入润滑剂等方法，使动摩擦因数 f 降低，以减小摩擦和磨损。

§4.2　摩擦角和自锁现象

1.摩擦角

当考虑摩擦时，支承面对物体的约束力由法向约束力 $\boldsymbol{F}_N$ 和切向约束力 $\boldsymbol{F}_s$（即静摩擦力）构成。这两个力的矢量和 $\boldsymbol{F}_R=\boldsymbol{F}_s+\boldsymbol{F}_N$ 称为支承面的全约束力，它的作用线与支承面的公法线成一夹角 φ，如图 4.2 所示，即有

$$\tan\varphi=\frac{F_s}{F_N}$$

当物体处于临界平衡状态时，静摩擦力 F_s 达到由式(4.2)确定的最大值 F_{max}，则由上式可知，夹角 φ 也达到最大值 φ_f。我们把全约束力与支承面法线的夹角的最大值 φ_f 称为**摩擦角**，即

$$\tan\varphi_f=\frac{F_{max}}{F_N}=\frac{f_sF_N}{F_N}=f_s \tag{4.4}$$

由上式可见，摩擦角的正切等于静摩擦因数。这说明，摩擦角和静摩擦因数一样，都是表示材料摩擦性质的物理量。当物体的滑动趋势方向改变时，相应的静摩擦力方向也随之改变，因而全约束力作用线的方向也随之改变。如果接触面沿任何方向的静摩擦因数都相同，则在物体的临界平衡状态下，全约束力的作用线将在空间形成一个顶角为 $2\varphi_f$ 的圆锥面，称之为摩擦锥。

2.自锁现象

物块平衡时，静摩擦力不一定达到最大值，可为确定范围内的任一值，即 $0\leqslant F_s\leqslant F_{max}$，用摩擦角表示，有

$$0\leqslant\varphi\leqslant\varphi_f$$

上式表明：物体平衡时，全约束力的作用线必在摩擦角之内。由此可知：

(1)如果作用于物块的全部主动力的合力 $\boldsymbol{F}_P$ 的作用线在摩擦角 φ_f 之内，则无论这个力多么大，物块必保持平衡。这种现象称为**自锁现象**。

因为在这种情况下，主动力的合力 $\boldsymbol{F}_P$ 与法线间的夹角 $\varphi\leqslant\varphi_f$，而由上面的讨论可知，全约

束力 $\boldsymbol{F}_{\mathrm{R}}$ 的作用线也在摩擦角之内，因此 $\boldsymbol{F}_{\mathrm{P}}$ 和 $\boldsymbol{F}_{\mathrm{R}}$ 必能满足二力平衡条件，且 $\theta=\varphi$(图 4.3a)。

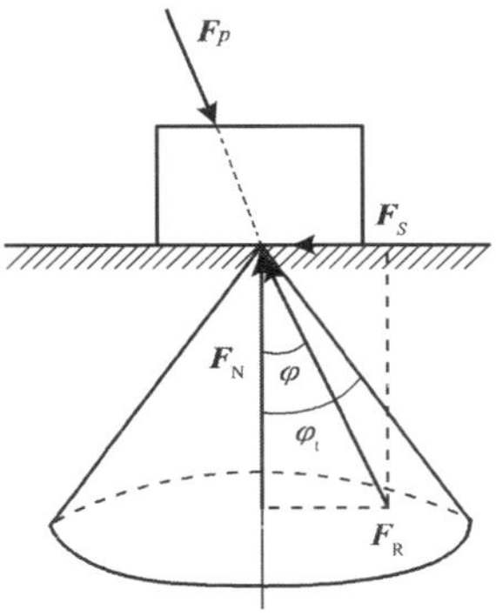

图 4.2

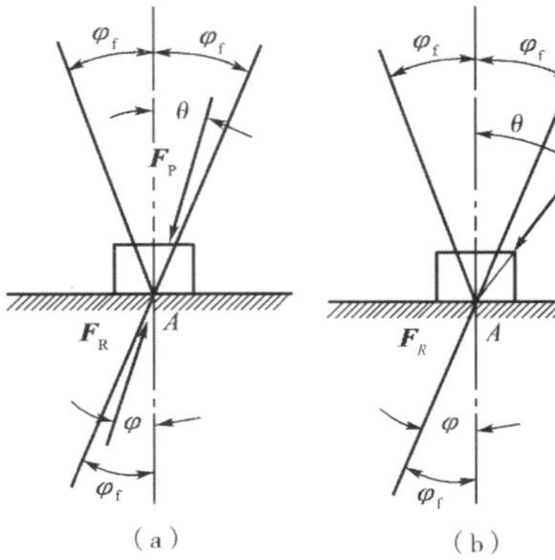

图 4.3

工程实际中常应用自锁原理设计一些机构或夹具，如千斤顶、坑道施工中广泛采用的楔连接、电工攀登电线杆的脚套钩等，使它们始终保持在平衡状态下工作。

(2)如果作用于物块的全部主动力的合力 $\boldsymbol{F}_{\mathrm{P}}$ 的作用线在摩擦角之外，则无论这个力多么小，物块都不能保持平衡。因为在这种情况下，$\theta>\varphi$，而 $\varphi\leqslant\varphi_{\mathrm{f}}$，支承面的全约束力 $\boldsymbol{F}_{\mathrm{R}}$ 和主动力的合力 $\boldsymbol{F}_{\mathrm{P}}$ 不可能满足二力平衡条件(图 4.3b)。工程实际中，应用这个道理，设法避免发生自锁现象，如工作台在导轨中要求能顺利滑动，不允许发生卡住现象。

3.摩擦角和自锁现象的应用

应用摩擦角的概念，可采用试验方法测定静摩擦因数。如图 4.4 所示，把要测定的两种材料分别做成斜面和物块，把物块放在斜面上，并逐渐从零起增大斜面的倾角 θ，直至物体刚开始下滑为止。记下斜面倾角 θ，而此 θ 角就是要测定的摩擦角 φ_{f}，其正切就是要测定的摩擦因数 f_{s}。这是因为：物块仅受重力 G 和全约束力 $\boldsymbol{F}_{\mathrm{R}}$ 作用而平衡，因而 $\boldsymbol{F}_{\mathrm{R}}$ 与 G 应等值、反向，共线，也即 $\boldsymbol{F}_{\mathrm{R}}$ 的方向为铅垂直方向，$\boldsymbol{F}_{\mathrm{R}}$ 与斜面法线的夹角等于斜面的倾角 θ。当物块处于临界平衡状态时，全约束力 $\boldsymbol{F}_{\mathrm{R}}$ 与法线间的夹角等于摩擦角 φ_{f}，即 $\theta=\varphi_{\mathrm{f}}$。因而摩擦因数 $f_{\mathrm{s}}=\tan\varphi_{\mathrm{f}}=\tan\theta$。

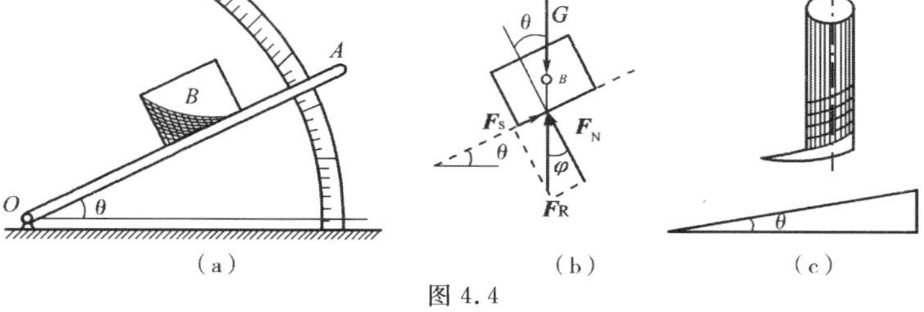

图 4.4

下面讨论斜面的自锁条件，即讨论物块在铅垂荷载 G 的作用下(图 4.4c)不沿斜面下滑的条件。由前面分析可知，只有当 $\theta\leqslant\varphi_{\mathrm{f}}$ 时，物块不下滑，即斜面的自锁条件是斜面的倾角小于或等于摩擦角。斜面的自锁条件就是螺纹的自锁条件。因为螺纹可看成绕在一圆柱体上的斜面(图 4.4c)，螺纹升角 θ 就是斜面的倾角，螺母相当于斜面上的滑块 B，加于螺母的轴向荷载 G，相当于物块 B 的重力，要使螺纹自锁，必须使螺纹的升角 θ 小于或等于摩擦角 φ_{f}。因此螺纹的自锁条件是 $\theta\leqslant\varphi_{\mathrm{f}}$，若螺旋千斤顶的螺杆与螺母之间的摩擦系数 $f_{\mathrm{s}}=0.1$，则 $\tan\varphi_{\mathrm{f}}=f_{\mathrm{s}}=0.1$，即 $\varphi_{\mathrm{f}}=5°43'$，为保证螺旋千斤顶自锁，一般取螺纹升角 $\theta=4°\sim4°30'$。利用摩擦角的概念与自锁条件 $\theta\leqslant\varphi_{\mathrm{f}}$，可求解有摩擦的平衡问题，这种方法也称为几何法。

§4.3 考虑摩擦的平衡问题

考虑摩擦时物体平衡问题的求解方法，与忽略摩擦时物体平衡问题的求解方法基本相同，都要通过受力分析，列静力学平衡方程来求解。但考虑摩擦的平衡问题还是有其不同之处：

(1)分析物体受力时，必须考虑接触面之间的切向约束力，即摩擦力 $\boldsymbol{F}_s$，这样就增加了未知量的数目。

(2)为确定这些新增加的未知量，除了要写出平衡方程之外，还需根据摩擦定律列出补充方程，即 $F_s \leqslant f_s F_N$。

(3)由于物体平衡时，静滑动摩擦力(简称静摩擦力)有一定的取值范围，即 $0 \leqslant F_s \leqslant f_s F_N$，这就使得考虑摩擦的平衡问题的解也有一定的范围，而不是一个确定的值。

考虑摩擦的平衡问题一般可以分为以下三种类型：

(1)已知作用在物体上的主动力，需要判断物体是否处于平衡状态并计算其所受的摩擦力，也称为不定状态问题。

(2)已知物体处于临界平衡状态，需要求主动力的大小或物体的平衡位置。

(3)求物体的平衡范围。由于静摩擦力 F_s 可以随主动力而变化(只要满足 $F_s \leqslant F_{max}$)。因此在考虑摩擦的平衡问题中，物体所受主动力的大小或平衡位置允许在一定范围内变化。这类问题的解答往往是一个范围值，称为平衡范围。

下面举例加以说明。

例 4.1 物块重 $G=980$ N，放在一倾角 $\theta=30°$的斜面上。已知接触面间的静摩擦因数 $f_s=0.2$。今有一大小为 $F=588$ N 的力沿斜面作用于物块上(图 4.5a)。问物块在斜面上是否处于静止？若静止，这时摩擦力为多大？

解:本题需判断物块是否处于静止状态，并计算摩擦力，属于不定状态问题。先假设物块平衡，然后根据平衡条件计算所需要的摩擦力以及可能的最大静摩擦力 F_{max}，进行比较后，就可以确定物块所处的真实状态。

取物块为研究对象。设物块沿斜面有下滑的趋势，静摩擦力 $\boldsymbol{F}_s$ 的指向应与滑动趋势相反，物体的受力图和坐标轴如图 4.5b 所示。由平衡方程

$$\sum F_x=0, F_s-G\sin\theta+F=0,\ F_s=-98\ \text{N}$$

$$\sum F_y=0, F_N-G\cos\theta=0,\ F_N=848.7\ \text{N}$$

根据库仑定律，可能达到的最大静摩擦力为 $F_{max}=f_s F_N=169.7$ N，由于摩擦力 F_s 的绝对值小于最大静摩擦力的值 F_{max}，说明平衡时需要的静摩擦力小于可能的最大值，故假设平衡正确，物块在斜面上保持平衡。这时摩擦力的大小为 98 N，方向与假设相反，是沿斜面向下，物块实际上有上滑的趋势。

例 4.2 斜面上放一重为 G 的物体如图 4.6a 所示。斜面的倾角为 θ，物体与斜面之间的摩擦角为 φ_f，且知 $\theta>\varphi_f$。试求维持物体在斜面上静止时，水平推力 $\boldsymbol{F}_A$ 所容许的范围。

解:取物体为研究对象。由题意知 $\theta>\varphi_f$，如果不加水平力 $\boldsymbol{F}_A$，物体将向下滑动，现在加上水平推力 $\boldsymbol{F}_A$ 可阻止物体向下滑动。当 $\boldsymbol{F}_A$ 最小时，物体处于即将向下滑动的临界状态，当 $\boldsymbol{F}_A$ 最大时，物体处于即将向上滑动的临界状态，所受静摩擦力都达到最大值。故本例为第三种类型的题目。可分为两种临界状态进行分析。

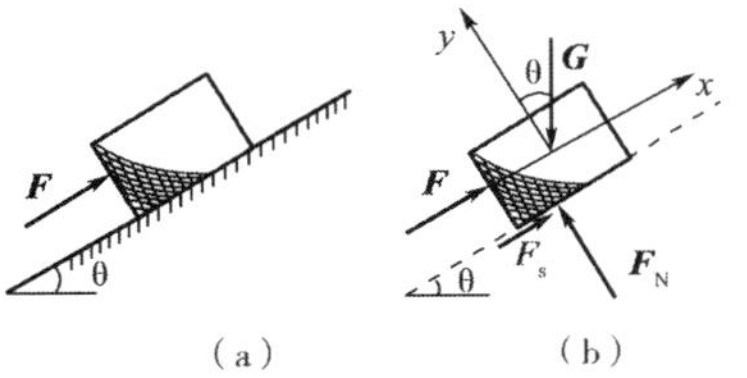

图 4.5　例 4.1 图

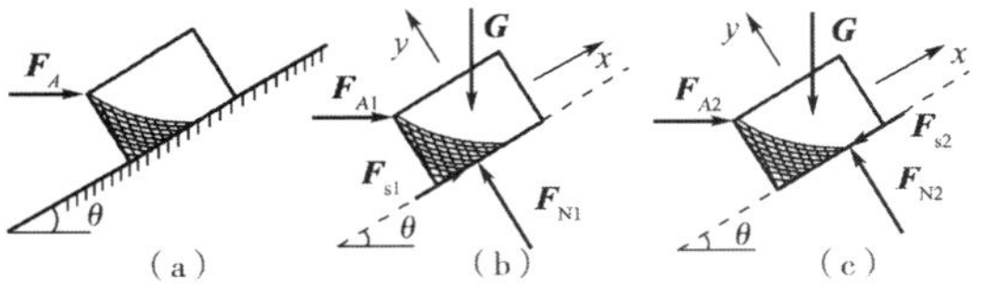

图 4.6　例 4.2 图

(1)求 F_A 的最小值。设 $F_{A\min}=F_{A1}$，这时静摩擦力 $\boldsymbol{F}_{s1}$ 的方向应沿斜面向上。物体受力情况示于图 4.6b。取 xy 坐标轴如图，由平衡方程

$$\sum F_x=0, F_{A1}\cos\theta-G\sin\theta+F_{s1}=0$$

$$\sum F_y=0, -F_{A1}\sin\theta-G\cos\theta+F_{N1}=0$$

及关于摩擦力的补充方程

$$F_{s1}=f_s F_{N1}=F_{N1}\cdot\tan\varphi_f$$

解得

$$F_{A1}=G\frac{\tan\theta-f_s}{1+f_s\tan\theta}=G\tan(\theta-\varphi_f)$$

(2)求 F_A 的最大值。设 $F_{A\max}=F_{A2}$，这时静摩擦力的方向应沿斜面向下。物体受力情况示于图 4.6c，取 xy 坐标轴如图，由平衡方程

$$\sum F_x=0, F_{A2}\cos\theta-G\sin\theta-F_{s2}=0$$

$$\sum F_y=0, -F_{A2}\sin\theta-G\cos\theta+F_{N2}=0$$

及补充方程

$$F_{s2}=f_s F_{N2}=F_{N2}\cdot\tan\varphi_f$$

解得

$$F_{A2}=G\tan(\theta+\varphi_f)$$

本例也可用几何法求解。为此，求 $\boldsymbol{F}_{A1}$ 时把法向约束力 $\boldsymbol{F}_{N1}$ 和摩擦力 $\boldsymbol{F}_{s1}$ 用全约束力 $\boldsymbol{F}_{R1}$ 表示，作用线按滑动趋势的方向偏在接触面公法线的左侧，与公法线的夹角为 φ_f。这样物体在 $\boldsymbol{G}$、$\boldsymbol{F}_A$、$\boldsymbol{F}_{R1}$ 三力作用下处于平衡(图 4.7a)，作用力三角形如图所示，解该力三角形可得

$$F_{A1}=G\tan(\theta-\varphi_f)$$

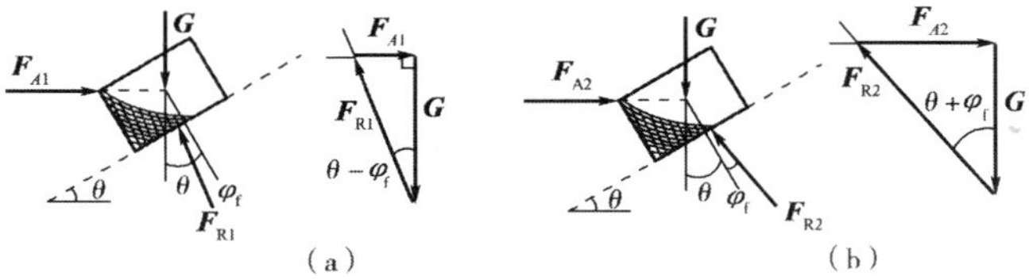

图 4.7　例 4.2 图

同理，求 $\boldsymbol{F}_{A2}$ 时把法向约束力 $\boldsymbol{F}_{N2}$ 和摩擦力 $\boldsymbol{F}_{s2}$ 用全约束力 $\boldsymbol{F}_{R2}$ 表示，注意作用线按滑动趋势的方向偏在接触面公法线的右侧(图 4.7b)，解其力三角形可得

$$F_{A2}=G\tan(\theta+\varphi_f)$$

由上可知，当水平推力 $\boldsymbol{F}_A$ 的大小在 $F_{A1}\leqslant F_A\leqslant F_{A2}$ 范围变化时，物体在斜面上总保持静止。这就是它的平衡范围。

例 4.3　某变速机构中滑移齿轮如图 4.8a 所示。已知 b、d、$\boldsymbol{F}$，齿轮孔与轴间的静摩擦因数 f_s，轮重不计。试求齿轮在推力 $\boldsymbol{F}$ 作用下不被卡住的距离 a。

解:本例所要求的距离 a 为不卡住的范围值。我们先求卡住的范围值,此范围之外就是不卡住的范围。故为第三类型的问题。

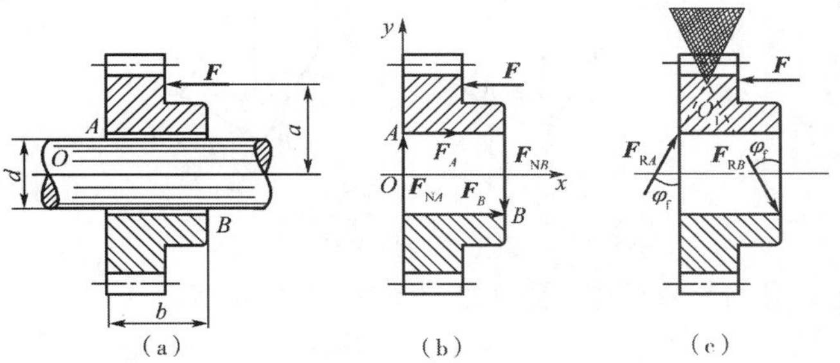

图 4.8 例 4.3 图

取齿轮为研究对象。孔与轴间有间隙,在力 $\boldsymbol{F}$ 作用下,齿轮与轴仅在 A、B 两点接触。假设齿轮处于向左滑动临界状态,摩擦力应向右,受力图如图 4.8b 所示。

$$\sum F_y=0, F_{NA}-F_{NB}=0$$

$$\sum F_x=0, f_sF_{NA}+f_sF_{NB}-F=0, F_{NA}=F_{NB}=\frac{F}{2f_s}$$

$$\sum M_O=0, Fa-F_{NB}b=0, a=\frac{b}{2f_s}$$

由观察可知,a 愈小,齿轮愈不会被卡住,故上面求出的 a 值是最大值。齿轮不被卡住的 a 值有一个变化范围:

$$0\leqslant a<\frac{b}{2f_s}$$

可见,我们是将摩擦平衡范围转化为临界平衡问题来求解。

本题也可用几何法求解。仍考虑上述临界状态,将 A、B 处的约束力用全约束力 $\boldsymbol{F}_{RA}$,$\boldsymbol{F}_{RB}$ 画出,与法线夹角为摩擦角 φ_f,由三力平衡汇交定理,力 $\boldsymbol{F}$ 的作用线必过汇交点 O_1,由图 4.8c 中的几何关系得

$$(a+d/2)\tan\varphi_f+(a-d/2)\tan\varphi_f=b,\quad a=\frac{b}{2\tan\varphi_f}=\frac{b}{2f_s}$$

由图 4.8c 可见,三力汇交点在阴影区时,$\boldsymbol{F}_{RA}$,$\boldsymbol{F}_{RB}$ 均不会超出 φ_f,齿轮自锁。欲使齿轮不被卡住,a 必须小于临界值,即

$$0\leqslant a<\frac{b}{2f_s}$$

由以上结果可知,当 b 一定时,a 仅取决于摩擦角,与力 $\boldsymbol{F}$ 大小无关。

在上述例题中,物体的临界平衡状态均属于滑动临界平衡状态。实际上,当主动力作用线与物体的摩擦面相距较远时,物体还可能处于**翻倒临界平衡状态**。下面通过例题加以说明。

例 4.4 均质箱体重 $P=200$ kN,宽 $b=1$ m,高 $h=2$ m,置于倾角 $\theta=20°$ 的斜面上(图 4.9a),箱体与斜面之间的摩擦系数 $f_s=0.2$,求使箱体处于平衡状态时点 C 的作用力 F 的大小。设 $AC=a=1.8$ m。

解:本题属于平衡范围的问题类型,但箱体的临界平衡状态有可能是滑动临界平衡状态,还可能是翻倒临界平衡状态。即要使箱体保持平衡,必须使作用力 F 的大小满足箱体既不上

滑也不下滑；既不绕点 A 向上翻倒，也不绕点 B 向下翻倒。

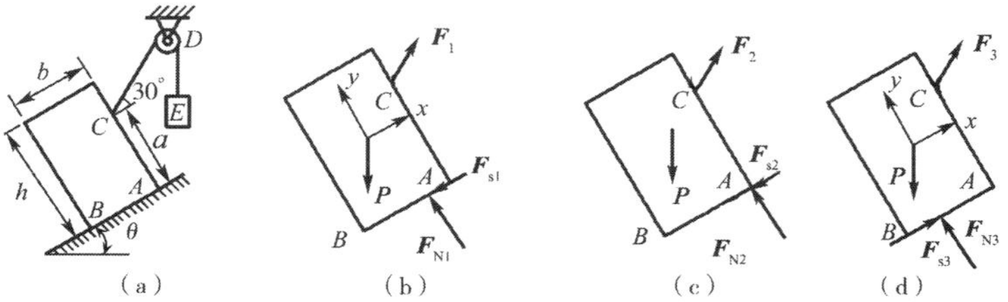

图 4.9　例 4.4 图

(1)考虑箱体处上滑的临界状态，受力图如图 4.9b 所示。

$$\sum F_x=0, F_1\cos30°-P\sin\theta-F_{s1}=0$$

$$\sum F_y=0, F_1\sin30°-P\cos\theta+F_{N1}=0$$

$$F_{s1}=f_s F_{N1}$$

得
$$F_1=\frac{\sin20°+f_s\cos20°}{\cos30°+f_s\sin30°}P=109.7\text{kN}$$

(2)考虑箱体处绕 A 翻倒的临界状态，受力图如图 4.9c 所示。

$$\sum M_A=0, F_2\cos30°\cdot a-P\sin\theta\cdot\frac{h}{2}-P\cos\theta\cdot\frac{b}{2}=0$$

得
$$F_2=\frac{b\cos20°+h\sin20°}{2a\cos30°}\cdot P=104.2\ \text{kN}$$

综合以上两种情况分析，当作用力 F 增大过程中，箱体先行翻倒，故欲使箱体平衡，需

$$F\leqslant\min(F_1,F_2)=F_2=104.2\ \text{kN}$$

(3)考虑箱体处下滑的临界状态，受力图如图 4.9d 所示。

$$\sum F_x=0, F_3\cos30°-P\sin\theta+F_{s3}=0$$

$$\sum F_y=0, F_3\sin30°-P\cos\theta+F_{N3}=0$$

$$F_{s3}=f_s F_{N3}$$

得
$$F_3=\frac{\sin20°-f_s\cos20°}{\cos30°-f_s\sin30°}P=40.23\ \text{kN}$$

(4)考虑箱体处绕点 B 翻倒的临界状态。

仔细考察可以发现，作用力 $\boldsymbol{F}_4$(>0)和重力 $\boldsymbol{P}$ 对点 B 的力矩是顺时针转向故没有使箱体绕点 B 逆时针翻倒的可能性(若进行计算，可得出 F_4 为负值)。

综合(3)、(4)情况，得欲使箱体平衡的最小作用力 $F=F_3=40.23$ kN。

综上所述，当 40.23 kN$\leqslant F\leqslant$104.2 kN 时箱体处于平衡。

§4.4　滚 动 摩 阻

由实践可知，滚动比滑动省力。例如搬运笨重的物体时，在物体下面垫上几根管子，推动起来就不太费力。当物体滚动时，是否有阻力？为什么滚动比滑动省力？现以圆柱形滚子为例来说明。设有半径为 R，重力为 P 的滚子，放置在粗糙的水平地面上，在滚子的中心作用一水平力 $\boldsymbol{F}_P$，如图 4.10a 所示。当水平力 $\boldsymbol{F}_P$ 不大时，由经验可知，滚子仍然保持静止不动的状态，但作用水平力后，滚子有向右滑动的趋势，地面对滚子将产生向左的静滑动摩擦力 $\boldsymbol{F}_s$，此外，地面对滚子作用有法向约束力 $\boldsymbol{F}_N$，由于滚子保持静止，可知 $\boldsymbol{F}_N$ 与 $\boldsymbol{P}$ 等值、反

向且共线，$\boldsymbol{F}_s$ 与 $\boldsymbol{F}_P$ 等值、反向，但 $\boldsymbol{F}_s$ 与 $\boldsymbol{F}_P$ 不共线，因此($\boldsymbol{F}_P$，$\boldsymbol{F}_s$)组成一个力偶，其力偶矩的大小为 F_PR，无论力 $\boldsymbol{F}_P$ 多小，滚子在力偶($\boldsymbol{F}_P$，$\boldsymbol{F}_s$)的作用下将发生滚动，即滚子不平衡，然而由经验可知，滚子是静止的，究竟是什么阻碍了滚子的滚动呢？这是因为滚子和地面实际上不是刚体，在力的作用下会产生变形。因而当滚子受水平力及重力的作用后，滚子及地面都将发生微小的变形，滚子与地面的接触，不再是一个点，而是稍偏于滚子滚动前方的一个曲面，地面对滚子的约束力就分布在这一曲面上，也就是说，滚子受到接触地面的分布力的作用(图 4.10b)，将这些力向点 B 简化，得到一个力 $\boldsymbol{F}_R$ 和一个力偶，力偶的力偶矩为 M_f(图 4.10c)。这个力 $\boldsymbol{F}_R$ 可分解为法向约束力 $\boldsymbol{F}_N$ 和摩擦力 $\boldsymbol{F}_s$，而力偶矩为 M_f 的力偶，其转向与滚动的趋势相反，它与力偶($\boldsymbol{F}_P$，$\boldsymbol{F}_s$)平衡(图 4.10d)，因而滚子保持静止。我们把矩为 M_f 的力偶称为滚动摩阻力偶。

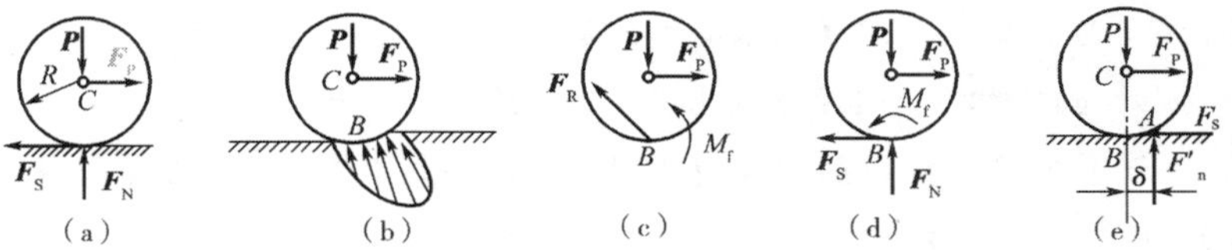

图 4.10

当力 $\boldsymbol{F}_P$ 由零逐渐增大时，力偶($\boldsymbol{F}_P$，$\boldsymbol{F}_s$)的力偶矩也不断增大，由于滚子不动，因而滚动摩阻力偶的力偶矩也不断地增大。当力 $\boldsymbol{F}_P$ 增大至某个值时，滚子处于将滚未滚的临界平衡状态。这时，滚动摩阻力偶的力偶矩达到最大值，称之为最大滚动摩阻力偶矩，用 M_{max} 表示。若力 $\boldsymbol{F}_P$ 再增大一点，滚子就开始滚动，这一点与静滑动摩擦力相似。在滚动过程中，滚动摩擦力偶矩近似等于 M_{max}。由此可知，滚动摩擦力偶矩 M_f 的值有一个确定的范围，即

$$0 \leqslant M_f \leqslant M_{max} \tag{4.5}$$

由实践证明：最大滚动摩擦力偶矩 M_{max} 与支承面的正压力(法向约束力)$\boldsymbol{F}_N$ 的大小成正比，即

$$M_{max} = \delta F_N \tag{4.6}$$

其中 δ 是比例常数，称为滚动摩阻系数。由上式可知，δ 具有力偶臂的意义，其单位一般用 mm。它与支承面的材料性质，硬度和表面状态(粗糙度、湿度和温度)有关，与滚子的半径无关。这个系数可用实验测定，表 4.2 列出常用材料的滚动摩阻系数的值。

常用材料的滚阻系数　　　表 4.2

材料名称	δ(mm)	材料名称	δ(mm)
铸铁与铸铁	0.5	表面淬火车轮与钢轨	0.05
铸铁或钢轮与钢轨	0.5	软钢与钢	0.5
木材与钢	0.3～0.4	轮胎与路面	2～10
木材与木材	0.5～0.8		

滚动摩阻系数的物理意义如下：滚子在即将滚动的临界平衡状态时，其受力图如图 4.10e 所示。根据力的平移定理，法向约束力 $\boldsymbol{F}_N$ 与最大滚动摩阻力偶 M_{max} 可合成为一个力 $\boldsymbol{F}'_N$，$F'_N = F_N$，其中力 $\boldsymbol{F}'_N$ 的作用线距 B 点的距离为 d。因而有 $d = \dfrac{M_f}{F_N}$，当 $M_f = M_{max}$ 时，$d = \dfrac{M_{max}}{F_N} = \dfrac{\delta F_N}{F_N} = \delta$，即滚动摩阻系数 δ 可看成滚子在即将滚动时，法向约束力 $\boldsymbol{F}'_N$ 离中心线的最远

距离。

现在来讨论为什么使滚子滚动比滑动省力，由平衡方程$\sum M_B=0$，可得$F_P R=M_{max}=\delta F_N=\delta P$，则$F_{P(滚动)}=\frac{\delta}{R}P$；而由平衡方程$\sum F_x=0$，可得$F_{P(滑动)}=F_{max}=f_s P$。一般情况下，有$\frac{\delta}{R}\ll f_s$，因而用滚子滚动比滑动省力得多。

本章小结

1. 滑动摩擦力是在两个物体相互接触的表面之间有相对滑动趋势或相对滑动时出现的切向约束力。前者即为静滑动摩擦力，后者即为动滑动摩擦力。

静摩擦力：方向与相对滑动趋势相反，大小满足$0\leqslant F_s\leqslant F_{max}$，其中$F_{max}=f_s F_N$。

动摩擦力：方向与相对滑动速度方向相反，大小为$F_d=fF_N$。

2. 全约束力与法线间夹角φ的变化范围为$0\leqslant\varphi\leqslant\varphi_f$，其中$\varphi_f$称为摩擦角，且$\tan\varphi_f=f_s$。当主动力合力的作用线在摩擦角之内时产生自锁现象。

3. 在求解有摩擦的平衡问题时，要正确区分问题的类型，应用平衡方程和摩擦条件（$F_s\leqslant f_s F_N$），由于不等式的出现，有摩擦的平衡问题的求解结果是一个范围。

4. 物体滚动时会受到阻碍滚动的滚动摩阻力偶作用。

物体平衡时，滚阻力偶M_f的变化范围为$0\leqslant M_f\leqslant M_{max}$，其中$M_{max}=\delta F_N$。

习　　题

4.1　重$P=3$ N的物块，受水平力$F=8$ N作用而静止于铅垂墙上，已知墙面与物块间的摩擦因数$f_s=0.5$，试求物块受到的摩擦力。

4.2　简易升降混凝土吊筒装置如图所示。混凝土和吊筒共重25 kN，吊筒与滑道间的动摩擦因数为0.3。试分别求出重物匀速上升和下降时绳子的张力。

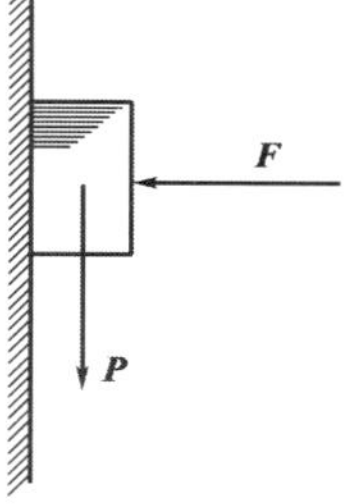

题4.1　图

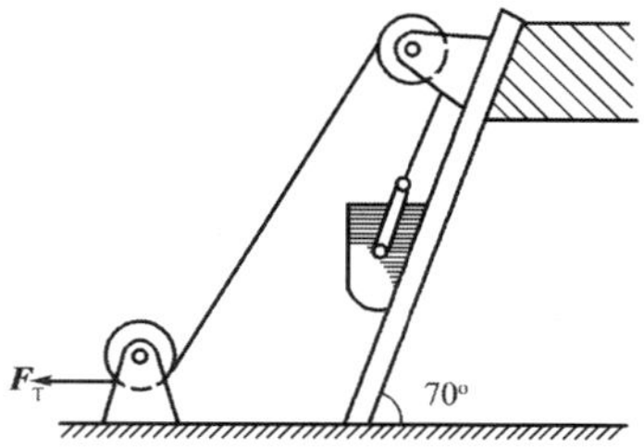

题4.2　图

4.3　矩形活动木窗重60 N，可沿导槽上下移动，木窗由细绳跨过滑轮，用两个30 N的平衡重吊住。若左边细绳突然被拉断，试问木窗与导槽间的静摩擦因数f_s为多大时，木窗才不致滑下（假设木窗与导槽间有微小间隙，当左边细绳被拉断时木窗在A、D两点接触）。

4.4　电工攀登电线杆的脚套钩如图所示。设电线杆直径$d=300$ mm，A、B间的铅直距离$b=100$ mm。若套钩与电线杆之间的摩擦因数$f_s=0.3$。求工人操作时，为了安全，站在套钩上的最小距离l应为多大。

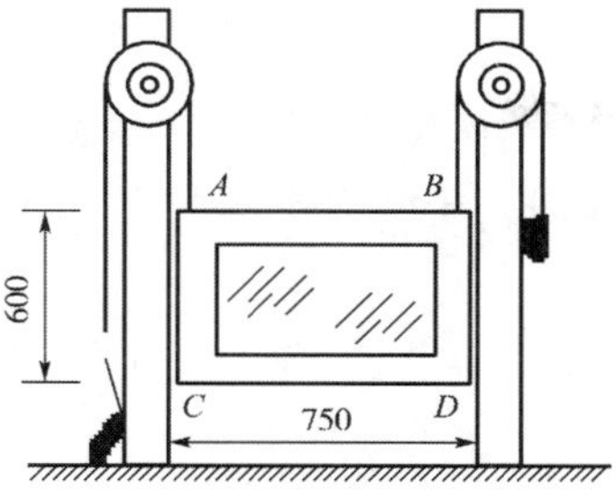

题 4.3　图

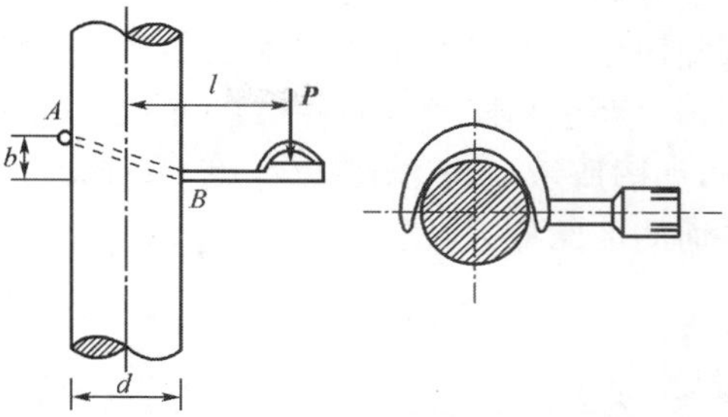

题 4.4　图

4.5　梯子 AB 靠在墙上，其重为 $P=200$ N，如图所示。梯长为 l，并与水平面交角 $\theta=60°$。已知接触面间的摩擦因数均为 0.25。今有一重 650 N 的人沿梯上爬，问人所能达到的最高点 C 到 A 点的距离 s 应为多少？

4.6　楔块顶重装置如图所示，在楔块 B 上作用力 $\boldsymbol{P}$，设楔块 A 与 B 间的摩擦角为 φ_f，其它有滚珠处表示光滑。求使系统保持平衡所需力 F 的值（θ 为已知）。

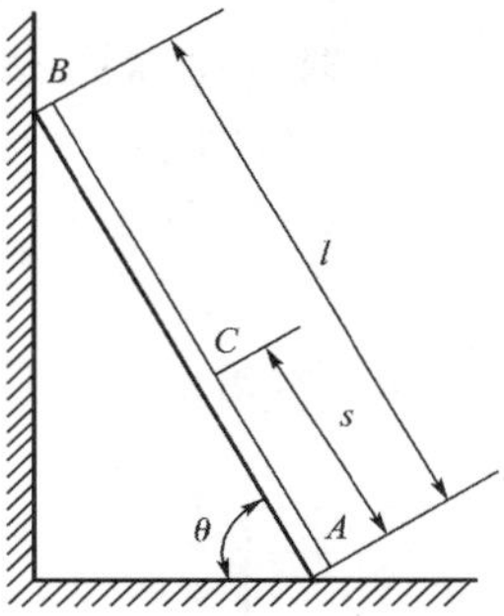

题 4.5　图

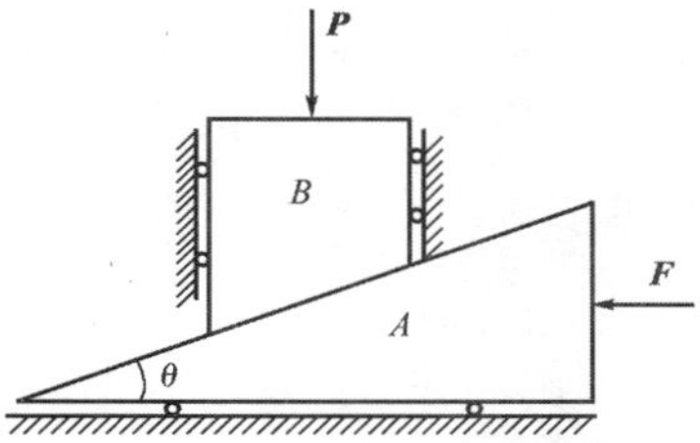

题 4.6　图

4.7　试求使自重 $P=2$ kN 的物块 C 开始向右滑动时，作用于楔块 B 上力 $\boldsymbol{F}$ 的大小。已知各接触面间的摩擦角均为 $\varphi_f=15°$。楔块 A、B 的自重不计。

4.8　砖夹的宽度为 250 mm，曲杆 AGB 与 $GCED$ 在 G 点铰接，尺寸如图所示。设砖重 $P=120$ N，提起砖的力 $\boldsymbol{F}$ 作用在砖夹的中心线上，砖夹与砖间的摩擦因数 $f_s=0.5$，试求距离 b 为多大才能把砖夹起。

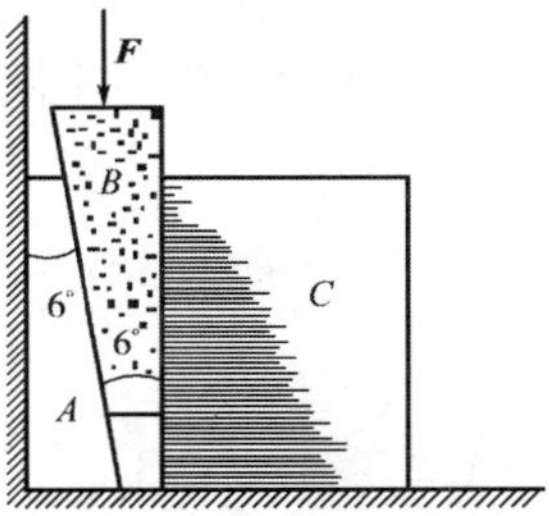

题 4.7　图

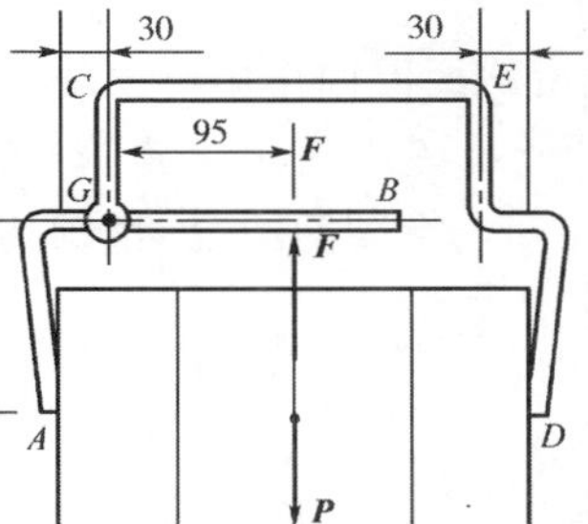

题 4.8　图

4.9　平面曲柄连杆机构如图所示。$OA=l$，在曲柄 OA 上作用有一矩为 M 的力偶，OA

水平。连杆 AB 与铅垂线的夹角为 θ，滑块与水平面之间的摩擦角为 φ_f，不计重力，且 $\theta>\varphi_f$。求机构在图示位置保持平衡时 $\boldsymbol{F}$ 力的值。

4.10 两根相同的匀质杆 AB 和 BC，在端点 B 用光滑铰链连接，A、C 端放在不光滑的水平面上，如图所示。当 ABC 成等边三角形时，系统在铅直面内处于临界平衡状态。试求杆端与水平面间的摩擦因数。

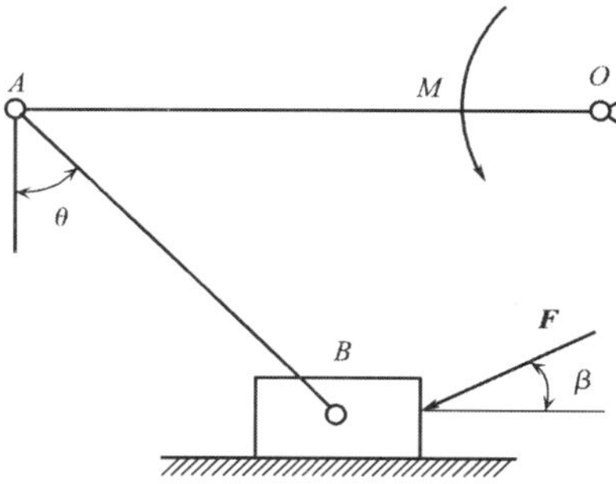

题 4.9 图

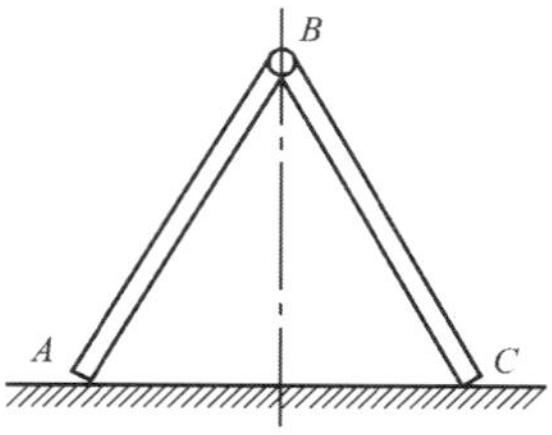

题 4.10 图

4.11 两杆长度相等，重力相同的均质杆 AB 和 BC 在 B 端铰接，A 端铰接在墙上，C 端则由墙阻挡，墙与 C 端接触处的摩擦因数 $f_s=0.5$，铰链中摩擦不计。试确定平衡时的最大角 θ。

4.12 均质木箱重 $P=5$ kN，其与地面间的静摩擦系数 $f_s=0.4$，图中 $h=2$ m，$a=1$ m，$\theta=30°$。

求：(1)当 D 处的拉力 $F=1$ kN 时，木箱是否平衡？(2)保持木箱平衡的最大拉力。

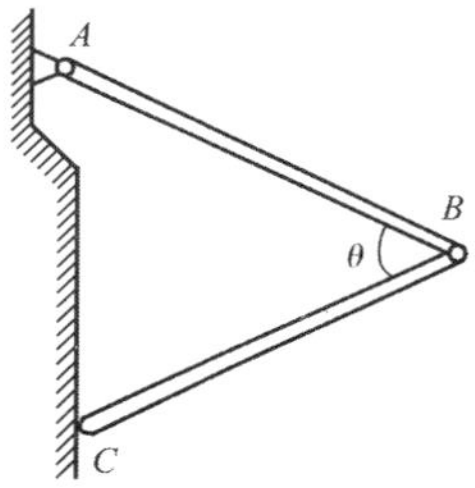

题 4.11 图

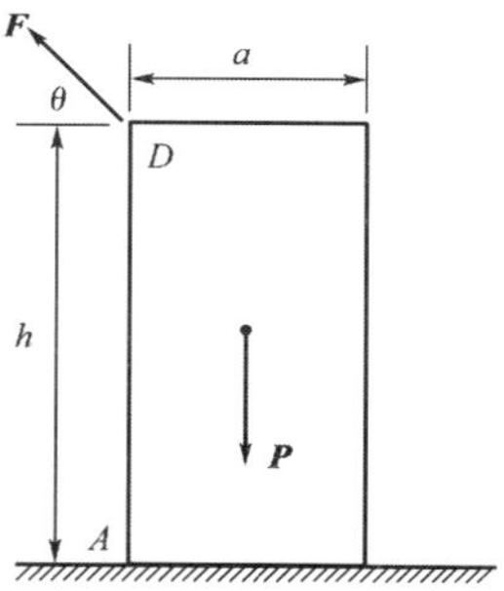

题 4.12 图

4.13 圆柱重 $P=200$ N，半径 $R=100$ mm，置于斜面上，滑动摩擦因数 $f_s=0.30$，滚阻系数 $\delta=1$ mm，设沿斜面方向作用一离斜面 $h=90$ mm 之力 $\boldsymbol{F}$。试求平衡时力 $\boldsymbol{F}$ 的最大值。

4.14 如图所示，钢管车间的钢管运转台架，依靠钢管自重缓慢无滑动地滚下，钢管直径为 $d=50$ mm。设钢管与台架间的滚动摩阻系数 $\delta=0.5$ mm。试决定台架的最小倾角 θ 应为多大？

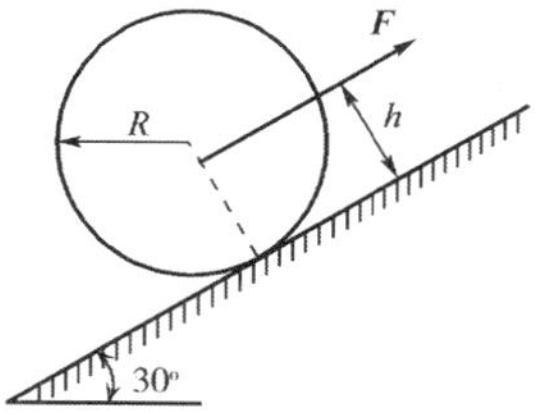

题 4.13 图

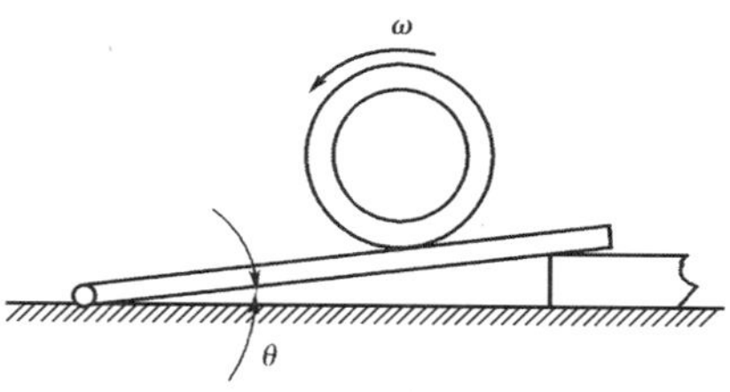

题 4.14 图

第五章　空间力系

> **教学要求：**
> 1. 熟悉空间力的投影，空间力偶、力矩的概念和性质；
> 2. 掌握空间力系的简化，能应用空间力系的平衡条件；
> 3. 掌握重心的计算。

前面研究了平面力系的合成与平衡问题，但是在实际问题中，当作用在物体上各力的作用线不在同一平面内，而是分布在空间时，这种力系就不再是平面力系，称为**空间力系**。显然，平面力系是空间力系的特殊情况。

在空间力系中，如果各力的作用线交于一点，则称为**空间汇交力系**。如果空间力系是由几个不在同一平面内的力偶组成，则称为**空间力偶系**。空间汇交力系和空间力偶系是空间力系中最简单的情形，是研究空间力系的简化和平衡条件的基础。

本章将介绍力对点之矩和力对轴之矩的概念及相互关系，并在此基础上研究空间力系的简化和平衡方程，最后介绍物体重心的概念及重心位置的求解。

§5.1　空间汇交力系

1. 力在直角坐标轴上的投影

根据已知条件的不同，空间力在直角坐标轴上的投影，可以采用下列两种计算方法。

若已知力 $\boldsymbol{F}$ 与空间直角坐标系 $Oxyz$ 的三个轴的正向夹角分别为 α、β 和 γ，如图 5.1a 所示，则可用**一次(直接)投影法**，力 $\boldsymbol{F}$ 在三个坐标轴上的投影等于力 $\boldsymbol{F}$ 的大小乘以力 $\boldsymbol{F}$ 与各轴夹角的余弦，即

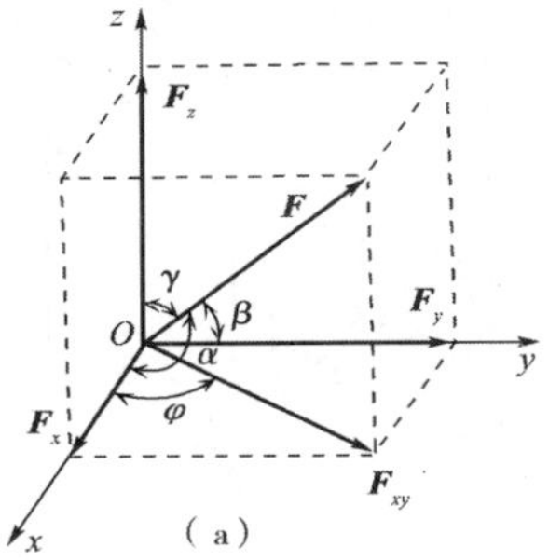

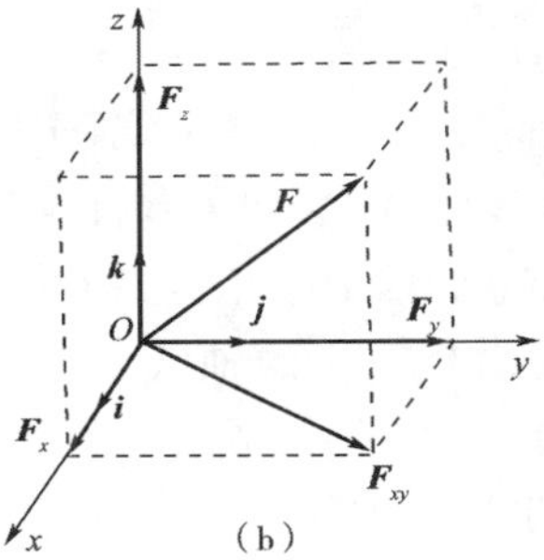

图　5.1

$$\left.\begin{aligned}F_x&=F\cos\alpha\\F_y&=F\cos\beta\\F_z&=F\cos\gamma\end{aligned}\right\}\tag{5.1}$$

若已知力 $\boldsymbol{F}$ 与 z 轴的夹角 γ 和力 $\boldsymbol{F}$ 在 Oxy 平面上的分量 $\boldsymbol{F}_{xy}$ 与 x 轴的夹角 φ，如图5.1a所示，则可用**二次(间接)投影法**，力 $\boldsymbol{F}$ 在三个坐标轴上的投影，可表示为

$$\left.\begin{aligned}F_x&=F\sin\gamma\cos\varphi\\F_y&=F\sin\gamma\sin\varphi\\F_z&=F\cos\gamma\end{aligned}\right\}\tag{5.2}$$

这种投影法先将力投影到平面，然后再将力投影到坐标轴上，故称为二次投影法。注意，力投影到平面得到的仍是矢量。二次投影法由于所需的两个角度便于测量，故较为常用。

力 $\boldsymbol{F}$ 的解析表达式(图 5.1b)为

$$\boldsymbol{F}=F_x\boldsymbol{i}+F_y\boldsymbol{j}+F_z\boldsymbol{k}\tag{5.3}$$

2.空间汇交力系的合成与平衡

将平面汇交力系的合成结果推广至空间，得空间汇交力系的合成结果为：**空间汇交力系的合力等于各个分力的矢量和，合力的作用点为汇交点**。即

$$\boldsymbol{F}_{\mathrm{R}}=\boldsymbol{F}_1+\boldsymbol{F}_2+\cdots+\boldsymbol{F}_n=\sum_{i=1}^{n}\boldsymbol{F}_i\tag{5.4}$$

$$\boldsymbol{F}_{\mathrm{R}}=F_{\mathrm{R}x}\boldsymbol{i}+F_{\mathrm{R}y}\boldsymbol{j}+F_{\mathrm{R}z}\boldsymbol{k}\tag{5.5}$$

而合力在任一轴上的投影等于各分力在同一轴上投影的代数和。即

$$F_{\mathrm{R}x}=\sum F_x,F_{\mathrm{R}y}=\sum F_y,F_{\mathrm{R}z}=\sum F_z,\tag{5.6}$$

应用式(5.6)，可得合力的大小和方向余弦。

由于空间汇交力系合成为一个合力，因此，空间汇交力系平衡的必要和充分条件为：**该力系的合力等于零**，即 $\boldsymbol{F}_{\mathrm{R}}=\sum\boldsymbol{F}=0$，为使合力为零，必须有

$$\sum F_x=0,\sum F_y=0,\sum F_z=0\tag{5.7}$$

于是，空间汇交力系平衡的充分和必要条件是：力系中所有各力在三个坐标轴上的投影的代数和分别等于零。式(5.7)称为空间汇交力系的平衡方程，可以求解三个未知量。

例 5.1 简易起吊架如图 5.2a 所示。杆 AB 铰接于墙上，不计自重。绳索 AC 与 AD 在同一水平面内。已知起吊重物的重量 $P=1\ 000\ \mathrm{N}$，$CE=DE=12\ \mathrm{cm}$，$AE=24\ \mathrm{cm}$，$\beta=45°$，求绳索的拉力及杆 AB 所受的力。

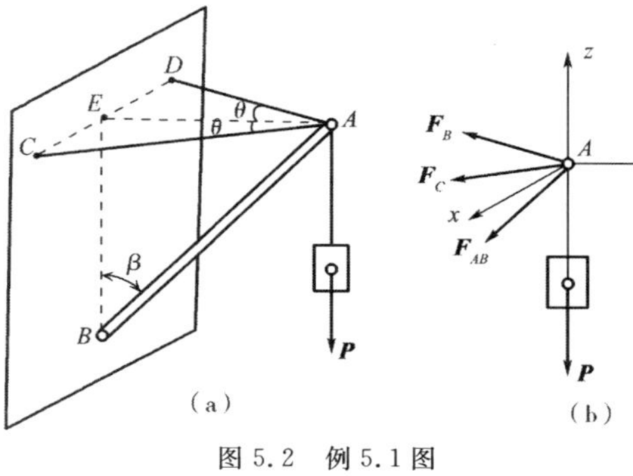

图 5.2 例 5.1 图

解：取铰链 A 连同重物为研究对象，作用其上的力有：重力 $\boldsymbol{P}$，绳索拉力 $\boldsymbol{F}_C$ 和 $\boldsymbol{F}_D$，杆 AB 对铰结点 A 的作用力 $\boldsymbol{F}_{AB}$。因为 AB 是二力杆，所以力 $\boldsymbol{F}_{AB}$ 的作用线为沿杆 AB 的轴线。以上四个力组成一个空间汇交力系，如图 5.2b 所示。选取坐标轴如图，列出平衡方程：

$$\sum F_x=0,F_C\sin\theta-F_D\sin\theta=0,F_C=F_D$$

$$\sum F_y=0,-F_C\cos\theta-F_D\cos\theta-F_{AB}\sin\beta=0$$

$$\sum F_z=0,-F_{AB}\cos\beta-P=0$$

其中，$\theta=\arctan\dfrac{1}{2}=26.57°$。解得

$$F_{AB}=1\ 414\ \text{N},F_C=F_D=559\ \text{N}$$

§5.2 力对点之矩矢和力对轴之矩

1.力对点之矩矢

对于平面力系，各力对点之矩具有同一个力矩平面，因而，只要知道力矩的大小及表示力矩转向的正负号，就可完全表明力使物体绕矩心转动的效应。也就是说在平面力系中，力对点之矩用代数量表示就可以了。但是在空间力系中，各力与同一矩心分别构成不同的力矩平面，力使物体绕矩心的转动效应，不仅取决于力矩的大小和转向，还取决于各力矩平面在空间的方位。显然，力使物体绕 O 点的转动效应，与力矩平面的方位有关。因此，在空间力系中，力对点之矩的概念应包括三个因素：即力矩的大小，力矩在其平面内的转向，以及力矩平面的方位。这三个因素可用一个矢量来表示，即力对点之矩可用一个矢量来表示，该矢量记作 $\boldsymbol{M}_O(\boldsymbol{F})$。

力对点之矩的矢量表示如下：设在空间 A 点作用一力 $\boldsymbol{F}$，以矢量 AB 表示，如图 5.3 所示。取 O 点为矩心，矩心到力 $\boldsymbol{F}$ 作用线的垂直距离为 d。过矩心 O 作矢量 $\boldsymbol{M}_O(\boldsymbol{F})$，其长度按一定的比例尺以表示力矩的大小，即 $|\boldsymbol{M}_O(\boldsymbol{F})|=Fd=2\Delta OAB$，亦即等于 ΔOAB 面积的两倍；其方位与力矩平面 OAB 的法线方位相同；其指向按右手螺旋法则确定，即以右手的四指表示力矩的转向，则大拇指的指向就是矢量 $\boldsymbol{M}_O(\boldsymbol{F})$ 的指向。

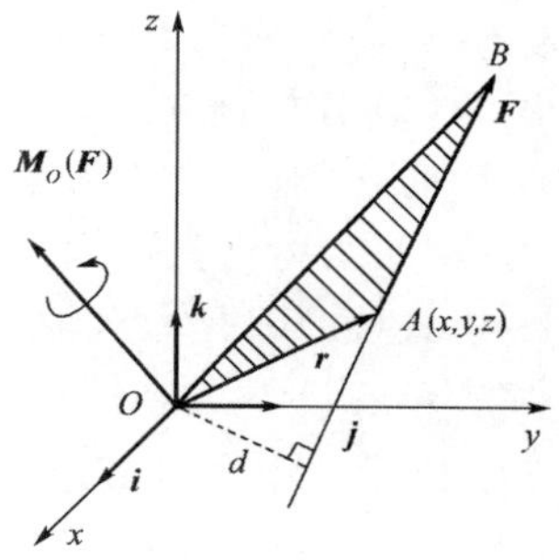

图 5.3

由图 5.3 可见，当矩心的位置改变时，力矩矢 $\boldsymbol{M}_O(\boldsymbol{F})$ 的大小和方向都随之改变，故力矩矢 $\boldsymbol{M}_O(\boldsymbol{F})$ 的始端必须在矩心，这种矢量也称为**定位矢量**。

另一方面，在图 5.3 中以 $\boldsymbol{r}$ 表示力 $\boldsymbol{F}$ 的作用点 A 对矩心 O 的矢径，则矢积 $\boldsymbol{r}\times\boldsymbol{F}$ 的模等于 ΔOAB 面积的两倍，其方位垂直于 $\boldsymbol{r}$ 与 $\boldsymbol{F}$ 所组成的平面 OAB，指向同样按右手螺旋法则确定。因此可得

$$\boldsymbol{M}_O(\boldsymbol{F})=\boldsymbol{r}\times\boldsymbol{F} \tag{5.8}$$

上式为力对点之矩的表达式，即：**力对任一点之矩，等于力的作用点对矩心的矢径与该力的矢积**。由数学，上式可得

$$\boldsymbol{M}_O(\boldsymbol{F})=\boldsymbol{r}\times\boldsymbol{F}=\begin{vmatrix}\boldsymbol{i} & \boldsymbol{j} & \boldsymbol{k}\\ x & y & z\\ F_x & F_y & F_z\end{vmatrix} \tag{5.9}$$

$$=(yF_z-zF_y)\boldsymbol{i}+(zF_x-xF_z)\boldsymbol{j}+(xF_y-yF_x)\boldsymbol{k}$$

上式为力对点之矩的解析式，再利用投影的应用，可求出 $\boldsymbol{M}_O(\boldsymbol{F})$ 的大小和方向余弦。力对点之矩的单位为 N·m 或 kN·m。

2.力对轴之矩

力对点之矩可用来度量力使物体绕某点转动的效应,工程中,常遇到物体在力的作用下绕某固定轴转动的情形,为了度量力使物体绕固定轴转动的效应,需要阐述力对轴之矩的概念。现以开门为例来说明。如图 5.4 所示,在门的 A 点作用一力 $\boldsymbol{F}$,使门绕门轴 z 转动。现将力 $\boldsymbol{F}$ 分解为平行于 z 轴的分力 $\boldsymbol{F}_z$ 和垂直于 z 轴的分力 $\boldsymbol{F}_{xy}$(此力即为力 $\boldsymbol{F}$ 在垂直于 z 轴的平面 Oxy 上的分量)。由经验可知,分力 $\boldsymbol{F}_z$ 不能使门绕 z 轴转动,而分力 $\boldsymbol{F}_z$ 才能使门绕 z 轴转动。现用符号 $M_z(\boldsymbol{F})$ 表示力 $\boldsymbol{F}$ 对 z 轴之矩,点 O 为平面 Oxy 与 z 轴的交点,d 为点 O 到力 $\boldsymbol{F}_{xy}$ 作用线的距离。而分力 $\boldsymbol{F}_{xy}$ 使门绕 z 轴转动的效应,可用力 $\boldsymbol{F}_{xy}$ 对 O 点之矩来度量。于是,力对轴之矩的定义为:力对轴之矩的大小,等于该力在垂直于此轴平面上的分力对此轴与此平面交点之矩。用公式表示为:

$$M_z(\boldsymbol{F}) = M_O(\boldsymbol{F}_{xy}) = \pm \boldsymbol{F}_{xy} d = \pm 2\Delta OAB \qquad (5.10)$$

由上式可知,力对轴之矩是一个代数量,其正负号表示力 $\boldsymbol{F}$ 使物体绕 z 轴转动的方向,通常用右手螺旋法则确定,即以右手四指表示力 $\boldsymbol{F}$ 使物体绕 z 轴转动的方向,若大拇指的指向与 z 轴正向相同,则 $M_z(\boldsymbol{F})$ 取正号;反之为负号。力对轴之矩的单位与力矩的单位相同。

不难看出,在平面力系中力对平面内某点之矩,实际上是力对过此点且与此平面垂直的轴之矩。即为力对轴之矩的特例。

从力对轴之矩的定义可知:

(1)当力的作用线与轴平行时(此时 $\boldsymbol{F}_{xy}=0$)或相交时(此时 $d=0$),亦即力与轴位于同一平面时,力对轴之矩为零。

(2)当力沿其作用线移动时,它对轴之矩不变(此时 $\boldsymbol{F}_{xy}$ 及 d 均不变)。

式(5.10)是力对轴之矩的定义式,可由此式求出力对轴之矩,此外力对轴之矩也可用解析式表示。设力 $\boldsymbol{F}$ 在三个坐标轴上的投影分别为 $\boldsymbol{F}_x$、$\boldsymbol{F}_y$、$\boldsymbol{F}_z$,力作用点 A 的坐标为 x、y、z,如图 5.5 所示。由合力矩定理,得

$$\begin{aligned} M_z(\boldsymbol{F}) &= M_O(\boldsymbol{F}_{xy}) = M_O(\boldsymbol{F}_x) + M_O(\boldsymbol{F}_y) \\ &= xF_y - yF_x \end{aligned}$$

同理可得其余两式。将三式合写为

$$\begin{aligned} M_x(\boldsymbol{F}) &= yF_z - zF_y \\ M_y(\boldsymbol{F}) &= zF_x - xF_z \\ M_z(\boldsymbol{F}) &= xF_y - yF_x \end{aligned} \qquad (5.11)$$

上述三式是计算力对轴之矩的解析式。

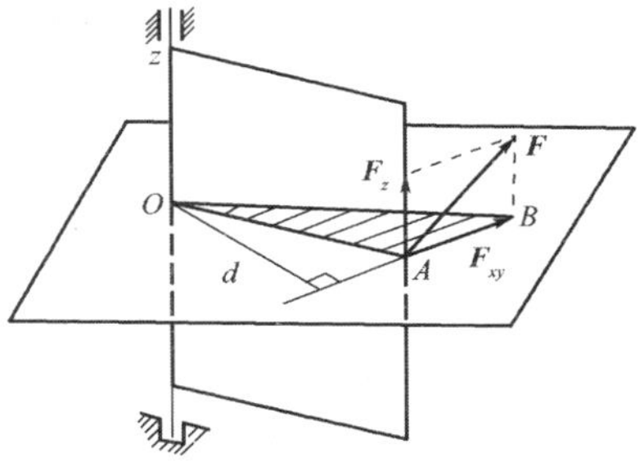

图 5.4

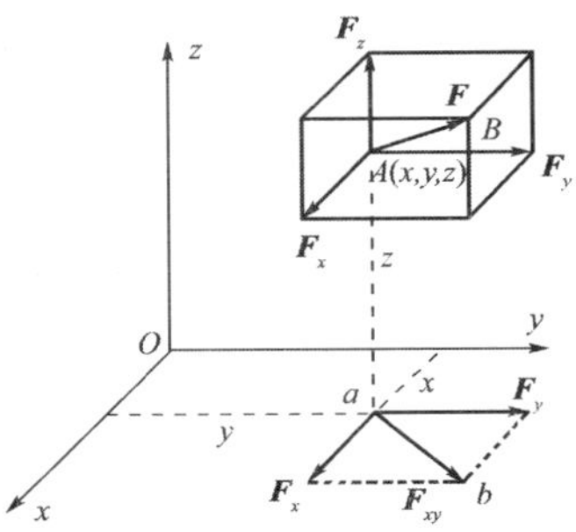

图 5.5

例 5.2 托架 OC 套在转轴 z 上，在点 C 作用一力 $F=2\ 000$ N，方向如图 5.6a 所示。点 C 在 Oxy 平面内。试分别求力 $\boldsymbol{F}$ 对三个坐标轴的矩以及对点 O 的矩。

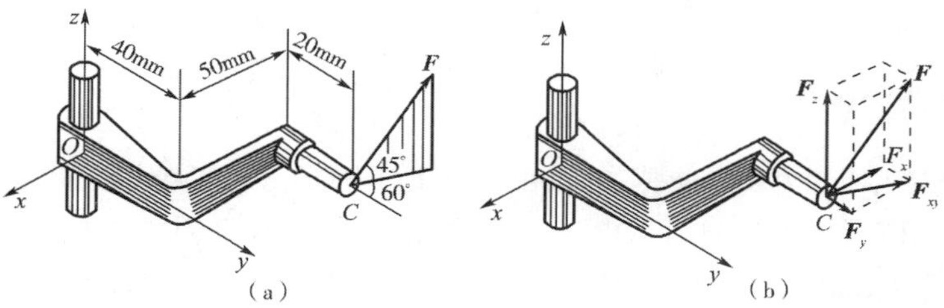

图 5.6 例 5.2 图

解：力 $\boldsymbol{F}$ 作用点的坐标是 $x=-50$ mm，$y=60$ mm，$z=0$

力 $\boldsymbol{F}$ 沿各坐标轴的投影(图 5.6b)是

$$F_x=-F\cos45^\circ\sin60^\circ=-1224.7\ \text{N}$$

$$F_y=F\cos45^\circ\cos60^\circ=707.1\ \text{N}$$

$$F_z=F\sin45^\circ=1414.2\ \text{N}$$

将各量代入式(5.11)，可得力 $\boldsymbol{F}$ 对三个坐标轴的矩分别为

$$M_x(\boldsymbol{F})=yF_z-zF_y=0.06\ \text{m}\times1414.2\ \text{N}=84.9\ \text{N}\cdot\text{m}$$

$$M_y(\boldsymbol{F})=zF_x-xF_z=-(-0.05\ \text{m})\times1414.2\ \text{N}=70.7\ \text{N}\cdot\text{m}$$

$$M_z(\boldsymbol{F})=xF_y-yF_x=(-0.05\ \text{m})\times707.1\ \text{N}-0.06\ \text{m}\times(-1224.7\ \text{N})=38.1\ \text{N}\cdot\text{m}$$

则力 $\boldsymbol{F}$ 对三个坐标轴的 O 矩为

$$\boldsymbol{M}_O(\boldsymbol{F})=(84.9\boldsymbol{i}+70.7\boldsymbol{j}+38.1\boldsymbol{k})\ \text{N}\cdot\text{m}$$

3.力对点之矩和力对轴之矩的关系

由式(5.9)可知

$$\boldsymbol{M}_O(\boldsymbol{F})=(yF_z-zF_y)\boldsymbol{i}+(zF_x-xF_z)\boldsymbol{j}+(xF_y-yF_x)\boldsymbol{k}$$

令 $[\boldsymbol{M}_O(\boldsymbol{F})]_x$，$[\boldsymbol{M}_O(\boldsymbol{F})]_y$，$[\boldsymbol{M}_O(\boldsymbol{F})]_z$ 分别表示 $\boldsymbol{M}_O(\boldsymbol{F})$ 在 x、y、z 轴上的投影，得

$$\boldsymbol{M}_O(\boldsymbol{F})=[\boldsymbol{M}_O(\boldsymbol{F})]_x\boldsymbol{i}+[\boldsymbol{M}_O(\boldsymbol{F})]_y\boldsymbol{j}+[\boldsymbol{M}_O(\boldsymbol{F})]_z\boldsymbol{k}$$

比较上述两式，得

$$\left.\begin{aligned}[\boldsymbol{M}_O(\boldsymbol{F})]_x&=yF_z-zF_y\\ [\boldsymbol{M}_O(\boldsymbol{F})]_y&=zF_x-xF_z\\ [\boldsymbol{M}_O(\boldsymbol{F})]_z&=xF_y-yF_x\end{aligned}\right\}\tag{5.12}$$

再比较式(5.11)和式(5.12)，可得

$$\left.\begin{aligned}[\boldsymbol{M}_O(\boldsymbol{F})]_x&=\boldsymbol{M}_x(\boldsymbol{F})\\ [\boldsymbol{M}_O(\boldsymbol{F})]_y&=\boldsymbol{M}_y(\boldsymbol{F})\\ [\boldsymbol{M}_O(\boldsymbol{F})]_z&=\boldsymbol{M}_z(\boldsymbol{F})\end{aligned}\right\}\tag{5.13}$$

上式说明：**力对点的矩矢在过该点的任意轴上的投影，等于力对该轴之矩**。式(5.13)阐述了力对点之矩和力对轴之矩的关系。

式(5.9)及式(5.12)给出了计算力对点之矩的两种方法。

§5.3 空间力偶

1.以矢量表示力偶矩

在平面力偶系中，各力偶具有同一作用面，因而，力偶矩被视为代数量，可完全表示其对物体的作用效应。但是，在空间力偶系中，各力偶的作用面具有不同的方位，力偶对物体的作用效应，除了取决于力偶矩的大小和力偶在其作用面内的转向外，还与力偶作用面在空间的方位有关。空间力偶对物体的作用效应取决于如下三个因素：(1)力偶矩的大小；(2)力偶作用面的方位；(3)力偶在作用面内的转向。

由此可知，空间力偶的力偶矩可用矢量来表示：矢量的长度表示力偶矩的大小；矢量的方位表示力偶作用面的法线方位；矢量的指向按右手螺旋法则确定。即右手四指顺着力偶的转向，则大拇指的指向为力偶矩矢量的指向，如图 5.7 所示。这个矢量称为力偶矩矢，记作 $\boldsymbol{M}$。力偶矩的单位为 N·m。

力偶对刚体的作用效果，可用组成力偶的两个力对空间某点之矩的矢量和来度量。

设力偶$(\boldsymbol{F},\boldsymbol{F}')$，其力偶矩矢为 $\boldsymbol{M}$，如图 5.8 所示。在空间任取一点 O 为矩心，以 $\boldsymbol{r}_A$ 和 $\boldsymbol{r}_B$ 分别表示力 $\boldsymbol{F}$ 和 $\boldsymbol{F}'$ 的作用点 A 和 B 对矩心 O 的矢径，而 A 点相对于 B 点的矢径记为 $\boldsymbol{r}$，因此有

$$\boldsymbol{M}=\boldsymbol{r}_A\times\boldsymbol{F}+\boldsymbol{r}_B\times\boldsymbol{F}'=\boldsymbol{r}_A\times\boldsymbol{F}+\boldsymbol{r}_B\times(-\boldsymbol{F})=(\boldsymbol{r}_A-\boldsymbol{r}_B)\times\boldsymbol{F}=\boldsymbol{r}\times\boldsymbol{F}$$

上式表明，力偶对空间任一点的矩恒等于力偶矩矢，与矩心无关。也就是说，力偶对物体的作用效应只取决于力偶矩矢。

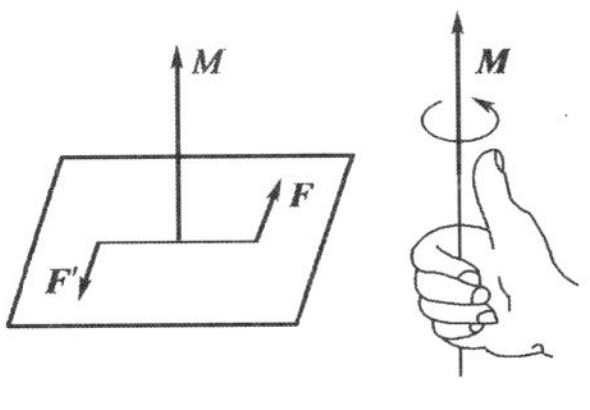

图 5.7

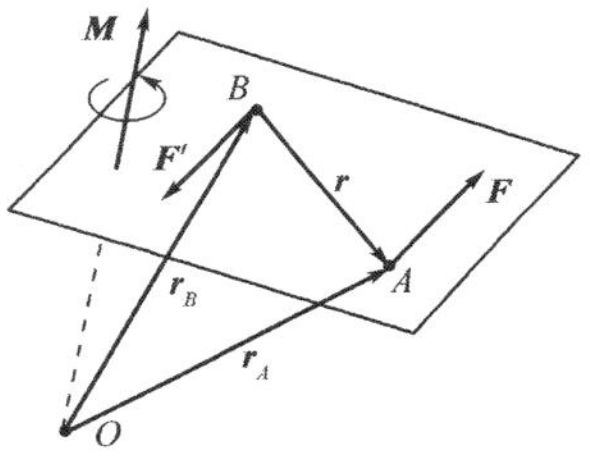

图 5.8

2.空间力偶的等效条件

力偶对物体的作用效应只取决于力偶矩矢。**作用在同一刚体上的两个力偶，如果它们的力偶矩矢相等，则彼此等效。**可得出如下推论：

(1)只要保持力偶矩的大小和转向不变，力偶可从刚体的一个平面移到同一刚体的另一个平行的平面内，而不改变其对刚体的作用效应。这是因为，移动前后，力偶作用面的方位并未改变，因而力偶矩矢不变，从而它对刚体的作用效应不变。

(2)只要保持力偶矩的大小和转向不变，可以同时改变力与力偶臂的大小或将力偶在其作用面内任意移转，而不改变其对刚体的作用效应。

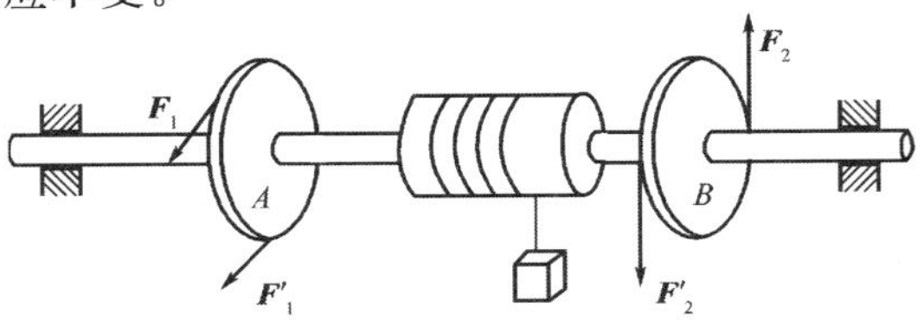

图 5.9

空间力偶的上述特性，在实践中也得到验证。如图 5.9 所示绞车，圆盘 A 和圆盘 B 相互平行，力偶$(\boldsymbol{F},\boldsymbol{F}')$无论是作用在圆盘 A 还是作

用在圆盘 B 上，对绞车转动的效应完全相同。

力偶既可以在其作用面内移转，又可以从一个平面移到另一个平行平面内，因而，只要力偶矩矢的大小和方向不变，它可以在空间平行而同向地任意搬移，即力偶矩矢在空间可画在任何位置上，这种矢量称为**自由矢量**。

3.空间力偶系的合成与平衡条件

(1)空间力偶系的合成

任意个空间力偶可合成为一个合力偶，合力偶矩矢等于各分力偶矩矢的矢量和。即

$$\boldsymbol{M}=\boldsymbol{M}_1+\boldsymbol{M}_2+\cdots+\boldsymbol{M}_n=\sum\boldsymbol{M}_i \tag{5.14}$$

例 5.3 工件四个面上钻有五个孔如图 5.10a 所示，每个孔所受的切削力偶矩均为 80 N·m，转向如图。求工件所受合力偶的矩在 x、y、z 轴上的投影。

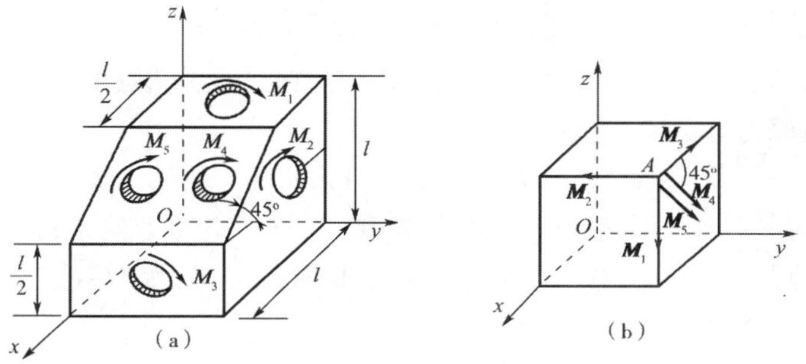

图 5.10 例 5.3 图

解：将各力偶用力偶矩矢量表示，并将其平行移到 A 点(图 5.11b)。得

$$M_x=\sum M_x=-M_3-M_4\cos45^\circ-M_5\cos45^\circ=-193.1\ \text{N}\cdot\text{m}$$

$$M_y=\sum M_y=-M_2=-80.1\ \text{N}\cdot\text{m}$$

$$M_z=\sum M_z=-M_1-M_4\cos45^\circ-M_5\cos45^\circ=-193.1\ \text{N}\cdot\text{m}$$

(2)空间力偶系的平衡条件

由空间力偶系合成的结果，很容易得出空间力偶系平衡的充分和必要条件是：**合力偶矩矢等于零**，亦即力偶系中各力偶矩矢的矢量和等于零，即

$$\boldsymbol{M}=\sum\boldsymbol{M}_i=0 \tag{5.15}$$

可得空间力偶系的平衡方程为

$$\sum M_x=0,\sum M_y=0,\sum M_z=0 \tag{5.16}$$

即空间力偶系平衡的充分和必要条件是：力偶系中所有各力偶矩矢在三个坐标轴中每一轴上的投影的代数和等于零。

§5.4 空间任意力系向一点简化

与平面任意力系的简化方法一样，应用力线平移定理，空间任意力系可以向任一点进行简化，得到一个空间汇交力系和一个空间力偶系，然后再分别求这两个力系的合成结果。

设刚体受空间任意力系 $\boldsymbol{F}_1$、$\boldsymbol{F}_2$、…、$\boldsymbol{F}_n$ 的作用，如图 5.11 所示。

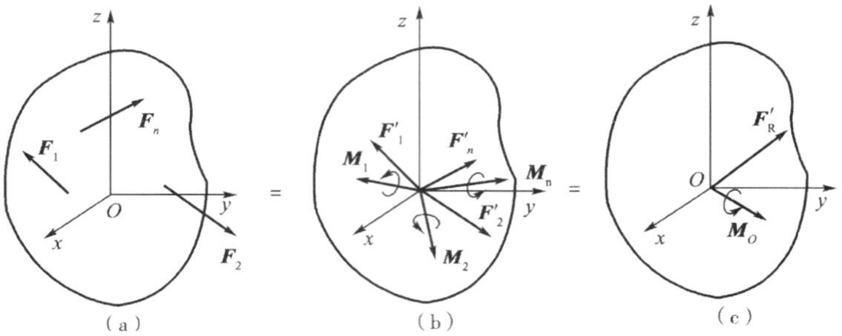

图 5.11

任取一点 O 为简化中心,由力线平移定理,将各力平移到 O 点并附加一个力偶,这样原来的空间任意力系(图 5.11a)就等效于一个空间汇交力系和一个空间力偶系(图 5.11b)。其中

$$\boldsymbol{F}'_1=\boldsymbol{F}_1,\boldsymbol{F}'_2=\boldsymbol{F}_2,\cdots,\boldsymbol{F}'_n=\boldsymbol{F}_n$$

$$\boldsymbol{M}_1=\boldsymbol{M}_O(\boldsymbol{F}_1),\boldsymbol{M}_2=\boldsymbol{M}_O(\boldsymbol{F}_2),\cdots,\boldsymbol{M}_n=\boldsymbol{M}_O(\boldsymbol{F}_n)$$

空间汇交力系 $\boldsymbol{F}'_1$、$\boldsymbol{F}'_2$、…、$\boldsymbol{F}'_n$ 可合成为作用于简化中心 O 点的一个力 $\boldsymbol{F}'_R$(图 5.11c),这个矢量 $\boldsymbol{F}'_R$ 称为原力系的主矢,即

$$\boldsymbol{F}'_R=\sum\boldsymbol{F}'_i=\sum\boldsymbol{F}_i \tag{5.17}$$

工程力学

由式(5.17)可知,主矢等于原力系中各力的矢量和。同样,空间力偶系可合成为一个力偶(图 5.11c),这个力偶的力偶矩矢称为原力系对简化中心的主矩,记为 $\boldsymbol{M}_O$,它等于原力系中各力对简化中心之矩的矢量和,即

$$\boldsymbol{M}_O=\sum\boldsymbol{M}_O(\boldsymbol{F}_i) \tag{5.18}$$

因而有结论:**空间任意力系向任一点 O 简化,可得到一个力与一个力偶。这个力作用在简化中心 O,称之为原力系的主矢,它等于原力系中各力的矢量和,主矢与简化中心位置无关;这个力偶的力偶矩矢称为原力系对简化中心的主矩,它等于原力系中各力对简化中心之矩的矢量和,主矩一般情况下与简化中心的位置有关。**

下面讨论主矢及主矩的计算。取简化中心 O 为坐标原点,建立直角坐标系 $Oxyz$,则得主矢

$$F'_{Rx}=\sum F_{ix},F'_{Ry}=\sum F_{iy},F'_{Rz}=\sum F_{iz} \tag{5.19}$$

主矩有

$$M_{Ox}=\sum M_x(\boldsymbol{F}),M_{Oy}=\sum M_y(\boldsymbol{F}),\ M_{Oz}=\sum M_z(\boldsymbol{F}) \tag{5.20}$$

由上,亦可求得主矢、主矩的大小和方向。

§5.5 空间任意力系的平衡

由上一节讨论可知,**空间任意力系平衡的必要和充分条件是:力系的主矢和对任一点的主矩都等于零。**即

$$\boldsymbol{F}'_R=0,\boldsymbol{M}_O=0$$

根据式(5.19)和式(5.20),上述条件可写成空间任意力系的平衡方程

$$\left.\begin{aligned}\sum F_x=0,\sum F_y=0,\sum F_z=0\\ \sum M_x=0,\sum M_y=0,\sum M_z=0\end{aligned}\right\} \tag{5.21}$$

因此,空间任意力系平衡的必要和充分条件又可表述为:力系中所有各力在三个坐标轴上

投影的代数和等于零，以及这些力对每一坐标轴之矩的代数和也等于零。式(5.21)称为空间任意力系的平衡方程。在求解空间任意力系平衡问题时，可应用式(5.21)中六个平衡方程求解六个未知量。应用空间力系的平衡方程解题时，坐标轴不一定要相互垂直，只要它们不共面且不平行即可。应该说明的是，空间任意力系的平衡方程，与平面任意力系相同，也有其他的形式，即四矩式，五矩式，以及六矩式。这里不再详述。

从空间任意力系的平衡方程式(5.21)，可以导出空间特殊力系的平衡方程，如空间汇交力系，空间力偶系，空间平行力系，平面任意力系等平衡方程。现以空间平行力系为例，设物体受一空间平行力系的作用，取直角坐标系 $Oxyz$ 中的 z 轴与力系中各力的作用线平行，由于各力平行于 z 轴，因而各力对 z 轴的矩等于零，又由于 x 轴和 y 轴与各力垂直，所以各力在这两轴上的投影也等于零。因而在平衡方程(5.21)中，第一、第二和第六个方程成了恒等式。于是，空间平行力系的平衡方程为

$$\sum F_z = 0, \sum M_x = 0, \sum M_y = 0 \tag{5.22}$$

空间力系平衡问题的求解方法与平面力系相同，先确定研究对象，进行受力分析，并作出受力图，选取适当的坐标系，列出平衡方程并求解未知量，我们将在下面举例说明。但应强调的是，在进行受力分析时，对于各种类型约束的性质要熟悉，现将常见的约束及相应的约束力归纳并列表如下，见表5.1。

空间约束的类型及其约束力举例 表5.1

约束力未知量		约束类型
1	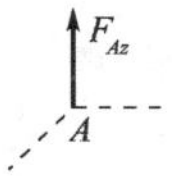	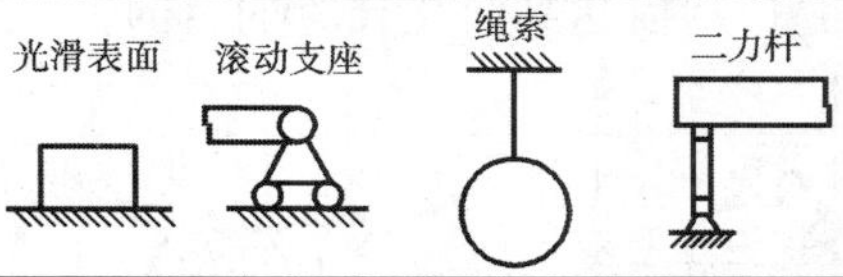
2	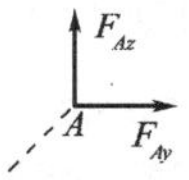	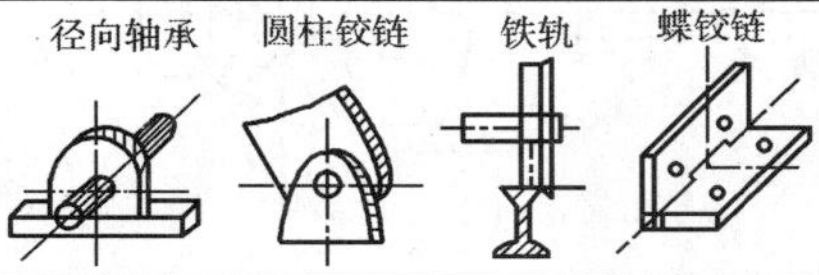
3	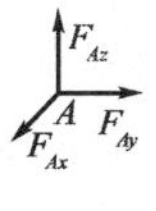	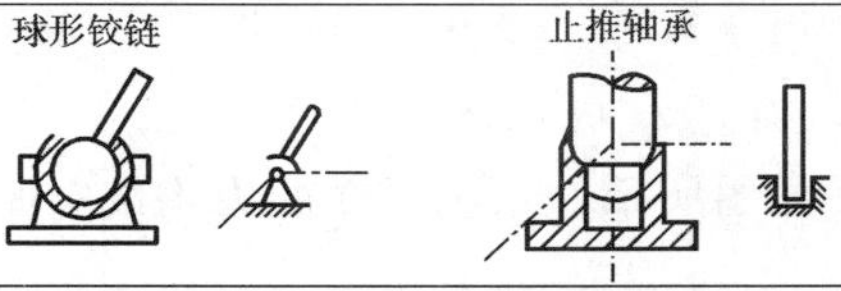
4	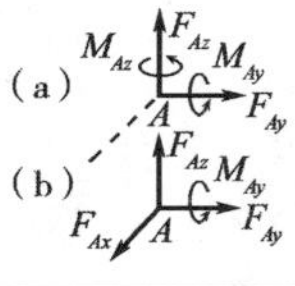	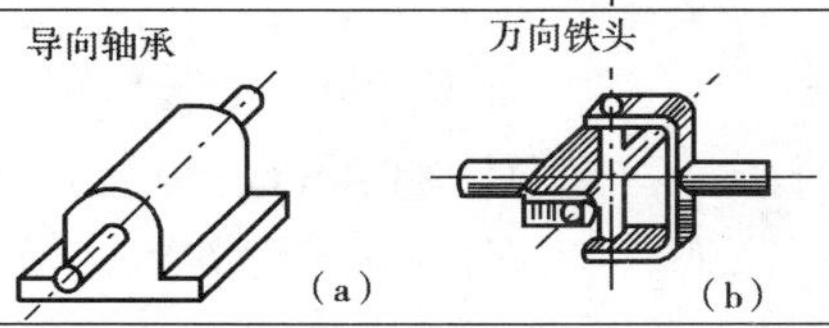
5	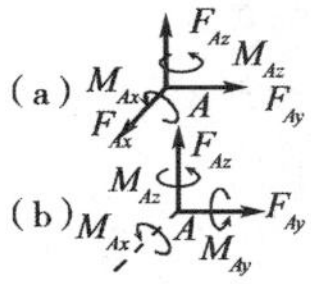	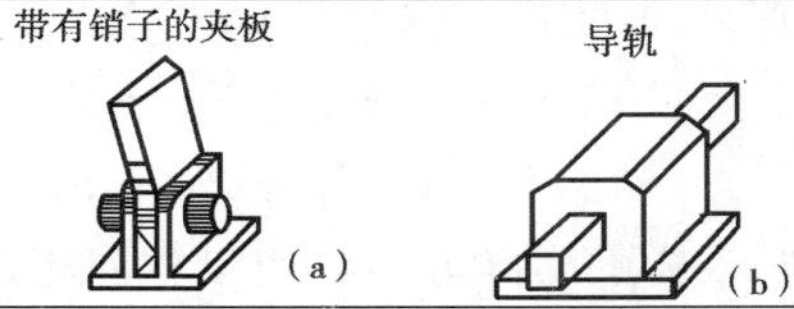
6	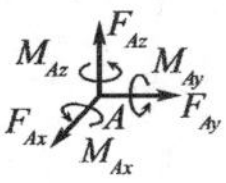	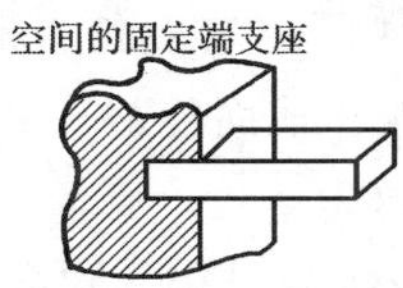

现举例说明空间力系平衡问题的求解。

例 5.4 三轮起重车的简图如图 5.12 所示。已知车自重 $G=12.5$ kN，重力 $\boldsymbol{G}$ 的作用线通过平面 ABC 内的点 C_1。连线 AC_1 延长后垂直平分线段 BC。起吊物重 $P=5$ kN。重力 $\boldsymbol{P}$ 的作用线通过平面 ABC 内的点 H。试求静止时地面对起重车各轮的约束力。

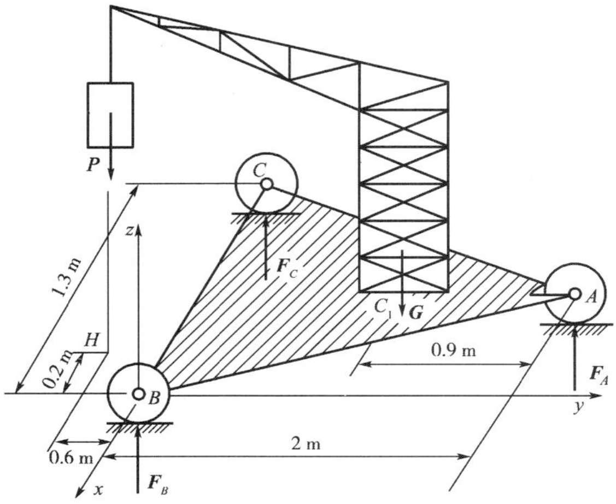

图 5.12 例 5.4 图

解： 取整个起重车为研究对象。其上所受的力有：重力 $\boldsymbol{G}$ 与 $\boldsymbol{P}$，约束力 $\boldsymbol{F}_A$，$\boldsymbol{F}_B$ 与 $\boldsymbol{F}_C$。这 5 个力组成一个空间平行力系。3 个未知力，有 3 个独立的平衡方程，可以求解。取坐标系如图所示，可得

$$\sum M_x=0, F_A\times 2\ \text{m}-G\times 1.1\ \text{m}+P\times 0.6\ \text{m}=0, F_A=5.4\ \text{kN}$$

$$\sum M_y=0, F_A\times \frac{1.3}{2}\ \text{m}+F_C\times 1.3\ \text{m}-G\times \frac{1.3}{2}\ \text{m}-P\times 0.2\ \text{m}=0, F_C=4.3\ \text{kN}$$

$$\sum F_z=0, F_A+F_B+F_C-G-P=0, F_B=7.8\ \text{kN}$$

解空间力系平衡问题时，通常选取与所要避开的未知力相交的轴为矩轴，尽量使 1 个方程只含 1 个未知量，从而达到简化计算的目的。

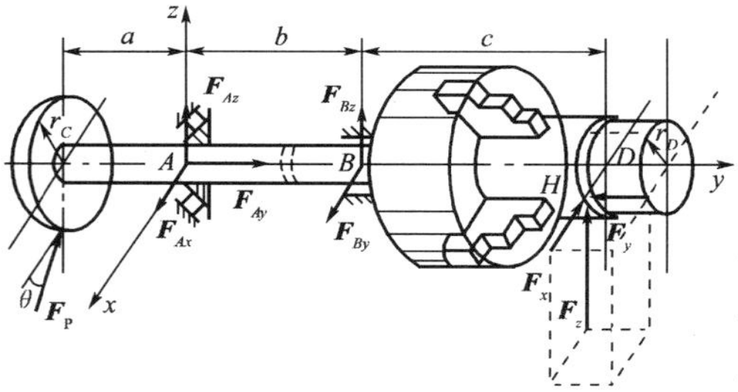

图 5.13 例 5.5 图

例 5.5 图 5.13 所示车床主轴安装在轴承 A 与 B 上，A 为止推轴承，B 为向心轴承。已知 $a=50$ mm，$b=200$ mm，$c=100$ mm，$r_C=100$ mm，$r_D=50$ mm，压力角 $\theta=20°$。切削力作用在 H 处，各分量大小为 $F_x=470$ N，$F_y=350$ N，$F_z=1\ 400$ N。试求齿轮 C 所受的啮合力 $\boldsymbol{F}_{\mathrm{P}}$ 和两轴承的约束力。部件重量不计。

解： 取系统整体为研究对象，画受力图，建立坐标系 $Axyz$ 如图所示。系统所受的力构成空间任意力系，未知力有 6 个，可由 6 个平衡方程求解。

$$\sum F_y=0, F_{Ay}-F_y=0, F_{Ay}=F_y=350\ \text{kN}$$

$$\sum M_y=0, F_{\mathrm{P}}\cos\theta\cdot r_C-F_z\cdot r_D=0, F_P=745\ \text{N}$$

$$\sum M_x=0, F_{Bz}\cdot b+F_z(b+c)-F_{\mathrm{P}}\sin\theta\cdot a=0, F_{Bz}=-2\ 036\ \text{N}$$

$$\sum M_z=0, -F_{Bx}\cdot b+F_x(b+c)-F_y\cdot r_D-F_{\mathrm{P}}\cos\theta\cdot a=0, F_{Bx}=442\ \text{N}$$

$$\sum F_x=0, F_{Ax}+F_{Bx}-F_x-F_{\mathrm{P}}\cos\theta=0, F_{Ax}=728\ \text{N}$$

$$\sum F_z=0, F_{Az}+F_{Bz}+F_z+F_{\mathrm{P}}\sin\theta=0, F_{Az}=381\ \text{N}$$

F_{Bz} 为负值，表明该力的实际方向与假设方向相反。

例 5.6 如图 5.14 所示匀质长方形板边长分别为 a 和 b，由六根直杆支持于水平位置，直杆两端各用球铰链与板和地面连接。板距地面高度为 b，板重为 P，在 A 处作用一水平力 F，且 $F=2P$。求各杆的内力。

解： 取长方形板为研究对象。设各杆均受拉力，其受力图如图 5.14 所示。

［解法 1］ 基本方程法

取坐标系 $Hxyz$。为了避免遗漏和便于检查，可将各力的投影和对各坐标轴的矩列表如下（设$\angle DAH=\angle CBG=\theta$）：

项目	$\boldsymbol{F}$	$\boldsymbol{P}$	$\boldsymbol{F}_1$	$\boldsymbol{F}_2$	$\boldsymbol{F}_3$	$\boldsymbol{F}_4$	$\boldsymbol{F}_5$	$\boldsymbol{F}_6$
F_x	0	0	$-F_1\cos\theta$	0	0	0	$-F_5\cos\theta$	0
F_y	F	0	0	0	$\frac{\sqrt{2}}{2}F_3$	0	0	0
F_z	0	$-P$	$-F_1\sin\theta$	$-F_2$	$-\frac{\sqrt{2}}{2}F_3$	$-F_4$	$-F_5\sin\theta$	$-F_6$
M_x	$-bF$	$-\frac{b}{2}P$	0	0	$-\frac{\sqrt{2}}{2}bF_3$	$-bF_4$	$-bF_5\sin\theta$	$-bF_6$
M_y	0	$\frac{a}{2}P$	0	aF_2	$\frac{\sqrt{2}}{2}aF_3$	aF_4	0	0
M_z	aF	0	0	0	$\frac{\sqrt{2}}{2}aF_3$	0	$bF_5\cos\theta$	0

列平衡方程，相当于把上表中每一行的各项代数和相加并令其等于零，因而可立即写出其平衡方程如下：

$$\sum F_x=0,-F_1\cos\theta-F_5\cos\theta=0 \tag{a}$$

$$\sum F_y=0,F+\frac{\sqrt{2}}{2}F_3=0 \tag{b}$$

$$\sum F_z=0,-P-F_1\sin\theta-F_2-\frac{\sqrt{2}}{2}F_3-F_4-F_5\sin\theta-F_6=0 \tag{c}$$

$$\sum M_x=0,-bF-\frac{b}{2}P-\frac{\sqrt{2}}{2}bF_3-bF_4-bF_5\sin\theta-bF_6=0 \tag{d}$$

$$\sum M_y=0,\frac{a}{2}P+aF_2+\frac{\sqrt{2}}{2}aF_3+aF_4=0 \tag{e}$$

$$\sum M_z=0,aF+\frac{\sqrt{2}}{2}aF_3+bF_5\cos\theta=0 \tag{f}$$

注意到 $\sin\theta=\dfrac{b}{\sqrt{a^2+b^2}}$，$\cos\theta=\dfrac{a}{\sqrt{a^2+b^2}}$，由式(b)可以解得

$$F_3=-\sqrt{2}F=-2\sqrt{2}P$$

由式(f)可解得

$$F_5=0$$

由式(a)得

$$F_1=0$$

把已得的 F_1、F_3 与 F_5 代入式(c)、式(d)和式(e)，经化简后得

$$F_2=1.5P,F_4=0,F_6=-0.5P$$

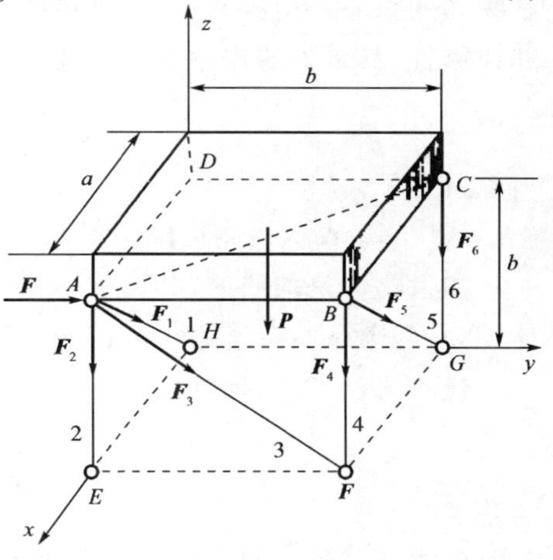

图 5.14 例 5.6 图

由以上结果可知杆1、4、5受力为0，杆2受拉，杆3、6受压。

［**解法2**］　力矩方程法

选取适当的平衡方程，可使一个方程只含有一个未知量。一般，力矩方程比较灵活。如

$$\sum M_{AE}=0, F_5=0$$

$$\sum M_{BF}=0, F_1=0$$

$$\sum M_{AC}=0, F_4=0$$

$$\sum M_{AB}=0, \frac{a}{2}P+aF_6=0, F_6=-0.5P$$

$$\sum M_{DH}=0, aF+\frac{\sqrt{2}}{2}aF_3=0, F_6=-2\sqrt{2}P$$

$$\sum M_{FG}=0, bF-\frac{b}{2}P-bF_2=0, F_2=1.5P$$

本题的解法1是空间任意力系平衡问题的基本解法，即画出研究对象的受力图后，将各荷载、约束力对所取坐标轴的投影及矩按顺序计算并列表，把表中每行各项代数相加，一般可得6个独立的平衡方程，可求解6个未知量。此解法的优点是步骤程序化，只要按部就班就可列出方程，缺点是常需解较多的联立方程，计算繁琐。解法2是力矩方程法，当选择了适当的矩轴，可使一个方程只含有一个未知量，计算简便。其实本题还可有其他形式的平衡方程。总之，为简化计算，应尽量选取与所要避开的其余未知力垂直的坐标轴为投影轴，尽量选取与所要避开的其余未知力平行或相交的坐标轴为矩轴。

§5.6　重　　心

1. 重心

如果物体的尺寸相对地球很小，则地球附近物体上各点的重力可以被认为是平行力系。而此空间平行力系的合力，就是物体的重量，这个合力的作用线总是通过一确定的点，此点就是物体的**重心**。由经验可知，刚体的重心在刚体内的相对位置是不变的，也就是说，不论物体如何放置，其重力的作用线总是通过它的重心。根据式(5.23)可得重心位置的计算公式

$$x_C=\frac{\sum G_i x_i}{\sum G_i}, y_C=\frac{\sum G_i y_i}{\sum G_i}, z_C=\frac{\sum G_i z_i}{\sum G_i} \tag{5.23}$$

式中，G_i 表示物体这微小单元的重力，物体的重力为 $G=\sum G_i$

如果物体是均质的，其单位体积的重量 γ 为常数，任一微小部分的体积为 V_i，整个物体的体积为 V，则有 $G=\sum V_i\gamma=\gamma V=\gamma\sum V_i$

代入式(5.23)，得物体重心 C 的坐标为

$$x_C=\frac{\sum V_i x_i}{V}, y_C=\frac{\sum V_i y_i}{V}, z_C=\frac{\sum V_i z_i}{V} \tag{5.24}$$

由式(5.24)可见，均质物体的重心位置完全取决于物体的几何形状，而与物体的重量无关。

由物体的几何形状所决定的物体的几何中心，称为该物体的**形心**。确切地说，由式(5.23)所决定的点，称为物体的重心；由式(5.24)所决定的点，称为物体的形心。对均质物体，其重心和形心是重合的，而对于非均质物体而言，其重心与形心一般不重合。

用于连续体，式(5.24)可写成积分形式，为

$$x_C=\frac{\iiint x\cdot \mathrm{d}V}{V},y_C=\frac{\iiint y\cdot \mathrm{d}V}{V},z_C=\frac{\iiint z\cdot \mathrm{d}V}{V} \tag{5.25}$$

如果物体是均质等厚的薄壳，如薄壁容器等，其厚度与其表面积相比很小，采用上述同样的方法可得薄壳重心为

$$x_C=\frac{\sum A_i x_i}{A},y_C=\frac{\sum A_i y_i}{A},z_C=\frac{\sum A_i z_i}{A} \tag{5.26}$$

如果物体是均质等厚的平面薄板，其厚度不计时，取薄板的平面为坐标平面 Oxy，在式(5.26)中，$z_C=0$，而 x_C 和 y_C 仍按式(5.26)的前两式计算。

2.重心的确定

(1)规则形状均质物体的重心

如果均质物体具有对称面、对称轴或对称中心，不难证明，该物体的重心就在对称面、对称轴或对称中心上。例如圆柱体、正圆锥体或正棱锥体的重心都在它们的中心轴线上；圆环、圆面积、球体(面)或平行四边形的重心都与它们的几何中心重合。对于具有简单形状均质物体的重心，一般可用积分形式的重心坐标公式求解，或查阅有关工程手册。表5.2列出了几种常见的简单形状均质物体重心的位置。

简单几何形体的形心 表5.2

图形	重心位置	图形	重心位置
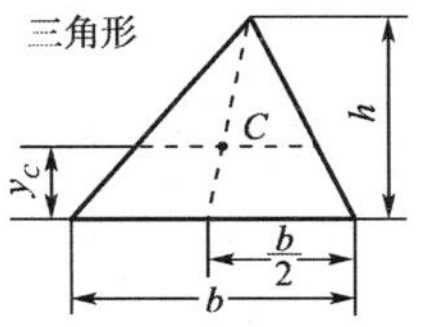	在中线的交点 $y_C=\frac{1}{3}h$	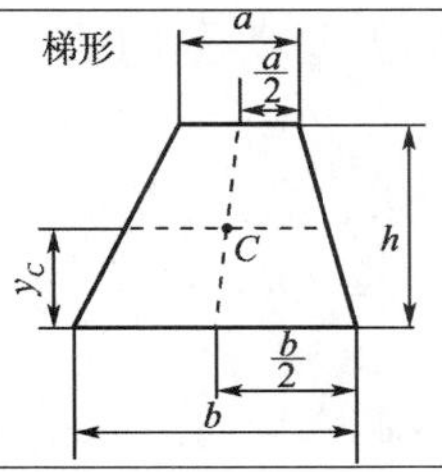	$y_C=\frac{h(2a+b)}{3(a+b)}$
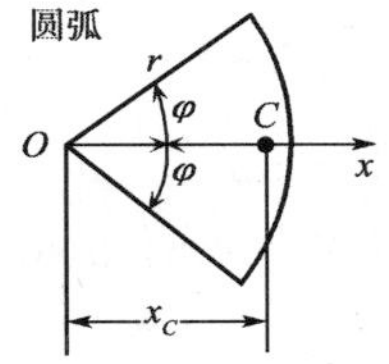	$x_C=\frac{r\sin\varphi}{\varphi}$ 对于半圆弧 $x_C=\frac{2r}{\pi}$	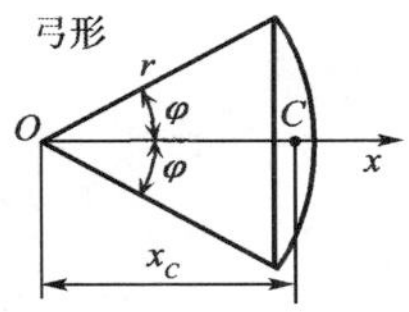	$x_C=\frac{2}{3}\frac{r^3\sin^3\varphi}{A}$ 面积 $A=\frac{r^2(2\varphi-\sin 2\varphi)}{2}$
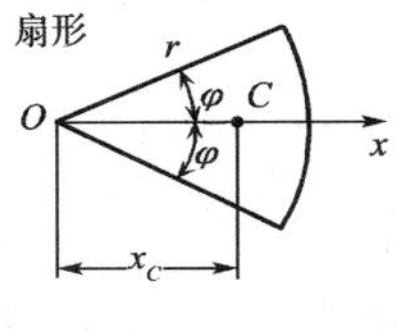	$x_C=\frac{2}{3}\frac{r\sin\varphi}{\varphi}$ 对于半圆 $x_C=\frac{4r}{3\pi}$	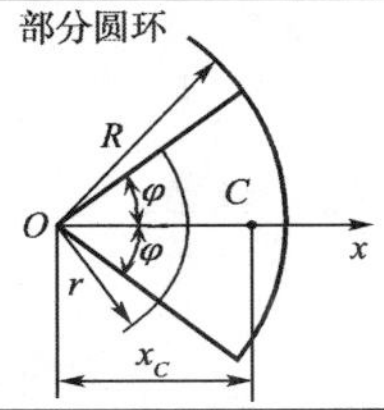	$x_C=\frac{2}{3}\frac{R^3-r^3}{R^2-r^2}\frac{\sin\varphi}{\varphi}$

图　　形	重心位置	图　　形	重心位置
二次抛物线面 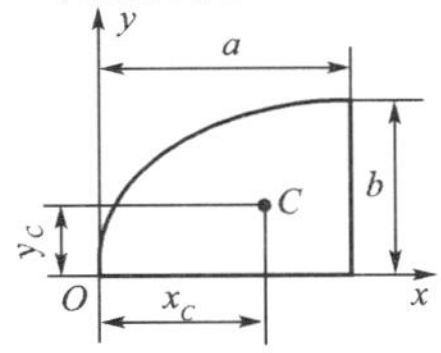	$x_C=\frac{5}{8}a$ $y_C=\frac{2}{5}b$	二次抛物线面 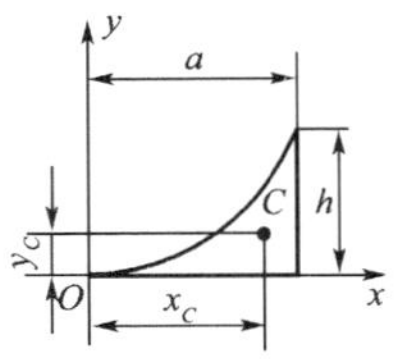	$x_C=\frac{3}{4}a$ $y_C=\frac{3}{10}b$
正圆锥体 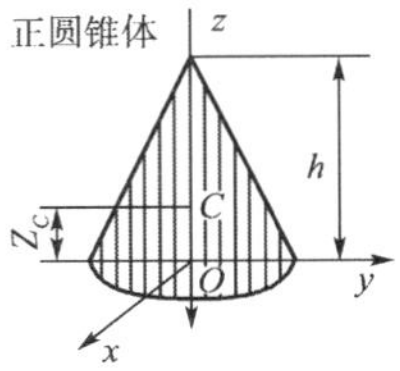	$z_C=\frac{1}{4}h$	正角锥体 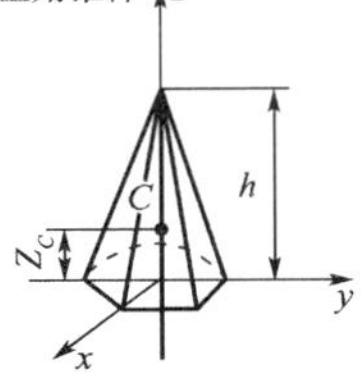	$z_C=\frac{1}{4}h$
半圆球 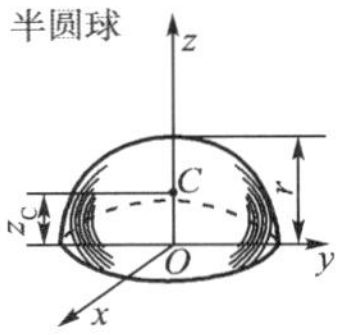	$z_C=\frac{3}{8}r$	锥形筒体 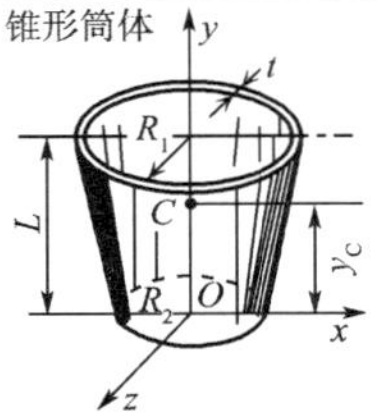	$y_C=\frac{4R_1+2R_2-3t}{6(R_1+R_2-t)}L$

(2)组合法

工程上，有些均质物体是由几个规则形状的物体组合而成。求这类物体的重心时，可将其分割成几个简单形状的物体，而各简单形状物体的重心很容易求得，则整个物体的重心可按式(5.23)，式(5.24)和式(5.26)中求和形式的重心坐标公式求出。这时，公式中的体积元素、面积元素或长度元素应为所分割的简单形状物体的体积、面积或长度，而 x_i,y_i,z_i 为其相应的重心坐标。这种求重心的方法称为**分割法**。

例 5.7　角钢截面尺寸如图 5.15 所示，试求其形心位置。

解：取坐标系如图所示，用虚线将图形分割为两个矩形，其面积 A_1、A_2 和形心坐标为

$$A_1=(200\ \text{mm}-20\ \text{mm})\times 20\ \text{mm}=3\ 600\ \text{mm}^2$$

$$A_2=150\ \text{mm}\times 20\ \text{mm}=3\ 000\ \text{mm}^2$$

$$x_1=10\ \text{mm}$$

$$y_1=20\ \text{mm}+\frac{200\ \text{mm}-20\ \text{mm}}{2}=110\ \text{mm}$$

$$x_2=75\ \text{mm},y_2=10\ \text{mm}$$

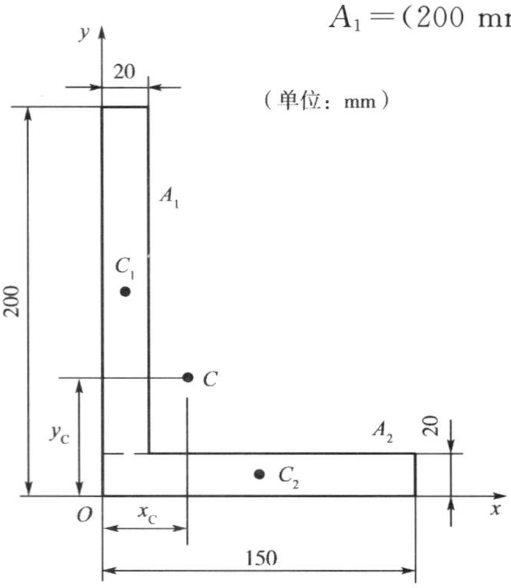

图 5.15　例 5.17 图

将以上数值代入式(5.26)，得角钢截面相对于所取坐标系的形心坐标为

$$x_C=\frac{x_1\cdot A_1+x_2\cdot A_2}{A_1+A_2}=39.5\ \text{mm}$$

$$y_C=\frac{y_1\cdot A_1+x_2\cdot A_2}{A_1+A_2}=64.5\ \text{mm}$$

有些均质物体，可以看成是从某个简单形状物体中挖去另一个简单形状物体而成，对于这类物体，仍可用上述求和形式的公式求其重心，这时，只需把被挖去的

体积（或面积）取为负值。这种方法称**负体积法**（或**负面积法**）。

例 5.8　振动器的偏心块形状如图 5.16 所示。已知 $R=100\ \text{mm}$，$r_1=30\ \text{mm}$，$r_2=13\ \text{mm}$。试求其形心坐标。

解：由对称性可知，形心 C 一定在对称轴 y 上。同时采用分割法和负面积法，将图形看成是由半径为 R 的大半圆、半径为 r_1 的小半圆和半径为 r_2 的负面积小圆组成。以 C_i 和 $A_i(i=1,2,3)$ 表示各分割图的形心和面积，查表 5.2 可求得：

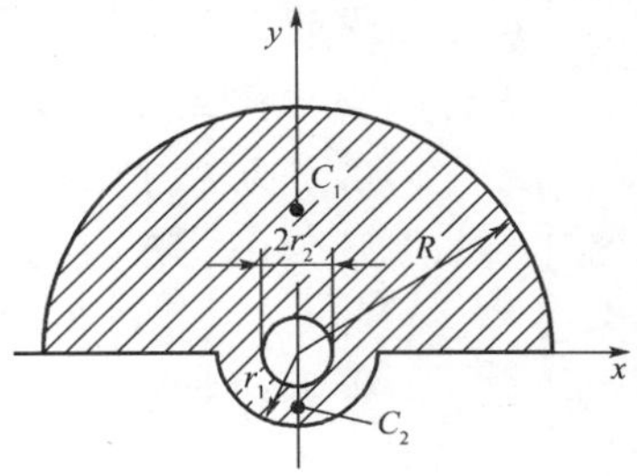

图 5.16　例 5.8 图

$$A_1=\pi R^2/2=5\ 000\pi\ \text{mm}^2,\ y_1=\frac{4R}{3\pi}=\frac{400}{3\pi}\ \text{mm}$$

$$A_2=\pi r_1^2/2=450\pi\ \text{mm}^2,\ y_2=-\frac{4r_1}{3\pi}=-\frac{40}{\pi}\ \text{mm}$$

$$A_3=-\pi r_2^2=-169\pi\ \text{mm}^2,\ y_3=0$$

注意 A_3 为负面积，由形心公式得

$$x_C=0$$

$$y_C=\frac{A_1y_1+A_2y_2+A_3y_3}{A_1+A_2+A_3}=39.1\ \text{mm}$$

(3)实验法

对形状复杂或质量分布不均的物体，很难计算其重心坐标。此时，可用实验来测定重心位置，最常用的实验方法有悬挂法和称重法两种，这两种方法的理论根据都是物体的平衡条件。

①**悬挂法**：这种方法适用于平板或薄片物件。如图 5.17 所示，先通过物体的任意点 A 将物体悬挂起来。物体在绳索拉力和重力作用下平衡，根据二力平衡公理，重心应在通过悬挂点 A 的直线上。再另选一点 B 将物体悬挂起来，使之处于平衡状态，同理，重心应在通过该点的直线上。实验时，画出两直线，其交点即为物体的重心。

②**称重法**：这种方法适用于体积较大的物体，以具有对称轴的连杆为例，如图 5.18 所示。这种情况下只需要测定重心在对称轴上的位置，首先称出连杆的重量 G，然后将杆的一端 A 放置在刀口上，另一端 B 放在台秤上，并使对称轴线处于水平位置。从台秤上读出支承力 F_B 的大小，量出 A、B 两点的水平距离 l，由平衡可知

$$\sum M_A=0,\ F_Bl-Gx_C=0$$

即

$$x_C=\frac{F_B}{G}l$$

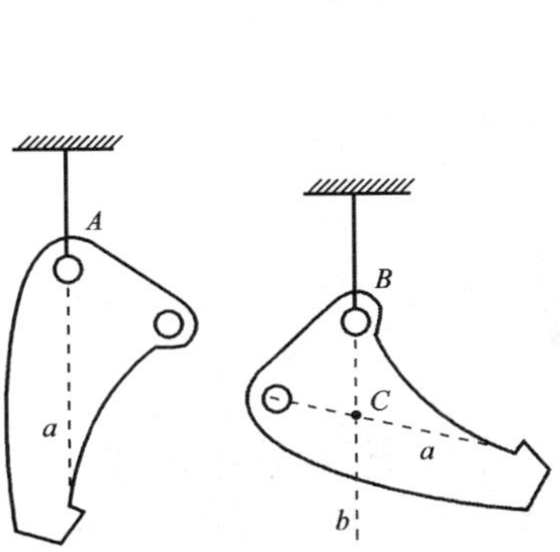

图　5.17

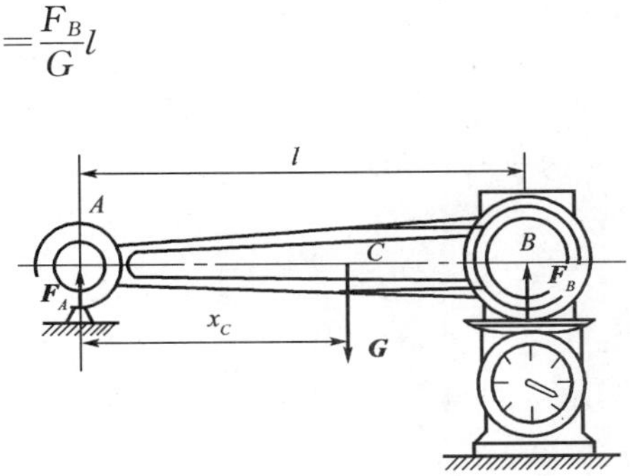

图　5.18

这样，通过两次称重确定了重心在轴线上的位置。

对于非对称的物体，可以在三个方向重复上述作法，从而确定物体重心的位置。

本章小结

1. 空间中的力是三维矢量，力的解析表达式为 $\boldsymbol{F}=F_x\boldsymbol{i}+F_y\boldsymbol{j}+F_z\boldsymbol{k}$。

求力在坐标轴上的投影 F_x，F_y，F_z 可用直接投影法或间接（二次）投影法。

2. 空间汇交力系可以合成为一个合力，即 $\boldsymbol{F}_R=\sum\boldsymbol{F}_i$，其平衡条件是 $\sum\boldsymbol{F}_i=0$，平衡方程为 $\sum F_x=0$，$\sum F_y=0$，$\sum F_z=0$，可以求解 3 个未知量。

3. 空间中力对点的力矩是定位矢量，有 $\boldsymbol{M}_O(\boldsymbol{F})=\boldsymbol{r}\times\boldsymbol{F}=\begin{vmatrix}\boldsymbol{i} & \boldsymbol{j} & \boldsymbol{k}\\ x & y & z\\ F_x & F_y & F_z\end{vmatrix}$

空间中力对轴之矩是代数量，可按定义计算：$M_z(\boldsymbol{F})=M_O(\boldsymbol{F}_{xy})=\pm F_{xy}d$；也可按公式计算：$M_x(\boldsymbol{F})=yF_z-zF_y$，$M_y(\boldsymbol{F})=zF_x-xF_z$，$M_z(\boldsymbol{F})=xF_y-yF_x$。

力对点之矩与力对轴之矩的关系是：力对点之矩在通过该点某轴上的投影等于力对该轴之矩。即 $[\boldsymbol{M}_O(\boldsymbol{F})]_z=M_z(\boldsymbol{F})$。

4. 空间中力偶的力偶矩是矢量，记为 $\boldsymbol{M}$。力偶的两力对空间中任一点的力矩之矢量和均等于力偶的力偶矩 $\boldsymbol{M}$。

力偶可以在空间中任意移转，或同时改变力及力偶臂的大小，只要保持力偶矩矢量不变，力偶对刚体的作用就不变，所以力偶矩是自由矢量。

多个力偶可以合成为一个力偶，合力偶的力偶矩等于分力偶力偶矩的矢量和。

空间力偶系的平衡方程为 $\sum M_x=0$，$\sum M_y=0$，$\sum M_z=0$，可以求解三个未知量。

5. 空间任意力系可以简化为在任意选定的简化中心 O 上作用的一个主矢及一个主矩，主矢为 $\boldsymbol{F}'_R=\sum\boldsymbol{F}_i$，主矩为 $\boldsymbol{M}_O=\boldsymbol{M}_O(\boldsymbol{F}_i)$，分别等价于三个代数式。

6. 空间任意力系的平衡条件是 $\sum\boldsymbol{F}_i=0$，$\boldsymbol{M}_O(\boldsymbol{F}_i)=0$。独立的平衡方程有 6 个，其基本形式为

$$\left.\begin{array}{l}\sum F_x=0,\sum F_y=0,\sum F_z=0\\ \sum M_x=0,\sum M_y=0,\sum M_z=0\end{array}\right\}$$

另外还有四矩式，五矩式，六矩式等形式，在解题时可以灵活选用，使得一个方程中只出现一个未知量，以尽量避免求解联立方程。

7. 物体重心 C 的位置由下式确定

$$x_C=\frac{\sum G_i x_i}{\sum G_i},y_C=\frac{\sum G_i y_i}{\sum G_i},z_C=\frac{\sum G_i z_i}{\sum G_i}$$

均质物体的重心与形心重合。

习　　题

5.1 图示空间构架由三根无重直杆组成，在 D 端用球铰链连接，如图所示。A、B 和 C 端则用球铰链固定在水平地板上。如果挂在 D 端的物重 $P=10$ kN，试求三杆的受力。

5.2 试求三角架每根杆的内力。设各杆的自重不计，荷载 $\boldsymbol{F}$ 沿 y 轴的正向，其大小 $F=200$ N。

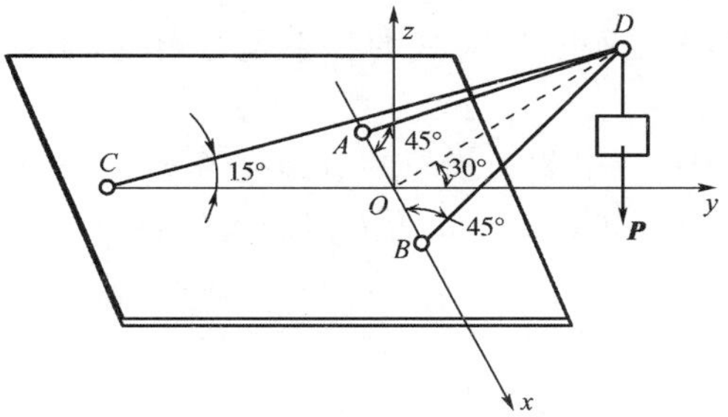

题 5.1　图

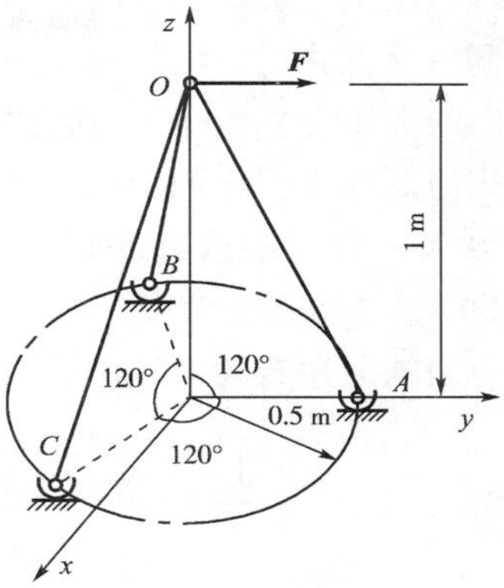

题 5.2　图

5.3　如图所示，力 $\boldsymbol{F}$ 作用在曲柄的中点 A。已知 $\alpha=30°$，$F=1$ kN，$d=400$ mm，$r=50$ mm。试求力 $\boldsymbol{F}$ 对 x、y、z 轴的力矩。

5.4　作用在手柄上的力 $F=100$ N，作用线位置及手柄尺寸如图所示。试求：(1)力 $\boldsymbol{F}$ 对 x 轴的力矩；(2)力 $\boldsymbol{F}$ 对原点 O 的力矩。

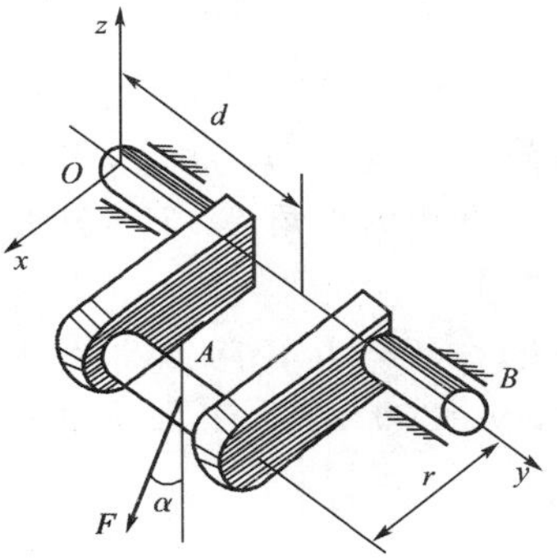

题 5.3　图

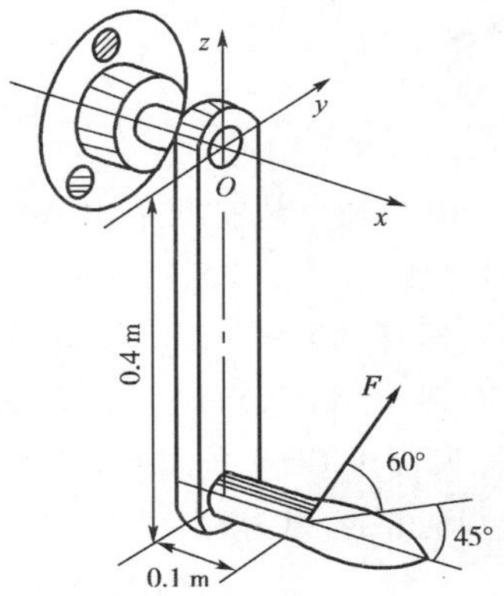

题 5.4　图

5.5　图示力系的三力分别为 $F_1=350$ N、$F_2=400$ N 和 $F_3=600$ N，其作用线的位置如图所示。试将此力系向原点 O 简化。

5.6　一重 $P=20$ kN、水平悬挂的长方形平板被匀速提升，如图所示。重力 $\boldsymbol{P}$ 的作用线通过平板上点 C，试确定所需三力 $\boldsymbol{F}_1$、$\boldsymbol{F}_2$ 及 $\boldsymbol{F}_3$ 的大小。不计滑轮中的摩擦。

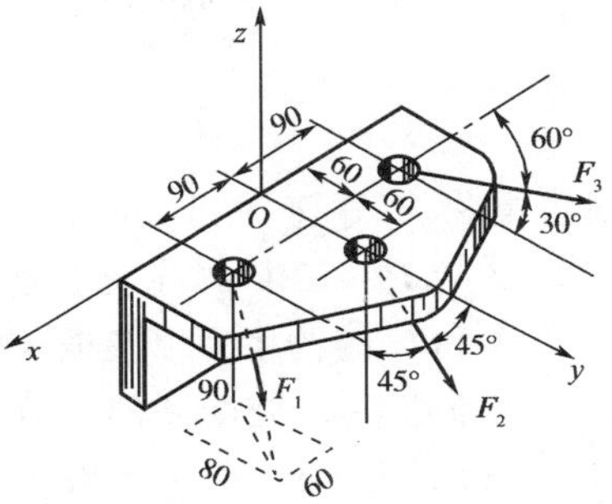

题 5.5　图

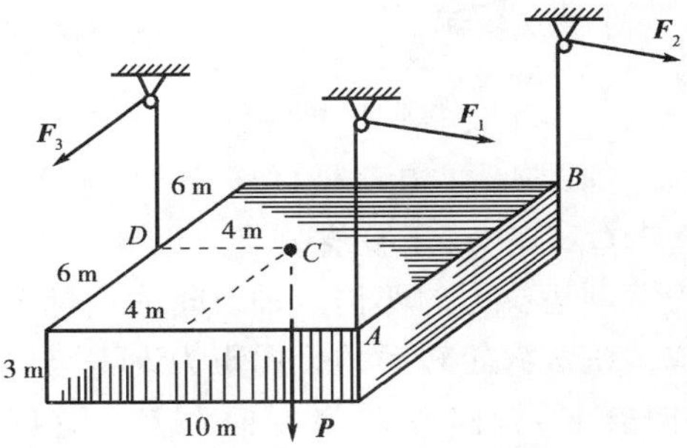

题 5.6　图

5.7 图示三圆盘 A、B 和 C 的半径分别为 150 mm、100 mm 和 50 mm。三轴 OA、OB 和 OC 在同一平面内，$\angle AOB$ 为直角。在这三圆盘上分别作用力偶，组成各力偶的力作用在轮缘上，它们的大小分别等于 10 N、20 N 和 F。如这三圆盘所构成的物系是自由的，不计物系重量，求能使此物系平衡的力 $\boldsymbol{F}$ 的大小和角 θ。

5.8 一传动轴以 A、B 两轴承支承。中间的圆柱直齿齿轮的节圆直径 $d=173$ mm，压力角 $\alpha=20°$，在右端的法兰盘上作用一力偶矩 $M=1\ 030$ N·m 的力偶。设轮轴自重和摩擦不计，求传动轴匀速转动时轴承 A、B 处的约束力。

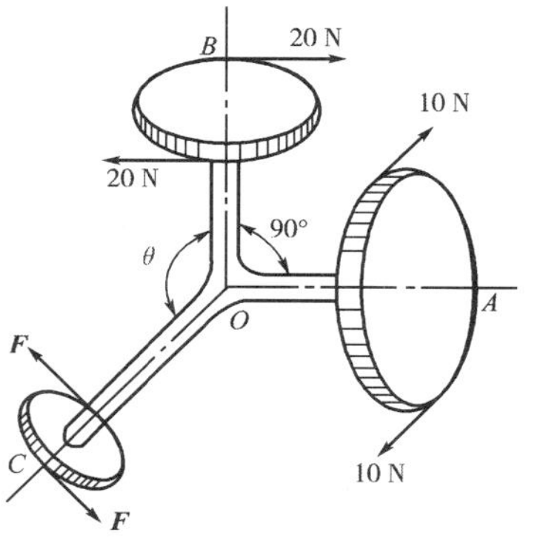

题 5.7 图

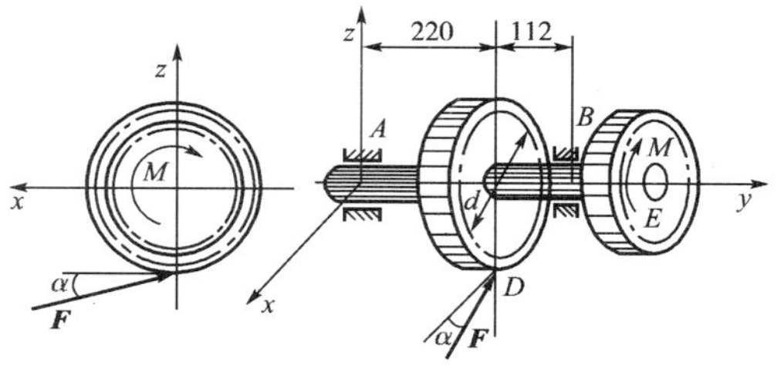

题 5.8 图

5.9 一传动轴上装有两个皮带轮，其半径分别为 $r_1=200$ mm，$r_2=250$ mm，轮 Ⅰ 的皮带是水平的，其张力 $F_1=2F_2=5$ kN，轮 Ⅱ 的皮带与铅垂线的夹角 $\theta=30°$，其张力 $F_3=2F_4$。求传动轴作匀速转动时的张力 F_3、F_4 和轴承处的约束力。

5.10 如图所示，已知镗刀杆刀头上受切削力 $F_z=500$ N，径向力 $F_x=150$ N，轴向力 $F_y=75$ N，刀尖位于 Oxy 平面内，其坐标 $x=75$ mm，$y=200$ mm。工件重量不计，试求被切削工件左端 O 处的约束力。

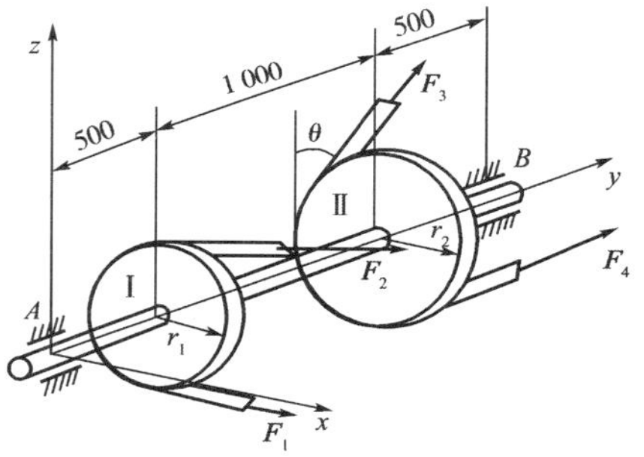

题 5.9 图

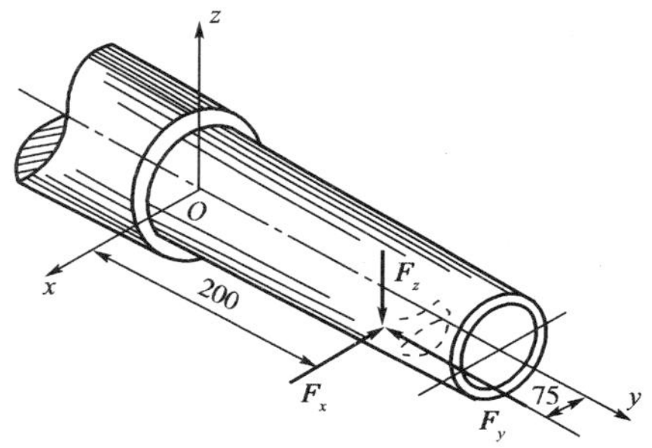

题 5.10 图

5.11 如图所示，电动机以转矩 M 通过链条传动将重物 P 等速提起，链条与水平线成 30°角（直线 O_1x_1 平行于直线 Ax）。已知：$r=100$ mm，$R=200$，$P=10$ kN，链条主动边（下边）的拉力为从动边拉力的两倍。轴及轮的重量不计，求轴承 A 和 B 的约束力以及链条的拉力。

5.12 使水涡轮转动的力偶矩为 $M_z=1200$ N·m。在锥齿轮 B 处受到的力分解为三个分力：切向力 $\boldsymbol{F}_t$，轴向力 $\boldsymbol{F}_a$ 和径向力 $\boldsymbol{F}_r$。这些力的比例为 $F_t:F_a:F_r=1:0.32:0.17$。已知水涡轮连同轴和锥齿轮的总重为 $P=12$ kN，其作用线沿轴 Cz，锥齿轮的平均半径 $OB=0.6$ m，其余尺寸如题图所示。求止推轴承 C 和轴承 A 的约束力。

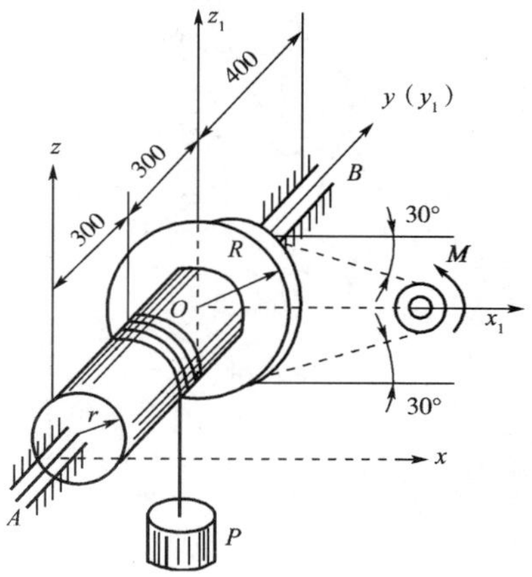

题 5.11　图

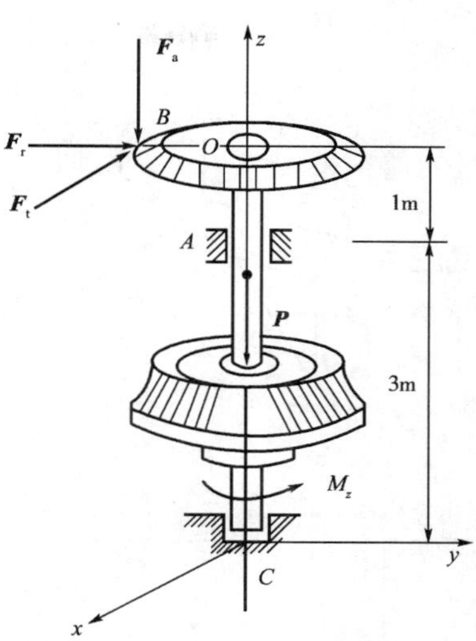

题 5.12　图

5.13　如图所示，均质长方形薄板重 $P=200$ N，用球铰链 A 和蝶铰链 B 固定在墙上，并用绳子 CE 维持在水平位置。求绳子的拉力和支座约束力。

5.14　矩形搁板 $ABCD$ 可绕轴线 AB 转动，用杆 DE 支撑成水平位置。撑杆 DE 两端均为铰链连接。搁板连同其上重物共重 $G=800$ N，重力作用线通过矩形板几何中心。已知 $AB=1.5$ m，$AD=0.6$ m，$AK=BM=0.25$ m，$DE=0.75$ m。不计板重，求撑杆 DE 所受的力以及蝶形铰链 K 和 M 的约束力。

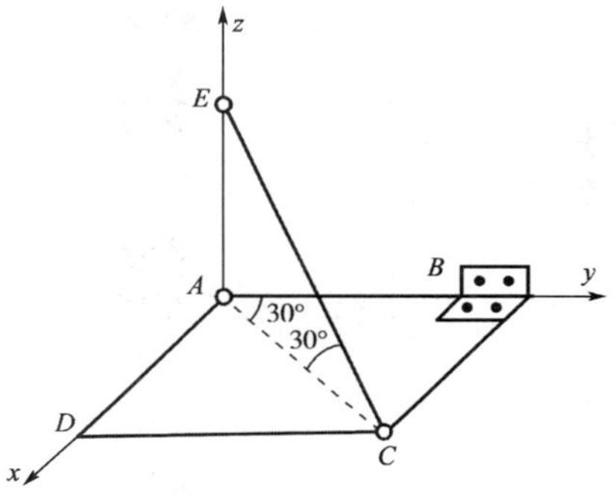

题 5.13　图

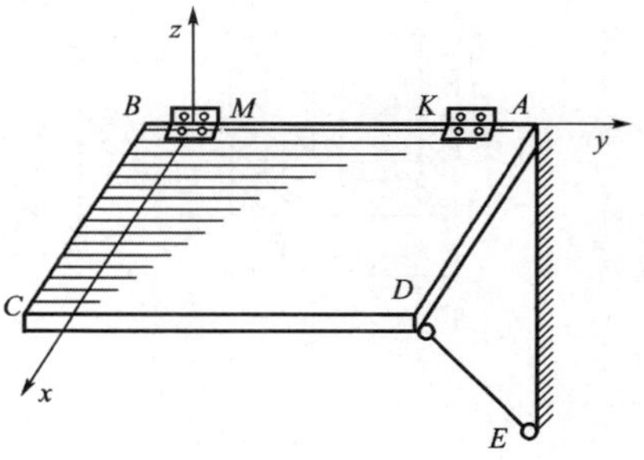

题 5.14　图

5.15　如图所示，六杆支撑一水平板，在板角处受铅直力 $\boldsymbol{F}$ 作用。设板和杆自重不计，求各杆的内力。

5.16　如图所示，一个宽、高、长各等于 a、b、c 的长方体，由图示六杆件用铰链支承在水平位置。今有一水平力 $\boldsymbol{F}$ 沿 GH 方向作用于点 G。试求各支承杆所受的力，不计长方体及各杆的重量。图中点 M 是线段 AB 的中点，夹角 θ 和 φ 均已知。

5.17　图中均质杆 AB 长 l，重 $\boldsymbol{P}$，A 端由一球形铰链固定在地面上，B 端自由地靠在一铅直墙面上，墙面与铰链 A 的水平距离等于 a，图中平面 AOB 与 Oyz 的交角为 θ。杆 AB 与墙面间的摩擦因数为 f_s，铰链的摩擦阻力可不计。试求杆 AB 将开始沿墙滑动时，θ 角应等于多大？

5.18　试求图示两平面图形的形心位置，图中尺寸单位为 mm。

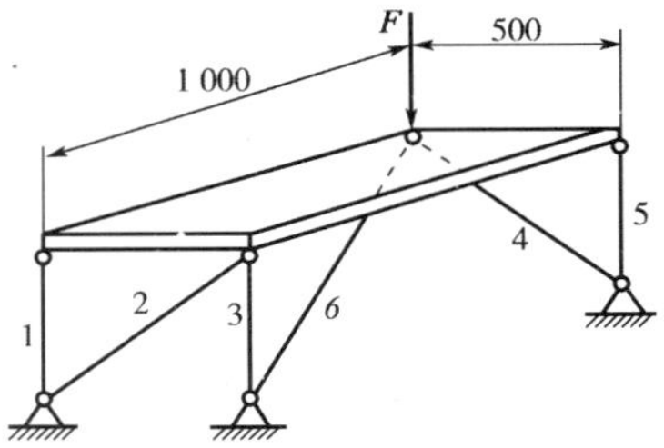

题 5.15　图

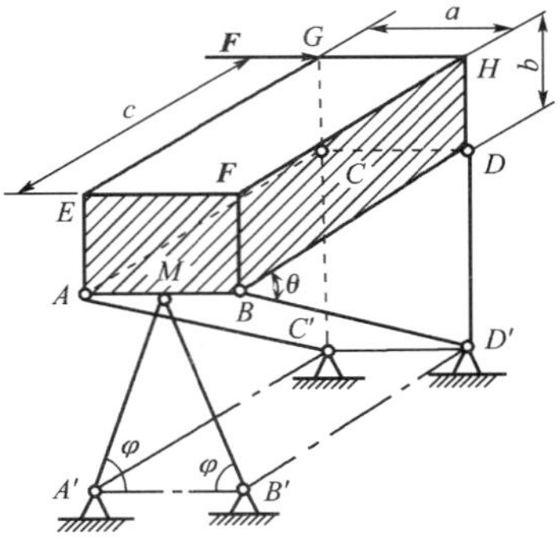

题 5.16　图

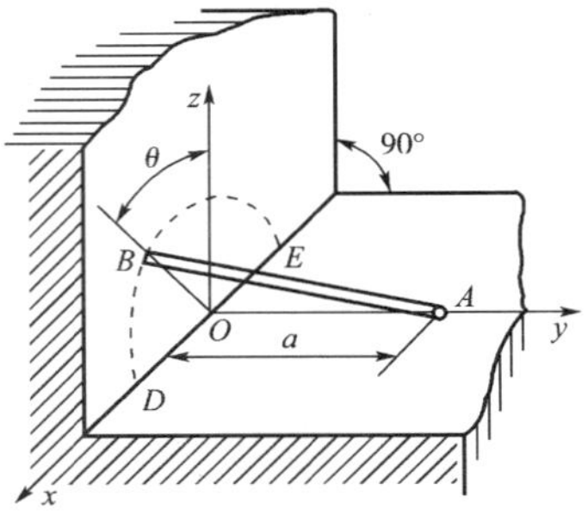

图 5.17　图

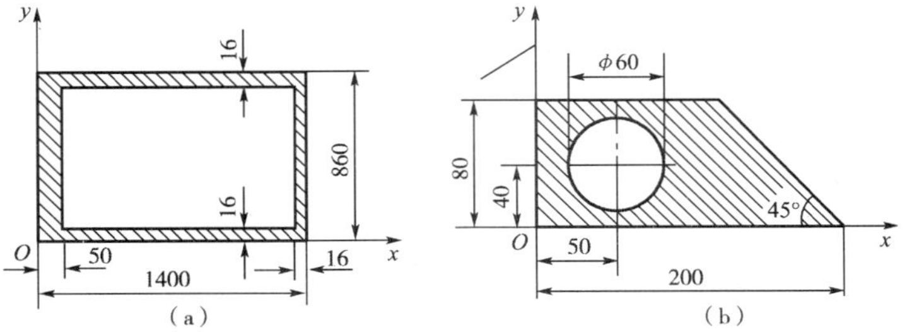

图 5.18　图

5.19　试求图示型材截面形心的位置，图中尺寸单位为 mm。

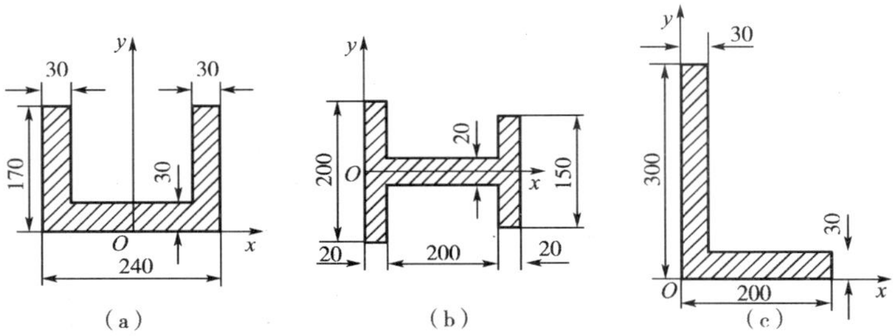

图 5.19　图

第二篇 材料力学

第六章 材料力学绪论

§6.1 材料力学的任务和研究方法

工程结构的零、部件，统称为**构件**(element)。一切构件都是由固体形态的材料制成的。在外力作用下，构件的几何形状和尺寸大小都要发生一定程度的改变，这种改变称为**变形**(deformation)。若所受外力不断增加，最后构件就将会破坏。

工程构件在外力作用下丧失正常功能的现象称为**失效**(failure)。工程构件的失效形式很多，通常可分为三类：

强度(strength)失效，是指构件在外力作用下发生断裂或产生不可恢复的变形；

刚度(stiffness)失效，是指构件在外力作用下产生过大的弹性变形；

稳定(stability)失效，是指构件在轴向压力作用下其原有平衡形态发生突然转变。

在工程中，为保证机械设备或结构能正常工作而不失效，要求各个构件都必须具有足够的强度、刚度和稳定性。工程中所用的任何机械设备或结构，应该是既安全又适用，而且设计时还要使它是最经济的。安全、适用和经济是任何机械设备或工程结构必须满足的三个基本要求。

在研究构件的强度、刚度和稳定性时，还应了解材料在外力作用下的力学性能。材料的力学性能要由材料试验来测定。因此，研究材料的力学性能也是本课程的重要内容。

材料力学的任务是：研究各种材料及构件在外力作用下所表现出的力学性能，在满足强度、刚度和稳定性的条件下，为工程构件的力学设计提供必要的理论基础和分析计算方法，以保证设计出的构件能够满足安全、适用和经济的要求。

材料力学中所研究的问题，都是工程或生活实际中的问题。遵循认识论的规律，其研究方法首先是从生活、工程或实验中观察各种现象，从复杂的现象中抓住共性，找出反映事物本质的主要因素，略去次要因素，经过简化，把作机械运动的实际物体抽象为**力学模型**(mechanical model)，建立力学模型是工程力学研究方法中很重要的一个步骤。因为实际中的力学问题往往是很复杂的，这就需要我们对同一个研究对象，为了不同的研究目的，进行多次实验，反复观察，仔细分析，抓住问题的本质，作出正确的假设，使问题理想化或简化，从而达到在满足一定精确度的要求下用简单的模型解决问题的目的。

材料力学的研究与数学有着密切的关系，建立了力学模型以后，还要按照机械运动的基本规律和力学定理，对力学模型进行数学描述，建立力学量之间的数量关系，得到力学方程，即**数学模型**(mathematical model)。然后，经过逻辑推理和数学演绎进行理论分析和计算，或用计算机求数值解。最后，所得到的结果和结论是否正确，还要进一步通过实验或工程实践来检验。

§6.2 变形固体及其基本假设

实际物体在外力作用下都要发生变形。但是,工程中构件的变形通常是很微小的,对于力对物体的外效应的影响极小。因此,在理论力学中研究物体的受力、平衡时,这种微小的变形可以略去不计,将受力物体抽象化为不变形的**刚体**(rigid body)。

但是,材料力学研究构件的强度、刚度、稳定性等问题,物体的变形将成为主要矛盾,这时应将物体视为**可变形的固体**(deformable body)。任何固体在外力作用下均将发生变形,若卸除外力后能完全消失的变形,称为**弹性变形**(elastic deformation);不能消失而残留下来的那一部分变形,则称为**塑性变形**(plastic deformation)。

变形固体有多方面的属性,研究的角度不同,侧重面也不一样。本课程是从宏观的角度研究物体内部的受力和变形规律的,为得到简化的力学模型,一般认为变形固体具有如下的基本属性:

(1)均匀、连续性

实际变形固体的材料,从微观的层次看是不连续的,因为组成固体的粒子之间存在着空隙。但这种空隙与构件的尺寸相比极其微小,于是可理想化地认为固体内部毫无空隙地充满了物质,这就是变形固体的**连续性假设**(continuity assumption)。另外,组成固体的粒子,彼此的物理性质并不完全相同,但因构件的任一部分都包含为数极多的微小粒子,而且无规则地排列着,从统计平均的角度看,认为由同一种材料组成的构件,各处的物理性质是相同的,这就是变形固体的**均匀性假设**(homogenization assumption)。

根据变形固体的均匀、连续性假设,就可以从固体内任意截取一部分来研究,且在外力作用下引起的内力、应力、应变等力学量均可表示为坐标的连续函数,以便于进行数学分析。

同时还应指出,在正常工作条件下,变形前连续的固体,变形后仍应保持其连续性,即变形固体的相邻部分既不引起空隙也不产生重叠的现象,这种变形连续性的条件称为**几何相容条件**(geometric compatibility condition)。

(2)各向同性与各向异性

材料沿不同方向上的力学性能都相同,称为**各向同性**(isotropy);沿不同方向的力学性能不同,称为**各向异性**(anisotropy)。绝大多数材料,如金属、工程塑料、搅拌均匀的混凝土等,都可视作各向同性材料。例如,金属从微观上看是多晶体材料,单个晶体的力学性能是有方向性的,但由于各晶体是随机排列的,在宏观上表现为各向同性。

有些材料,如木材、纤维增强复合材料,其整体的力学性能具有明显的方向性,则应看作是各向异性材料。

材料力学课程主要研究均匀、连续、各向同性的变形固体,且通常限于研究在弹性变形范围内和小变形条件下的问题。

§6.3 杆件变形的基本形式

若构件的长度远大于其横向尺寸,就称为**杆**(bar)。杆的各横截面形心的连线称为杆的轴线。根据杆的轴线是曲线还是直线,可将杆分为曲杆及直杆;根据各横截面完全相等或不等,又可将杆分为等截面杆及变截面杆。材料力学的主要研究对象是杆,而且多为直杆。实际构件的形状有时相当复杂，不过往往可以近似地应用杆的概念进行分析和研究。

由于外力的作用，杆件产生的变形有下列几种基本形式：

(1)轴向拉伸(图 6.1a)与压缩(图 6.1b)；

(2)剪切(图 6.2)；

(3)扭转(图 6.3)；

(4)弯曲(图 6.4)。

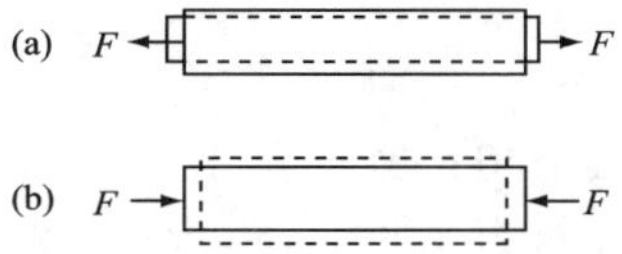

图 6.1

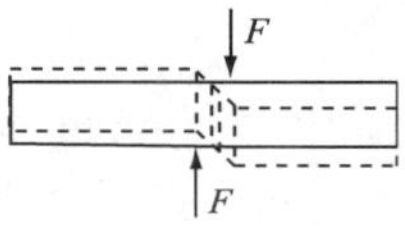

图 6.2

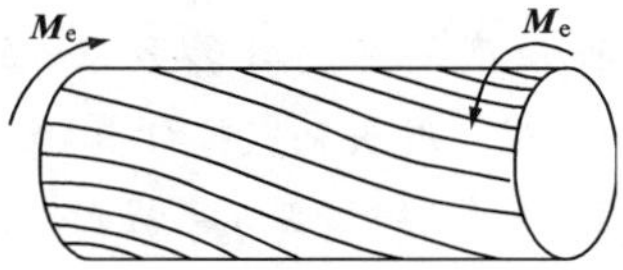

图 6.3

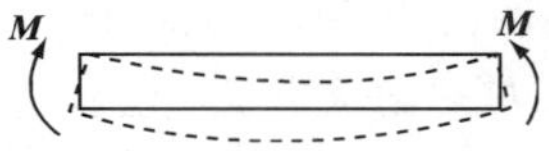

图 6.4

有时杆件的变形较为复杂，不过可以看成是由上述某几种基本变形组合而成。在工程中，通常将受拉的杆件称为**杆**；受压的杆件称为**压杆**或**柱**；主要承受扭转的杆件称为**轴**；主要承受弯曲的杆件称为**梁**。

根据几何形状和尺寸的不同，工程构件大致可分为：杆件、平板、壳体和块体四大类。在研究构件的强度、刚度和稳定性问题时，材料力学课程主要涉及杆件。若研究板、壳及块体的强度、刚度和稳定性问题，可进一步学习“弹性力学”和“板壳理论”等课程。

在以下材料力学的各章中，首先分别讨论杆件的各种基本变形问题，然后再讨论复杂变形问题。

第七章　拉伸与压缩

教学要求：

1. 建立轴力的概念，熟练掌握轴力的计算和画轴力图的方法；
2. 正确建立应力的概念，掌握拉压直杆横截面和斜截面上正应力的计算；
3. 了解低碳钢和铸铁在拉伸和压缩时的力学行为，及应力集中的概念；
4. 建立安全因数的概念，熟练掌握拉压杆三种强度问题的计算方法；
5. 明确弹性模量、泊松比、拉压刚度的概念，熟练掌握用胡克定律计算拉压杆变形的方法；
6. 掌握拉压超静定问题（包括温度应力和装配应力）的解法，掌握“以切代弧”求桁架节点位移的方法；
7. 建立应变能和应变能密度的概念，了解拉压杆应变能和应变能密度的计算方法。

在直杆的基本变形中，轴向拉伸与压缩较为简单。关于拉伸与压缩问题的一些概念和研究方法，在材料力学中是基本的和重要的，也是研究杆件其他各种基本变形以及组合变形的基础。

本章首先介绍轴向拉伸与压缩的概念和内力计算，然后引入正应力与正应变的概念，讨论拉压杆的应力和变形计算，接着介绍材料在拉伸与压缩时的力学性能以及拉压杆的强度计算，最后讨论简单的拉压超静定问题。

§7.1　轴向拉伸与压缩的概念及实例

在工程结构和机械设备中，由于外力作用产生拉伸或压缩变形的构件是很常见的。例如：起重机的吊缆、汽缸的螺栓和大型桁架的拉杆（如图 7.1 中的杆 A）等等，都是拉伸的实例；结构的支柱、桥墩、千斤顶的螺杆和桁架中的压杆（如图 7.1 中的杆 B）等等，都是压缩的实例。

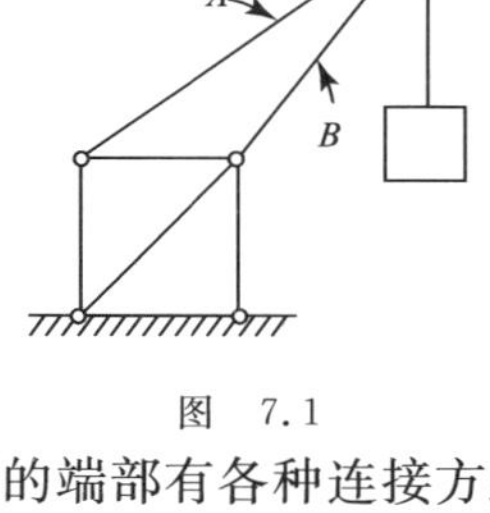

图　7.1

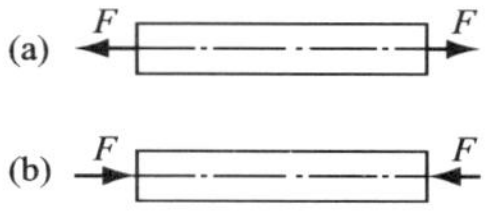

图　7.2

实际拉（压）杆的端部有各种连接方式，若不考虑其端部具体连接方式的影响，将上述这些受拉及受压的构件取出，且忽略构件所受的重力，加以简化，可得计算简图如图 7.2a、b 所示，各为一根等截面直杆，其受力特点是：在杆两端各受到一集中力 F 的作用，这一对力 F 的大小相等，指向相反，且力作用线与杆轴线重合。等直杆在这种受力情况下，其主要的变形是纵向伸长或缩短。这种变形形式称为**轴向拉伸**或**轴向压缩**,这类构件称为拉杆或压杆。

§7.2 内力 轴力与轴力图

1.内力的概念

物体内部各质点之间存在着相互作用的力,既有相互间的吸引力,也有相互间的排斥力。物体不受外力作用时,这两种力是互相平衡的,它使质点间的距离保持某一定值,从而使物体能保持一定的形状。物体在外力作用下产生变形,使内部各质点之间的距离发生了变化,其质点之间的相互作用力也随之发生改变。这种由于外力(或其他外界因素)作用引起物体内部作用力的改变量,称为**内力**(internal force)。严格地说,它是由外力作用所引起的附加内力。

一般而言,截面上的内力是连续分布的内力系,应用理论力学的力系简化理论,可将分布内力系向该截面上某点简化,得到内力系的合成结果。在材料力学中,所谓构件横截面上的内力,通常是指在外力作用下,构件内部该横截面上增加的分布内力系向截面形心简化后的合成结果。

2.截面法 轴力

为显示内力并确定其大小和方向,可采用截面法。

设一等直杆在两端轴向拉力的作用下处于平衡状态(图 7.3a),欲求杆件某一横截面m-m上的内力,可用一假想平面将截面 m-m 截开,分成 A、B 两部分,并任取一部分(如部分 A)作为研究对象(图 7.3b),舍弃另一部分(如部分 B),并用截开面上的内力代替舍弃部分对保留部分的作用。

对于保留部分 A 而言,截面 m-m 上的内力 F_N就成为外力。由于整个杆件处于平衡状态,因此杆件上的任一部分均应保持平衡,故其保留部分 A 也应保持平衡。所以,杆件横截面 m-m 上的内力一定是与其左端外力 F 共线的轴向内力 F_N,如图 7.3b 所示。内力 F_N 的数值可由平衡方程求得。

$$\sum F_x=0, \qquad F_N-F=0$$

可得

$$F_N=F$$

式中,F_N为杆件任一横截面 m-m 上的内力,其作用线与杆的轴线重合,即垂直于横截面并通过其形心。这种内力称为**轴力**(axial force),并规定用符号 F_N 表示。

若保留部分 B 为研究对象,则由作用与反作用定律可知,部分 B 在截开面 m-m 上的轴力与上述部分 A 上的轴力的数值相等而指向相反(图 7.3c),显然,其数值同样可由部分 B 的平衡条件通过计算求得。

对于压杆,也一样可通过前述过程求得其任一横截面 m-m 上的轴力 F_N,其指向如图7.4所示。为了使由部分 A 和部分 B 所求得同一截面 m-m 上的轴力具有相同的正负号,根据变形情况规定:产生纵向伸长变形的轴力为正,称为**拉力**(tensile force);产生纵向缩短变形的轴力为负,称为**压力**(compressional force)。按此规定,当轴力方向与杆横截面的外法线方向一致时即为正,反之为负。由图 7.3b、c 可见,拉力的方向是离开研究对象的;由图7.4b、c 可见,压力的方向是指向研究对象的。

上述分析计算内力的方法称为**截面法**(method of sections),是求内力的一般方法,适用于各种变形形式的杆件。截面法有以下三个步骤。

(1)截取:在需要求内力的杆段上某处,假想用平面将杆件截成两部分,取其一部分,舍弃另一部分。

(2)代弃:在保留部分上,用截开面上的内力或内力偶,代替舍弃部分对保留部分的作用。

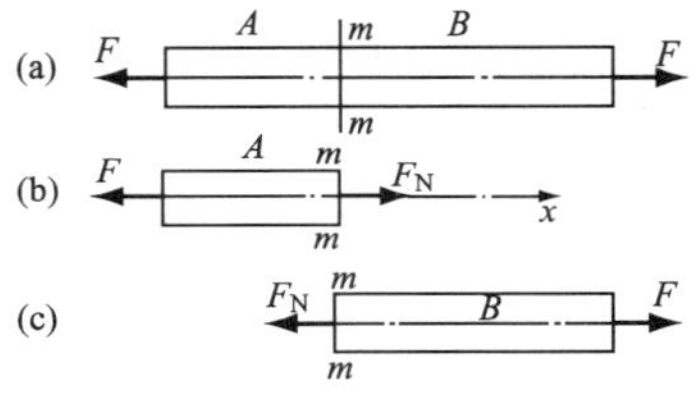

图 7.3

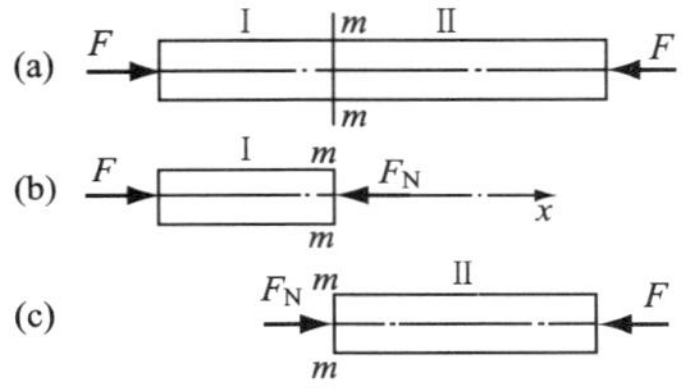

图 7.4

(3)平衡:以保留部分为研究对象,根据平衡方程,可由已知外力计算出杆在截开面上的未知内力。

例 7.1 一等直杆承受轴向荷载如图 7.5a 所示,试求截面 a-a、b-b 上的内力分量。

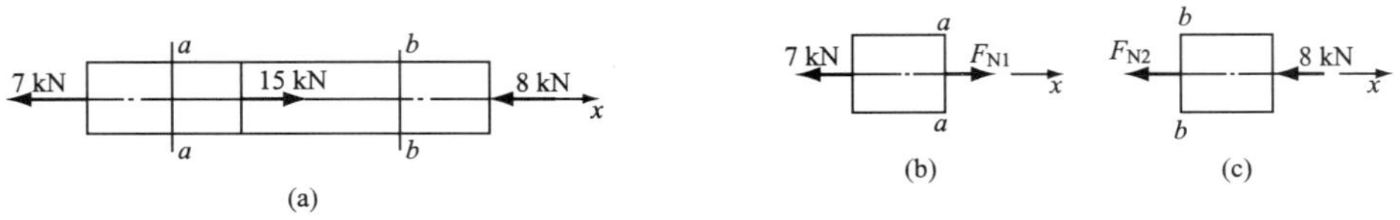

图 7.5

解:应用截面法,将杆沿截面 a-a 截开,并取截面以左部分为研究对象(图 7.5b),设该截面上的轴力为 F_{N1},假设为正,由平衡方程

$$\sum F_x=0, \qquad F_{N1}-7\ \text{kN}=0$$

得

$$F_{N1}=7\ \text{kN}$$

结果为正值,表明与该力的方向与假设的方向一致,即为拉力。

同理,将杆沿截面 b-b 截开,并取右段为研究对象(图 7.5c),仍假设截面上的轴力 F_{N2} 为正,由平衡条件求得

$$F_{N2}=-8\ \text{kN}$$

负值表明该力的方向与假设的方向相反,即为压力。

在上例中,若取截面 a-a 的右侧杆段为研究对象,由平衡方程

$$\sum F_x=0, \qquad -F_{N1}+15\ \text{kN}-8\ \text{kN}=0$$

可得

$$F_{N1}=15\ \text{kN}-8\ \text{kN}=7\ \text{kN}$$

可见,取截面左侧部分或右侧部分,所得结果相同。

通过上述计算可以看出,直杆某一横截面上的轴力,其数值等于该截面任一侧杆段上所有外力沿杆轴线方向投影的代数和,若外力使力作用面和截开面之间的杆段产生拉伸变形,则该外力为正,反之为负。这是计算轴力的简便方法。

图 7.6a 所示总重力为 W 的直杆,上端固定,下端自由。能否如图 7.6b 所示,以作用在重心 C 处的总重力 W 来等效代换实际作用于全杆体积内各点处的分布重力?为什么?

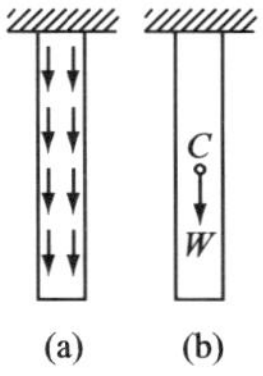

图 7.6

3.轴力图

由以上讨论可见,当杆受到多个轴向外力作用时,在直杆的不同横截面上,轴力之值彼此

不同。为了形象地表示杆件横截面上的轴力随着横截面位置而变化的情况，可用平行于杆轴线的坐标表示各个横截面的位置，用垂直于杆轴线的坐标表示横截面上轴力的数值，从而绘出表示轴力与截面位置关系的图线，称为**轴力图**(diagram of axial forces)。从轴力图上可以清楚地看到轴力沿杆件轴向的变化情况，并且可确定最大轴力的大小及其所在横截面的位置。

例 7.2 钢杆 AD，下端固定，上端自由，受力如图 7.7a 所示，已知：尺寸 a，试求钢杆各段的轴力，并绘制轴力图。

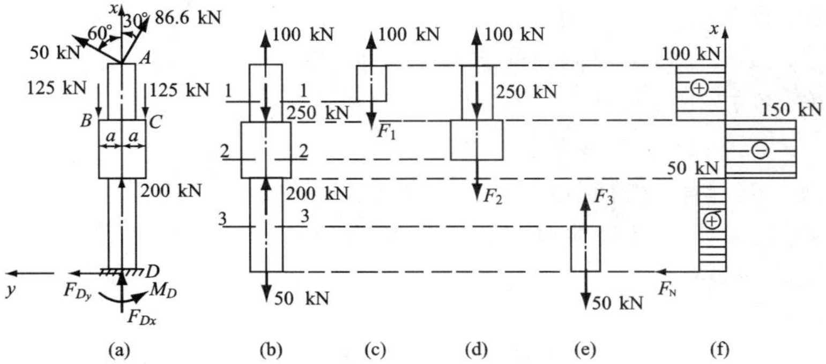

图 7.7

解：(1)求支座反力

取钢杆为研究对象，画出其受力图，如图 7.7a 所示，该杆所受的外力和约束力组成一个平面一般力系，建立坐标系 Dxy，由平衡方程

$\sum F_y=0$，　$F_{Dy}+(50\ \text{kN})\sin60°-(86.6\ \text{kN})\sin30°=0$，　可得　$F_{Dy}=0$；

$\sum M_A=0$，　$M_D+(125\ \text{kN})a-(125\ \text{kN})@=0$，　可得　$M_D=0$；

$\sum F_x=0$，

$$F_{Dx}+(50\ \text{kN})\cos60°+(86.6\ \text{kN})\cos30°-125\ \text{kN}-125\ \text{kN}+200\ \text{kN}=0$$

可得　$F_{Dx}=-50\ \text{kN}$

求出的结果为负值，表示约束力 F_{Dx} 的方向与图中假设的方向相反，实际指向铅垂向下。

(2)求轴力

将作用于点 A 处的两个斜向外力 $\boldsymbol{F}_1$ 和 $\boldsymbol{F}_2$ 合成，其合力作用线与杆轴线重合，由平行四边形法则可求得合力的大小为 100 kN。将作用于点 B 和点 C 处的两个大小相等的平行力，向该截面形心简化，可得一个大小为 250 kN、作用线与杆轴线重合、指向向下的合力。因此，可画出钢杆的计算简图，如图 7.7c 所示。

在上段内某处，假想以平面 1 - 1 沿着垂直于杆轴的方向将杆切开，取截面上侧一段(图 7.7c)，假设轴力 F_1 为拉力，研究其平衡，由前述计算轴力的简便方法，可直接求得轴力

$$F_1=+100\ \text{kN}$$

结果为正值，则 F_1 为拉力。

对于中段(图 7.7d)，可得

$$F_2=+100\ \text{kN}-250\ \text{kN}=-150\ \text{kN}$$

结果为负值，则 F_2 为压力。

对于下段(图 7.7e)，可得

$$F_3=+50\ \text{kN}$$

结果为正值，则 F_3 为拉力。

(3)绘轴力图

由上述计算结果可知，钢杆上、中、下三段的轴力分别有三个常量，沿平行和垂直杆轴线的方向分别取轴 x 和轴 F_N，按适当比例，绘制轴力图，并标注轴力数值，如图 7.7f 所示。显然，最大轴力 $F_{N,max}$发生在中段的任一截面上，其大小为 150 kN。

例 7.3 图 7.8a 所示拉杆，杆长为 l，横截面面积为 A，下端受力 $\boldsymbol{F}$ 作用。已知杆材料的密度为 ρ，如果考虑杆的自重，试写出杆的轴力方程，并作轴力图。

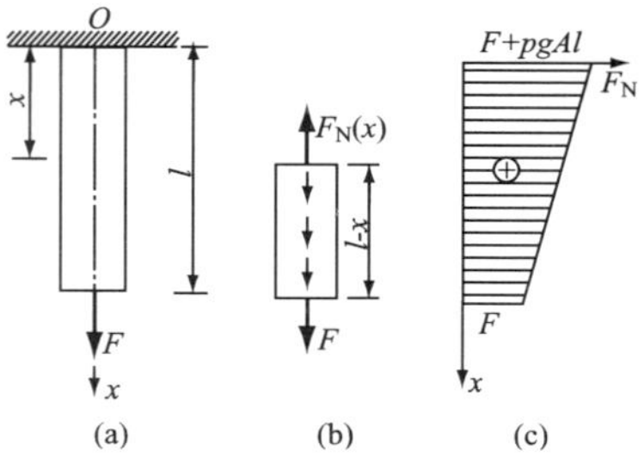

图 7.8

解：取坐标轴 Ox 如图示，用截面法将杆沿 x 处截开，考虑下段杆的平衡(图 7.8b)，求得

$$F_N(x)=F+\rho gA(l-x)$$

此即为轴力方程。绘制轴力图时以平行于杆轴线的坐标 x 表示横截面位置，以垂直于杆轴线的坐标表示轴力的数值，其轴力图如图 7.8c 所示。

§7.3 应力 拉伸或压缩杆的应力

在计算出杆件的轴力后，还无法确定杆件是否会因强度不足而失效。这是因为轴力只是杆件横截面上分布内力系向截面形心简化后得到的合力，而要判断杆件是否会因强度不足而失效，还必须知道分布内力在杆内各点处的强弱程度，这需要引入应力的概念。

1.应力

受力物体任一截面上的内力是连续分布的，为考察截面上分布内力在某一点 C 处的强弱程度，可在该截面围绕点 C 取一微面积 ΔA，设作用在该微面积上的内力为 $\Delta \boldsymbol{F}$，如图 7.9a所示。当微面积无限缩小趋于零时，其极限值

$$p=\lim_{\Delta A\to 0}\frac{\Delta F}{\Delta A}$$

定义为该截面上点 C 处的**总应力**(total stress)，反映截面上分布内力在点 C 处的强弱程度，即**集度**(intensity)。

通常将总应力 p 分解成垂直于截面的法向分量 σ 和切于截面的切向分量 τ(图 7.9b)。法向分量 σ 称为**正应力**(normal stress)，切向分量 τ 称为**切应力**(shearing stress)。应力的单位是 Pa，工程中通常使用 MPa(1 MPa$=10^6$ Pa)。

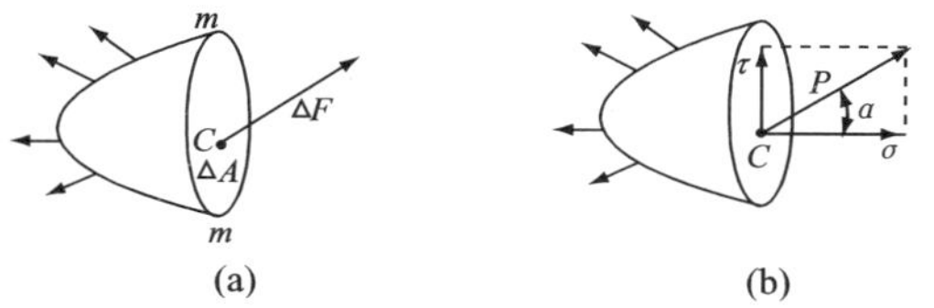

图 7.9

由应力的定义可知，应力是在受力构件的某一截面的某一点处定义的，因此，计算应力必须明确是哪个截面上哪一点处的应力。某一截面上某一点处的应力是矢量，一般规定离开研究对象的正应力为正，指向研究对象的正应力为负，即拉应力为正，压应力为负。

2.拉伸或压缩杆横截面上的应力

一等截面直杆，两端作用有一对等值、反向的外力 $\boldsymbol{F}$(图 7.10a)，假设外力在端面上是均

匀分布的，则其合力作用线与杆轴线重合，因而横截面上的内力只有轴力 F_N。显然，横截面上各点的切应力不可能合成为垂直于横截面的轴力，因此可以推断，横截面上只可能有垂直于横截面的正应力，而没有切应力。由于假设材料是均匀连续的，杆件在一对等值、反向，在端面均匀分布的轴向拉力的作用下，各纵向线段的伸长必然都相同，所以横截面上作用有均匀分布的正应力(图 7.10b)。再由静力关系

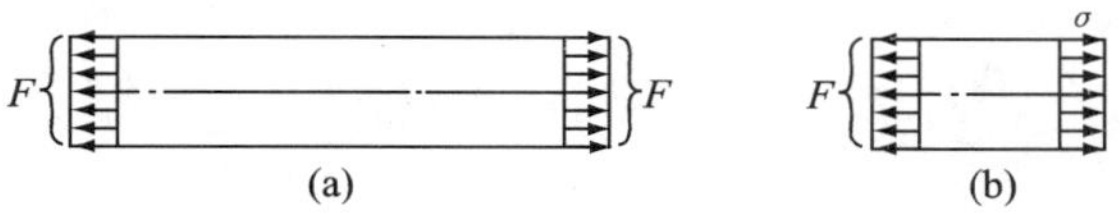

图 7.10

$$F_N = \int_A \sigma \mathrm{d}A = \sigma \int_A \mathrm{d}A = \sigma A$$

求得

$$\sigma = \frac{F_N}{A} \tag{7.1}$$

这就是拉杆横截面上正应力的计算公式。式中，F_N 是轴力；A 为杆的横截面面积。对于轴向压缩的杆件，上式同样适用。由于正应力的正负号与轴力的正负号相一致，故受拉时应力为正，受压时为负。应注意的是，细长压杆容易被压弯，这是属于稳定性问题，将在第八章中讨论。受压时按式(7.1)计算的压应力是指杆件并未压弯的情况。

在导出式(7.1)的过程中，曾假设直杆两端的面力分布是均匀的，在此前提下按此公式计算的应力才能严格满足两端力的边界条件。但在实际问题中，杆端外力总是通过不同的连接方式(如铆接、焊接等)传递到杆上的，在外力作用点的附近区域，应力情况比较复杂。实验结果表明：将物体局部边界上的外力用一静力等效的力系代替，则受力局部区域的应力分布将有显著改变，而稍远的应力改变甚微，其影响可忽略不计。这一论断，称为**圣维南原理**(Saint-Venant Principle)。根据圣维南原理，在距外力稍远处，可用式(7.1)计算拉压杆横截面上的正应力。

对于变截面直杆，由于变形的非均匀性，横截面上的应力并非均匀分布。若截面变化比较缓慢，按式(7.1)计算所引起的误差不大，这在工程中一般是允许的。但若截面尺寸有急剧改变，在截面突变处的局部范围内，应力数值急剧增加，而稍远处横截面上的应力则趋于均匀。这种由于杆件截面尺寸的突然变化而引起局部应力骤增的现象，称为**应力集中**(stress concentration)。例如，开有圆孔和带有切口的板条(图 7.11)，受轴向拉伸时，在圆孔和切口附近的局部区域内，应力将急剧增加。弹性理论或实验结果表明：截面尺寸的改变越急剧，应力集中的程度就越严重。

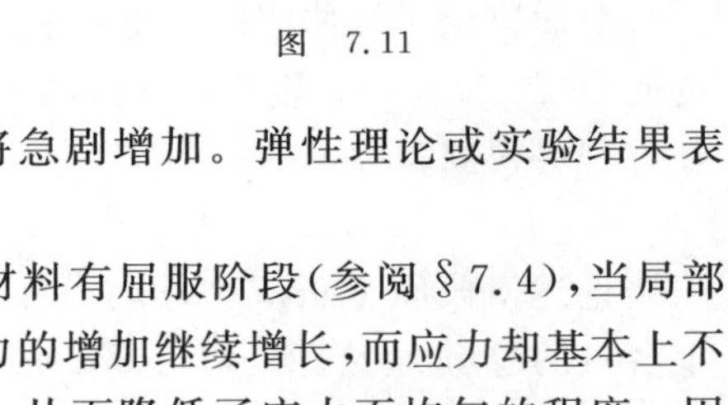

图 7.11

材料不同，对应力集中的敏感程度是不同的。塑性材料有屈服阶段(参阅§7.4)，当局部的最大应力达到材料的屈服应力时，该处的变形随着外力的增加继续增长，而应力却基本上不增加。这时增加的外力由截面上尚未屈服的材料来承担，从而降低了应力不均匀的程度。因此，在静荷载的条件下，用塑性材料制成的构件可以不考虑应力集中的影响。脆性材料由于没有屈服阶段，局部应力集中处的应力始终是最大的，该处将首先产生裂纹。所以，用脆性材料制成的构件，即使在静荷载的条件下也应考虑应力集中的影响。但是在动荷载作用下，则不论

是塑性材料还是脆性材料，都应考虑应力集中的影响，这一问题将在第九章中讨论。

例 7.4 图 7.12a 为一悬臂吊车的简图，斜杆 AB 为直径 $d=20$ mm 的钢杆，荷载 $F=15$ kN。试求当 $\boldsymbol{F}$ 移到点 A 时，斜杆 AB 横截面上的应力。

解：当荷载 $\boldsymbol{F}$ 移到点 A 时，斜杆 AB 受到的拉力最大，此时杆 AB 和杆 AC 的轴力与荷载 $\boldsymbol{F}$ 组成一汇交力系。用截面法，将杆 AB 和 AC 截开，取节点 A 作为研究对象(图 7.12b)。由平衡方程 $\sum F_y=0$，得

$$F_{N1}\sin\theta-F=0$$

$$F_{N1}=\frac{F}{\sin\theta}$$

由三角形 ABC 求出

$$\sin\theta=\frac{0.8\ \text{m}}{\sqrt{(0.8\ \text{m})^2+(1.9\ \text{m})^2}}=0.388$$

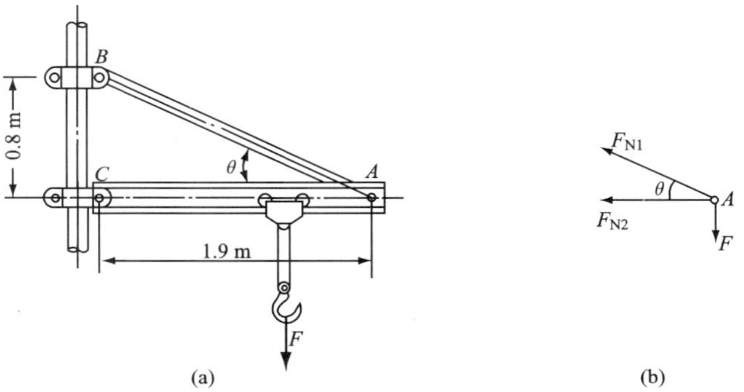

图 7.12

则斜杆 AB 的轴力为

$$F_{N1}=\frac{15\ \text{kN}}{0.388}=38.7\ \text{kN}$$

由此求得杆 AB 横截面上的应力为

$$\sigma=\frac{F_{N1}}{A}=\frac{38.7\times10^3\ \text{N}}{\frac{\pi}{4}(20\times10^{-3}\ \text{m})^2}=123\times10^6\ \text{Pa}=123\ \text{MPa}$$

3. 拉伸或压缩杆斜截面上的应力

前面讨论了拉伸或压缩直杆横截面上的正应力，现研究与横截面成角 α 的斜截面 k-k 上的应力(图 7.13a)。假想沿斜截面 k-k 将杆件分成两部分，研究左段的平衡(图 7.13b)，由平衡方程可得斜截面上的内力 F_α 为

$$F_\alpha=F \tag{a}$$

仿照论述横截面上正应力均匀分布的方法，可知斜截面上各点的总应力 p_α 也是均匀分布的。于是有

$$p_\alpha=\frac{F_\alpha}{A_\alpha} \tag{b}$$

式中，A_α 为斜截面的面积。A_α 与横截面面积 A 的关系为 $A_\alpha=A/\cos\alpha$，代入式(b)，并由式(a)可得

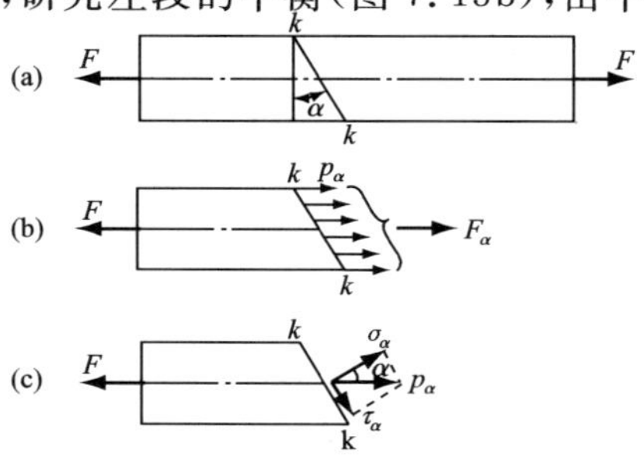

图 7.13

$$p_{\alpha}=\frac{F}{A}\cos\alpha=\sigma\cos\alpha \tag{c}$$

式中,σ 为直杆横截面上的正应力。

将总应力 p_{α}分解成垂直于斜截面的正应力σ_{α}和与斜截面相切的切应力τ_{α},如图 7.13c 所示。因此有

$$\sigma_{\alpha}=p_{\alpha}\cos\alpha=\sigma\cos^{2}\alpha \tag{d}$$

$$\tau_{\alpha}=p_{\alpha}\sin\alpha=\frac{\sigma}{2}\sin2\alpha \tag{e}$$

由以上公式可见,斜截面上的正应力σ_{α}和切应力τ_{α}的数值随着角 α 的改变作周期性的变化。当 $\alpha=0$ 时,斜截面成为垂直于轴线的横截面,σ_{α}达到最大值,且 $\sigma_{\alpha\max}=\sigma$。当 $\alpha=45°$ 时,斜截面上切应力 τ_{α}达到最大值,且 $\tau_{\alpha\max}=\frac{\sigma}{2}$。

§7.4 拉伸或压缩杆的变形

1.拉伸或压缩杆的线应变

直杆在轴向拉力作用下,将产生纵向尺寸伸长和横向尺寸缩短。反之,在轴向压力作用下,将产生纵向缩短和横向膨胀。

考察原长为 l,横截面面积为 A 的等直杆(图 7.14),在轴向拉力 F 的作用下,长度由 l

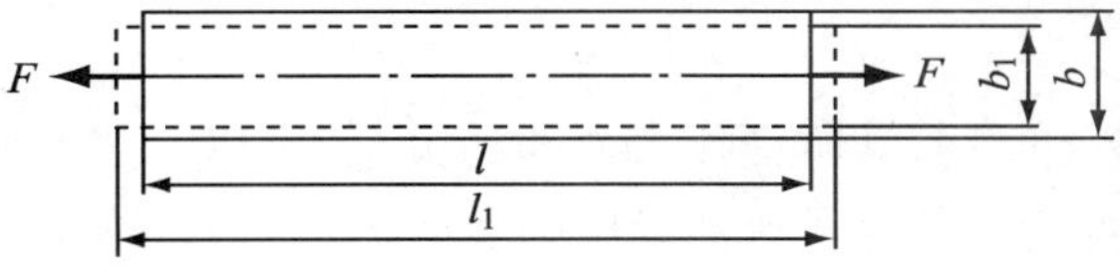

图 7.14

伸长为 l_1,杆长的纵向改变量为

$$\Delta l=l_1-l \tag{a}$$

纵向改变量只反映杆的总变形量,而不能说明各段杆的变形程度。可以用单位杆长上的纵向改变量来表示杆件的纵向变形程度,即定义比值

$$\varepsilon=\frac{\Delta l}{l} \tag{b}$$

称为直杆的纵向线应变。由式(a)可得,杆伸长时纵向线应变为正,杆缩短时纵向线应变为负。

应该指出,式(b)所计算的是杆在长度 l 内的平均线应变,若杆沿纵向为非均匀变形时,式(b)并不能反映沿杆长各点处的纵向线应变。为研究杆件内某点处的线应变,设想围绕该点截取一微小的正六面体(图 7.15a),受力变形后,微体各棱边的长度将发生改变。例如,平行于轴 x 的棱边 AB 原长为 Δx,变形后的长度为 $\Delta x+\Delta u$(图 7.15b),则定义极限值

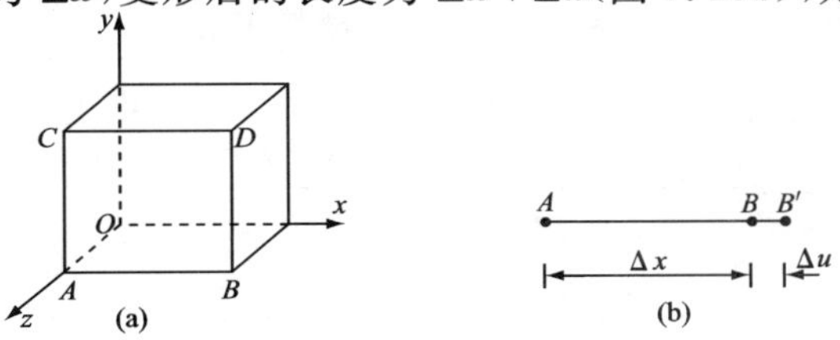

图 7.15

$$\varepsilon_x = \lim_{\Delta x \to 0} \frac{\Delta u}{\Delta x} \tag{c}$$

为点 A 处沿 x 方向的**线应变**(normal strain),表示该点处沿 x 方向长度改变的程度。

同样,若杆件变形前的横向尺寸为 b,变形后为 b_1(图 7.14),则横向变形量为

$$\Delta b = b_1 - b \tag{d}$$

则横向线应变为

$$\varepsilon' = \frac{\Delta b}{b} = \frac{b_1 - b}{b} \tag{e}$$

试验结果表明:在弹性范围内,横向线应变 ε' 与纵向线应变 ε 之比的绝对值是一个常数,即

$$\left| \frac{\varepsilon'}{\varepsilon} \right| = \nu \tag{f}$$

式中 ν 称为泊松比,是由科学家泊松(S. D. Poisson)首先提出的。ν 是表示材料物理性质的弹性常数,是一个无量纲的量。

因为当杆件轴向伸长时横向缩小,而轴向缩短时横向增大,所以 ε' 和 ε 的符号始终相反。因此,ε' 和 ε 的关系可以写成

$$\varepsilon' = -\nu\varepsilon \tag{g}$$

上述 ε' 和 ε 都是表示变形固体内沿某一方向的长度改变程度的代数量,统称为线应变,二者都是比值,即都是无量纲的量。

2. 胡克定律

拉伸或压缩杆件的变形量与其所受外力之间的关系,可以通过实验来测定。通过对常用工程材料制成的杆状试件所作的大量拉伸或压缩实验表明:当杆内的应力不超过材料的某一极限值,即比例极限(见§7.6)时,杆件的伸长量 Δl 与轴向外力 F 及杆件原长 l 成正比,而与其横截面面积 A 成反比,即

$$\Delta l \propto \frac{Fl}{A}$$

引入比例常数 E,并注意到 $F = F_N$,可得

$$\Delta l = \frac{Fl}{EA} = \frac{F_N l}{EA} \tag{7.2}$$

这个关系式是由著名科学家胡克(R. Hooke)首先发现的,故称为胡克定律(Hooke law)。式中比例常数 E 称为**弹性模量**(modulus of elasticity),E 的量纲与应力的量纲相同,单位是 Pa 或 GPa(1 GPa$=10^9$ Pa)。几种常用工程材料的 E 和 ν 的约值已列入表 7.1 中。

几种常用材料的 E 和 ν 的约值 表 7.1

材料名称	E/GPa	ν	材料名称	E/GPa	ν
碳钢	198~210	0.24~0.28	铝合金	70	0.33
合金钢	190~206	0.25~0.30	混凝土	15~36	0.16~0.18
灰铸铁	80~162	0.23~0.27	木材(顺纹)	9~12	
铜及其合金	73~128	0.31~0.42			

式(7.2)可以改写成

$$\frac{F_N}{A}=E\cdot\frac{\Delta l}{l}$$

若取杆轴线为轴 x，式中$\frac{F_N}{A}$为杆横截面上的正应力σ_x，$\frac{\Delta l}{l}$为 x 方向的线应变ε_x。在杆内截取微小的正六面体如图 7.16 所示，称为单元体。可见该单元体只在一对面上承受 x 方向的正应力作用而其余四个面上没有应力，这种状态称为**单向拉伸应力状态**(one dimensional stress state in tension)，于是，由上式可以得到胡克定律的另一表示式

$$\sigma_x=E\varepsilon_x \tag{7.3}$$

式中应力与应变之间呈线性关系，这种关系称为**线弹性**(linear elasticity)。胡克定律式(7.3)可以普遍地适用于所有单向拉伸或压缩应力状态，也称为单向应力状态下的胡克定律。

3.拉伸或压缩杆的变形计算

式(7.2)计算的是杆件在长度 l 内的平均变形量 Δl，若杆件在轴力作用下发生不均匀轴向变形(伸长或缩短)。可假设从杆中任取一微段 dx(图 7.17a)，并认为在微段内杆件的轴向变形是均匀的，在轴力 $\boldsymbol{F}_N$ 作用下变形后的长度为 $dx+\Delta dx$，则微段沿轴线方向的平均线应变为$\varepsilon=\frac{\Delta dx}{dx}$。在弹性范围内，由胡克定律可知

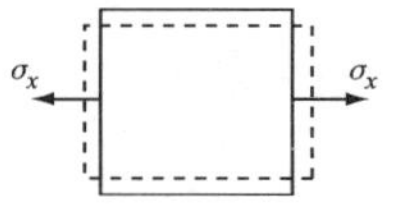

图 7.16

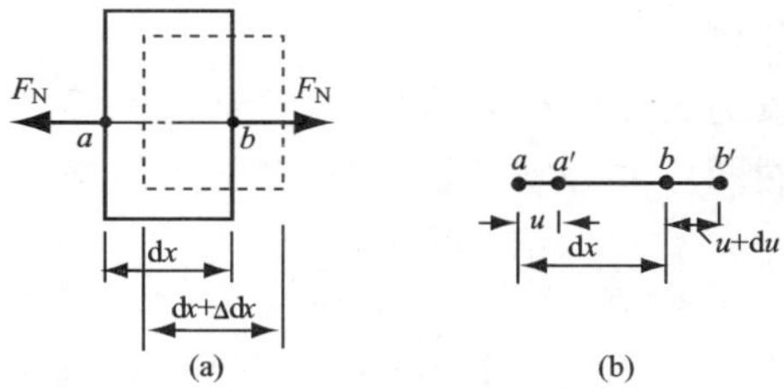

图 7.17

$$\varepsilon=\frac{\Delta dx}{dx}=\frac{F_N}{EA} \tag{7.4}$$

则微段的伸长量为

$$\Delta dx=\frac{F_N dx}{EA}$$

在整个杆长内积分，即可求得杆件总的伸长量为

$$\Delta l=\int_l \frac{F_N dx}{EA} \tag{7.5}$$

只当杆件为等截面直杆，且轴力为常量时，可由上式积分得到杆的平均伸长量的计算公式(7.2)。以上分析同样适用于受压杆件，当轴向受压时，F_N 为负值，即表示轴向变形为缩短。

现在来考察杆件横截面的位移。设微段轴线点 a 处的轴向位移为 u，点 b 处的轴向位移为 $u+du$(图 7.17b)，则轴向的线应变可表示为$\varepsilon=\frac{du}{dx}$，式(7.4)可改写成

$$\frac{du}{dx}=\frac{F_N}{EA} \tag{7.6}$$

此即为拉压杆轴向位移的微分方程，EA 为**拉压刚度**(axial rigidity)。积分上式，便可得到杆件任一截面的轴向位移

$$u=\int \frac{F_{N}\mathrm{d}x}{EA}+C \qquad (7.7)$$

其中 C 为积分常数，由杆件的约束条件确定。

轴向变形和轴向位移这两个概念有何区别和联系？

例 7.5　水轮发电机主轴 AB 为一空心圆截面等直杆，受力如图 7.18a 所示。轴的外径 $D=500$ mm，内径 $d=340$ mm，材料为合金钢，$E=200$ GPa。已知 $P_1=1\ 300$ kN，$P_2=700$ kN，不计轴的自重，试求轴 AB 的总伸长量。

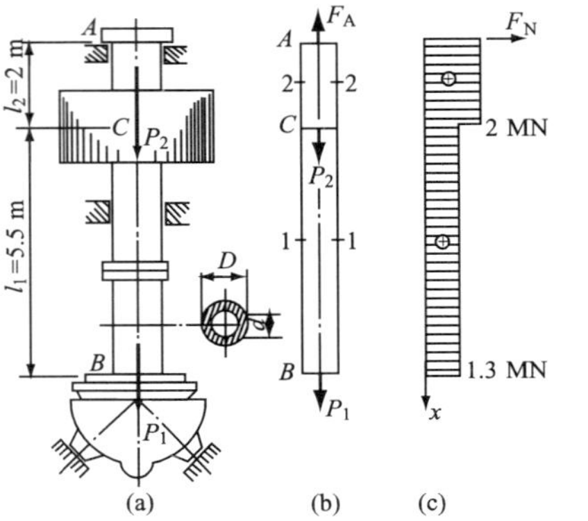

图　7.18

解：(1)外力分析

作用在轴 AB 上的外力除重力 P_1 和 P_2 外，还有截面 A 处的支座反力 F_A，主轴的受力图如图 b 所示。由平衡条件可得

$$F_A=P_1+P_2=2\ 000\ \text{kN}$$

(2)内力计算

由截面法可得 BC 段和 AC 段的轴力分别为

$$F_1=1\ 300\ \text{kN},F_2=2\ 000\ \text{kN}$$

主轴的轴力图如图 7.5c 所示。

(3)求总伸长量

AC 和 BC 段的截面面积虽然相同，但轴力不等，所以不能在主轴全长上使用伸长量计算公式(7.2)。而在两段内分别满足式(7.2)的应用条件，故应分段计算伸长量，即

$$\Delta l_{BC}=\frac{F_1 l_1}{EA}=\frac{4(1\ 300\times 10^3\ \text{N})(5.5\times 10^3\ \text{mm})}{(200\times 10^3\ \text{N/mm}^2)\pi[(500\ \text{mm})^2-(340\ \text{mm})^2]}=0.339\ \text{mm}$$

$$\Delta l_{AC}=\frac{F_2 l_2}{EA}=\frac{4(2\ 000\times 10^3\ \text{N})(2\times 10^3\ \text{mm})}{(200\times 10^3\ \text{N/mm}^2)\pi[(500\ \text{mm})^2-(340\ \text{mm})^2]}=0.189\ \text{mm}$$

轴 AB 的总伸长量为

$$\Delta l=\Delta l_{BC}+\Delta l_{AC}=0.339\ \text{mm}+0.189\ \text{mm}=0.528\ \text{mm}$$

例 7.6　一简单支架如图 7.19 所示。杆 BC 为圆钢，横截面直径 $d=20$ mm。杆 BD 为 8 号槽钢，已知：$F=60$kN，$[\sigma]=160$ MPa，$E=200$ GPa，试求点 B 的位移。

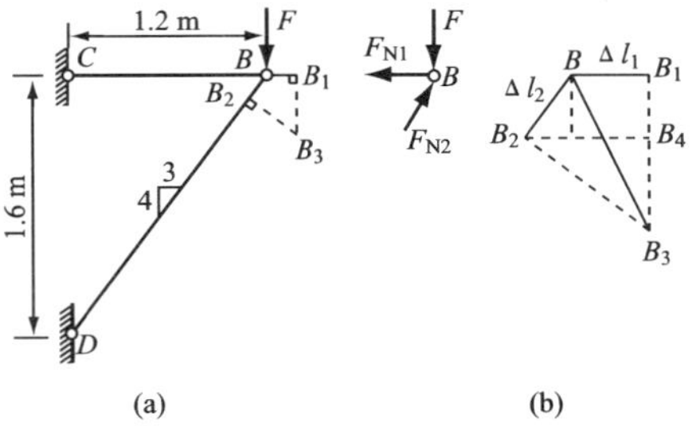

图　7.19

解：(1)求杆轴力

根据支架三角形边长的比例关系，可求得杆 BD 的长度为 2 m。研究点 B，其受力如图 7.19b 所示，内力按真实方向假设。由平衡方程，可求得杆 BC 的轴力 F_{N1} 和杆 BD 的轴力 F_{N2} 分别为

$$F_{N1}=\frac{3}{4}F=45\ \text{kN}(拉)$$

$$F_{N2}=\frac{5}{4}F=75\ \text{kN}(压)$$

(2)求杆变形

由式(7.2)，可得杆 BC 和杆 BD 的变形量分别为

$$BB_1=\Delta l_1=\frac{F_{N1}l_1}{EA_1}=\frac{4(45\times 10^3\ \text{N})(1.2\times 10^3\ \text{mm})}{(200\times 10^3\ \text{N/mm}^2)\pi(20\ \text{mm})^2}=0.86\ \text{mm}(伸长)$$

$$BB_2=\Delta l_2=\frac{F_{N2}l_2}{EA_2}=\frac{(75\times10^3\ \mathrm{N})(2\times10^3\ \mathrm{mm})}{(200\times10^3\ \mathrm{N/mm^2})(1\ 024.8\ \mathrm{mm^2})}=0.73\ \mathrm{mm}(\text{缩短})$$

(3)求点 B 位移

假想将支架在点 B 处拆开,杆 BC 伸长后长度为 B_1C,杆 BD 缩短后长度为 B_2D,若分别以点 C 和点 D 为圆心,以长度 B_1C 和 B_2D 为半径,画弧相交于点 B'(图 b 中没有画出),点 B' 就是点 B 变形后的真实位置。因为变形很小,所以可分别用垂直于 BC 和 BD 的切线代替圆弧线,这两段直线的交点 B_3 是点 B 变形后的近似位置(图 7.19b)。实际计算表明,在小变形条件下,点 B_3 与点 B' 的位置误差很小可以忽略,而经过以切线代替弧线的近似处理后,可简化计算。因此可以认为,BB_3 就是点 B 的位移(图 7.19b)。

将点 B 的位移图放大画出,如图 7.19b 所示。由几何关系可求出

$$B_2B_4=\Delta l_2\times\frac{3}{5}+\Delta l_1$$

点 B 的铅垂位移为

$$B_1B_3=B_1B_4+B_4B_3=BB_2\times\frac{4}{5}+B_2B_4\times\frac{3}{4}=\Delta l_2\times\frac{4}{5}+\left(\Delta l_2\times\frac{3}{5}+\Delta l_1\right)\frac{3}{4}=1.56\ \mathrm{mm}$$

点 B 的水平位移为

$$BB_1=\Delta l_1=0.86\ \mathrm{mm}$$

点 B 的总位移为

$$BB_3=\sqrt{(B_1B_3)^2+(BB_1)^2}=\sqrt{(1.56\ \mathrm{mm})^2+(0.86\ \mathrm{mm})^2}=1.78\ \mathrm{mm}$$

例 7.7 一线弹性等直杆受自重和集中力作用如图 7.20 所示。杆的长度为 l,抗拉刚度为 EA,材料单位体积的质量为 ρ,试求:

(1)杆中间截面 C 以及自由端截面 B 的位移;

(2)杆 CB 段的伸长量。

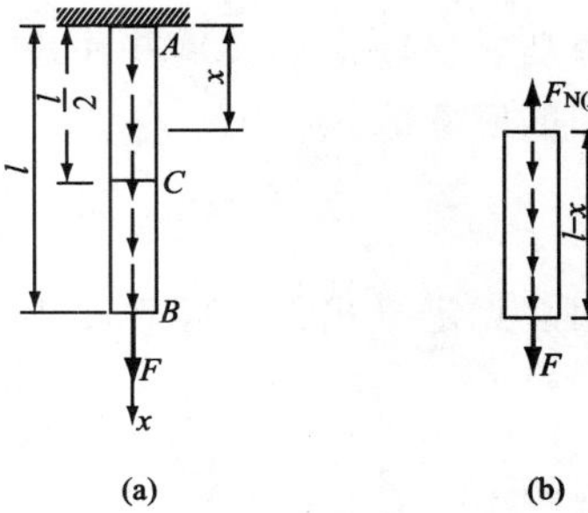

图 7.20

解:首先求任一横截面的轴力。取坐标如图示,将杆沿截面 x 处截开,并研究下边部分(图 7.20b)的平衡,求得

$$F_N(x)=F+\rho gA(l-x)$$

应用式(7.7),求得杆沿轴线方向的位移为

$$u=\int\frac{F_N\mathrm{d}x}{EA}+C=\frac{1}{EA}[Fx+\rho gA(lx-\frac{x^2}{2})]+C$$

积分常数 C 由边界条件决定。因为固定端处的位移等于零,将 $x=0$ 代入上式,求得 $C=0$,于是

$$u=\frac{Fx}{EA}+\frac{\rho g(2lx-x^2)}{2E}$$

分别令 $x=l/2$ 和 $x=l$,即可求得截面 C 和 B 的位移

$$u_C=\frac{Fl}{2EA}+\frac{3\rho gl^2}{8E}$$

$$u_B=\frac{Fl}{EA}+\frac{\rho gl^2}{2E}$$

CB 段的伸长量为 C、B 两截面间的相对位移,故

$$\Delta l_{CB}=u_B-u_C=\frac{Fl}{2EA}+\frac{\rho gl^2}{8E}$$

若采用定积分计算 CB 段的伸长量，积分上下限应如何选取？

§7.5 拉伸或压缩杆的应变能

弹性体在外力作用下，因弹性变形使其所储存能量的改变称为**应变能**(strain energe)。例如：钟表的发条为弹性体，被拧紧后弹性变形增加，发条储存的应变能有一增量，由能量守恒原理可知，发条储存的应变能增量就等于外力对发条所作的功。发条在放松过程中，推动齿轮系统，使指针转动，发条又将所储存的应变能以对指针作功的方式释放了出来。

一般而言，弹性体在静载作用下产生变形时，所储存在弹性体内的应变能 V_ε 在数值上等于外力所作的功 W，即有

$$V_\varepsilon = W \tag{7.8}$$

上式称为弹性体的**功能原理**。应变能 V_ε 的单位是 J。

考察图 7.21a 所示的拉杆，在缓慢增加的外力 F 的作用下，杆伸长了 Δl，由于在线弹性范围内，力 F 与伸长量 Δl 成线性关系(图 7.21b)。因此，通过计算 F 与 Δl 的关系直线下的面积，可求得力 F 所作的功 W 为

$$W = \frac{1}{2}F\Delta l$$

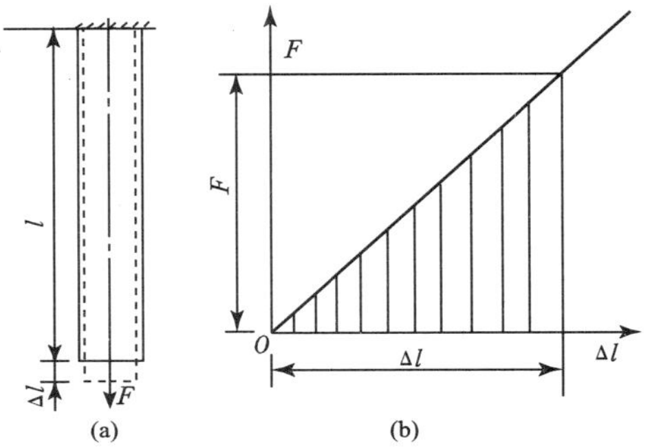

图 7.21

由功能原理式(7.8)，并注意到 $F = F_N$，可得杆内增加的应变能为

$$V_\varepsilon = W = \frac{1}{2}F\Delta l = \frac{1}{2}F_N\Delta l$$

由胡克定律式(7.2)，上式又可写成

$$V_\varepsilon = \frac{F^2 l}{2EA} = \frac{F_N^2 l}{2EA} \tag{7.9a}$$

或

$$V_\varepsilon = \frac{EA}{2l}(\Delta l)^2 \tag{7.9b}$$

由于拉杆各横截面上各点处的应力均相同，所以可用杆件的应变能 V_ε 除以杆的体积 V 来计算杆件单位体积内储存的应变能。这种单位体积内的应变能，称为**应变能密度**(strain energe density)，用符号 v_ε 表示。因此有

$$v_\varepsilon = \frac{V_\varepsilon}{V} = \frac{\frac{1}{2}F\Delta l}{Al} = \frac{1}{2}\sigma\varepsilon \tag{7.10a}$$

由胡克定律式(7.3)，应变能密度又分别可用正应力或线应变分别表示成

$$v_\varepsilon = \frac{\sigma^2}{2E} \tag{7.10b}$$

$$v_\varepsilon = \frac{E\varepsilon^2}{2} \tag{7.10c}$$

应变能密度的单位为 J/m^3。以上的各应变能计算公式只适用于线弹性杆件，尽管是从拉杆导出，也同样适用于压杆。应变能密度的计算式(7.10)，则适用于所有单向拉伸或压缩的情形。

例 7.8 试用功能原理计算例 7.6 中，图 7.19 所示的简单支架节点 B 的铅垂位移。

解：(1)求各杆的应变能

在例 7.6 中已求得杆 BC 和杆 BD 的轴力，由式(7.9a)可求得支架的总应变能为

$$V_\varepsilon=\frac{F_{N1}^2 l_1}{2EA_1}+\frac{F_{N2}^2 l_2}{2EA_2}=\left(\frac{3}{4}F\right)^2\frac{l_1}{2EA_1}+\left(\frac{5}{4}F\right)^2\frac{l_2}{2EA_2}=\frac{F^2}{32}\left(\frac{9l_1}{EA_1}+\frac{25l_2}{EA_2}\right)$$

(2)求节点 B 的铅垂位移 δ_B

节点 B 的铅垂位移与外力 F 的作用方向相同，由弹性体的功能原理式(7.8)可知，外力 F 所作的功在数值上等于该支架增加的应变能，即有

$$W=\frac{1}{2}F\delta_B=V_\varepsilon$$

将支架的总应变能代入上式，可求得节点 B 的铅垂位移为

$$\delta_B=\frac{2}{F}V_\varepsilon=\frac{2}{F}\cdot\frac{F^2}{32}\left(\frac{9l_1}{EA_1}+\frac{25l_2}{EA_2}\right)=\frac{F}{16E}\left(\frac{9l_1}{A_1}+\frac{25l_2}{A_2}\right)$$

$$=\frac{(60\times10^3\ \mathrm{N})}{16(200\times10^3\ \mathrm{N/mm^2})}\left[\frac{9(1.2\times10^3\ \mathrm{mm})4}{\pi(20\ \mathrm{mm})^2}+\frac{25(2\times10^3\ \mathrm{mm})}{1\ 024.8\ \mathrm{mm^2}}\right]=1.56\ \mathrm{mm}$$

求得的位移 δ_B 为正，表明位移 δ_B 的方向与力 F 的作用方向相同，为铅垂向下。

试将例 7.6 和例 7.8 中求节点位移的两种不同的方法进行比较。

§7.6 拉伸或压缩时材料的力学性能

分析构件的强度时，除计算应力外，还应了解材料的力学性能，也称为机械性质，是指材料在外力作用下表现出的变形、失效等方面的特性。材料的力学性能由实验来测定。

1. 拉伸和压缩试验

常温静载**拉伸试验**(tensile test)，是指标准的轴向拉伸试样，在室温下以缓慢平稳加载的方式进行的拉断试验，为便于比较不同材料间的试验结果，对试验条件、加载速度以及试样的形状、加工精度等都制定了国家标准。金属材料的拉伸试验，应符合《金属拉力试验法》(GB 228—87)。常用的标准拉伸试样如图 7.22 所示，对于试验段直径为 d 的圆截面试样，通常规定

$$l=10d\quad 或\quad l=5d$$

式中 l 为试样中间等直部分的工作段，称为标距；d 为试样直径。对于试验段横截面面积为 A 的矩形截面试样，则规定

$$l=11.3\sqrt{A}\ 或\ l=5.65\sqrt{A}$$

金属材料的压缩试样通常采用圆截面或正方形的短柱体(图 7.23)，圆柱高度约为直径或边长的 1～3 倍，以避免试样在试验过程中被压弯或失稳。

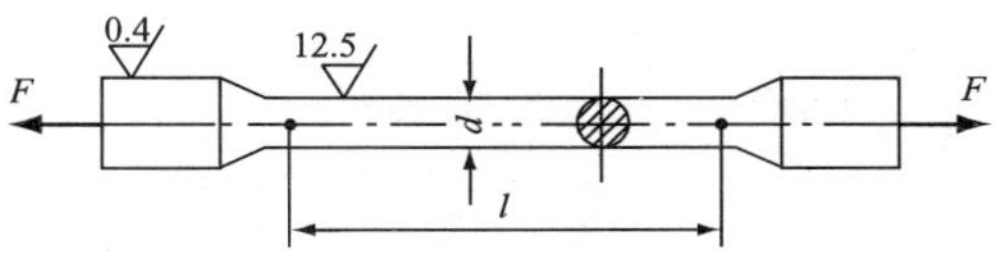

图 7.22

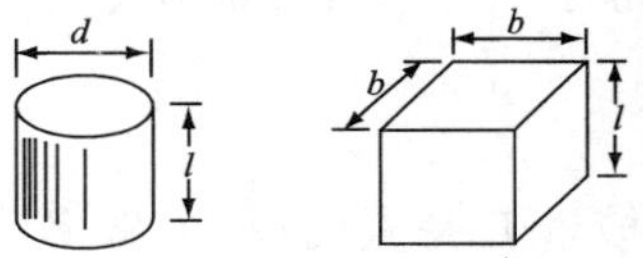

图 7.23

将试样安装在材料试验机上，缓慢加载，同时测定试样的受力和标距内的变形，并记录下来。以力 F 为纵坐标，试样标距内的变形 Δl 为横坐标，即可绘出 F 和 Δl 之间的关系曲线。此曲线通常称为拉伸(压缩)图或 F-Δl 曲线。

2.金属材料拉伸时的力学性能

(1)应力 - 应变曲线(σ-ε 曲线)

F-Δl 曲线与试样的尺寸有关。为了消除尺寸的影响，将 F 和 Δl 分别除以试样的初始截面积 A_0 和标距 l_0，便得到材料拉伸时的**应力 - 应变曲线**(stress-strain curve)，即 σ-ε 曲线。

图 7.24 是低碳钢拉伸时的 σ-ε 曲线。低碳钢是工程上最广泛使用的钢材，其力学性能具有典型性。

图 7.25 是灰铸铁拉伸时的 σ-ε 曲线。灰铸铁是金属中典型的脆性材料。

图 7.26 是其他常用金属材料的 σ-ε 曲线。

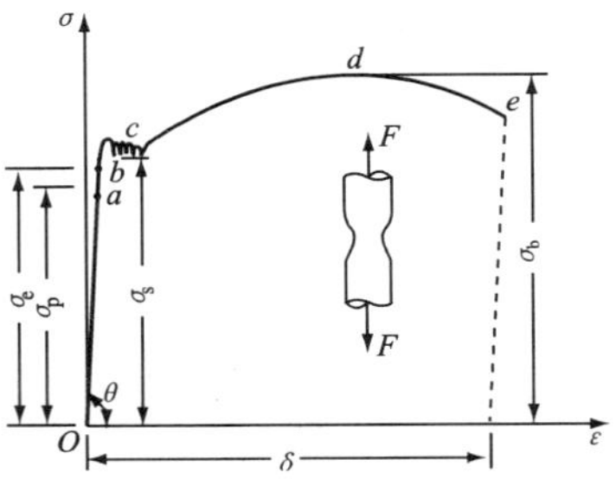

图 7.24

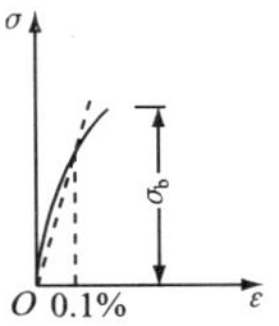

图 7.25

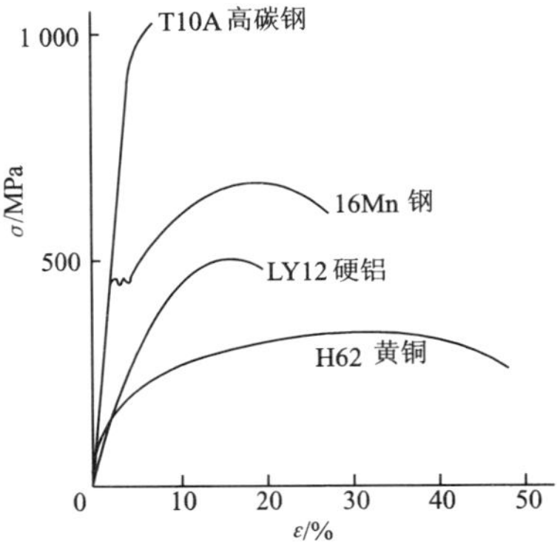

图 7.26

值得注意的是，绝大多数金属材料在拉伸过程中会发生显著的塑性变形，试样的截面积和长度的改变是很明显的。以 F 除以初始横截面积 A_0 得到的应力 σ，已不再是试样横截面上的真实应力。同样，以 Δl 除以初始标距的长度 l_0 得到的应变，也不能代表试样的真实应变。因此，以 $\sigma=\dfrac{F}{A_0}$ 为纵坐标、$\varepsilon=\dfrac{\Delta l}{l_0}$ 为横坐标所绘的 σ-ε 曲线，仅是名义应力 σ(又称为工程应力)与名义应变 ε(又称为工程应变)之间的关系曲线，也称为工程应力 - 应变曲线。

下面以低碳钢拉伸试验为主，讨论材料拉伸时的主要力学性能。

(2)弹性　弹性模量和泊松比

低碳钢及多数金属材料的 σ-ε 曲线，在变形的初始阶段，应力与应变呈线性关系，且变形是完全弹性的，即当试样上的荷载被卸除后，变形可以完全恢复。这一区域称为线弹性区，其最高应力值称为**比例极限**(proportional limit)，用 σ_p 表示。当 $\sigma<\sigma_p$ 时，材料服从胡克定律式(7.3)，从 σ-ε 曲线的直线部分可得

$$E=\frac{\sigma}{\varepsilon}=\tan\theta \tag{7.11}$$

所以弹性模量 E 是直线 Oa 的斜率(图 7.24)。

当应力超过比例极限后，σ 与 ε 的关系不再是直线(如图 7.24 中的 ab 段)，但变形仍为弹性

的。只引起弹性变形的最高应力值称为**弹性极限**(elastic limit)，用 σ_e 表示。低碳钢的弹性极限与比例极限很接近，在实测中很难区分。但有些材料(如橡胶)的应力与应变之间虽无比例关系，但呈现出很好的弹性，这种非比例的弹性是**非线性弹性**(nonlinear elasticity)。

灰铸铁拉伸时的应力-应变曲线没有明显的直线部分，通常以总应变为0.1%时所对应的割线的斜率为其弹性模量(图7.25)，称为**割线模量**(secant modulus)。

(3)屈服　屈服应力

有些金属材料，例如低碳钢、中碳钢和低合金钢，当应力超过弹性极限(如图7.24中的点 b)后，出现应力几乎不增加(事实上，应力在很小的范围内波动)的情况下应变快速增加，这种现象称为**屈服**(yield)。在屈服阶段内的最高应力和最低应力分别称为上屈服点和下屈服点。下屈服点一般比较稳定，能反映材料的性质，通常以下屈服点作为材料的**屈服应力**(yeilding stress)，用 σ_s 表示。

材料屈服时，在经磨光的试样表面可观察到与轴线大致成45°方向的条纹，称为**滑移线**(slip-lines)，是金属材料屈服时晶格发生错动的结果。

材料在屈服阶段，会引起显著的塑性变形，也就是说，即使卸去荷载，也有不可恢复的变形存在，与此对应的应变称为**残余应变**(residual strain)。材料发生显著的塑性变形，将会影响到构件的正常工作，所以屈服应力 σ_s 是衡量材料强度的重要指标。

有些材料(如铝合金、黄铜等)，在应力超过比例极限后，应变将与应力成非比例地增加，并没有显示出明显的屈服现象(图7.27)。在国家标准中，是以非比例伸长达到试样原始标距的0.2%时所对应的应力，作为规定非比例伸长应力，记作 $\sigma_{p0.2}$，如图7.26所示。图中的直线 CD 与弹性阶段内的直线平行。

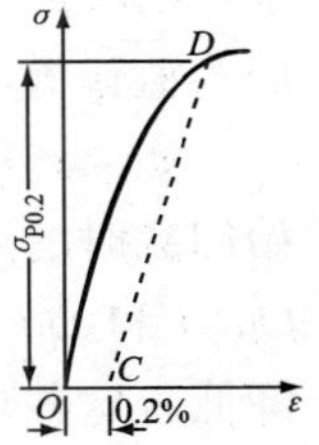

图　7.27

(4)强化　抗拉强度

如低碳钢这类金属材料，过了屈服阶段以后，材料又恢复了抵抗变形的能力，要使它继续变形必须增大荷载，这种现象称为材料的**强化**(strengthing)。在强化阶段(如图7.24中的 cd 段)，曲线上最高点(如图7.24中的点 d)处的应力称为**强度极限**(ultimate strength)或**抗拉强度**，用 σ_b 表示。σ_b 代表材料破坏以前能够承受的最大应力，是衡量材料强度的另一重要指标。

多数塑性较好的金属材料，当应力增加到应力-应变曲线的最高点时，这时试样的变形开始集中在某一局部区域内，横向尺寸突然急剧缩小，形成**缩颈**(necking)。但应指出，有些金属材料，如高碳钢，强度很高，但塑性较差，直到断裂时仍没有缩颈现象。

灰铸铁、铸造铝合金等脆性材料没有屈服和缩颈现象，拉断前的变形很小，发生断裂时的应力达到最大，即以断裂时的应力值作为抗拉强度。

(5)伸长率　断面收缩率

试样断裂后，弹性变形消失，塑性变形保留，试样标距内的长度由原来的 l_0 变为 l_1。定义

$$\delta=\frac{l_1-l_0}{l_0}\times100\% \tag{7.12}$$

为材料的**伸长率**(percentage elongation)。伸长率是衡量材料塑性的一个重要指标。低碳钢的伸长率约为 $\delta=20\%\sim30\%$，说明低碳钢的塑性性能很好。工程上通常按伸长率的大小将

材料分成两大类：$\delta \geqslant 5\%$的材料称为**塑性材料**（ductile materials），如碳钢、铝合金、黄铜等；$\delta <$ 5%的材料称为**脆性材料**（brittle materials），如灰铸铁、玻璃、陶瓷等。

表示材料塑性还有另一个指标。设试样的初始横截面面积为 A_0，拉断后颈缩处的最小横截面面积为 A_1，定义

$$\psi=\frac{A_0-A_1}{A_0}\times 100\% \tag{7.13}$$

为材料的**断面收缩率**（percentage reduction of area）。低碳钢的 ψ 约为 60%。

（6）卸载规律　冷作硬化

对于低碳钢等塑性金属材料，当试样被加载至应力 - 应变曲线非弹性区的某一点后，然后缓慢卸载（图 7.28），此时应力和应变不再按原来的加载路线返回坐标原点，而是沿着与弹性区直线段相平行的路径返回到应力的零点。这说明在卸载过程中，应力与应变之间按直线规律变化，这就是**卸载规律**（unloading rules）。卸载后，弹性变形消失（图 7.28a）中的 cb'），而塑性变形将残留下来（图 7.28a）中的 Oc）。对于没有明显屈服现象的塑性材料，按照卸载规律，也可以将卸载后产生 0.2%塑性应变所对应的应力值作为屈服指标。这与前述按产生一定的非比例伸长来确定屈服应力是一致的。

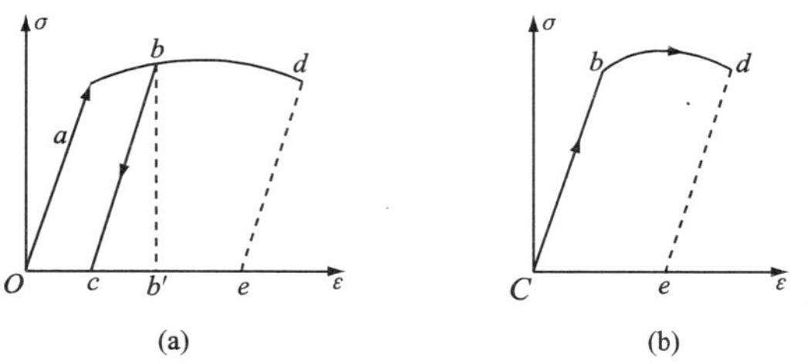

图　7.28

如果卸载后在短期内再次加载，则应力和应变基本上仍沿着卸载时的斜直线变化，直到开始卸载时的应力为止，再往后大体上沿着原来的曲线变化（图 7.28b）。比较图 7.27 中的 $Oabd$ 和 cbd 两条曲线可见，在非弹性区内卸载后再加载，比例极限得到了提高，但塑性却有所降低。这种现象称为**冷作硬化**（cold hardening）。工程上常利用用冷作硬化来提高钢筋和钢缆绳等构件在弹性范围内的承载能力。

3. 金属材料压缩时的力学性能

大多数塑性金属材料在静载**压缩试验**（compressive test）中，当应力未超过比例极限或屈服应力时，其应力 - 应变曲线与受拉时的曲线基本上是重合的，表明塑性材料受压时的弹性性能和屈服应力与受拉时的大致相同。但当进入屈服阶段后，塑性材料发生明显的塑性变形，受压试样的横截面积不断增加。且由于试验机平台与试样两端面之间有摩擦作用，使试样两端的横向变形受到阻碍，以致被压成鼓形。随着荷载的增加，试样被压成饼状，所以无法测定受压时的强度极限。图 7.29 为低碳钢拉伸与压缩时应力 - 应变曲线的比较。不难看出，屈服以后两者有很大的差异。

脆性材料在拉伸和压缩时的力学性能有较大的区别。图 7.30 所示为灰铸铁在拉伸和压缩时的应力 - 应变曲线。比较两条曲线可以看出：（1）抗压强度要比抗拉强度大得多，约为拉伸时的 4～5 倍；（2）虽然压缩破坏时的变形较小，但比拉伸破坏时的变形要大得多。可见，铸铁这类脆性材料，宜于作受压构件。因此，压缩试验比拉伸试验更为重要。

脆性材料受拉和受压时的破坏形式也是不同的。如铸铁拉伸时沿横截面发生断裂，而压缩时的破坏断面与横截面大致成 45°～50°的倾角。

表 7.2 列出了部分金属材料在常温和静载下的一些力学性能。

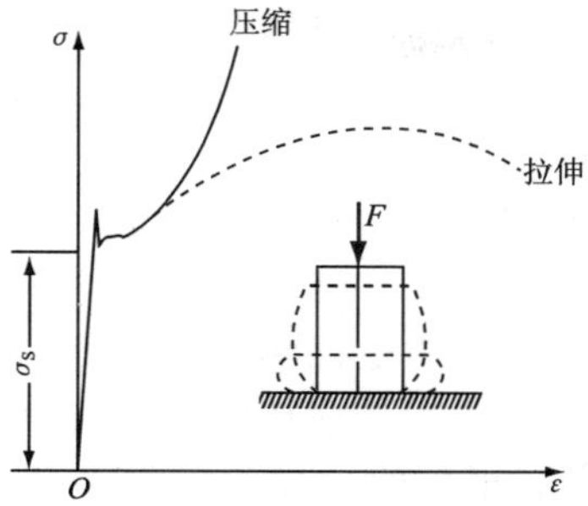

图 7.29

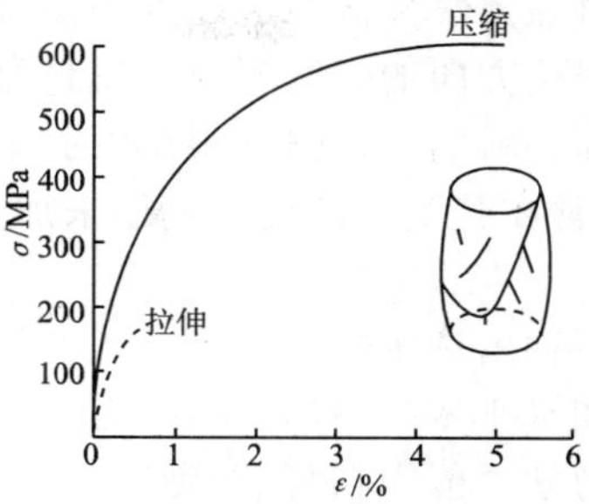

图 7.30

几种常用金属材料的力学性能 表 7.2

材料名称	牌号	σ_S/MPa	σ_b/MPa	δ_5/%
碳素结构钢 (GB 700—88)	Q215 Q235 Q275	185～215 205～235 245～275	335～410 375～460 490～610	28～31 23～26 17～20
优质碳素结构 (GB 699—88)	40 45	335 355	570 600	19 16
普通低合金结构钢 (GB/T 1591—94)	Q295 Q345	235～295 275～345	390～570 470～630	23 21～22
合金结构钢 (GB 3077—88)	20Cr 40Cr	540 785	835 980	10 9
球墨铸铁 (GB 1348—88)	QT450—10 QT600—3	310 370	450 600	10 3
灰铸铁 (GB 9439—88)	HT150 HT300		120～175(拉) 230～290(拉)	
铝合金(挤压棒) (GB/T 3191—82)	LF12 LY12	190 260	380 400	15 12

注:表中 δ_5 是指 $l=5d$ 的标准试样的伸长率。

4.非金属材料在常温静载下的力学性能

(1)混凝土　天然石料

混凝土和天然石料都是脆性材料,其抗压能力比抗拉能力要大得多,故一般只适用于作受压构件。

混凝土和石料的压缩试样,通常做成立方体形。例如对于混凝土,规定用边长为 0.2 m 的正立方体作为标准试块,在标准养护条件下经过 28 天后,进行压缩试验。

混凝土压缩时的 σ-ε 曲线如图 7.31a 所示。在加载初期有一段很短的直线段,以后明显弯曲,在变形不大的情况下发生破坏。破坏形式与试块两端面的润滑条件有关。一种是两端面不加润滑剂,由于摩擦阻力大,压坏时是靠近中间剥落而形成两个对接的截锥体(图 7.31b);另一种是加润滑剂,因摩擦阻力小,破坏时是沿纵向开裂(图 7.31c)。两种破坏形式所对应的抗压强度有差异,在规范中是以不加润滑剂时的试验结果作为标准的混凝土的标号。由于混凝土应力与应变的非线性,通常规范以 $\sigma=0.4\sigma_b$ 时割线斜率确定混凝土的弹性模量。

天然石料的力学性能与混凝土相似，但石料具有一定的各向异性力学性能，即沿着岩层方向及垂直于岩层方向的强度和弹性模量有一定的差异。

混凝土和石料的抗拉强度很小，约为抗压强度的 1/10～1/20。故混凝土作为梁、板等结构的材料时，常在其受拉部位用钢筋来加强，称为钢筋混凝土结构。

(2)木材

木材是一种由许多管状细胞组成的纤维状天然材料，其力学性能具有方向性，平行于木纹（称为顺纹）和垂于木纹（称为横纹）有明显的不同，是属于各向异性材料。

木材的力学性能因树种、产地、生长条件等不同而有很大的差异。图 7.32 是松木在顺纹拉伸、压缩和横纹压缩时的 σ-ε 曲线。从图中可见，木材顺纹方向的抗拉强度大于抗压强度，而顺纹方向的抗压强度又大于横纹方向的抗压强度。木材顺纹方向的抗拉强度虽然很高，但因受木节等缺陷的影响，其数值波动较大，而抗压强度受其影响较小。因此，在工程中被广泛用作柱、斜撑等承压构件。木材横纹方向的抗拉强度很低，在工程中应避免横纹受拉。另外，顺纹方向的弹性模量远大于横纹方向的。至于与木纹成斜向拉伸或压缩时的强度和弹性模量，都将随应力方向与木纹方向间的倾角不同而变化，详情可参阅《木结构设计规范》。

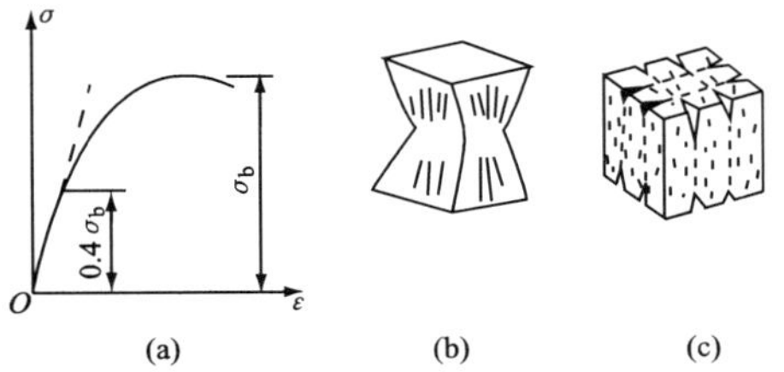

图 7.31

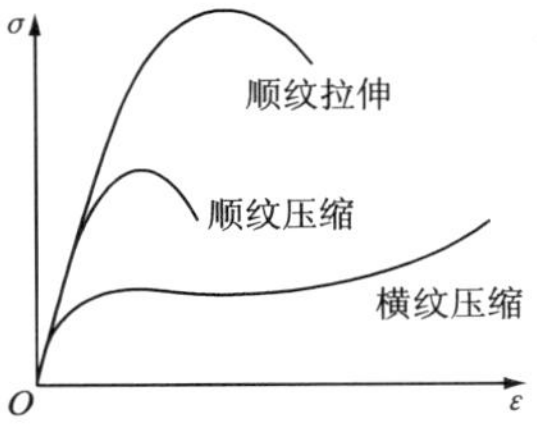

图 7.32

(3)高分子材料

高分子材料是以高分子化合物为主要组成部分的材料。所谓“高分子化合物”是指分子量很大的有机化合物，也常称为聚合物。自 20 世纪 70 年代开始，高分子材料的发展非常迅速，在三大高分子材料（塑料、橡胶和纤维）中，尤其以塑料的增长最快。

高分子材料的种类很多，它们的力学性能有很大的差异。图 7.33 是高分子材料几种典型的应力-应变曲线。图 7.33a 是硬而脆的高分子材料的 σ-ε 曲线，如聚苯乙烯、聚甲基丙烯酸甲脂（有机玻璃）。具有一定强度和韧性的结晶态高分子材料，通常表现出如图 7.33b 的变形行为，如聚酰胺（尼龙）、聚碳酸酯等，具有这种性能的塑料，被广泛地用于工程结构中。图 7.33c是典型的高弹性材料的 σ-ε 曲线，如合成橡胶。

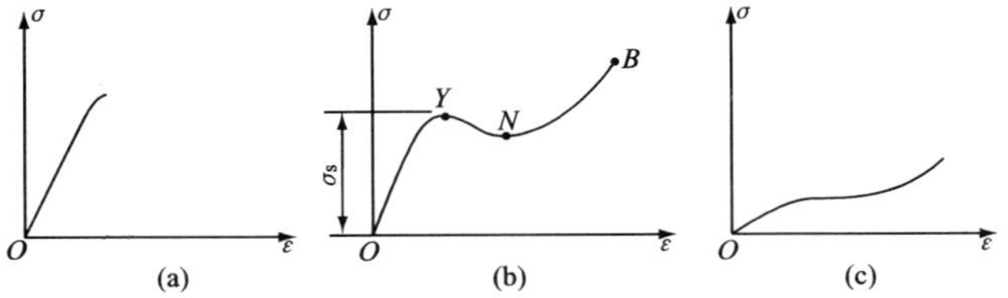

图 7.33

必须指出，结晶态高分子材料的应力-应变曲线（图 7.33b），初始阶段（OY）发生均匀伸长的弹性变形，Y 为屈服点，这与低碳钢一类塑性材料是相同的。但屈服后，随之局部将出现颈缩，荷载下降，从而使应力-应变曲线呈现急剧下降的趋势，如图中 YN 段所示。颈缩以后并不立即发生断裂，而是由于应变的增加，促使细颈部分的分子链趋向强化，从而应力-应变曲线再次上升，直到点 B 断裂。

§7.7 拉伸或压缩杆的强度计算

由脆性材料制成的构件，在拉力作用下，当变形很小时就会突然断裂。由塑性材料制成的构件，在拉断之前已出现显著的塑性变形，由于不能保持原有的形状和尺寸，已不能正常工作。构件在外力作用下产生断裂或产生不可恢复的塑性变形，称为**强度失效**(failure by lost strength)。脆性材料断裂时应力是强度极限 σ_b，塑性材料屈服时的应力是屈服极限 σ_s，这两者均为构件失效时的极限应力。为保证构件有足够的强度，在外荷载作用下构件内最大的工作应力，显然应低于极限应力。因此，须为各种材料定出构件能正常工作时所能允许的应力的最高值。

这个最大的允许应力称为**许用应力**(allowable stress)，用$[\sigma]$表示。
对塑性材料，

$$[\sigma]=\frac{\sigma_s}{n_s} \tag{7.14}$$

对脆性材料，

$$[\sigma]=\frac{\sigma_b}{n_b} \tag{7.15}$$

式中，大于 1 的因数 n_s 或 n_b 分别称为塑性材料和脆性材料的**安全因数**(safety factor)。显然，安全因数越大，构件的安全性越高，但材料的消耗增加而不够经济。所以，应权衡安全与经济两方面的要求，恰当地选取安全因数。在静载情况下，塑性材料可取 $n_s=1.2\sim2.5$；脆性材料通常以断裂的形式失效，一般取 $n_b=2.5\sim3.0$。

将杆件中最大应力限制在允许的范围内，以保证杆件能正常工作，不发生强度失效，称为**强度设计**(strength design)。对于轴向拉伸或压缩的杆件，其**强度条件**(strength condition)为

$$\sigma=\frac{F_N}{A}\leqslant[\sigma] \tag{7.16}$$

根据强度条件，可以解决三类强度问题：

(1)强度校核　已知杆件的轴力、横截面积以及许用应力，计算出最大工作应力，看看是否满足强度条件式(7.16)。若满足，则杆件强度足够；否则，杆件强度不足。

(2)截面设计　已知杆件所受的轴力以及许用应力，根据强度条件式(7.16)，可设计出杆件的横截面面积为

$$A\geqslant\frac{F_N}{[\sigma]} \tag{7.17}$$

(3)确定许可荷载　由强度条件式(7.16)，根据杆件的横截面积以及许用应力，可确定杆件能承受的最大轴力，即杆件能承受的最大荷载为

$$[F_N]\leqslant[\sigma]A \tag{7.18}$$

下面用例题来说明拉压杆的强度计算方法。

例 7.9　图 7.34 所示蒸汽机汽缸的内径 $D=400$ mm，汽缸内的工作压力 $p=1.2$ MPa，汽缸盖和汽缸用螺纹根部直径为 $d_2=18$ mm 的螺栓来连接。已知活塞杆材料的许用应力为 $[\sigma_1]=50$ MPa，螺栓材料的许用应力$[\sigma_2]=40$ MPa。试求活塞杆的直径及所需螺栓的个数。

解：(1)设计活塞杆直径

活塞杆因作用于活塞上的蒸汽压力而受拉，所受拉力可由蒸汽压力及活塞面积求得，即

$$F_N=pA=p\cdot\frac{\pi}{4}D^2$$

设活塞杆直径为 d_1，由强度条件式(7.17)可得

$$A_1=\frac{\pi}{4}d_1^2\geqslant\frac{F_N}{[\sigma_1]}=\frac{\pi p D^2}{4[\sigma_1]}$$

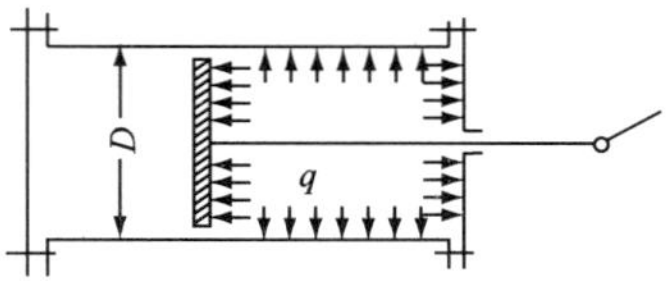

图 7.34

计算可得活塞杆直径为

$$d_1\geqslant D\sqrt{\frac{p}{[\sigma_1]}}=(400\ \text{mm})\sqrt{\frac{1.2\ \text{MPa}}{50\ \text{MPa}}}=62\ \text{mm}$$

(2)确定螺栓个数

设所需螺栓个数为 n，汽缸盖所受的压力应与 n 个螺栓所受的总拉力相等，由强度条件式(7.17)，有

$$A_2=n\cdot\frac{\pi}{4}d_2^2\geqslant\frac{F_N}{[\sigma_2]}=\frac{\pi p D^2}{4[\sigma_2]}$$

可得螺栓个数为

$$n\geqslant\frac{pD^2}{[\sigma_2]d_2^2}=\frac{(1.2\ \text{MPa})(400\ \text{mm})^2}{(40\ \text{MPa})(18\ \text{mm})^2}=14.8$$

因此，至少需用 15 个螺栓。

例 7.10 三铰屋架的结构简图及主要尺寸如图 7.35a 所示。屋架承受长度为 $l=10$ m 的铅垂均布荷载作用，沿水平方向的集度为 $q=5$ kN/m。屋架中的下弦钢拉杆的直径 $d=20$ mm，许用应力$[\sigma]=170$ MPa。试校核拉杆的强度。

解：(1)外力分析

由于人字梁之间以及人字梁与拉杆之间的接头不能阻止微小的相对转动，可将接头近似看作铰接，画出屋架的计算简图如图 7.35b 所示。由屋架整体的平衡并利用对称性，可求得支座反力分别为

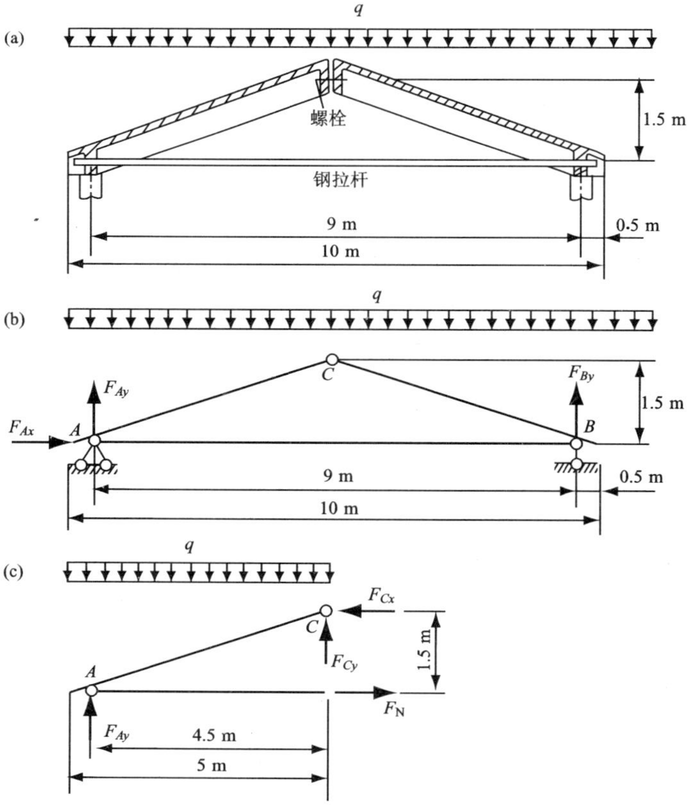

图 7.35

$$\sum F_x=0,\quad F_{Ax}=0$$

$$\sum F_y=0,\quad F_{Ay}=F_{By}=\frac{1}{2}ql=\frac{1}{2}(5\times10^3\ \text{N/m})(10\ \text{m})=25\ \text{kN}$$

(2)内力计算

取左半屋架为研究对象(图 7.35c),由平衡方程,有

$$\sum M_C=0,(1.5\ \text{m})F_N-(4.5\ \text{m})F_{Ay}+\frac{(5\ \text{m})^2}{2}q=0$$

将 $F_{Ay}=25$ kN 和 $q=5$ kN/m 代入上式,可得

$$F_N=33.3\ \text{kN}$$

(3)强度校核

由拉杆的轴力 F_N 和直径 $d=20$ mm,可求得拉杆横截面上最大的工作应力为

$$\sigma=\frac{F_N}{A}=\frac{4F_N}{\pi d^2}=\frac{4(33.3\times10^3\ \text{N})}{\pi(20\ \text{mm})^2}=106\ \text{N/mm}^2=106\ \text{MPa}<[\sigma]$$

因此,拉杆的强度足够。

例 7.11 简易吊车由工字钢梁 AB 和拉杆 BC 组成,如图 7.36a 所示。工字钢梁为 16 号型钢,长 $l=2$ m,拉杆直径 $d=25$ mm。梁 AB 和杆 BC 的材料均为 Q235 钢,容许应力$[\sigma]=120$ MPa。当荷载 F 沿水平梁移动到点 B 时,试求吊车的许可荷载。不计梁和杆的自重。

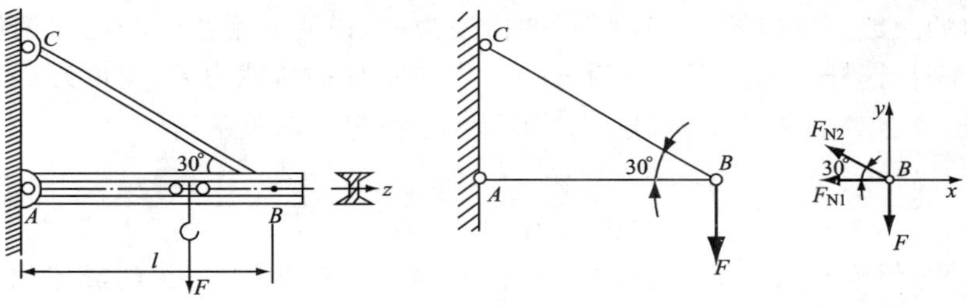

(a) (b) (c)

图 7.36

解:(1)外力分析

本题只要求荷载移动到点 B 时吊车的允许荷载,因此,杆 AB 和杆 BC 的两端均可简化为铰接,荷载作用在铰链 B 上,计算简图如图 7.36b 所示。不考虑结构的自重,因此杆 AB 和杆 BC 均为二力杆。

(2)内力计算

以点 B 为研究对象,轴力均正向假设,设杆 AB 和杆 BC 的轴力分别为 F_{N1} 和 F_{N2},受力图如图 7.36c 所示。由平衡方程,有

$$\sum F_y=0,\qquad F_{N2}\sin30°-F=0$$

$$F_{N2}=2F$$

$$\sum F_x=0,\qquad -F_{N1}-F_{N2}\cos30°=0$$

$$F_{N1}=-\sqrt{3}F$$

(3)确定吊车的许可荷载

对于杆 AB,由型钢表查得 16 号工字钢的横截面面积 $A_1=26.1\ \text{cm}^2$,由强度条件有

$$\sigma_{AB}=\frac{|F_{N1}|}{A_1}=\frac{\sqrt{3}F}{26.1\ \text{cm}^2}\leqslant[\sigma]$$

可解出保证杆 AB 强度足够时，吊车的许可荷载为

$$[F_1]\leqslant\frac{[\sigma]\cdot(26.1\ \text{cm}^2)}{\sqrt{3}}=\frac{(120\times10^6\ \text{Pa})(26.1\times10^{-4}\ \text{m}^2)}{\sqrt{3}}=181\times10^3\ \text{N}=181\ \text{kN}$$

对于杆 BC，由强度条件，有

$$\sigma_{BC}=\frac{F_{N2}}{A_2}=\frac{4(2F)}{\pi d^2}\leqslant[\sigma]$$

可解出保证杆 BC 强度足够时，吊车的许可荷载为

$$[F_2]=\frac{\pi d^2}{8}[\sigma]=\frac{\pi(25\ \text{mm})^2(120\ \text{N/mm}^2)}{8}=29.5\times10^3\ \text{N}=29.5\ \text{kN}$$

为保证吊车各杆件的强度均满足要求，其许可荷载应取上述两个许可荷载中的最小者。因此，吊车的许可荷载为

$$[F]=\min\{[F_1],[F_2]\}=29.5\ \text{kN}$$

§7.8　拉压超静定问题

在前面讨论的问题中，杆件的轴力可由静平衡方程求出，这类问题为静定问题。若杆件的轴力不能由静平衡方程全部求出，则为超静定问题。而未知量的数目与独立平衡方程数目的差数为超静定的次数。现以图 7.37a 所示的桁架为例，说明其解法。若已知钢杆 1 和 2 的拉压刚度均为 E_1A_1，铜杆 3 的拉压刚度为 E_3A_3，节点 A 处的荷载为 F，夹角为 θ，试求各杆的内力。首先，画出节点 A 的受力图，如图 7.37b 所示。由静平衡关系，有

$$\sum F_x=0,\quad F_{N1}=F_{N2}$$

$$\sum F_y=0,\quad F_{N3}+2F_{N1}\cos\theta-F=0 \tag{a}$$

有 2 个平衡方程，但未知力有 3 个，无法用平衡方程全部求出，为一次超静定问题。必须设法再建立 1 个关于未知力的补充方程，方可求解上述超静定问题。

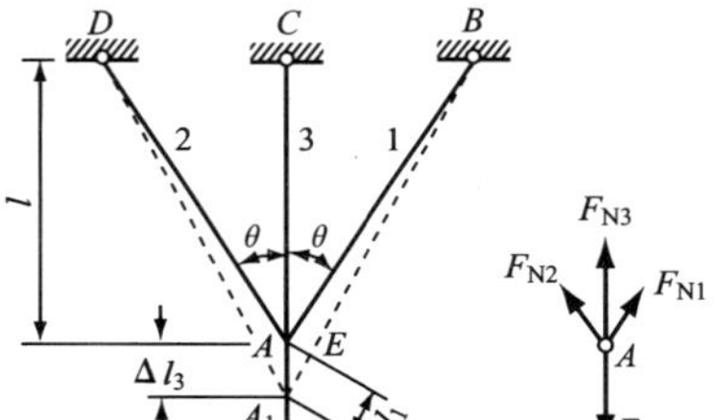

图　7.37

为此，必须研究变形几何关系。由于结构及荷载均关于杆 3 对称，桁架的变形也必然是对称的。由于变形很小，可用垂直于 A_1B 的直线 AE 代替上述弧线，由图 7.37a 中直角三角形△AA_1E 可得变形几何关系为

$$\Delta l_1=\Delta l_3\cos\theta \tag{b}$$

三根杆的变形只有满足上式，才可能在变形后仍然在节点 A_1 处相连接，三杆变形才是相互协调的。

由胡克定律可得各杆轴力与变形的物理关系分别为

$$\Delta l_1=\frac{F_{N1}l}{E_1A_1\cos\theta},\quad \Delta l_3=\frac{F_{N3}l}{E_3A_3} \tag{c}$$

将式(c)代入式(b)，得

$$\frac{F_{N1}l}{E_1A_1\cos\theta}=\frac{F_{N3}l}{E_3A_3}\cos\theta \tag{d}$$

这就是研究变形得到的补充方程。联立求解(a)、(d)两式，可得

$$F_{N1}=F_{N2}=\frac{F\cos^2\theta}{2\cos^3\theta+\dfrac{E_3A_3}{E_1A_1}},\quad F_{N3}=\frac{F}{1+2\dfrac{E_1A_1}{E_3A_3}\cos^3\theta}$$

以上例子表明，综合静力关系、几何关系和物理关系，可求解超静定问题，这种方法简称为**三关系法**。

例 7.12 等截面热力管道 AB 的两端与刚性墙壁连接，如图 7.38a 所示。设管道长为 l，横截面面积为 A，材料的弹性模量为 E，线膨胀系数为 α，试求温度升高 Δt 时，管道内由于温度上升而产生的应力。

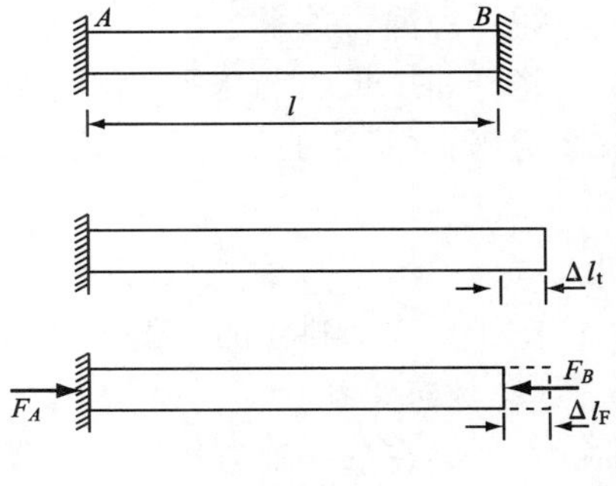

图 7.38

解：对于两端固定的直管道 AB（图 7.38c），由平衡关系只能得出

$$F_A = F_B \qquad \text{(a)}$$

1 个平衡方程，2 个未知力，为一次超静定问题。必须再建立 1 个补充方程。设想解除右端支座 B，管道可自由膨胀，当升温 Δt 时，膨胀量为

$$\Delta l_t = \alpha \Delta t \cdot l \qquad \text{(b)}$$

实际上，升温后支座 B 对管道施加轴向压力 F_B，产生的缩短量为

$$\Delta l_F = \frac{F_B l}{EA} \qquad \text{(c)}$$

注意到升温后，管道 AB 总长度不变，其变形几何关系为

$$\Delta l_{AB} = \Delta l_t - \Delta l_F = 0$$

将式(b)和式(c)代入上式，得

$$\alpha \Delta t \cdot l - \frac{F_B l}{EA} = 0$$

这就是补充方程，由此可求出轴力为

$$F_B = F_A = EA\alpha\Delta t$$

应力为

$$\sigma = \frac{F_B}{A} = \alpha E \Delta t$$

碳钢的 $\alpha = 12.5 \times 10^{-6}$ ℃$^{-1}$，$E = 200$ GPa，若温升 $\Delta t = 50$℃时，管壁应力

$$\sigma = \alpha E \Delta t = (12.5 \times 10^{-6}\ ℃^{-1})(200 \times 10^3\ \text{MPa})(50℃) = 125\ \text{MPa}$$

可见，当温升 Δt 较大时，应力的数值相当可观，可造成管道破坏。在超静定结构中，这种由于温度变化引起的变形受到限制而在构件中产生的应力称为**温度应力**。为避免产生过高的温度应力，在热力管道中常设置弯道伸缩节，削弱约束的影响；在铁路钢轨接头处，以及混凝土路面中，通常留有伸缩缝，以降低温度应力。

例 7.13 刚性梁 AB 由三根杆支承，如图 7.39a 所示。由于制造误差，钢杆 3 比其他两杆

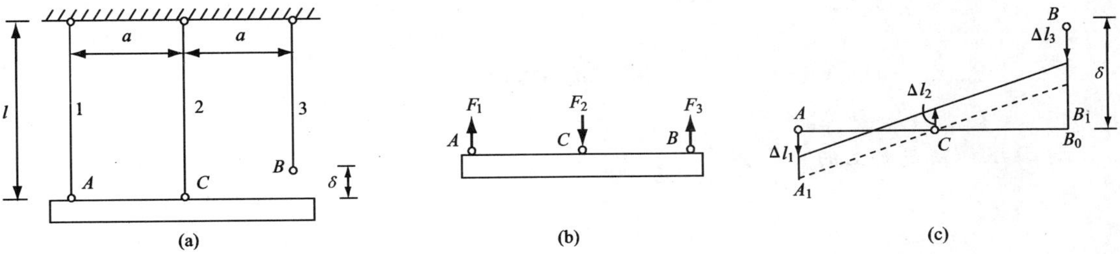

图 7.39

短微小量 δ。已知：三钢杆截面面积均为 A，杆长为 l，弹性模量为 E。将三杆与水平梁装配好后，试求各杆的内力。

解：(1)静力关系

将杆 3 拉长 δ，与水平梁装配好以后，将外力去除，为维持水平梁的平衡，杆 1 和杆 3 受拉，杆 2 受压，水平梁的受力图如图 7.39b 所示。由静力平衡关系，有

$$\sum M_C=0,\quad F_1=F_3 \tag{a}$$

$$\sum M_A=0,\quad F_2=2F_3 \tag{b}$$

3 个未知量，2 个独立的平衡方程，为一次超静定。

(2)几何关系

水平梁在三杆轴力作用下平衡，拉杆伸长，压杆缩短，据此画出变形图如图 7.39c 所示。图中水平线 ACB_0 为装配前水平梁的位置，斜直线为装配后水平梁的位置。拉力 F_1 和 F_3 产生伸长量 Δl_1 和 Δl_3，压力 F_2 产生缩短量 Δl_2，力与变形协调一致。为得到各变形量之间的关系，可过中点 C 作斜直线的平行线，如图 7.39c 中虚线所示，由长度 AA_1，等于长度 B_1B_0，可得几何方程

$$\Delta l_1+\Delta l_2=\delta-(\Delta l_3+\Delta l_2)$$

整理后，有

$$\Delta l_1+2\Delta l_2+\Delta l_3=\delta \tag{c}$$

(3)物理关系

由胡克定律，可得

$$\Delta l_1=\frac{F_1 l}{EA},\quad \Delta l_2=\frac{F_2 l}{EA},\quad \Delta l_3=\frac{F_3 l}{EA}$$

代入式(c)，整理后，得

$$F_1+2F_2+F_3=\frac{EA}{l}\delta \tag{d}$$

上式就是补充方程，联立求解式(a)、(b)和(d)，可得各杆轴力分别为

$$F_1=F_3=\frac{EA}{6l}\delta(\text{拉}),F_2=\frac{EA}{3l}\delta(\text{压})$$

若事先假设三杆均受拉力，能否求出正确结果？若能，请求出各杆内力，并与上述解法作比较。

由上例可见，对超静定结构，加工误差会使结构在没有外荷载作用的情况下，产生内力和应力，称为**装配内力**和**装配应力**。这种装配应力的存在，有时是不利的，但有时也可以带来有利的结果。例如，在机械制造工程中利用装配应力使套与轴紧密配合，联接成一体。土木工程中的预应力钢筋混凝土构件，利用装配应力来提高构件的承载能力。

在静定结构中，会不会产生温度应力和装配应力？为什么？

本章小结

1. 拉压杆横截面上的应力公式

$$\sigma=\frac{F_N}{A}$$

其适用范围为：

(1)适用于弹性和塑性变形。

(2)适用于锥角小于 20°,横截面连续变化的直杆。

2. 拉压杆的强度条件

$$\sigma_{\max}=\left(\frac{F_N}{A}\right)_{\max}\leqslant[\sigma]$$

其中许用应力的计算式为

$$[\sigma]=\frac{\sigma_u}{n}$$

校核强度: $$\sigma_{\max}=\left(\frac{F_N}{A}\right)_{\max}\leqslant[\sigma]$$

设计截面: $$A\geqslant\frac{F_N}{[\sigma]}$$

确定许可荷载: $$F_N\leqslant[\sigma]A$$

3. 拉压杆的轴向变形

$$\Delta l=\int_0^l\frac{F_N(x)\mathrm{d}x}{EA(x)}$$

上式适用于应力不超过材料比例极限的弹性范围内。当 F_N、A、E 均为常数时,可得

$$\Delta l=\frac{F_N l}{EA}$$

对于阶梯形拉压杆件,其总变形应分段计算,再代数相加,即

$$\Delta l=\sum_{i=1}^{n}\frac{F_{Ni}l_i}{EA_i}$$

拉压杆的轴向线应变为

$$\varepsilon=\frac{\Delta l}{l}=\frac{\sigma}{E}$$

拉压杆的横向线应变为

$$\varepsilon'=-\nu\varepsilon$$

泊松比为

$$\nu=\left|\frac{\varepsilon'}{\varepsilon}\right|$$

4. 拉压杆的应变能

$$V_\varepsilon=\frac{1}{2}F_N\Delta l=\frac{F_N{}^2 l}{2EA}=\frac{EA\Delta l^2}{2l}$$

拉压杆的应变能密度

$$\nu_\varepsilon=\frac{1}{2}\sigma\varepsilon=\frac{\sigma^2}{2E}=\frac{E\varepsilon^2}{2}$$

5. 解拉压超静定问题的一般步骤

(1)由静平衡条件列出平衡方程,确定超静定次数;

(2)根据结构变形的几何相容条件,列出变形的几何方程;

(3)由胡克定律,列出杆件变形与轴力之间的物理方程,代入几何方程,得补充方程;

(4)将补充方程和静平衡方程联立,求解全部未知数。

采用静力关系、几何关系、物理关系求解超静定问题的"三关系法",是材料力学方法的精髓。

习 题

7.1 试求图中所示直杆各段内任一横截面上的轴力，并绘出全杆的轴力图。

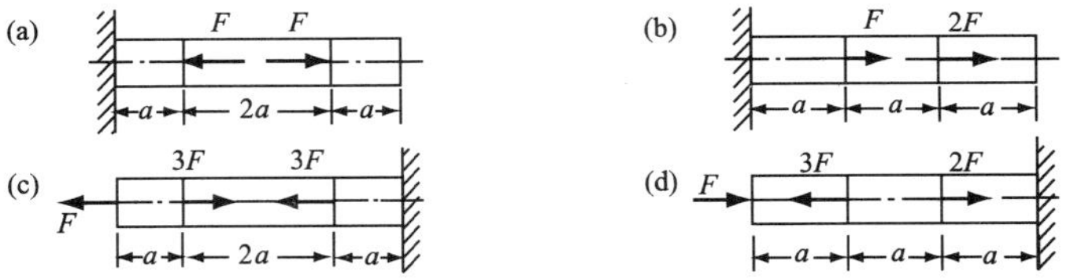

题 7.1 图

7.2 试绘出图中所示直杆的轴力图。

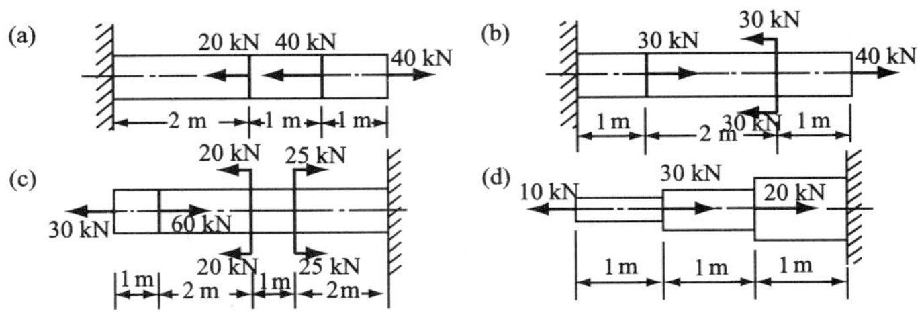

题 7.2 图

7.3 已知直杆的横截面面积为 A，尺寸 a，材料的密度为 ρ，所受的外力如图示，且有 $F=10\rho gAa$。若(1)略去杆的自重；(2)考虑杆的自重，试求各杆段内的轴力，并绘出图中所示各杆的轴力图。

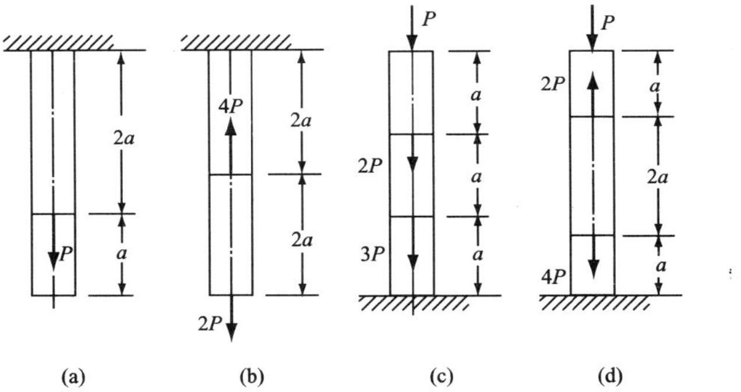

题 7.3 图

7.4 已知阶梯杆的长度为 l，材料的密度为 ρ，三段的横截面面积分别为 $A_1=A$，$A_2=2A$，$A_3=3A$，所受的外力如图示，且有 $F=4\rho gAl$。试绘出图中所示各杆的轴力图。

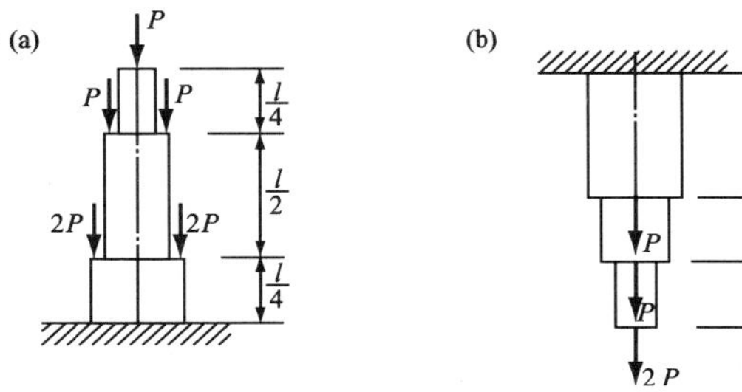

题 7.4 图

7.5 横截面为正方形的钢质杆，截面边长为 a，杆长为 $2l$，中段铣去长为 l、宽为 $a/2$ 的槽，受力如图所示。若 $F=15$ kN，$a=20$ mm，试求 I-I 截面和 II-II 截面上的应力。

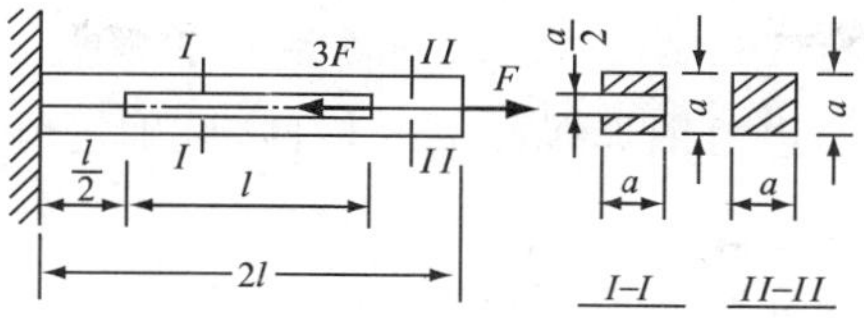

题 7.5 图

7.6 拉杆受到轴向拉力 $F=10$ kN 的作用，如图所示，杆的横截面面积 $A=100\ \mathrm{mm}^2$。试求当斜截面与横截面的夹角 $\alpha=0°$、$30°$、$45°$、$60°$、$90°$时，各斜截面上的正应力和切应力，并用图表示其方向。

7.7 等直杆受力如图所示。已知杆的横截面面积 A 和弹性模量 E。试作轴力图，并求杆端面 D 的水平位移。

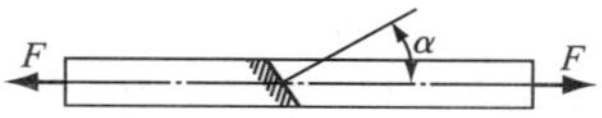

题 7.6 图

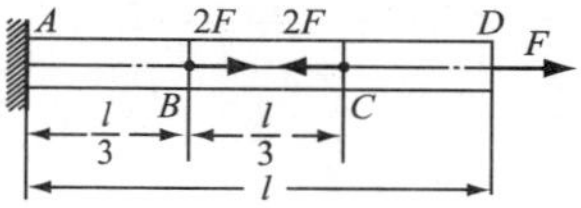

题 7.7 图

7.8 图示结构，A 处为铰链支承，C 处为滑轮，AB 梁通过钢丝绳悬挂在滑轮上。已知 $F=70$ kN，钢丝绳的横截面面积 $A=500\ \mathrm{m}^2$。试求钢丝绳中的应力。

7.9 钢杆 CD，直径为 20 mm，用来拉住刚性杆 AB，如图所示。若杆 CD 的许用应力 $[\sigma]=160$ MPa，试求点 B 处所能承受的许用荷载。

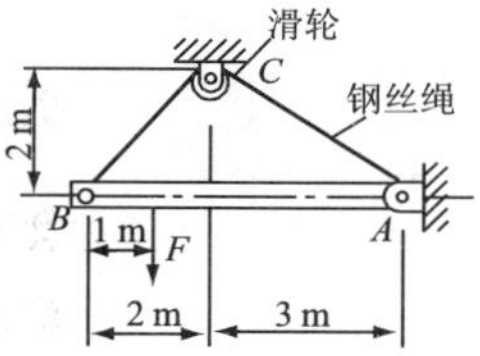

题 7.8 图

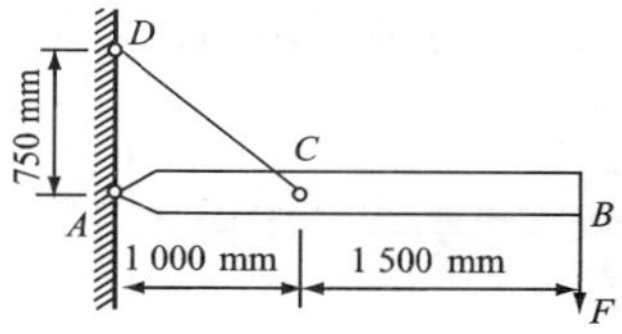

题 7.9 图

7.10 图示一压力机，在物体 C 上所受最大压力为 150 kN，已知压力机立柱 A 和螺杆 BB 所用材料为 Q235 钢，其许用应力$[\sigma]=160$ MPa。

(1)试按强度要求设计立柱 A 的直径 D。

(2)若螺杆 BB 的螺纹内径 $d=40$ mm，校核其强度。

7.11 三角架 ABC(见图)由两杆 AC 及 BC 组成，$\alpha=30°$，在节点 C 受有荷载 $P=350$ kN。杆 AC 由两根槽钢构成，杆 BC 由一根工字钢构成。若许用拉应力和许用压应力均为 160 MPa，试选择两杆的截面。

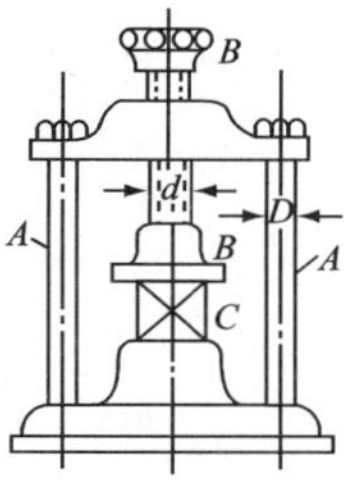

题 7.10 图

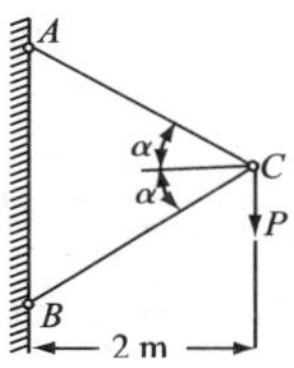

题 7.11 图

7.12 在图示结构中，梁 AB 上受有均布荷载集度 $q=30\ \mathrm{kN/m}$，钢索 BC 由一组直径 $d=2\ \mathrm{mm}$ 的钢丝组成。

(1)若钢丝的许用应力 $[\sigma]=160\ \mathrm{MPa}$，试求所需钢丝的根数。

(2)若将钢索改为由两根等边角钢焊接而成的杆件，试确定所需等边角钢的号数。角钢的 $[\sigma]=160\ \mathrm{MPa}$。

7.13 图示构架，杆 1、2 的横截面均为圆形，直径分别为 $d_1=30\ \mathrm{mm}$ 和 $d_2=20\ \mathrm{mm}$，两杆材料相同，许用应力 $[\sigma]=160\ \mathrm{MPa}$，该构架在节点 A 处受铅垂方向的荷载 P 作用，试确定荷载 P 的最大允许值。

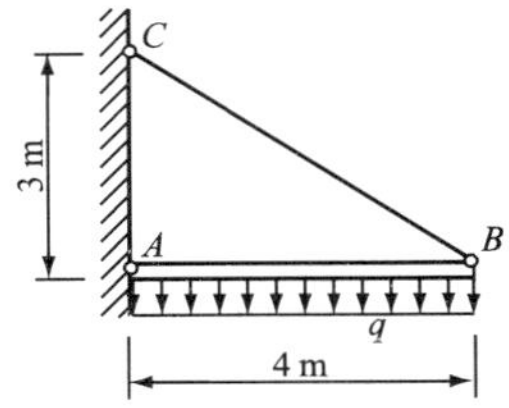

题 7.12 图

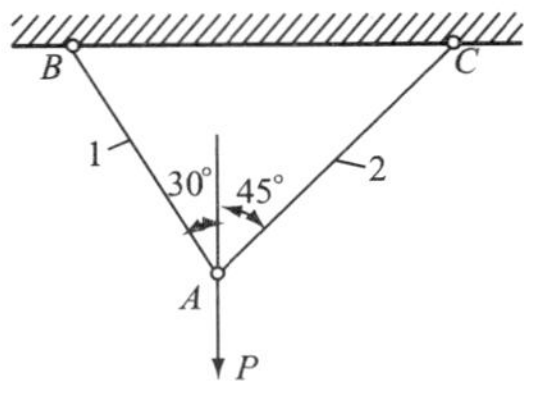

题 7.13 图

7.14 图示结构中 AC 为刚性梁，BD 为斜撑杆，荷载 P 可沿梁 AC 水平移动。试问：为使斜撑杆具有最小重力，斜撑杆与梁之间的夹角 θ 应取何值。

7.15 图示结构中梁 AB 的变形及重力可忽略不计。杆 1 为钢质圆杆，直径 $d_1=20\ \mathrm{mm}$，$E_1=200\ \mathrm{GPa}$；杆 2 为铜质圆杆，直径 $d_2=25\ \mathrm{mm}$，$E_2=100\ \mathrm{GPa}$。试问：

(1)荷载 P 加在何处，才能使加力后梁 AB 仍保持水平？

(2)若此时 $P=30\ \mathrm{kN}$，则两杆的正应力各为多少？

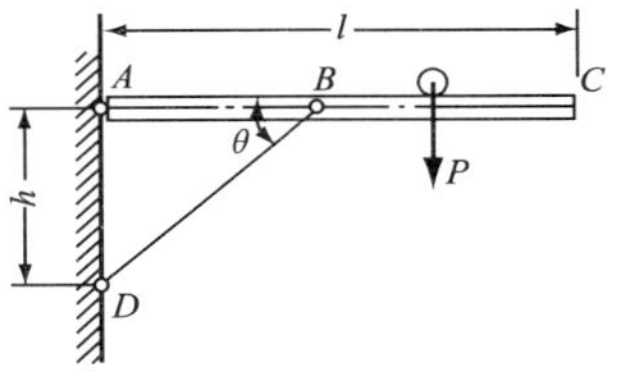

题 7.14 图

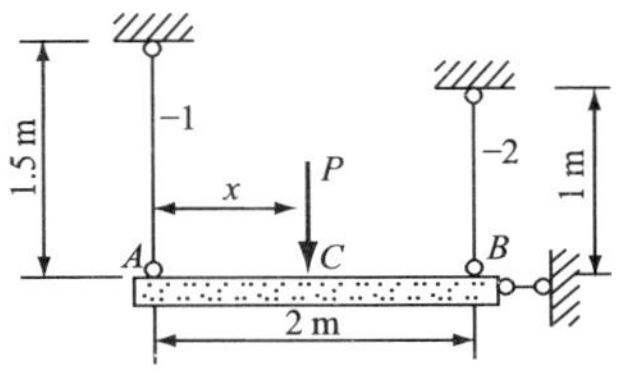

题 7.15 图

7.16 习题 7.5 所示杆件由低碳钢制成，若 $l=400\ \mathrm{mm}$，材料的弹性模量 $E=200\ \mathrm{GPa}$。试求杆的总伸长。

7.17 长 $l=320\ \mathrm{mm}$，直径 $d=32\ \mathrm{mm}$ 的圆截面钢杆，在试验机上受到 135 kN 的力而拉伸，测得直径减缩 $6.2\times10^{-3}\ \mathrm{mm}$，以及在 50 mm 长度内伸长 $4\times10^{-2}\ \mathrm{mm}$。试求弹性模量 E 和泊松比 ν。

7.18 刚性梁 $ABCD$ 在 B、D 两点用一根钢丝绳悬挂，如图所示；G、H 两处均为无摩擦滑轮。若已知钢丝绳截面积 $A=100\ \mathrm{mm}^2$，材料的弹性模量 $E=200\ \mathrm{GPa}$，$F=20\ \mathrm{kN}$。试求加力点 C 的铅垂位移。

7.19 阶梯状杆受力如图。横截面面积分别为 $A_1=200\ \mathrm{mm}^2$ 和 $A_2=100\ \mathrm{mm}^2$，材料的 $E=200\ \mathrm{GPa}$。试求横截面 B 和 C 的位移以及位移为零的横截面位置。

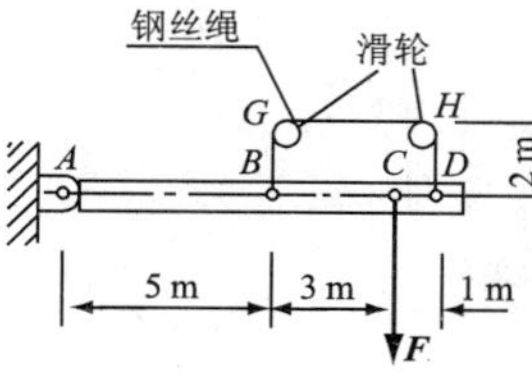

题 7.18　图

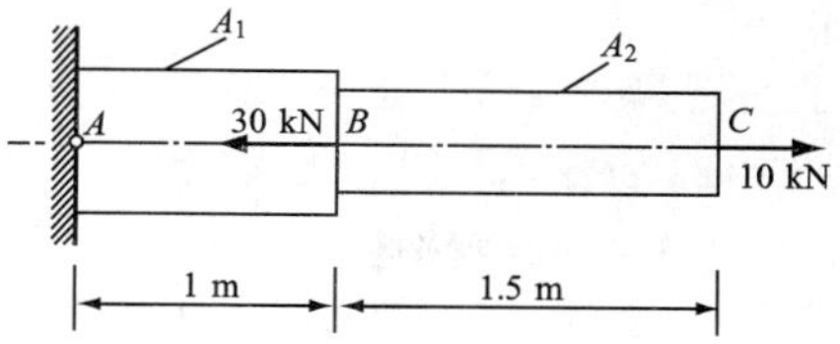

题 7.19　图

7.20　已知矿山升降机钢缆材料的密度为 ρ，许用应力为$[\sigma]$。钢缆下端所受的拉力为 F，钢缆截面积不变。若考虑自重，试求钢缆的允许长度及其总伸长量。

7.21　铸铁柱的尺寸如图所示，其弹性模量 $E=120$ GPa，轴向压力 $F=30$ kN，若不计自重，试求柱的变形。

7.22　图示两根铸铁柱 AD 和 BE 的尺寸与题 7.21 中的铸铁柱相同。若横梁 AB 可视为刚体，$F=50$ kN，试求外力 F 的作用点 C 处的位移。

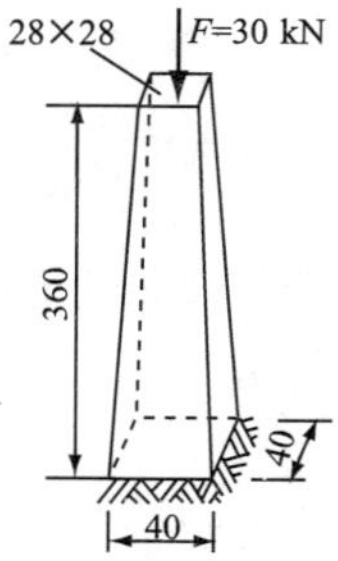

题 7.21　图

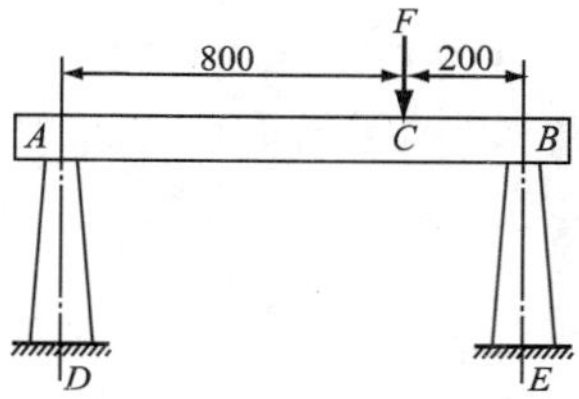

题 7.22　图

7.23　钢制受拉杆件如图所示，横截面面积 $A=200\ \text{mm}^2$，长度 $l=5$ m，材料单位体积的质量为 $\rho=7.8\times10^3\ \text{kg/m}^3$。若不计自重，试计算杆件的应变能 V_ε 和应变能密度 ν_ε。若考虑自重的影响，试计算杆件的应变能，并求应变能密度的最大值。已知 $E=200$ GPa。

7.24　在图示简单杆件系统中，已知杆 AB 是直径为 20 mm 的圆截面直杆，杆 AC 是直径为 24 mm 的圆截面直杆，材料的弹性模量 $E=200$ GPa，铅垂作用的外荷载 $F=50$ kN，试求该杆件系统节点 A 处的铅垂位移。

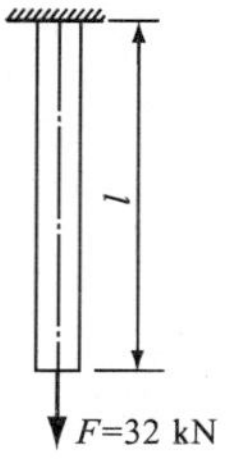

题 7.23　图

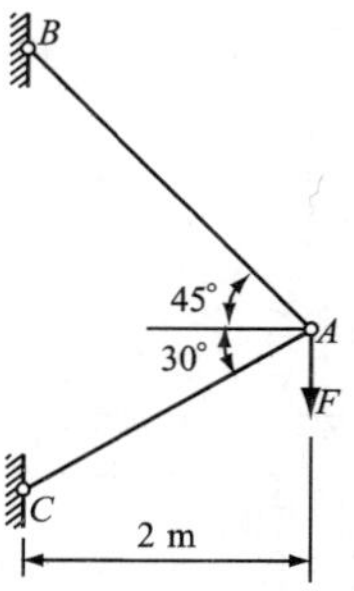

题 7.24　图

7.25　由五根钢杆组成的简单杆件系统如图所示。已知：尺寸 a，各杆的横截面面积均为 $A=500\ \text{mm}^2$，材料的弹性模量 $E=200$ GPa，若沿对角线 AC 方向作用一对 $F=20$ kN 的拉力，试求 A 和 C 两点之间距离的改变量。

7.26　在题 7.24 中，若杆 AB 和杆 AC 的直径并未给出，但要求铅垂力 F 的作用点 A 无水平位移，试求两杆的直径之比。

7.27 在图示支架中，已知拉杆 DE 的长度为 2 m，横截面为直径为 15 mm 的圆截面，材料的弹性模量 $E=210$ GPa。若杆 ADB 和杆 AEC 可以视作刚体，铅垂外力 $F=20$ kN，试求铅垂力 F 的作用点 A 处的铅垂位移和点 C 处的水平位移。

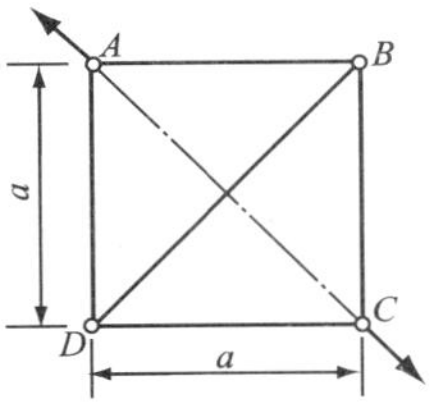

题 7.25 图

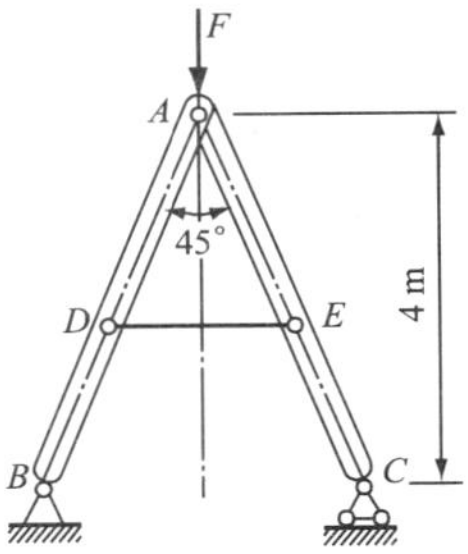

题 7.27 图

7.28 图示等截面直杆两端固定，横截面面积为 $2\times10^3\ \text{mm}^3$。杆的上段为铜，$E_1=100$ GPa；下段为钢，$E_2=200$ GPa。若荷载 $F=100$ kN，试求各段内横截面上的应力。

7.29 图示结构的三杆件用同一种材料制成。已知三根杆的横截面面积分别为 $A_1=200\ \text{mm}^2$，$A_2=300\ \text{mm}^2$ 和 $A_3=400\ \text{mm}^2$，荷载 $F=40$ kN。试求各杆横截面上的应力。

7.30 在图示结构中，荷载 $F=1$ kN 作用于刚性杆 AD 的顶端，钢丝 BE 及 CF 的截面面积都是 $6\ \text{mm}^2$，在荷载未加上时都无应力。试求荷载加上后钢丝 BE 及 CF 中的应力。

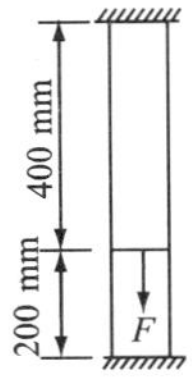

题 7.28 图

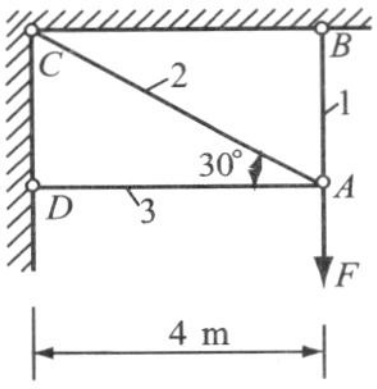

题 7.29 图

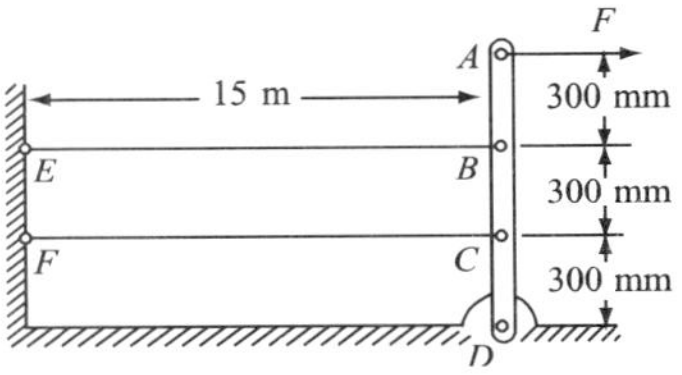

题 7.30 图

7.31 一个刚性梁，放在三根混凝土支柱上（见图），承受荷载 $F=720$ kN，各支柱的横截面面积都是 $4\times10^4\ \text{mm}^2$。若未加荷载时，中间支柱与刚性梁之间有 $\Delta=1.5$ mm 的空隙，试求加荷载后各支柱内的应力。混凝土的弹性模量 $E=15$ GPa。

7.32 图示两端固定的等直杆，杆长为 l，抗拉（压）刚度为 EA，沿轴向受均布荷载 q 作用。试求任一截面的位移，并确定位移最大的截面位置及大小。

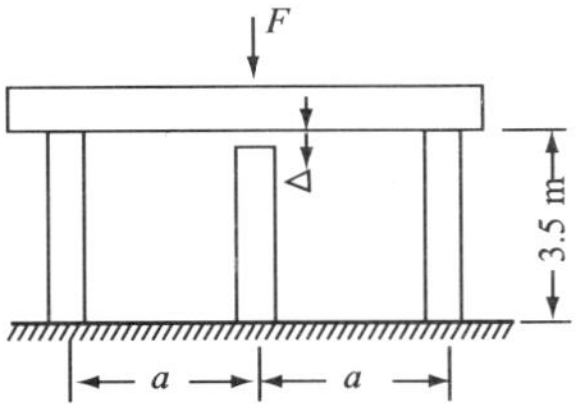

题 7.31 图

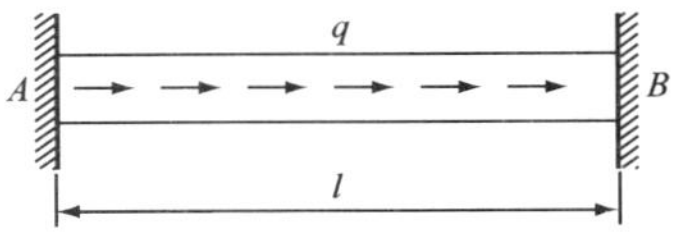

题 7.32 图

第八章　扭　　转

教学要求：

1. 建立切应力和切应变的概念，能正确理解切应力互等定理和剪切胡克定律；
2. 能熟练地计算轴的扭矩和绘制扭矩图；
3. 能正确应用圆轴扭转的强度和刚度条件，熟练地进行圆轴扭转的强度和刚度计算；
4. 能正确计算扭转圆轴的切应变能密度；
5. 了解矩形截面轴扭转时横截面上切应力的分布规律。

扭转是杆件的另一种基本变形，通常将主要承受扭转的杆件称为**轴**(shaft)。轴发生扭转变形时，各横截面绕轴线作相对转动。工程中的传动轴就是以扭转为主要变形形式的。本章首先引入扭转的概念，然后介绍扭转内力的计算。接着讨论圆截面轴的强度计算和刚度计算，在工程中常用圆截面轴来承受扭转，其分析计算也比较简单，因此，这部分内容是本章的重点。在本章的最后介绍非圆截面轴扭转的概念。

§8.1　扭转的概念及实例

在工程实际中，常见到承受扭转的构件。例如，图 8.1a 所示的丝攻，在使用该工具攻丝时，丝攻的绞杠受到双手施加在杠两端其作用线相距为 a 的一对平行力 F，使丝锥在顶端受到一个力偶作用而产生绕丝锥轴线的转动。丝锥杆的下端受到一个大小相等转向相反的阻力偶，丝锥杆的受力图如图 8.1b 所示。可见，受扭杆件的受力特点是：在杆件的两端作用两个大小相等，方向相反，且作用平面垂直于杆件轴线的力偶作用。杆件在外力偶作用下产生扭转变形的特点是：杆件的各横截面绕杆轴线发生了相对的转动。由于扭转变形，杆端横截面 A 相对杆端横截面 B 转了一个角度 φ(图 8.1a)，这个角度称为截面 A 相对截面 B 的**扭转角**。

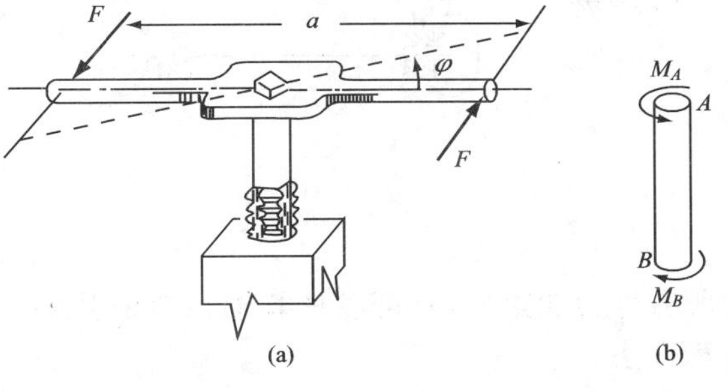

图　8.1

在工程中，有很多构件，例如：车床的光杆、搅拌机轴、汽车传动轴等，都是受扭杆件。工程中还有许多轴类零件，例如：电动机的主轴、变速箱传动轴、水轮机主轴、内燃机曲轴等，这些轴除有扭转变形以外，往往还伴有其他形式的变形，如弯曲变形，属于组合变形的范畴，这类问题将在第七章组合变形的内容中讨论。在本章中，只讨论与扭转有关的问题。

§8.2 外力偶矩 扭矩与扭矩图

1. 外力偶矩的计算

在研究扭转的应力和变形之前，首先需要讨论作用于轴上的外力偶矩及其横截面上的内力。

在工程计算中，作用于轴上的外力偶矩往往事先并不知道，而常常可以从电动机铭牌上知道电动机所传递的额定功率以及转速。例如，在图 8.2 中，根据电动机的转速和功率，可以计算出传动轴 AB 的转速以及通过皮带轮输入的功率。功率输入到轴 AB 上，然后经过右端的齿轮输送出去。若通过皮带轮输入给轴 AB 的功率为 P，单位为 kW。因为 1 kW = 1 000 N·m/s，所以输入功率 P，就相当于在每秒钟内输入 $P\times 1\ 000$(N·m)的功。电动机是通过皮带轮以施加力偶矩 M_e 的方式作用于轴 AB 上的，若轴的转速为 n(r/min)，则力偶矩 M_e 在每秒钟内所作的功应为 $2\pi\times\frac{n}{60}\times M_e$(N·m)。因为力偶矩 M_e 所作的功也就是输入给轴 AB 的功，因此有

$$2\pi\times\frac{n}{60}\times M_e(\mathrm{N\cdot m/s})=P\times 1\ 000(\mathrm{W})$$

可得计算外力偶矩 M_e 的公式为

$$\{M_e\}_{\mathrm{N\cdot m}}=9\ 549\ \frac{\{P\}_{\mathrm{kW}}}{\{n\}_{\mathrm{r/min}}} \tag{8.1}$$

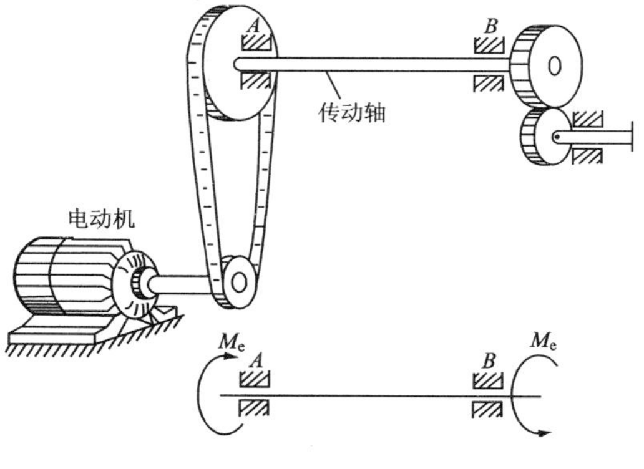

图 8.2

2. 扭矩

求出作用在轴上的所有外力偶矩后，就可以计算轴各个横截面上所受的内力。下面研究扭转轴的内力和内力计算方法。

图 8.3a 所示的圆轴 AB，在垂直于轴线的几个平面内分别受到外力偶矩 M_A、M_B 及 M_C 的作用而处于平衡状态。现在仍然应用截面法计算任一横截面上的内力。假想将扭转轴沿截面 m-m 切为两段，并任取左段为研究对象(图 8.3b)，由于整个轴原来是平衡的，因此所取出的左段也必然处于平衡状态。作用在左段上的力，除已知的外力偶矩 M_A 和 M_C外，还有作用

在截面 m-m 上的未知内力。因为作用在左段轴上的外力全是力偶，由平衡条件可知，在截开面上的未知内力必然也是一个力偶，这个内力偶矩称为**扭矩**(torsional moment)，用符号 T 表示。

图 8.3b 中所示的内力偶 T 就是轴的右段作用于左段上的力偶。取轴线为坐标轴 x，由左段的平衡条件，有

$$\sum M_x=0,\qquad T-M_A+M_C=0$$

可得

$$T=M_A-M_C \tag{a}$$

若考虑右段轴的平衡(图 8.3c)，同样可得

$$T=M_B=M_A-M_C \tag{b}$$

由式(a)和式(b)可见，当计算轴横截面上的扭矩时，轴任一横截面上的扭矩，在数值上等于该截面任一侧所有外力偶矩的代数和。按照这一法则，可方便地求出轴横截面上扭矩的大小。

注意到，如果分别取左段或右段为研究对象，求出的扭矩 T 转向相反(图 8.3b、c)。为了使无论取哪一段为研究对象，所求出的同一截面上的扭矩不仅数值相等，而且表示其转向的符号也相同。按照扭转变形的情形，对扭矩 T 的符号作如下规定：按照右手螺旋法则，若将右手拇指指向截面的外法线方向，如果内力偶的转向与其余四个指头转向一致时，扭矩为正，反之为负。按此符号规则可以判定，图 8.4a 所示左右横截面上的扭矩均为正，而图 8.4b 所示左右横截面上的扭矩均为负。

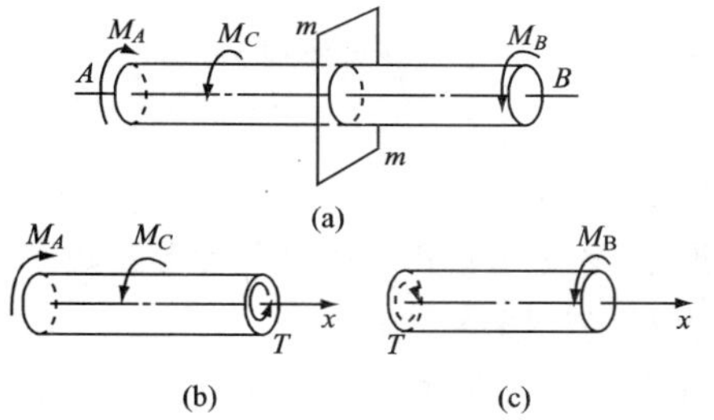

图 8.3

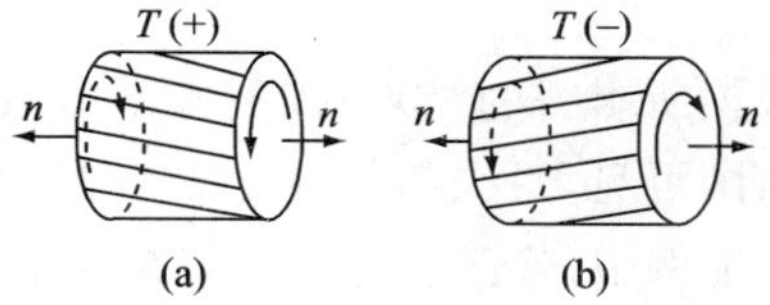

图 8.4

实际计算扭矩时，可直接写出截开面任一侧轴上所有外力偶矩各项的大小，根据上述符号规则，由各外力偶矩的转向确定每项的正负号，通过计算可得该截面上待求扭矩的大小和转向。

3. 扭矩图

当作用在轴上的外力偶较多时，与在拉伸或压缩问题中作轴力图一样，可以用图线来表示轴在各个横截面上扭矩的变化情况。图中以平行于轴线的横坐标轴 x，表示各横截面所在的位置，以垂直于轴 x 的轴 T 为纵坐标轴，表示相应横截面上扭矩的大小和正负号，这种图线称为**扭矩图**(diagram of torsional moment)。

下面用例题说明扭矩的计算和扭矩图的绘制。

例 8.1 传动轴的计算简图如图 8.5a 所示，已知主动轮的输入功率为 $P_A=36$ kW，从动轮 B、C 和 D 的输出功率分别为 $P_B=P_C=10$ kW、$P_A=16$ kW，轴的转速为 $n=400$ r/min，试画出轴的扭矩图。

解:(1)求外力偶矩

根据式(8.1)可求得作用于各轮上的外力偶矩分别为

$$M_{eA}=\left(9\ 549\times\frac{36}{400}\right)\text{N}\cdot\text{m}=860\ \text{N}\cdot\text{m}$$

$$M_{eB}=M_{eC}=\left(9\ 549\times\frac{10}{400}\right)\text{N}\cdot\text{m}=239\ \text{N}\cdot\text{m}$$

$$M_{eD}=\left(9\ 549\times\frac{16}{400}\right)\text{N}\cdot\text{m}=382\ \text{N}\cdot\text{m}$$

(2)求扭矩

由受力情况可见,轴在 BC、CA、AD 三段内,各截面上的扭矩是不相等的。可用截面法,分别用截面 1-1、截面 2-2 和截面 3-3 将轴切开,取左段或右段(图 8.5b、c、d)为研究对象,再根据平衡方程,可分别计算出各段内的扭矩 T_1、T_2 和 T_3。

下面用前述简便方法直接求扭矩。

用假想平面 1-1 将图 8.5a 中的轴一分为二,取左段,观察到该段上只有一个外力偶矩 M_{eB},根据扭矩的符号规则,用右手其余四指沿外力偶矩 M_{eB} 的旋转方向抓住轴线,大拇指的方向与研究对象(即外力偶矩 M_{eB} 和扭矩 T_1 作用面之间的这一段轴)上截面 B 的外法线方向相反,因此外力偶矩 M_{eB} 为负,可直接写出

$$T_1=-M_{eB}=-239\ \text{N}\cdot\text{m}$$

负号说明扭矩 T_1 的转向与图 8.4b 中的转向相反。

用平面 2-2 将轴切开取左段,用上述方法,可直接写出

$$T_2=-M_{eB}-M_{eC}=-239\ \text{N}\cdot\text{m}-239\ \text{N}\cdot\text{m}=-478\ \text{N}\cdot\text{m}$$

用平面 3-3 将轴切开取右段,可直接写出

$$T_3=+M_{eD}=382\ \text{N}\cdot\text{m}$$

根据所求得的结果,按照各横截面上的扭矩沿轴线变化情况,画出扭矩图,如图 8.5e 所示。由图可见,最大扭矩 T_{max} 发生在 CA 段内,其大小为 478 N·m。

在上例中,若把主动轮 A 安装在轴的右端,则轴的扭矩图将如图 8.6 所示。在这种情况下,轴的最大扭矩为 $T_{max}=860\ \text{N}\cdot\text{m}$。可见,在传递相同功率的情况下,当传动轴上主动轮和从动轮安装的位置不同时,轴所承受的最大扭矩一般是不同的。从安全和经济方面考虑,当然希望轴所承受的最大扭矩最小。通过比较上述两种布置方案,显然,图 8.5 的布局设计更合理。

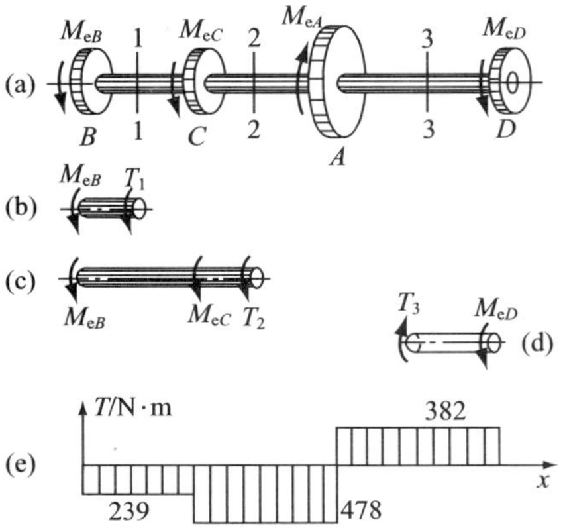

图 8.5

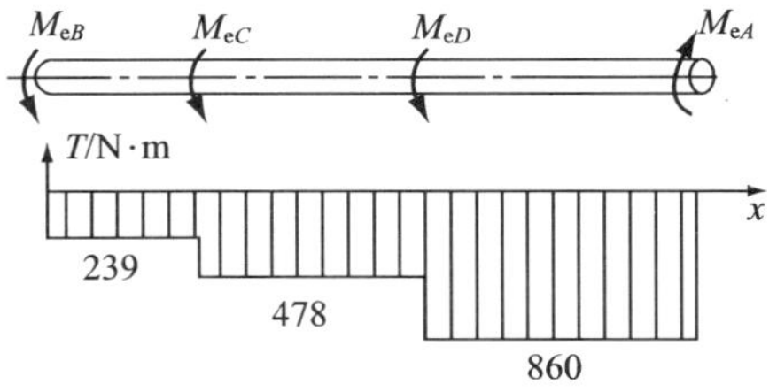

图 8.6

§8.3　切应力与切应变

在讨论扭转的应力和变形之前，为了研究切应力和切应变的规律以及两者之间的关系，先考察薄壁圆筒的扭转。

1. 薄壁圆筒扭转时的切应力

图 8.7a 所示的等截面直圆筒，筒的壁厚 δ 比筒的内外半径平均值 R 小很多，即筒是薄壁的。进行扭转实验之前，先在一等厚度的薄壁圆筒表面画上等距的纵向平行线和圆周线，如图 8.7a 所示。然后，在薄壁圆筒两端垂直于轴线的平面内施加一对大小相等转向相反的外力偶 M_e，使薄壁圆筒产生扭转变形(图 8.7b)。通过观察可以看到，由于截面 q-q 对于截面 p-p 作相对转动，使得薄壁圆筒表面每个矩形的左右两边产生了相对错动，使每个矩形均变成了菱形，如图 8.7c 所示。但是，圆筒沿轴线的长度以及各圆周线的长度均没有变化。根据观察可以推断，在圆筒的横截面以及与轴线平行的纵向截面上都没有正应力，横截面上只有与截面相切的切应力 τ，切应力与横截面上各点微面积相乘所得的无数微小切向力，组成了与外力偶 M_e 相平衡的平面内力系。

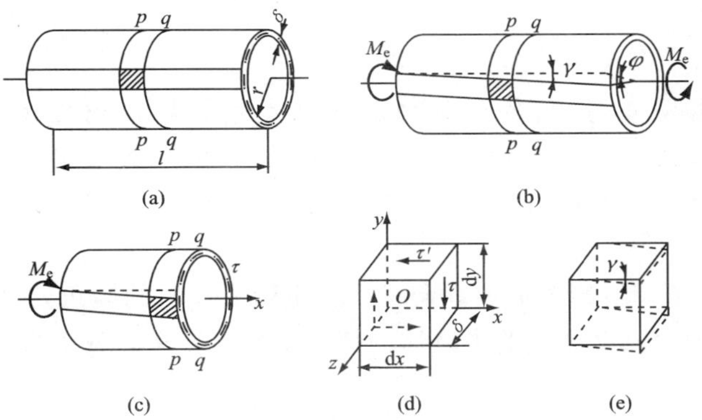

图　8.7

因为圆筒壁的厚度 δ 很小，可以近似认为：沿圆筒壁的厚度方向各点的切应力相同。由对称性可知，在横截面的同一圆周上各点的应力相同，因此可以推断，横截面上各点的应力相同(图 8.7c)。已知圆筒的平均半径为 R，取轴线为坐标轴 x，取截面 q-q 的左段为研究对象(图 8.7c)，由平衡方程，有

$\sum M_x=0$，　　　　$2\pi R\delta\cdot\tau\cdot R-M_e=0$

可得薄壁圆筒横截面上扭转切应力的近似计算公式为

$$\tau=\frac{M_e}{2\pi R^2\delta} \tag{8.2}$$

2. 切应力互等定理

用相距很近的一对横截面和两个纵向截面，从受扭圆筒上截取一边长分别为 dx、dy 和 δ 的单元体，并放大画出，如图 8.7d 所示。单元体的左、右两侧面是圆筒横截面的一部分，所以面内只有切应力没有正应力，这两个面上的切应力 τ 的大小相等，均可由式(8.2)计算求得，而它们的方向由外力偶 M_e 的转向确定，显然这两个面上的切应力方向相反，组成一个力偶矩为

$(\tau\delta dy)dx$ 的顺时针转向的力偶。为保持单元体的平衡，单元体的上下两个侧面上必须有切应力，并组成力偶与力偶$(\tau\delta dy)dx$ 相平衡。由平衡方程 $\sum F_x=0$ 可知，上下两个面上存在大小相等、方向相反的切应力 τ'，组成力偶矩为$(\tau'\delta dx)dy$ 的逆时针转向的力偶。

由单元体的平衡方程，有

$$\sum M_z=0,\qquad (\tau'\delta dx)dy-(\tau\delta dy)dx=0$$

可得

$$\tau=\tau' \tag{8.3}$$

上式表明：作用在相互垂直平面上的切应力必然成对出现，且大小相等，两者都垂直于两相互垂直平面的交线，方向则均指向或均背离该交线。这一规律称为**切应力互等定理**(theorem of conjugate shearing stress)。由单元体的平衡条件可知，该定理在单元体上同时有正应力存在的情况下仍然成立。利用切应力互等定理，只须已知单元体某一个面上的切应力，就可知道与其相邻的其他三个互垂面上切应力的大小和方向。单元体在其两对互相垂直的平面上只有切应力而没有正应力，在另一对表面上没有应力的状态(图 8.7d)，称为**纯剪切应力状态**(pure shearing stress state)。薄壁圆筒产生扭转变形时，筒壁内的所有单元体均处于纯剪切应力状态。

能将切应力互等定理推广为剪力互等定理吗？为什么？

3.切应变

薄壁圆筒产生扭转变形后，纯剪切单元体的左右两侧面将发生微小的相对错动，如图 8.7e所示，使原来圆筒表面上每个矩形的直角均产生变化，改变了一个微量 γ，这种直角的改变量是微体剪切变形的度量，称为**切应变**(shearing strain)，用 γ 表示。切应变的单位是 rad，是量纲一的量。

由图 8.7b 可见，薄壁圆筒表面的纵向线段在扭转变形后的倾角就是 γ，若圆筒两端的相对扭转角为 φ，长度为 l，则薄壁圆筒上微体的切应变与扭转角的关系为

$$\gamma=\frac{R}{l}\varphi \tag{8.4}$$

在平板表面点 A 处画有夹角 120°的两条直线，变形后此夹角为 119.5°，点 A 处切应变是否等于 0.5°？为什么？点 A 处切应变等于多少？

4.剪切胡克定律

可以通过上述薄壁圆筒的扭转试验，来得到材料在纯剪切应力状态下切应力 τ 和切应变 γ 之间的关系。

进行试验时，可将薄壁圆筒的一端固定，对另一端施加自零缓慢增加的外力偶，使圆筒产生扭转变形。记录分级施加的外力偶矩 M_e 和相应的扭转角 φ 的数值，可绘出 M_e-φ 曲线(图 8.8a)。为消除薄壁圆筒试件尺寸的影响，可由式(8.2)计算出对应各 M_e 的切应力 τ 的数值，并由式(8.4)计算出对应各 φ 的切应变 γ 的数值。根据这一系列 τ 与 γ 的对应值，可绘出 τ-γ 曲线，称为**切应力-切应变图**(图 8.8b)。大量的工程材料扭转试验结果表明：当切应力没超过剪切比例极限时，切应力 τ 与切应变 γ 成正比，即

$$\tau=G\gamma \tag{8.5}$$

式中 G 为比例常数，称为**切变模量**(shear modulus)，是材料的另一个弹性常数。式(8.5)称为**剪切胡克定律**(Hooke law in shear)。因为 γ 的量纲为一，所以 G 的量纲与 τ 相同。钢材的 G 值约为 80 GPa。表 8.1 中列出了几种常用工程材料切变模量 G 的约值。

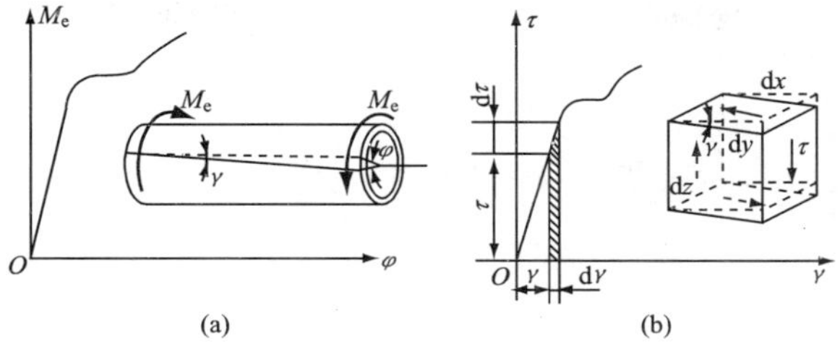

图 8.8

几种常用材料切变模量 G 的约值 表 8.1

材料名称	钢	灰 铸 铁	球 墨 铸 铁	铜	黄 铜	铝及铝合金
G/GPa	75～82	41	62	41	39	28

至此，已介绍了表示材料弹性性质的三个常数，即弹性模量 E、泊松比 ν 和切变模量 G。对于各向同性材料，存在下列关系：

$$G=\frac{E}{2(1+\nu)} \tag{8.6}$$

即各向同性材料只有 2 个独立的弹性常数。

剪切胡克定律的适用条件是什么？

§8.4 扭转圆轴的应力 强度计算

1. 圆轴扭转时的切应力

下面研究实心圆轴扭转时横截面上的应力。

图 8.9 所示实心圆截面轴，半径为 R，在圆轴两端垂直于轴线的平面内施加一对大小相等而转向相反的外力偶 M_e，使圆轴产生扭转变形。与前节研究薄壁圆筒的扭转变形类似，首先进行扭转变形的实验观察，然后作出一些简化假设，最后通过分析推导，得到受扭圆轴横截面上的应力分布及其计算公式。由于圆截面轴受扭时，横截面上各点应力均为未知量，是超静定问题。因此，研究受扭圆轴横截面上的应力，必须采用三关系法。

(1)几何关系

先在圆轴表面画上一些横向圆周线和纵向线，如图 8.9 所示。扭转变形后，可观察到：各圆周线绕轴线相对转过一个角度，但其大小、形状和间距不变。在小变形情况下，纵向线仍近似为一条直线，只不过倾斜了一个微小角度 γ。变形前表面上矩形格，变形后成为菱形。由于实验观察到的只是圆轴表面在扭转时的变形情况，而观察不到圆轴内部的变形情况，这就需要对圆轴内部的变形作出一些假设。因此，作出圆轴扭转的平面假设：圆轴扭转变形前的横截面，变形后仍保持为平面，形状大小不变，半径仍保持为直线，且相邻两截面间的距离不变。由于相邻横截面的间距不变，圆轴受扭时没有轴向伸长和缩短变形，因此可以推断横截面上没有正应力，只可能有切应力。按照上述假设，圆轴扭转变形时，横截面如刚性平面一样，绕轴线转过一角度。现截取长为 dx 的一段进行分析(图 8.10a)，两侧截面上有扭矩 T。可将实心圆轴想象成由许多套在一起的薄壁圆筒所组成，扭转时各个圆筒的扭转角相同，相邻套筒的内外表面之间没有相互作用力。现研究图 8.10a 所示微段轴中半径为 ρ 的薄壁套筒，套筒的厚度为 $d\rho$。设 $d\varphi$ 代表微段 dx 的相对扭转角，由薄壁圆筒切应变公式(8.4)可知，半径为 R 的薄壁圆筒，筒壁上的切应变（即剪切变形角）为

$$\gamma=\frac{R\mathrm{d}\varphi}{\mathrm{d}x}$$

对照上式，对于半径为 ρ 的薄壁套筒，筒壁上的切应变为

$$\gamma_\rho=\frac{\rho\mathrm{d}\varphi}{\mathrm{d}x} \tag{8.7}$$

式中的 $\frac{\mathrm{d}\varphi}{\mathrm{d}x}$ 表示相对扭转角沿轴线长度的变化率。对于给定的横截面，$\frac{\mathrm{d}\varphi}{\mathrm{d}x}$ 为常量。式(8.7)就是圆轴扭转变形的几何方程。由上式可见，切应变 γ_ρ 随着半径 ρ 成正比地增大。在圆轴表面，即 $\rho=R$，切应变最大；而在圆轴中心，$\rho=0$，切应变为零。

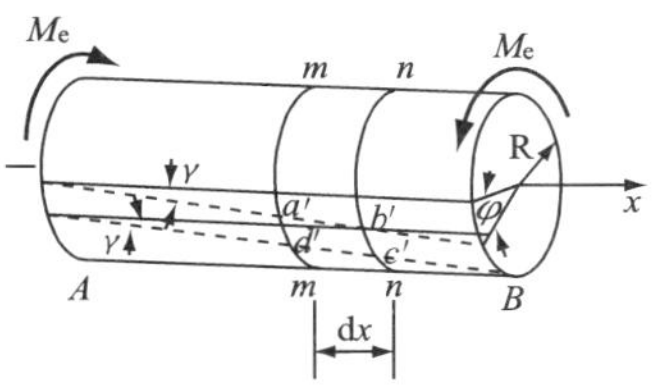

图 8.9

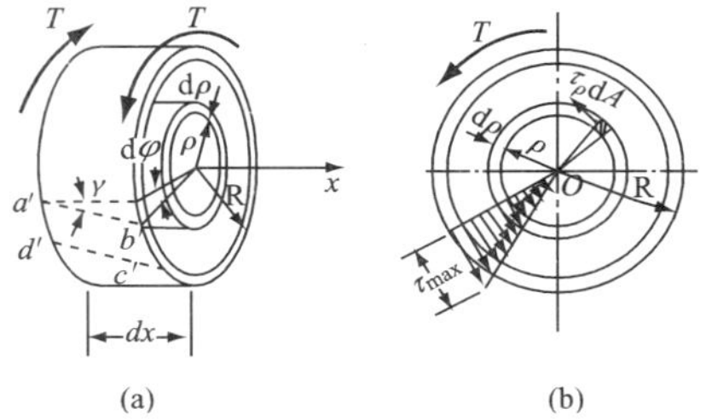

图 8.10

(2)物理关系

由前面的讨论可知，组成实心圆轴的每一个薄壁圆筒，在其横截面上没有正应力，而只有沿着圆周切线方向的切应力 τ_ρ。若圆轴扭转后，材料仍处于线弹性范围内，则由剪切胡克定律，可得横截面上距圆心为 ρ 处的切应力为

$$\tau_\rho=G\gamma_\rho=G\rho\frac{\mathrm{d}\varphi}{\mathrm{d}x} \tag{8.8}$$

上式是综合了几何关系和物理关系所得的结果，表明：扭转圆轴横截面上一点处的切应力与该点距圆心的距离成正比，方向与半径垂直，且与扭矩转向一致。在圆截面边缘处切应力最大，在圆心处切应力为零。切应力沿半径的分布如图 8.10b 所示。

(3)静力关系

因为式(8.8)中的 $\frac{\mathrm{d}\varphi}{\mathrm{d}x}$ 未知，仍不能用该式计算切应力。考虑到横截面上分布内力合成为扭矩的静力条件还没有用到。因此，需要研究静力关系。

根据静力关系，在横截面上任取一微面积 dA（图 8.10b），作用在微面积上的微小剪力为 $\tau_\rho dA$，该力的作用线与半径为 ρ 的圆周相切。这个力对圆心的力矩为 $\rho\cdot\tau_\rho dA$，在整个截面上所有这些力矩的总和应等于截面上的扭矩 T，即

$$T=\int_A\tau_\rho\rho\,\mathrm{d}A$$

将式(8.8)代入上式，得

$$T=G\frac{\mathrm{d}\varphi}{\mathrm{d}x}\int_A\rho^2\mathrm{d}A$$

令 $I_p = \int_A \rho^2 \mathrm{d}A$，称为横截面对圆心的**极惯性矩或截面二次极矩**(second polar moment of area)，其单位为 mm^4 或 m^4。这样，由上式可求得

$$\frac{\mathrm{d}\varphi}{\mathrm{d}x} = \frac{T}{GI_p} \tag{8.9}$$

将式(8.9)代入式(8.8)，即得横截面上任一点处的切应力为

$$\tau_\rho = \frac{T\rho}{I_p} \tag{8.10}$$

这就是圆轴扭转时横截面上任意点的切应力计算公式。

在横截面周边各点处，切应力达到最大值。将 $\rho = \frac{D}{2}$ 代入式(8.10)，即得

$$\tau_{\max} = \frac{T}{I_p} \cdot \frac{D}{2} = \frac{T}{W_p} \tag{8.11}$$

式中 $W_p = \frac{I_p}{D/2}$，称为**扭转截面系数**(section modulus of torsion)，其单位为 mm^3 或 m^3。

在式(8.9)～式(8.11)中，引进了截面的极惯性矩 I_p 和扭转截面系数 W_p，它们仅与截面的形状和尺寸有关。在实心轴的情况下，可取半径为 ρ、宽度为 $\mathrm{d}\rho$ 的圆环形微面积(图 8.10b)，其面积为 $\mathrm{d}A = 2\pi\rho\mathrm{d}\rho$，代入 I_p 的积分式中，得到

$$I_p = \int_A \rho^2 \mathrm{d}A = 2\pi\int_0^{D/2} \rho^3 \mathrm{d}\rho = \frac{\pi D^4}{32} \tag{8.12}$$

而

$$W_p = \frac{I_p}{D/2} = \frac{\pi D^3}{16} \tag{8.13}$$

式中 D 为圆截面的直径。在空心圆轴的情况下，采用与上述类似的计算方法可得 I_p 和 W_p 分别为

$$I_p = \frac{\pi}{32}(D^4 - d^4) = \frac{\pi D^4}{32}(1-\alpha^4) \tag{8.14}$$

$$W_p = \frac{I_p}{D/2} = \frac{\pi D^3}{16}(1-\alpha^4) \tag{8.15}$$

式中：D 和 d 分别为空心圆轴的外径和内径；α 为内、外径的比值，即 $\alpha = \frac{d}{D}$。

最后必须指出，在推导扭转切应力和变形公式的过程中，应用了剪切胡克定律，故要求最大切应力 $\tau_{\max}$ 不得超过材料的剪切比例极限。同时还需强调，以上公式只适用于圆截面杆。弹性理论分析表明，扭转轴横截面变形后仍保持平面，只有对于等圆截面直轴才成立；对于非圆截面轴，横截面将发生翘曲，以上公式不适用。对于圆截面大小沿轴线改变的变截面圆轴，在沿轴线截面变化缓和的情况下，用上述公式计算扭转切应力的误差不大。

2. 扭转圆轴的强度计算

对扭转圆轴进行强度计算，要求轴的最大工作切应力不超过材料的许用切应力[τ]，等截面圆轴的强度条件为

$$\tau_{\max} = \frac{T_{\max}}{W_p} \leqslant [\tau] \tag{8.16}$$

对于变截面圆轴，W_p 不是常量，最大切应力不一定发生在扭矩最大的截面上，需要综合考虑

T 和 W_p 这两个因素。

圆轴扭转时，许用切应力值应根据扭转试验测得的屈服极限 τ_s 或强度极限 τ_b 的数值，再考虑轴的实际工作情况，除以适当的安全因数来确定。对于一般工程材料的[τ]值，可在有关的设计规范或手册中查得。在静载情况下，许用切应力[τ]值和许用正应力[σ]值之间存在着一定的关系，例如

钢：　　$[\tau]=(0.5\sim0.6)[\sigma]$

铸铁：　　$[\tau]=(0.8\sim1.0)[\sigma]$

例 8.2　卡车的传动轴 AB 由无缝钢管制成，如图 8.11 所示。钢管外径 $D=90$ mm，壁厚 $\delta=3$ mm，材料为 45 钢，许用切应力[τ]=60 MPa。若传动轴最大的工作扭矩 $T=1.8$ kN·m，试校核轴 AB 的扭转强度。

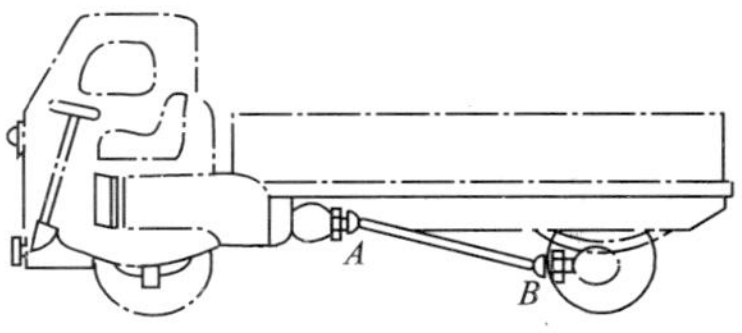

图 8.11

解：(1)计算截面几何量

传动轴内外径之比为：

$$\alpha=\frac{d}{D}=\frac{90\ \text{mm}-2\times3\ \text{mm}}{90\ \text{mm}}=0.933$$

扭转截面系数为：

$$W_p=\frac{\pi D^3}{16}(1-\alpha^4)=\frac{\pi(90\ \text{mm})^3}{16}(1-0.933^4)=34\ 500\ \text{mm}^3$$

(2)校核强度

传动轴最大切应力为

$$\tau_{max}=\frac{T}{W_p}=\frac{1.8\times10^6\ \text{N}\cdot\text{mm}}{34\ 500\ \text{mm}^3}=52\ \text{N/mm}^2=52\ \text{MPa}<[\tau]$$

因此，传动轴满足扭转强度条件。

例 8.3　若将上例中传动轴设计成实心轴，其强度与空心轴相同，试计算实心轴直径，并比较空心轴与实心轴的重力。

解：当空心轴和实心轴的最大应力均为容许切应力时，两轴的许可扭矩分别为

$$T_1=\frac{\pi D_1^3}{16}(1-\alpha^4)[\tau]=\frac{\pi(90\ \text{mm})^3}{16}(1-0.933^4)[\tau]$$

$$T_2=\frac{\pi}{16}D_2^3[\tau]$$

式中，D_1 为空心轴的外径，D_2 为实心轴的直径。若两轴强度相同，则许可扭矩 T_1 与 T_2 应相等，有

$$(90\ \text{mm})^3(1-0.933^4)=D_2^3$$

$$D_2=56\ \text{mm}$$

实心轴的横截面面积为

$$A_2=\frac{\pi D_2^2}{4}=\frac{\pi(56\ \text{mm})^2}{4}=2\ 460\ \text{mm}^2$$

空心轴的横截面面积为

$$A_1=\frac{\pi}{4}(D_1^2-d_1^2)=\frac{\pi}{4}[(90\ \text{mm})^2-(84\ \text{mm})^2]=820\ \text{mm}^2$$

在两轴材料相同、长度相等的情况下，两轴的重力之比就等于横截面面积之比：

$$\frac{A_1}{A_2}=\frac{820\ \text{mm}^2}{2\ 460\ \text{mm}^2}=0.33$$

可见，在荷载相同的情况下，空心轴的重量只有实心轴的三分之一，可以大大节约材料，减轻重量。

试从扭转圆轴横截面上切应力的分布规律，说明空心轴节省材料的原因，这对扭转圆轴的设计有哪些启示？

§8.5 扭转圆轴的变形 刚度计算

1. 圆轴的扭转变形

圆截面直轴扭转时，在小变形的情况下，可以认为各横截面之间的距离保持不变，仅绕轴线作相对转动。设微段 $\mathrm{d}x$ 的相对扭转角为 $\mathrm{d}\varphi$，沿轴线方向的变化率为$\frac{\mathrm{d}\varphi}{\mathrm{d}x}$，在线弹性范围内$\frac{\mathrm{d}\varphi}{\mathrm{d}x}$与扭矩 T 成正比，由式(8.9)可知，相距为 $\mathrm{d}x$ 的两相邻截面之间的相对扭转角为

$$\mathrm{d}\varphi=\frac{T}{GI_{\mathrm{p}}}\mathrm{d}x$$

此式即为圆轴扭转时的位移微分方程，式中 GI_{p} 称为圆轴的**扭转刚度**(torsional rigidity)，反映了圆轴材料的切变模量和截面尺寸的分布，在抵抗圆轴扭转变形中的能力。在同样的外力偶作用下，GI_{p} 值越大，则扭转角 φ 越小。

任意两截面 a,b 之间的相对扭转角为

$$\varphi_{ab}=\int_{x_a}^{x_b}\frac{T\mathrm{d}x}{GI_{\mathrm{p}}} \tag{8.17}$$

整个轴的总扭转角则为

$$\varphi=\int_{l}\frac{T\mathrm{d}x}{GI_{\mathrm{p}}} \tag{8.18}$$

同样，对于长度为 l，两端仅受外力偶作用的等截面圆轴，各横截面的扭矩 T 不变，即 T 和 GI_{p} 为常量，由上式积分可得圆轴两端的相对扭转角为

$$\varphi=\frac{Tl}{GI_{\mathrm{p}}} \tag{8.19}$$

上式表明，相对扭转角与扭矩和轴的长度成正比，与扭转刚度成反比。相对扭转角 φ 的单位为 rad。φ 的正、负号与扭矩的正、负号相一致，分别如图 8.12a，b 所示。

例 8.4 图 8.13 所示钻杆横截面直径为 20 mm，在旋转时 BC 段受均匀分布的扭矩 m_{e} 的作用。已知使其转动的外力偶矩 $M_{\mathrm{e}}=120\ \mathrm{N\cdot m}$，材料的切变模量 $G=80\ \mathrm{GPa}$，试求钻杆两端的相对扭转角。

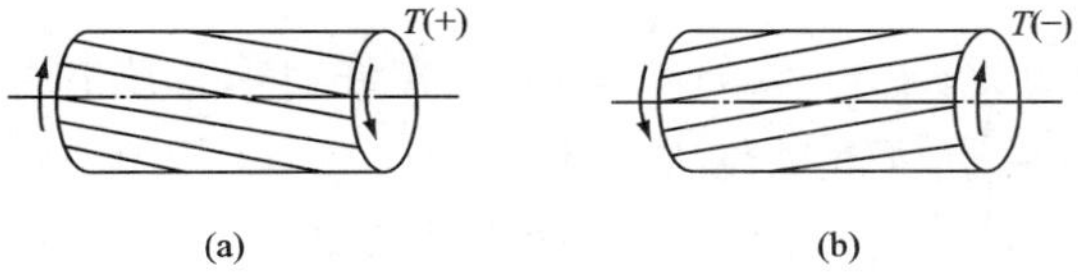

图 8.12

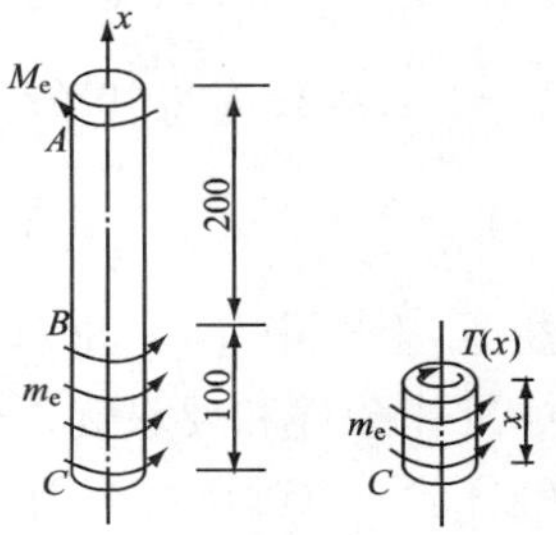

图 8.13

解:由钻杆的平衡方程

$$\sum M_x=0, \quad M_e-m_e\times l_{BC}=0$$

得

$$m_e=\frac{M_e}{l_{BC}}$$

截面 A 和 C 之间的相对扭转角为

$$\varphi_{AC}=\varphi_{AB}+\varphi_{BC}$$

由截面法,BC 段任一截面的扭矩为

$$T(x)=-m_e\cdot x \quad (0<x<0.1\ \text{m})$$

AB 段任一截面上的扭矩 $T=-M_e$,所以

$$\varphi_{AB}=\frac{Tl_{AB}}{GI_p}=-\frac{M_e l_{AB}}{GI_p}$$

$$\varphi_{BC}=\int_0^{l_{BC}}\frac{T(x)\mathrm{d}x}{GI_p}=-\frac{m_e}{GI_p}\int_o^{l_{BC}}x\,\mathrm{d}x=-\frac{m_e l_{BC}^2}{2GI_p}=-\frac{M_e l_{BC}}{2GI_p}$$

则

$$\varphi_{AC}=-\frac{M_e l_{AB}}{GI_p}-\frac{M_e l_{BC}}{2GI_p}=-\frac{M_e}{GI_p}(l_{AB}+0.5l_{BC})$$

将已知数据代入,求得

$$\varphi_{AC}=-\frac{120\ \text{N}\cdot\text{m}}{(80\times10^9\ \text{Pa})\times\frac{\pi}{32}(0.02\ \text{m})^4}(0.2\ \text{m}+0.5\times0.1\ \text{m})$$

$$=-0.023\,9\ \text{rad}=-1.37^\circ$$

2.扭转圆轴的刚度计算

受扭转的圆轴除应满足强度条件外,往往还要满足刚度要求,因为过大的扭转变形会影响轴类零件的正常工作。例如,若机器的传动轴扭转变形过大,在运转时会产生较大的扭转振动;机床主轴若扭转变形较大,会影响加工精度。因此,对某些轴的扭转变形常有一定的限制。

由式(8.19)表示的扭转角与轴的长度有关,为消除长度的影响,可用单位长度轴的相对扭转角,即 φ 对 x 的变化率$\frac{\mathrm{d}\varphi}{\mathrm{d}x}$,来表示扭转变形程度。受扭圆轴的刚度要求,就是限制圆轴单位长度扭转角中的最大值 $\varphi'_{\max}$不得超过规定的允许值$[\varphi']$,即受扭圆轴的刚度条件是

$$\varphi'_{\max}=\left(\frac{T}{GI_p}\right)_{\max}\leqslant[\varphi'] \tag{8.20}$$

式中$[\varphi']$的单位为 rad/m。但工程中习惯用(°)/m 作为$[\varphi']$的单位,由于按公式 $\varphi'=\frac{T}{GI_p}$计算的单位是 rad/m,故须先将其单位换算为(°)/m。这时,圆轴扭转的刚度条件可写成

$$\varphi'_{\max}=\left(\frac{T}{GI_p}\right)_{\max}\times\frac{180}{\pi}\leqslant[\varphi'](°)/\text{m} \tag{8.21}$$

应该注意,上式中 T,G 和 I_p 的单位分别是 N·m,Pa 和 m^4。容许单位长度扭转角$[\varphi']$,通常按具体工作条件和要求确定。例如,对于精密机械中的轴,$[\varphi']=(0.15\sim0.5)$(°)/m;对一般传动轴,$[\varphi']=(0.5\sim1)$(°)/m。具体数值可查阅有关设计手册或规范。

例 8.5 图 8.14a 所示传转轴,转速 $n=300$ r/min,已知主动轮 A 的输入功率为50 kW,

从动轮 B,C,D 的输出功率分别为 10 kW，20 kW，20 kW。轴材料的$[\tau]=40$ MPa,$[\theta]=0.5(°)/\mathrm{m}$,$G=80$ GPa。试

(1)合理地布置各轮的位置；

(2)设计轴的直径。

解:(1)外力偶矩

按公式 $M_e=9\ 549\dfrac{P}{n}$,计算作用于各轮的外力偶矩；

$$M_A=(9\ 549\times\frac{50}{300})\ \mathrm{N\cdot m}=1\ 592\ \mathrm{N\cdot m}$$

$$M_B=(9\ 549\times\frac{10}{300})\mathrm{N\cdot m}=318.3\ \mathrm{N\cdot m}$$

$$M_C=M_D=(9\ 549\times\frac{20}{300})\mathrm{N\cdot m}=636.6\ \mathrm{N\cdot m}$$

(2)布置各轮的位置,并作扭矩图

因为从动轮与主动轮的转向相反,若将主动轮放置于轴的左端(或右端),则最大扭矩为 1 592 N·m;若将主动轮放置于轮 B 和 C 之间,最大扭矩为 1 273 N·m;而将主动轮放置于 C,D 轮之间,最大扭矩为 955 N·m。可见,后一种是最合理的布置方式,其扭矩图如图 8.14b 所示。

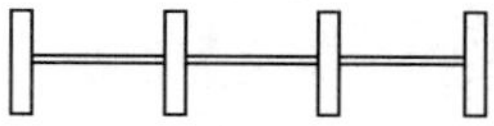

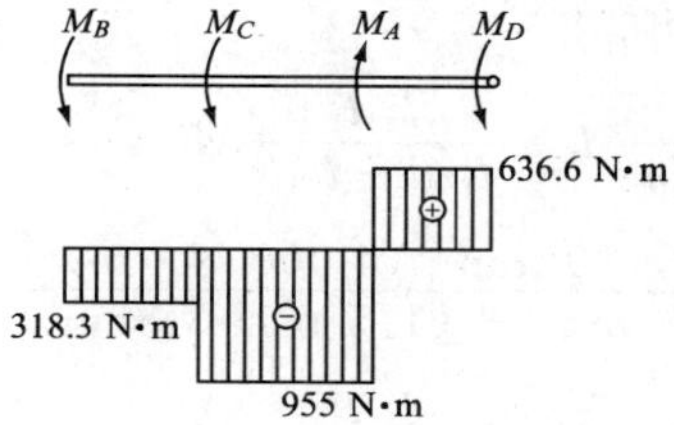

图 8.14

(3)设计轴的直径

由强度条件

$$\tau_{\max}=\frac{T_{\max}}{W_p}=\frac{16T_{\max}}{\pi D^3}\leqslant[\tau]$$

得

$$D\geqslant\sqrt[3]{\frac{16T_{\max}}{\pi[\tau]}}=\sqrt[3]{\frac{16(955\ \mathrm{N\cdot m})}{\pi(40\times10^6\ \mathrm{Pa})}}=0.0495\ \mathrm{m}=49.5\ \mathrm{mm}$$

由刚度条件

$$\varphi'_{\max}=\frac{T_{\max}}{GI_p}\times\frac{180}{\pi}=\frac{32T_{\max}}{G\times\pi D^4}\times\frac{180}{\pi}\leqslant[\varphi']$$

得

$$D\geqslant\sqrt[4]{\frac{32T_{\max}\times180}{G\pi^2[\varphi']}}=\sqrt[4]{\frac{32\times180(955\ \mathrm{N\cdot m})}{(80\times10^9\ \mathrm{Pa})\pi^2(0.5(°)/\mathrm{m})}}=0.061\ \mathrm{m}=61\ \mathrm{mm}$$

根据以上计算结果,为同时满足强度和刚度要求,应取 $D=61$ mm。

例 8.6 两端固定的阶梯圆轴 AB,在截面 C 处受外力偶矩 $M_C=4.5$ kN·m 作用,如图 8.15a所示。已知:$d_1=70$ mm,$d_2=55$ mm,$l_1=1$ m,$l_2=1.5$ m,材料的切变模量$G=80$ GPa,许用切应力$[\tau]=60$ MPa,单位长度许用扭转角$[\varphi']=1°/\mathrm{m}$。试求圆轴两端的约束力偶矩,并

进行强度和刚度校核。

解:(1)静力关系

设 A,B 端的约束力偶矩分别为 M_A 和 M_B,转向如图 a所示。由静力平衡条件,有

$$\sum M_x=0, M_A+M_B=M_C \quad \text{(a)}$$

只有 1 个平衡方程,有 2 个未知量,为一次超静定问题。

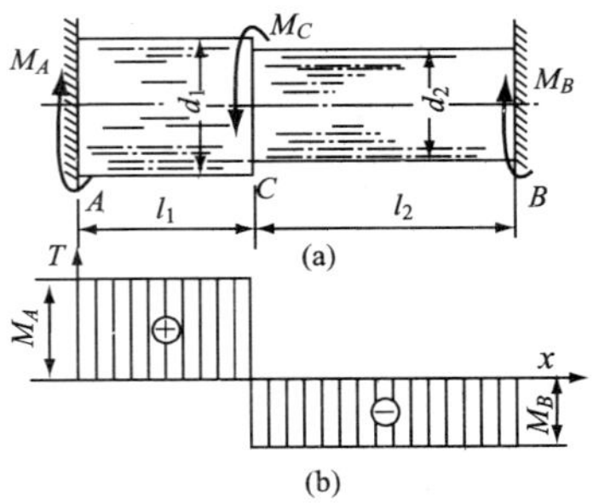

图 8.15

(2)几何关系

阶梯轴两端固定,故两端面 A 和 B 之间的相对扭转角为零,即

$$\varphi_{AB}=\varphi_{AC}+\varphi_{CB}=0 \quad \text{(b)}$$

(3)物理关系

由式(8.19),有

$$\varphi_{AC}=\frac{M_A l_1}{GI_{p1}}, \quad \varphi_{CB}=-\frac{M_B l_2}{GI_{p2}}$$

代入式(b),可得补充方程为

$$\frac{M_A l_1}{I_{p1}}=\frac{M_B l_2}{I_{p2}} \quad \text{(c)}$$

联立求解(a)和(c),可得

$$M_A=\frac{l_2 I_{p1}}{l_1 I_{p2}+l_2 I_{p1}}M_C=\frac{l_2 d_1^4}{l_1 d_2^4+l_2 d_1^4}M_C$$

$$=\frac{(1.5\ \text{m})(70\ \text{mm})^4(4\ 500\ \text{N}\cdot\text{m})}{(1\ \text{m})(55\ \text{mm})^4+(1.5\ \text{m})(70\ \text{mm})^4}=3\ 588\ \text{N}\cdot\text{m}$$

$$M_B=\frac{l_1 I_{p2}}{l_1 I_{p2}+l_2 I_{p1}}M_C=\frac{l_1 d_2^4}{l_1 d_2^4+l_2 d_1^4}M_C$$

$$=\frac{(1\ \text{m})(55\ \text{mm})^4(4\ 500\ \text{N}\cdot\text{m})}{(1\ \text{m})(55\ \text{mm})^4+(1.5\ \text{m})(70\ \text{mm})^4}=912\ \text{N}\cdot\text{m}$$

(4)校核强度

AC 段最大切应力:

$$(\tau_{\max})_{AC}=\frac{T_1}{W_{p1}}=\frac{16M_A}{\pi d_1^3}=\frac{16(3\ 588\times 10^3\ \text{N}\cdot\text{mm})}{\pi(70\ \text{mm})^3}=53.3\ \text{MPa}$$

CB 段最大切应力:

$$(\tau_{\max})_{CB}=\frac{T_2}{W_{p2}}=\frac{16M_B}{\pi d_2^3}=\frac{16(912\times 10^3\ \text{N}\cdot\text{mm})}{\pi(55\ \text{mm})^3}=27.9\ \text{MPa}$$

阶梯轴内最大切应力:

$$\tau_{\max}=53.3\ \text{MPa}<[\tau]=60\ \text{MPa}$$

满足强度要求。

(5)校核刚度

AC 段最大单位长度扭转角为

$$(\varphi'_{\max})_{AC}=\frac{T_1}{GI_{p1}}\cdot\frac{180}{\pi}=\frac{32(3\ 588\ \text{N}\cdot\text{m})}{(80\times 10^9\ \text{N/m}^2)\pi(0.07\ \text{m})^4}\cdot\frac{180}{\pi}=1.09°/\text{m}$$

CB 段最大单位长度扭转角为

$$(\varphi'_{\max})_{CB}=\frac{T_2}{GI_{P2}}\cdot\frac{180}{\pi}=\frac{32(912\ \text{N}\cdot\text{m})}{(80\times10^9\ \text{N/mm}^2)\pi(0.055\ \text{m})^4}\cdot\frac{180}{\pi}=0.727^\circ/\text{m}$$

阶梯轴内，最大单位长度扭转角为

$$\varphi'_{\max}=1.09^\circ/\text{m}>[\varphi']=1^\circ/\text{m}$$

该轴不满足刚度要求，需要修改设计。

例 8.7 一组合圆轴由实心杆 1 和空心管 2 黏结在一起而组成(图 8.16a)。已知杆 1 和管 2 的材料不相同，切变模量分别为 G_1 和 G_2，组合杆承受的外力偶矩为 M_e，试求杆和管内的最大切应力 τ_1 和 τ_2。

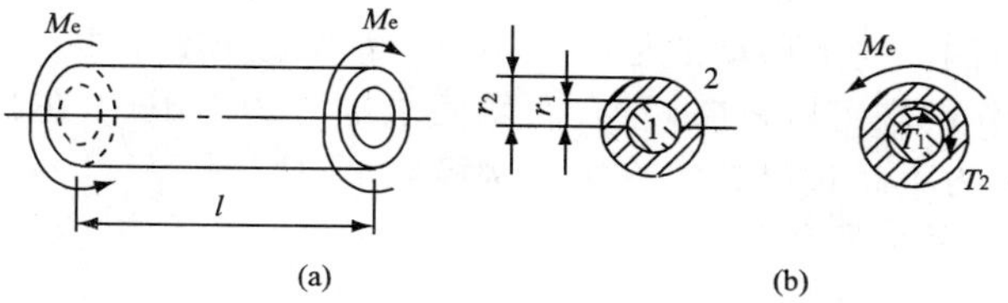

图 8.16

解:(1)静力关系

外力偶矩由杆 1 和管 2 共同承担(图 8.16b)，用 T_1 和 T_2 分别表示杆 1 和管 2 横截面上的扭矩，由静力平衡方程，有

$$T_1+T_2=M_e$$

只有 1 个平衡方程，有 2 个未知量，为一次超静定问题，需要建立一个补充方程。

(2)几何关系

由于杆 1 和管 2 黏结后成为一个整体，因此杆 1 和管 2 在扭转变形过程中所产生的扭转角相同，即几何方程为

$$\varphi_1=\varphi_2$$

(3)物理关系

由扭转变形公式(8.19)，可得杆 1 和管 2 的扭转角分别为

$$\varphi_1=\frac{T_1 l}{G_1\cdot\frac{\pi}{2}r_1^4},\ \varphi_2=\frac{T_2 l}{G_2\cdot\frac{\pi}{2}(r_2^4-r_1^4)}$$

代入几何方程，可得扭矩的补充方程

$$T_1=T_2\cdot\frac{r_1^4G_1}{(r_2^4-r_1^4)G_2}$$

将补充方程和静力平衡方程联立求解，可得杆 1 和管 2 的扭矩分别为

$$T_1=\frac{G_1r_1^4M_e}{G_1r_1^4+G_2(r_2^4-r_1^4)},\ T_2=\frac{G_2(r_2^4-r_1^4)M_e}{G_1r_1^4+G_2(r_2^4-r_1^4)}$$

(4)最大切应力

杆 1 的最大切应力为

$$\tau_1=\frac{T_1}{W_{p1}}=\frac{G_1r_1^4M_e}{G_1r_1^4+G_2(r_2^4-r_1^4)}\left(\frac{2}{\pi}\cdot\frac{1}{r_1^3}\right)=\frac{2M_e}{\pi}\cdot\frac{G_1r_1}{G_1r_1^4+G_2(r_2^4-r_1^4)}$$

管 2 的最大切应力为

$$\tau_2=\frac{T_2}{W_{p2}}=\frac{G_2(r_2^4-r_1^4)M_e}{G_1r_1^4+G_2(r_2^4-r_1^4)}\left[\frac{2}{\pi}\cdot\frac{r_2}{(r_2^4-r_1^4)}\right]=\frac{2M_e}{\pi}\cdot\frac{G_2r_2}{G_1r_1^4+G_2(r_2^4-r_1^4)}$$

§8.6 扭转圆轴的应变能

圆轴产生扭转变形时，轴内将储存应变能。由于在距轴线远近不同的各点处，切应力和切应变是不相同的，同时圆轴各横截面上的扭矩也可能不同，所以轴内各点处的应变能一般是不同的。因此，计算扭转圆轴的应变能，可以先求出纯剪切应力状态下的应变能的表达式，然后通过积分求出整个扭转圆轴所储存的应变能。

设想从扭转圆轴中取出处于纯剪切应力状态的单元体，如图 8.17a 所示。假设其左侧面固定，由于剪切变形，右侧面向下移动的距离为 γdx。因为切应变 γ 很小，所以在变形过程中，上、下两表面上外力所作的功可以忽略，只有右侧面上的外力 $\tau\, dydz$ 在相应的位移 γdx 上作功。若圆轴的最大切应力不超过材料的剪切比例极限 τ_p 时(图 8.17b)，在应力从零开始逐渐增加的过程中，单元体上外力所作的功为

$$dW=\frac{1}{2}(\tau\, dydz)(\gamma dx)=\frac{1}{2}\tau\gamma(dxdydz)$$

由功能原理可知，单元体内储存的应变能 dV_ε 在数值上等于外力功 dW。所以，单位体积内的应变能，即应变能密度 v_ε 的表达式为

$$v_\varepsilon=\frac{dV_\varepsilon}{dV}=\frac{dW}{dV}=\frac{1}{2}\tau\gamma(dxdydz)\cdot\frac{1}{dxdydz}=\frac{1}{2}\tau\gamma \tag{8.22a}$$

上式表明，剪切应变能密度 v_ε 等于 $\tau\sim\gamma$ 曲线下的三角形面积(图 8.17b)。由剪切胡克定律，$\tau=G\gamma$，可将上式分别用切应力 τ 或切应变 γ 表示为

$$v_\varepsilon=\frac{\tau^2}{2G} \tag{8.22b}$$

$$v_\varepsilon=\frac{1}{2}G\gamma^2 \tag{8.22c}$$

求得扭转圆轴应变能密度 v_ε 的表达式后，可通过积分的方法计算圆轴在扭转变形过程中所储存的总应变能 V_ε 为

$$V_\varepsilon=\int_V v_\varepsilon dV=\int_l\int_A v_\varepsilon dAdx \tag{8.23}$$

式中，A 为圆轴横截面面积，l 为轴的长度，V 为圆轴的体积。

对于等截面圆轴的两端受外力偶作用的情形(图 8.18a)，可将式(8.22a)代入式(8.23)，注意到式中的切应力 $\tau=\frac{T}{I_p}\rho$，积分可得圆轴内的扭转应变能为

$$V_\varepsilon=\int_l\int_A\frac{\tau^2}{2G}dAdx=\frac{l}{2G}\left(\frac{T}{I_p}\right)^2\int_A\rho^2 dA=\frac{T^2 l}{2GI_p} \tag{8.24a}$$

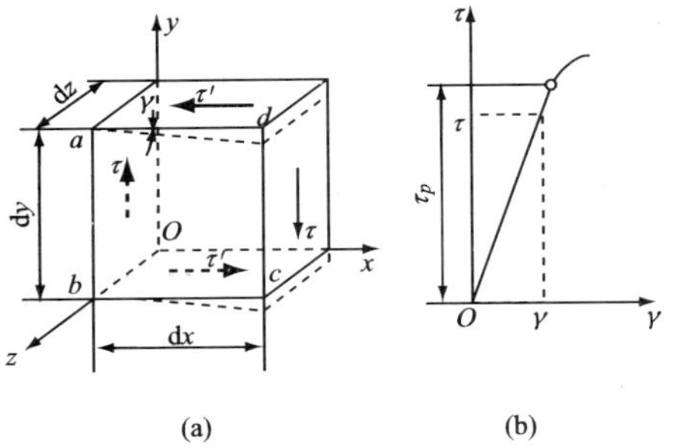

图 8.17

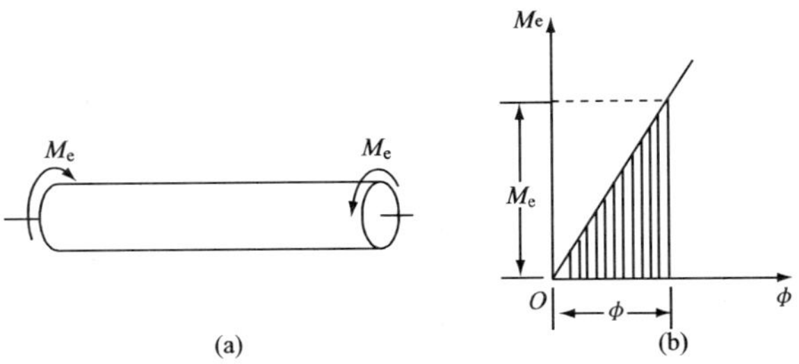

图 8.18

由式(8.19)有 $\varphi=\dfrac{Tl}{GI_p}$,圆轴的应变能 V_ε 也可以用扭转角 φ 表示为

$$V_\varepsilon=\frac{GI_p}{2l}\varphi^2 \tag{8.24b}$$

试利用功能原理,即储存于圆轴内的应变能 V_ε 在数值上等于作用圆轴两端外力偶 M_e 所作的功(图 8.18a),直接推导出圆轴扭转应变能的计算式(8.24a)和(8.24b)。

例 8.8 左端自由右端固定,长度为 l 的圆截面轴 AB,如图 8.19 所示。沿着轴线方向作用有均匀分布的外力偶使圆轴产生扭转变形,外力偶的集度为 m_e(N·m/m)。已知圆轴的直径为 d,材料的切变模量为 G,试求圆轴内储存的弹性应变能。

解: 以 A 为原点建立坐标轴 x 如图 8.19 所示。在距圆轴左端 A 为 x 的横截面上,扭矩方程为

$$T(x)=m_e x$$

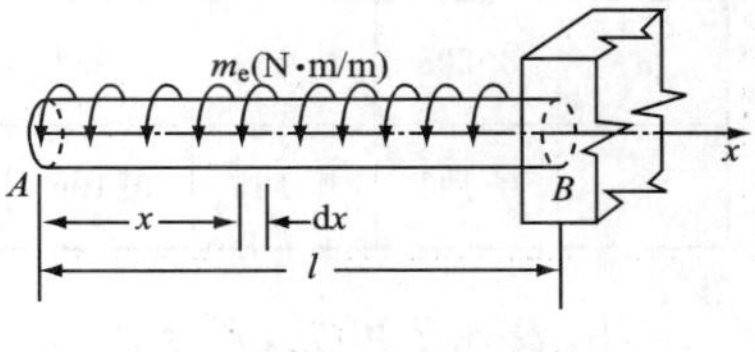

图 8.19

取长为 dx 的微段,由式(8.24a)可知,该微段轴内的应变能为

$$dV_\varepsilon=\frac{T^2}{2GI_p}dx=\frac{(m_e x)^2}{2GI_p}dx$$

积分可得整个圆轴的总应变能为

$$V_\varepsilon=\int_l dV_\varepsilon=\int_l\frac{(m_e x)^2}{2GI_p}dx=\frac{m_e^2}{2GI_p}\int_0^l x^2 dx=\frac{m_e^2 l^3}{6GI_p}=\frac{16m_e^2 l^3}{3\pi G d^4}$$

§8.7 矩形截面轴扭转的概念

非圆截面轴由于不存在几何形状的轴对称性,扭转后横截面将不再保持平面而要发生翘曲。因此,等直圆轴扭转时的计算公式就不能应用到非圆截面轴的扭转问题中。

若等直非圆截面轴扭转时横截面的翘曲不受任何限制,则各横截面的翘曲程度相同,纵向线段的长度不变,这时横截面上只有切应力而无正应力,这种情况称为**自由扭转**(free torsion)。若受到约束的限制,使非圆轴各横截面的翘曲程度不同,这时将引起纵向线段的伸长或缩短,横截面上不仅有切应力而且有正应力,这种情况称为**约束扭转**(constraint torsion)。对于一般实心轴,约束扭转引起的正应力很小,可以忽略不计,但对于薄壁扭转轴一般不能忽略。

由于矩形截面轴扭转时,横截面发生翘曲(图 8.20a),变形几何关系很复杂。这类问题属于弹性力学研究的范畴,这里仅介绍一些主要结果。

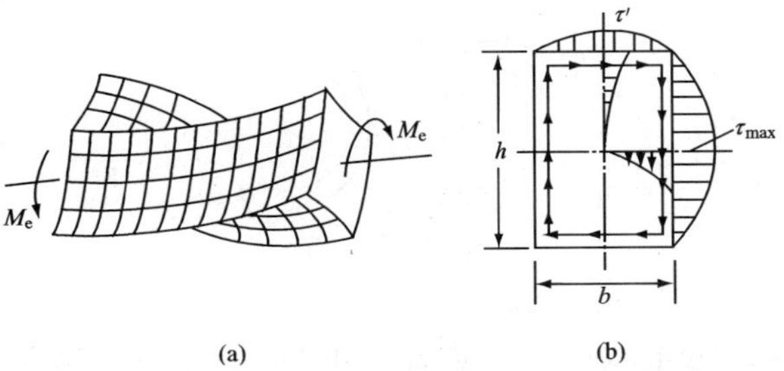

图 8.20

由切应力互等定理可知,横截面上边缘各点处的切应力必平行于截面周边,且截面角点处的切应力一定为零;横截面上的切应力分布,按弹性力学的研究表明为非线性分布(图 8.20b);最大切应力发生在长边的中点。最大切应力和单位长度的扭转角可按下列公式计算:

$$\tau_{max}=\frac{T}{\alpha hb^2}=\frac{T}{W_t} \tag{8.25}$$

$$\varphi'=\frac{T}{G\beta hb^3}=\frac{T}{GI_t} \tag{8.26}$$

式中 $W_t=\alpha hb^2$ 也称为扭转截面系数，而 $I_t=\beta hb^3$ 称为截面的相当极惯性矩。α,β 两系数可从表 8.2 中查出，它们均随截面的长、短边尺寸 h 和 b 的比值而变化。

矩形截面轴扭转时的系数 表 8.2

h/b	1	1.2	1.5	2.0	2.5	3.0	4.0	6.0	8.0	10.0	∞
α	0.208	0.219	0.231	0.246	0.258	0.267	0.282	0.299	0.307	0.313	0.333
β	0.141	0.166	0.196	0.229	0.249	0.263	0.281	0.299	0.307	0.313	0.333

由表 8.2 可见，对于 $h/b>10$ 的狭长矩形截面，$\alpha=\beta\approx\frac{1}{3}$。若将狭长矩形截面的短边尺寸 b 改为 δ，则

$$I_t=\frac{1}{3}h\delta^3 \tag{8.27}$$

$$W_t=\frac{1}{3}h\delta^2=\frac{I_t}{\delta} \tag{8.28}$$

这时，式(8.25)与式(8.26)成为

$$\tau_{max}=\frac{T\delta}{I_t}=\frac{3T}{h\delta^2} \tag{8.29}$$

$$\varphi'=\frac{T}{GI_t}=\frac{3T}{Gh\delta^3} \tag{8.30}$$

其横截面上的切应力分布如图 8.21 所示。沿长边各点的切应力基本相等，仅在角点处迅速变为零；切应力沿厚度方向近似线性分布。

狭长矩形截面轴受扭时的切应力和变形公式也可用于等厚度的开口薄壁截面轴的扭转，例如图 8.22 所示截面。在计算时，可将截面展直为狭长矩形截面来处理。与闭口薄壁截面轴相比，开口薄壁截面的抗扭性能要差很多。因此，工程上的扭转轴应尽量避免采用开口薄壁截面。

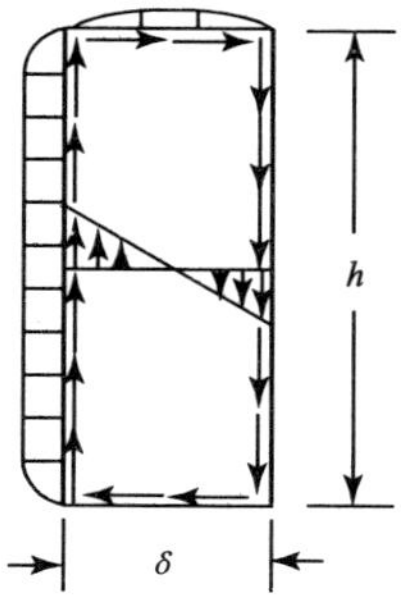

图 8.21

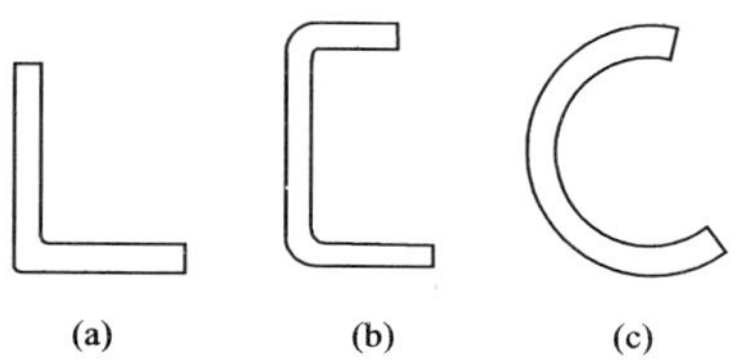

图 8.22

例 8.9 两根材料相同、横截面面积相等、长度相同的等截面轴，一根轴的横截面为矩形，矩形的长边与短边之比为 $h/b=1.5$。另一根轴的横截面为圆形。若两轴截面上的扭矩相等，试求两轴横截面上的最大切应力之比和单位长度扭转角之比。

解:(1)求最大切应力之比

已知矩形截面的长边 $h=1.5b$,由两杆横截面面积相等,可以建立圆截面直径 d 与矩形短边 b 的关系为

$$\frac{\pi}{4}d^2=bh=b(1.5b)$$

可得

$$d=\sqrt{\frac{4\times1.5}{\pi}}b=1.382b$$

由表 8.2 查得,当 $h/b=1.5$ 时,$\alpha=0.231$。由式(8.25)可知矩形截面轴横截面上的最大切应力为

$$\tau_{\max,1}=\frac{T}{\alpha hb^2}=\frac{T}{0.231\times(1.5b)b^2}=2.886\frac{T}{b^3}$$

由式(8.11)可知圆截面轴横截面上的最大切应力为

$$\tau_{\max,2}=\frac{T}{W_p}=\frac{16T}{\pi d^3}=\frac{16T}{\pi(1.382b)^3}=1.930\frac{T}{b^3}$$

因此矩形截面和圆截面轴横截面上最大切应力之比为

$$\frac{\tau_{\max,1}}{\tau_{\max,2}}=\frac{2.886}{1.930}=1.485$$

(2)求单位长度扭转角之比

由表 8.2 查得,当 $h/b=1.5$ 时,$\beta=0.196$。由式(8.26)可得矩形截面轴单位长度扭转角为

$$\varphi'_1=\frac{T}{G\beta hb^3}=\frac{T}{0.196\times(1.5b)b^3G}=3.401\frac{T}{b^4G}$$

由式(8.20)可得圆截面轴单位长度扭转角为

$$\varphi'_2=\frac{T}{GI_p}=\frac{32T}{\pi d^4G}=\frac{32T}{\pi(1.382b)^4G}=2.792\frac{T}{b^4G}$$

因此矩形截面和圆截面轴单位长度扭转角之比为

$$\frac{\varphi'_1}{\varphi'_2}=\frac{3.401}{2.792}=1.218$$

上述计算表明,矩形截面轴的最大切应力和单位长度扭转角都比横截面面积相等的圆截面轴要大。因此可以得出结论,在其他条件相同的情况下,圆截面轴比矩形截面轴抗扭强度更大,抗扭刚度更高。

试通过具体计算和画曲线图的方法,研究在不同比值 h/b 下矩形截面轴抗扭强度的变化规律,将其与圆截面轴进行比较,并分析原因。

本章小结

1.圆轴扭转的概念

构件特点:构件为等圆截面直杆。

受力特点:外力偶矩的作用面与杆件的轴线相垂直。

变形特点:杆件任意两横截面绕杆件轴线产生相对转动,杆件表面的纵向直线变形成为螺旋线。

2. 外力偶矩计算公式

$$M_e(\mathrm{N\cdot m})=9\ 549\ \frac{P(\mathrm{kW})}{n(\mathrm{r/min})}$$

3. 切应力互等定理

在相互垂直的两个平面上，切应力必成对出现，其数值相等，方向均垂直于两平面的交线，且共同指向或背离交线。

4. 剪切胡克定律

当切应力不超过材料的剪切比例极限 τ_p 时，切应力与切应变成正比，其表达式为：

$$\tau=G\gamma$$

5. 圆轴扭转切应力

横截面上距圆心为 ρ 的任一点的切应力为

$$\tau_\rho=\frac{T}{I_p}\rho$$

横截面上的最大切应力为

$$\tau_{\max}=\frac{T}{I_p}R=\frac{T}{W_p}$$

实心圆截面：$I_p=\frac{\pi D^4}{32}$，$W_p=\frac{\pi D^3}{16}$；

空心圆截面：$I_p=\frac{\pi D^4}{32}(1-\alpha^4)$，$W_p=\frac{\pi D^3}{16}(1-\alpha^4)$，式中：$\alpha=\frac{d}{D}$

6. 圆轴扭转强度条件

圆轴扭转时横截面上的最大切应力不得超过材料的容许切应力，即

$$\tau_{\max}=\left(\frac{T}{W_p}\right)_{\max}\leqslant[\tau]$$

校核强度：　$\tau_{\max}=\left(\frac{T}{W_p}\right)_{\max}\leqslant[\tau]$

设计截面：$W_p\geqslant\frac{T}{[\tau]}$　由 W_p 计算截面直径

确定许可荷载：$T\leqslant[\tau]$　W_p 由 T 计算外力偶矩

7. 圆轴扭转变形公式

$$\frac{\mathrm{d}\varphi}{\mathrm{d}x}=\frac{T(x)}{GI_p(x)}$$

若轴的长度为 l，由上式积分，可得该轴两端面的相对扭转角为

$$\varphi=\int_l\mathrm{d}\varphi=\int_0^l\frac{T(x)}{GI_p(x)}\mathrm{d}x$$

若扭矩不变，轴为等直杆，则 $\frac{T}{GI_p}$ 为常量，由上式积分可得两端面的相对扭转角为

$$\varphi=\frac{Tl}{GI_p}$$

若 $\frac{T}{GI_p}$ 在轴的各段上为常量，由分段积分可得两端面的相对扭转角为

$$\varphi=\sum_{i=1}^{n}\frac{T_i l_i}{GI_{pi}}$$

8. 圆轴扭转刚度条件

$$\varphi'_{max}=\frac{T_{max}}{GI_p}\times\frac{180}{\pi}\leqslant[\varphi'](°)/m$$

校核刚度：$\varphi'_{max}=\dfrac{T}{GI_p}\times\dfrac{180}{\pi}\leqslant[\varphi']$

设计截面：$I_p\geqslant\dfrac{T}{G[\varphi']}\times\dfrac{180}{\pi}$，由 I_p 计算截面直径

确定许可荷载：$T\leqslant[\varphi']GI_p\times\dfrac{\pi}{180}$，由 T 计算外力偶矩

9. 剪切应变能密度

当切应力不超过材料的剪切比例极限 τ_p 时，单位体积的剪切应变能为：

$$v_\varepsilon=\frac{1}{2}\tau\gamma=\frac{\tau^2}{2G}$$

习　　题

8.1　试绘出下列各轴的扭矩图。

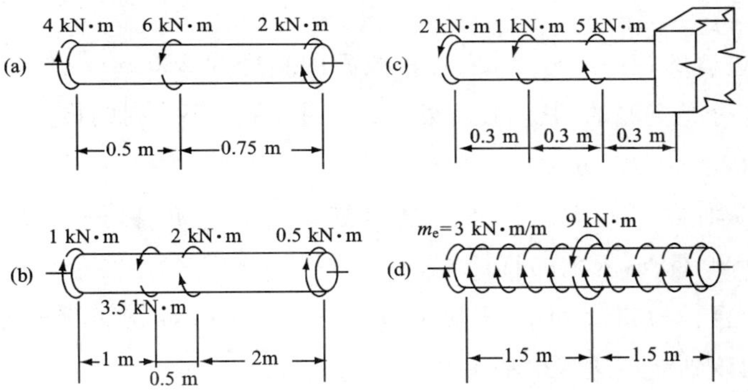

题 8.1　图

8.2　图示传动轴，转速 n=200 转/分。轮 A 为主动轮，输入功率 P_A=60 kW，轮 B、C 和 D 均为从动轮，输出功率分别为 20 kW、15 kW 和 25 kW。

(1)试绘出该轴的扭矩图；

(2)若将轮 A 和轮 C 的位置对调，试分析对轴的强度是否有利。

8.3　受扭圆截面轴如图 a 所示。现用两个横截面 ABC 和 DEF，以及一个纵向截面 $ABED$，截出轴的一部分，如题图 b 所示。试绘出该隔离体各截面上的切应力分布图，并说明隔离体三个截面上的内力是如何维持平衡的。

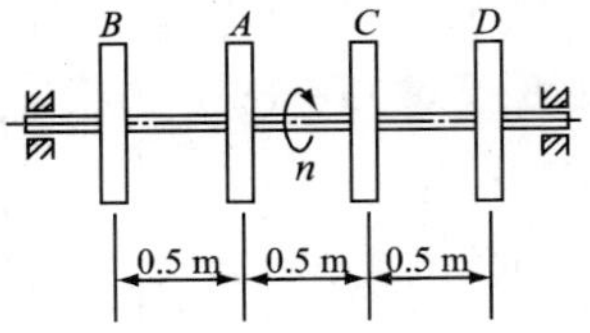

题 8.2　图

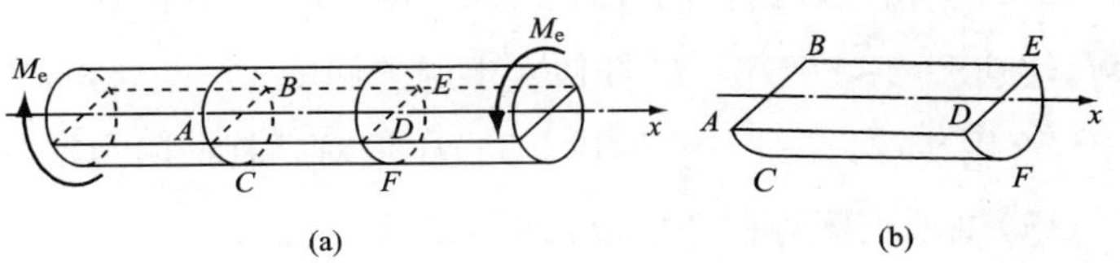

题 8.3　图

8.4　直径为 90 mm 的轴，以 150rad/min 的转速传递 36.8 kW 的功率。轴长 4 m，材料

切变模量 $G=80$ GPa。试求：

(1)横截面上的最大切应力及轴两端截面间的相对扭转角；

(2)横截面上半径 $\rho_A=\dfrac{d}{4}$ 处的切应力和切应变。

8.5 一个轴上有三个皮带轮(见图)。AB 段轴的直径为 50 mm，BC 段直径为 75 mm。已知 $T_A=1.3$ kN·m，$T_B=3.0$ kN·m，$T_C=1.7$ kN·m，试作扭矩图并求轴的最大切应力。

8.6 直径为 75 mm 的等截面轴上装有四个皮带轮，作用在皮带轮上的外力偶矩如图所示。已知 $G=80$ GPa。试：

(1)作扭矩图；

(2)求每段内的最大切应力；

(3)求轴的总扭转角。

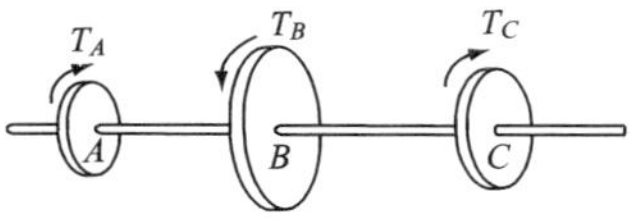

题 8.5 图

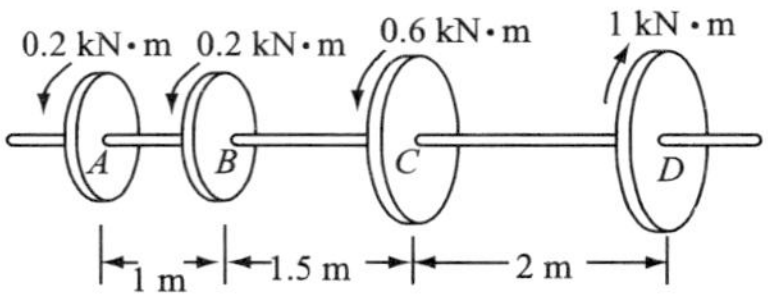

题 8.6 图

8.7 船用推进器的轴一部分是实心，其截面的直径为 280 mm，这部分轴内最大切应力为 70 MPa；另一部分是空心的，其内径为外径的一半，在这部分内的最大切应力等于50 MPa，受力情况如图所示，求空心部分轴的外直径 D。

8.8 一个圆轴以 300 转/分的转速传递 331 kW 的功率。已知$[\tau]=40$ MPa，$[\varphi']=0.5°$/m，$G=80$ GPa，求轴的直径。

8.9 一钢轴，直径为 20 mm，许用切应力$[\tau]=100$ MPa，试求该轴所能承受的扭矩，若转速为 100 转/分，问该轴能传递多少功率?

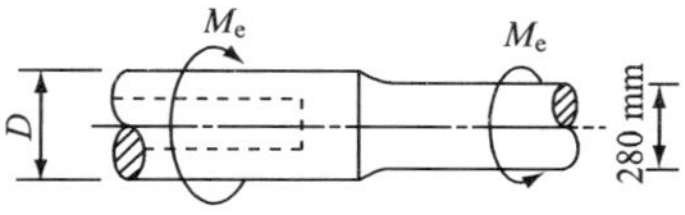

题 8.7 图

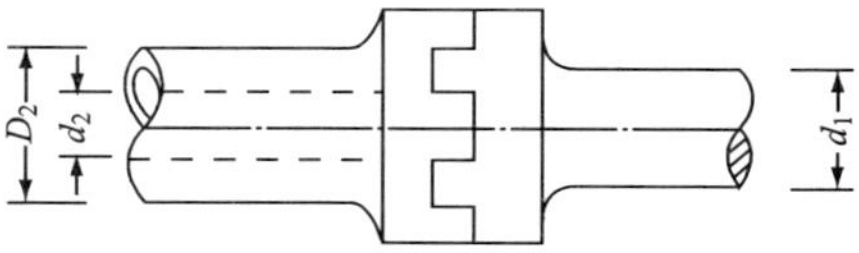

题 8.10 图

8.10 实心轴和空心轴通过牙嵌离合器而连接，如图所示。已知轴的转速 $n=100$ 转/分，传递的功率 $P=7.36$ kW，许用切应力$[\tau]=20$ MPa，试选择实心轴的直径 d_1 和内外直径比值为 1/2 的空心轴的外直径 D_2。

8.11 钻探机钻杆的外直径 $D=60$ mm，内直径 $d=50$ mm，功率 $P=7.36$ kW，转速$n=180$ 转/分，钻杆钻入土层的深度 $l=40$ m，材料的切变模量 $G=80$ GPa，许用切应力$[\tau]=40$ MPa，假设土壤对钻杆的阻力沿长度均匀分布。

(1)试求土壤对钻杆单位长度上的阻力矩 m；

(2)试作钻杆的扭矩图，并进行强度校核；

(3)截面 A 和 B 的相对扭转角。

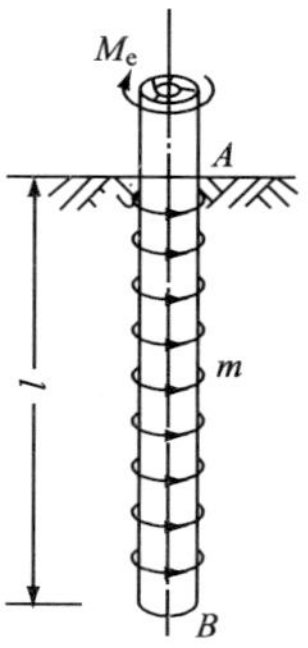

题 8.11 图

8.12 直径为 200 mm 的轴，在长度 1 m 内产生相对扭转角 0.3°。已知转速为 150 转/分，材料的切变模量 $G=80$ GPa，试求该轴传递的功率和最大切应力。

8.13 图示钢轴，已知 $T_A=0.8$ kN·m，$T_B=1.2$ kN·m，$T_C=0.4$ kN·m，$l_1=0.3$ m，$l_2=0.7$ m；$[\tau]=50$ MPa，$[\varphi']=0.25°/\text{m}$。试求轴的直径。

8.14 已知空心圆轴的外径 $D=140$ mm，内径 $d=100$ mm，轴的转速 $n=300$ r/min，传递的功率 $P=330$ kW。轴材料的切变模量 $G=80$ GPa，许用切应力$[\tau]=60$ MPa，许可单位长度扭转角$[\varphi']=0.5(°)/\text{m}$。试校核该轴的强度和刚度。

8.15 图示传动轴的转速为 $n=500$ r/min，主动轮 1 输入功率 $P_1=368$ kW，从动轮 2 和 3 分别输出功率率 $P_2=147$ kW 和 $P_3=221$ kW。已知$[\tau]=70$ MPa，$[\varphi']=1(°)/\text{m}$，$G=80$ GPa。

(1)试确定 AB 段的直径 d_1 和 BC 段的直径 d_2。

(2)若 AB 段和 BC 段选用同一直径，试确定直径 d。

(3)主动轮和从动轮的位置若可以重新安排，试问怎样安排才比较合理？

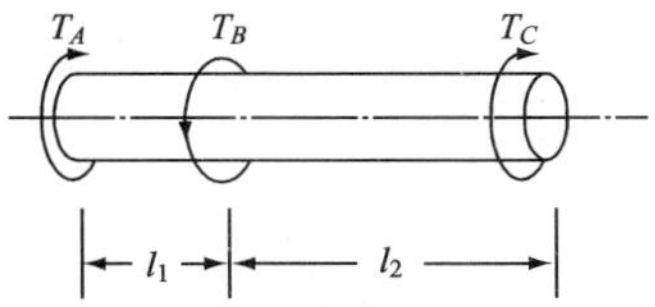

题 8.13 图

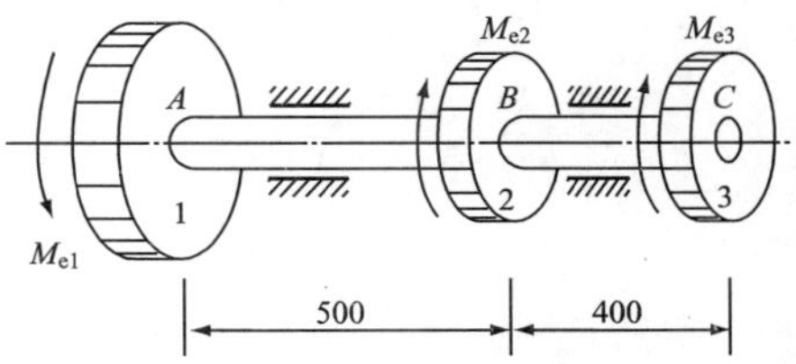

题 8.15 图

8.16 图示为一两端固定的阶梯状圆轴，在截面突变处承受外力偶矩 M_e。若 $d_1=2d_2$，试求固定端的支反力偶矩 M_A 和 M_B，并作扭矩图。

8.17 图示一两端固定的钢圆轴，其直径 $d=60$ mm。轴在截面 C 处承受一外力偶矩 $M_e=3.8$ kN·m。已知钢的切变量 $G=80$ GPa。试求截面 C 两侧横截面上的最大切应力和截面 C 的扭转角。

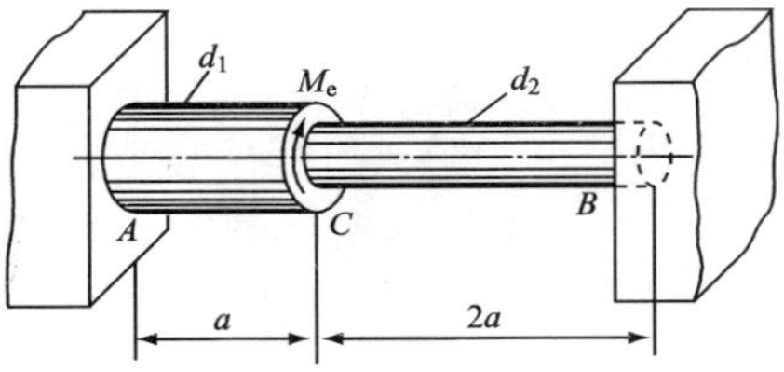

题 8.16 图

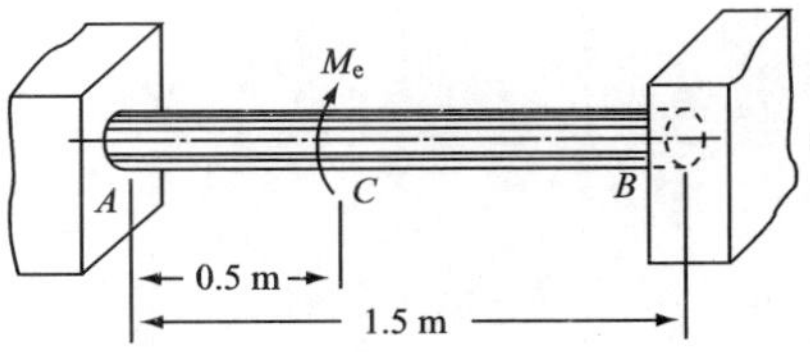

题 8.17 图

8.18 一空心圆管 A 套在实心圆轴 B 的一端，如图所示。两杆在同一横截面处各有一直径相同的贯穿孔，但两孔的中心线构成一个 β 角。现在轴 B 上施加外力偶使轴 B 扭转，以使两孔对准，并穿过孔装上销钉。在装上销钉后卸除施加在轴 B 上的外力偶。试问管 A 和轴 B 横截面上的扭矩为多大？已知杆 A 和杆 B 的极惯性矩分别为 I_{PA} 和 I_{PB}；两杆的材料相同，其切变模量为 G。

8.19 圆截面和正方形截面的扭转轴，若截面积和承受的扭矩均相同，试比较两轴横截面上的最大切应力。

8.20 图示开口和闭口薄壁管横截面的平均值均为 d,壁厚均为 δ,承受相同的扭矩 M_e。

(1)画出两者横截面上切应力沿壁厚方向的分布;

(2)设开口和闭口薄壁圆管横截面上的最大切应力分别为 τ_{1max} 和 τ_{2max},试证明:$\frac{\tau_{1max}}{\tau_{2max}} \approx \frac{3d}{2\delta}$

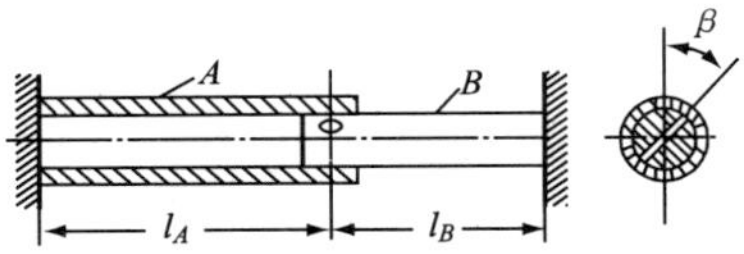

题 8.18 图

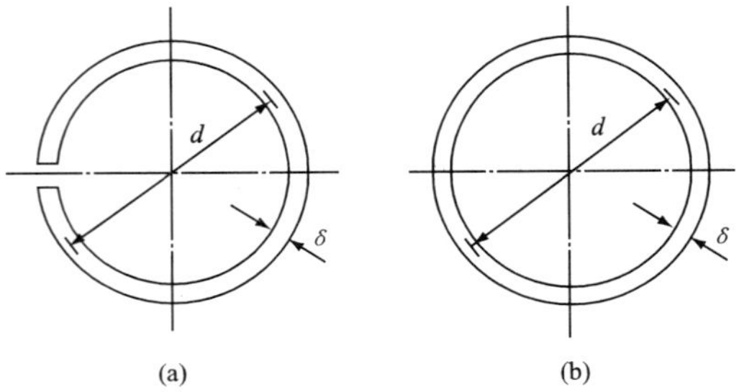

题 8.20 图

第九章 弯曲内力

> **教学要求：**
> 1. 正确建立对称弯曲的概念，能将简单的受弯构件简化为力学模型并画出计算简图；
> 2. 熟练掌握建立受弯构件的剪力方程和弯矩方程的方法，能正确熟练地绘制剪力图和弯矩图；
> 3. 理解弯矩、剪力和荷载之间的微分关系，并能利用微分关系画梁的剪力图和弯矩图。

在前几章中研究了直杆的拉伸和压缩以及轴的扭转等基本变形，现在要研究直杆的另一种基本变形——弯曲。

研究弯曲问题，首先要确定杆件的外力和内力，然后再研究应力和变形等问题。由于弯曲问题比前面几种变形要复杂，内容也多，在本书中分为三章来讨论。本章首先介绍弯曲的概念，接着重点讨论在外力作用下弯曲内力的计算问题。

§9.1 弯曲的概念及梁的计算简图

1. 弯曲的概念

等截面直杆在包含杆轴线的纵向平面内，受到垂直于杆轴线的外力或外力偶的作用，杆的轴线产生变形，由直线变成为曲线，这种变形称为**弯曲**(bend)。以弯曲为主要变形的杆件，通常称为**梁**(beam)。梁是一类常见的构件，在许多工程中都有重要的应用。例如，图 9.1a所示，为一桥梁主梁的示意图，图 9.1b 所示，为一机器主轴的示意图。在图示外力的作用下，轴线弯成了如图中虚线夸大所示的曲线。

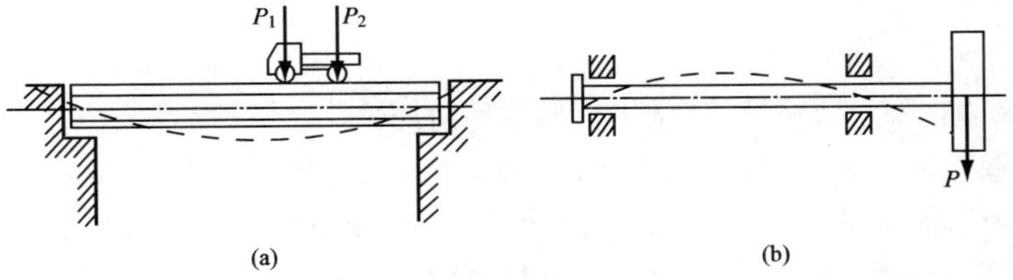

图 9.1

梁的轴线方向称为纵向，垂直于轴线的方向称为横向。图 9.1 中所示的梁，受到的外荷载和支座反力都是垂直于轴线的，因此这些力称为**横向力**(transverse force)。梁在横向外力作用下产生的弯曲，称为**横力弯曲**(transverse bending)。

工程中常见的梁，通常其横截面都具有对称轴，整个梁具有包含所有截面对称轴的纵向对称平面，如图 9.2 所示。若梁所受到的全部外力经等效简化后，都作用在该纵向对称面内。则由于梁的几何形状、材料性质以及外力均对称于该纵向对称面，因此，梁弯曲变形以后其轴线弯成的曲线也一定在此纵向对称面内（图 9.2），这种弯曲称为**对称弯曲**（symmetric bending）。若梁没有纵向对称面，或梁虽然有纵向对称面但外荷载不作用在该纵向对称面内，在这些条件下梁产生的弯曲统称为**非对称弯曲**（unsymmetric bending）。对称弯曲比较简单，在工程实际中最常见，本书将以对称弯曲为主，讨论梁的应力和变形问题。关于非对称弯曲问题，将在第十章中作简要的介绍。

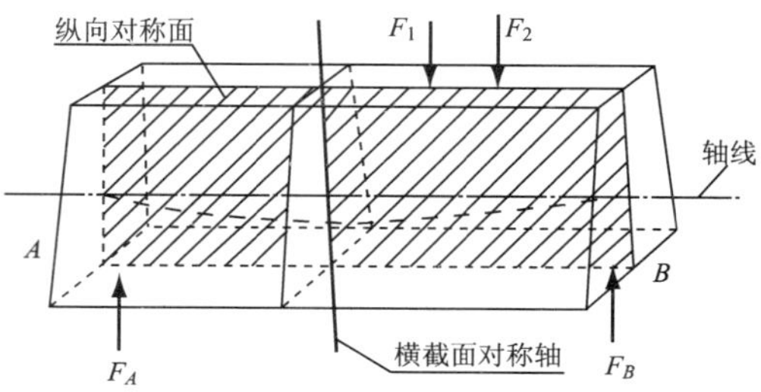

图 9.2

2.梁的计算简图

作用在梁上的外力，包括外荷载和支座反力。在进行设计计算时，首先要确定这两种外力。在工程实际中，梁的外荷载和支承情况往往是比较复杂的，为了计算梁的外力，应根据实际情况进行合理的简化，画出梁的计算简图，使其能基本反映所研究问题的主要力学本质，而又便于计算。

由于研究的是具有纵向对称面的等截面直梁，且所受外力可简化为该对称平面内的平面力系，因此，在计算简图中可对梁本身进行简化，通常是用梁的轴线来代替实际的梁，即用一根粗实线表示梁。例如，图 9.3a、c 中所示的梁，在图 9.3b、d 中用粗实线 AB 表示。

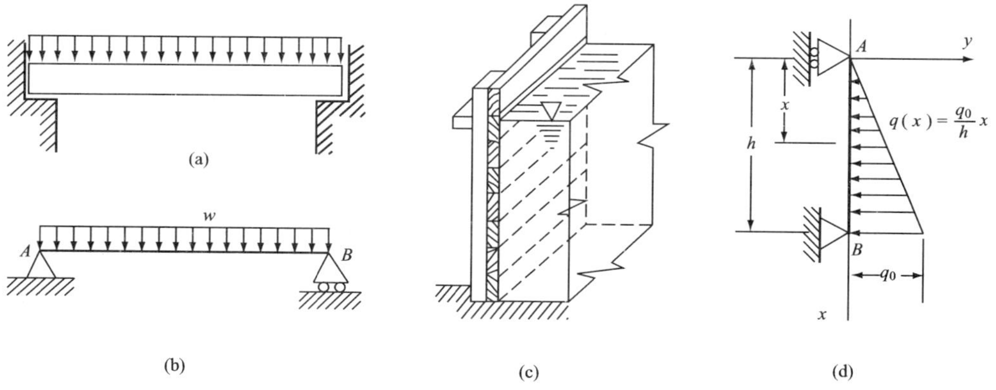

图 9.3

梁的外荷载按其作用状况，可简化为下列三种情况：

（1）分布荷载　通常用沿梁轴线的荷载集度 q 来表示，其单位为 N/m 或 kN/m。分布荷载有时是均匀分布的，荷载集度为常数，称为均布荷载。例如，图 9.3a 作用在等截面梁上的自重，就可简化为均布荷载，如图 9.3b 所示。分布荷载的一般情形是非均匀分布的，若取梁轴线为坐标轴 x，荷载集度 $q(x)$ 为坐标 x 的函数。例如，图 9.3c 中所示木挡水墙的立柱，作用在柱上的水压力 $q(x)$ 就是一个线性变化的分布荷载，如图 9.3d 所示。

（2）集中力　作用在梁上的横向荷载，有时只分布在梁的很短一段长度上，而集度很大。可将其简化为一个合力，称为集中力，其单位为 N 或 kN。例如，图 9.4a 所示是一根安装有锥形齿轮的轴，作用在锥形齿轮上的力可用其互相垂直的三个分力 F_x、F_y、F_z 表示。分力 F_y 通过锥形齿轮以分布的形式作用在轴的一小段上，可以将其简化为一个集中力 F_y 作用在轴上，如图 9.4b 所示。

(3)集中力偶　作用在梁上的力，有时只分布在梁的很短一段长度上，合成的结果是一个力偶使梁产生弯曲变形。可将其简化为作用在梁的某一截面上的力偶，称为集中力偶，其单位为 N·m 或 kN·m。例如，图 9.4a 中的分力 F_x 通过锥形齿轮对轴的作用就可以简化为一个集中力偶，如图 9.4c 所示。

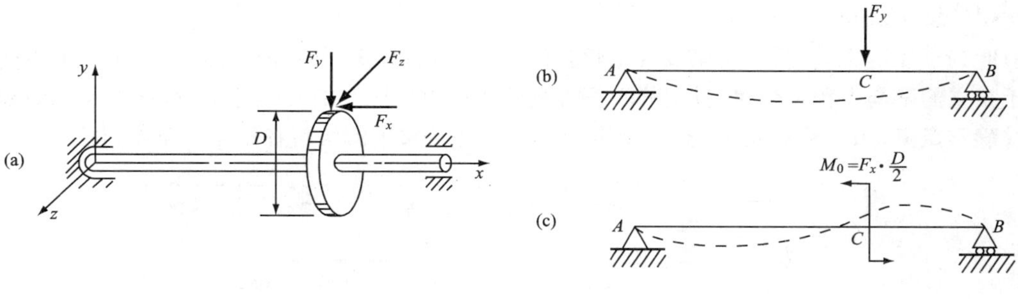

图　9.4

梁的支座按其对梁的约束情况，可简化为下面三种理想化的形式：

(1)可动铰支座　可动铰支座的示意图如图 9.5a 所示。这种支座只限制梁在支座处沿垂直于支承面方向的移动，而不限制沿支承面方向的移动和绕支承点的转动。因此，该支座只有一个垂直于支承面的约束力 F_A，如图 9.5b 所示。该支座处的约束力未知数只有一个。

(2)固定铰支座　固定铰支座的示意图如图 9.5c 所示。这种支座限制梁在支承点沿任意方向的移动，而不限制绕支承点的转动。该支座的约束力是通过支承点沿某方向的约束力，通常将其分解为水平约束力 F_{Ax} 和铅垂约束力 F_{Ay}，如图 9.5d 所示。显然，该支座处的约束力未知数有两个。

(3)固定端　固定端的示意图如图 9.5e 所示。可见，这种支座使梁的约束面既不能移动也不能转动。将约束面上的分布约束力向该截面形心进行简化，一般可得一个力和一个力偶。由于该约束力的方向未知，通常将其分解为水平约束力和铅垂约束力。因此，固定端的支座约束力通常用作用在约束面形心上的水平约束力 F_{Ax}、铅垂约束力 F_{Ay} 和约束力偶 M_A 来表示，如图 9.5f 所示。因此，该支座处的约束力未知数有三个。

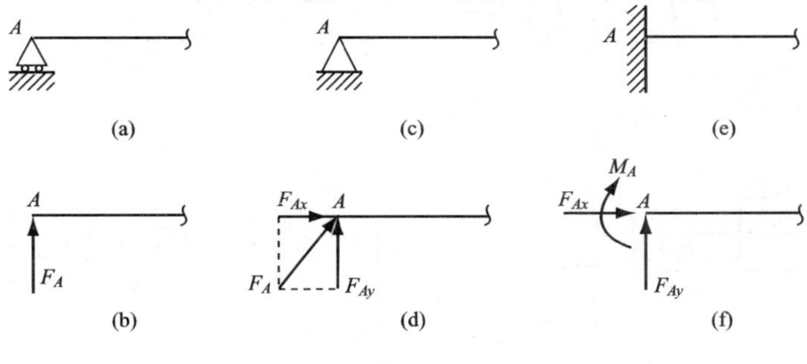

图　9.5

在工程中，为了使梁在工作时不致发生刚体移动或转动，必须有足够的支座约束。既有足够的约束，又没有多余约束的梁，常见的有下列三种形式：

(1)悬臂梁　梁的一端是固定端，另一端是自由端，中间没有约束，称为悬臂梁，如图 9.6a

所示。

(2)简支梁　梁的一端是固定铰支座,另一端是可动铰支座,称为**简支梁**,如图 9.6b 所示。梁在两支座之间的部分称为**跨**,跨的长度称为**跨度**。

(3)外伸梁　梁用一个固定铰支座和一个可动铰支座支承,但梁的端部伸出支座之外,称为**外伸梁**,如图 9.6c 所示。

梁所受的荷载和支座约束力一般可简化为一个平衡的平面力系,上述三种形式的梁,其约束力未知数均只有三个,可由平面一般力系三个独立的平衡方程直接求出,这种梁称为**静定梁**(statically determinate beams)。

有时为了工程上的需要,给梁设置了较多的支座,如图 9.6d 所示,使得梁的支座约束力的数目多于独立的平衡方程的数目,仅用静平衡方程就不能求出所有的支座约束力,这种梁称为**超静定梁**或**静不定梁**(statically indeterminate beams)。超静定梁的解法将在第十一章中讨论。

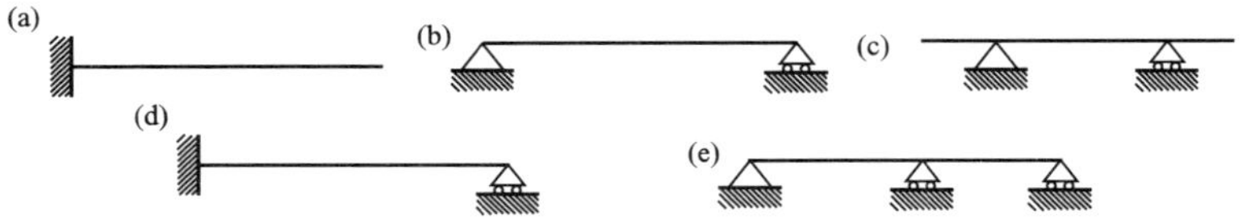

图　9.6

例 9.1　桥梁的示意图如图 9.7a 所示,可以简化为多跨静定梁。已知桥面自重力单位长度的荷载集度为 q,长度 a;集中力 $P_1=2qa, P_2=P_3=qa, P_4=3qa$,试画出桥梁的计算简图,并求支座约束力。

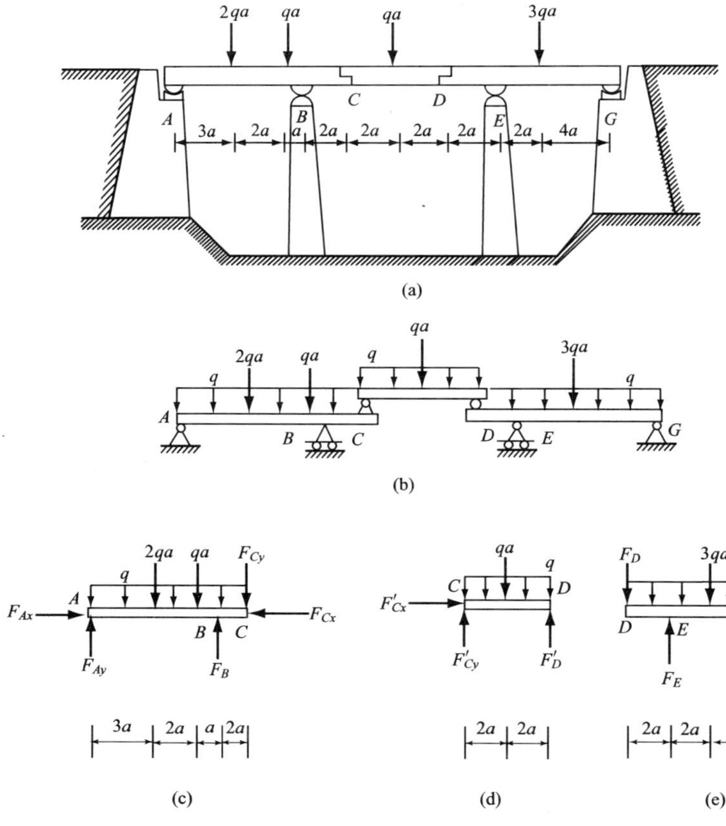

图　9.7

解:支座 A 和 G 为凹凸形垫板结构,在梁的重压下可限制水平和铅垂方向的移动,但不限制微小的转动,因此可简化为固定铰支座。支座 B 和 E 为两个凸形垫板结构,在梁的重压下只能限制沿铅垂方向的移动,不能限制沿水平方向的微小移动,也不限制微小转动,因此可简化为可动铰支座。梁 CD 的两端约束段较短,不限制微小的转动,由于结合处有间隙,不限制沿水平方向的微小移动,且在水平外力作用下梁 CD 也不会产生整体的水平移动,因此,可将该梁的一端支承 C 简化为固定铰支座,另一端 D 简化为可动铰支座。最后,可画出桥梁的计算简图,如图 9.7b 所示。

在组合梁的结构中,能独立承受荷载的梁段称为主梁,而需要依附于其他梁才能承载的梁段称为辅梁。由桥梁的计算简图可见,梁 CD 为辅梁,梁 ABC 和梁 DEG 为主梁。对于静定组合梁的平衡问题,可先研究辅梁,再研究主梁。

(1)研究梁 CD,其受力图如图 9.7d 所示。由平衡方程,有

$\sum M_C=0$, $$4qa\times 2a+qa\times 2a-F'_D\times 4a=0$$

$$F'_D=\frac{5}{2}qa$$

$\sum F_x=0$, $$F'_{Cx}=0$$

$\sum F_y=0$, $$F'_{Cy}-4qa-qa+F'_D=0$$

$$F'_{Cy}=\frac{5}{2}qa$$

(2)研究梁 ABC,其受力图如图 9.7c 所示。由平衡方程,有

$\sum M_A=0$, $$8qa\times 4a+2qa\times 3a+qa\times 5a+F_{Cy}\times 8a-F_B\times 6a=0$$

$$F_B=\frac{21}{2}qa$$

$\sum F_x=0$, $$F_{Ax}=0$$

$\sum F_y=0$, $$F_{Ay}-8qa-2qa-qa-\frac{5}{2}qa+F_B=0$$

$$F_{Ay}=3qa$$

(3)研究梁 DEG,其受力图如图 9.7e 所示。由平衡方程,有

$\sum M_G=0$, $$8qa\times 4a+F_D\times 8a+3qa\times 4a-F_E\times 6a=0$$

$$F_E=\frac{32}{3}qa$$

$\sum F_x=0$, $$F_{Ax}=0$$

$\sum F_y=0$, $$F_E+F_{Gy}-8qa-F_D-3qa=0$$

$$F_{Gy}=\frac{17}{6}qa$$

外伸梁承受平行于梁轴线方向的均布荷载作用,如图 9.8 所示。已知:均布荷载集度 q,长度 l,高度 h。若用梁的轴线代替该梁,试画出外伸梁的计算简图。

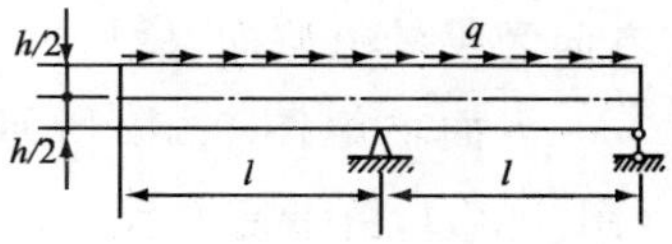

图 9.8

§9.2 剪力与弯矩 剪力图与弯矩图

1. 剪力与弯矩

画出了梁的计算简图，再用平衡方程求得静定梁的支座反力后，就可以计算梁横截面上的内力了。

研究图 9.9a 所示的简支梁，梁上作用有集中力 F_1、F_2 和 F_3，由平衡方程可求出支座反力 F_A 和 F_B，为求横截面 m-m 上的内力，假想将梁沿该截面分为左右两段，考察图 9.9b 所示左段的平衡。由于原来的梁是平衡的，因此从其中取出的左段也应是平衡的。为了与左段上的横向外力 F_1 和支座反力 F_A 相平衡，这就要求横截面 m-m 上有一个与横截面相切的内力 F_S，称为**剪力**(shearing force)。同样，为了平衡外力 F_1 和支座反力 F_A 对截面 m-m 上形心 C 的力矩，一般要求截面 m-m 上还应有一个内力偶矩 M，称为**弯矩**(bending moment)。

若考察图 9.9c 所示截面 m-m 右段的平衡，用相同的方法，也可以得到截面 m-m 上的剪力 F_S 和弯矩 M，大小与上面所得的相等，但方向相反。

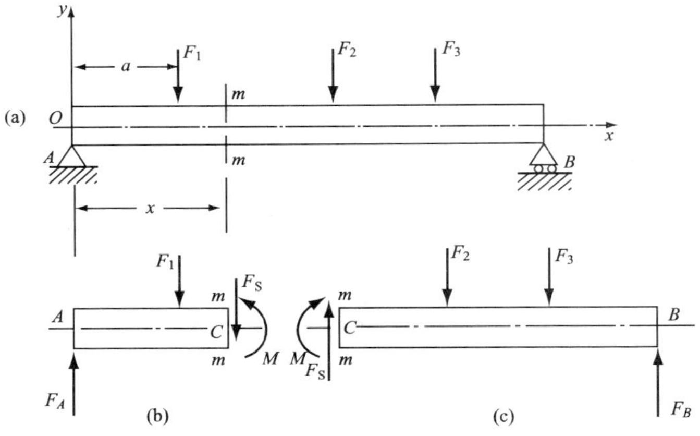

图 9.9

用相邻的两横截面截出一微段梁，在剪力 F_S 的作用下，使杆件横截面处的微段产生左端向上而右端向下的相对错动时(图 9.10a)，相应截面上的剪力规定为正，反之为负(图 9.10b)。按此规定，当剪力相对于微段梁的转向为顺时针时即为正，反之为负。

用相邻的两横截面截出一微段梁，在弯矩 M 的作用下，使微段梁发生上凹下凸的弯曲变形时(图 9.11a)，相应的截面上的弯矩规定为正，反之为负(图 9.11b)。

如果梁在图中不是水平放置的，可沿梁轴线取坐标轴 x，垂直于梁轴线取轴 y，轴 y 的正方向为梁的上侧面，然后再按上述符号规定确定剪力和弯矩的正负号。

下面求解图 9.9a 所示简支梁截面 m-m 上的剪力和弯矩。取梁的左段为研究对象(图 9.9b)，由平衡方程，有

$\sum F_y=0,\qquad F_A-F_1-F_S=0$

$\sum M_C=0,\qquad M-F_Ax+F_1(x-a)=0$

求解可得

剪力：$F_S = F_A - F_1$

弯矩：$M = F_A x - F_1(x-a)$

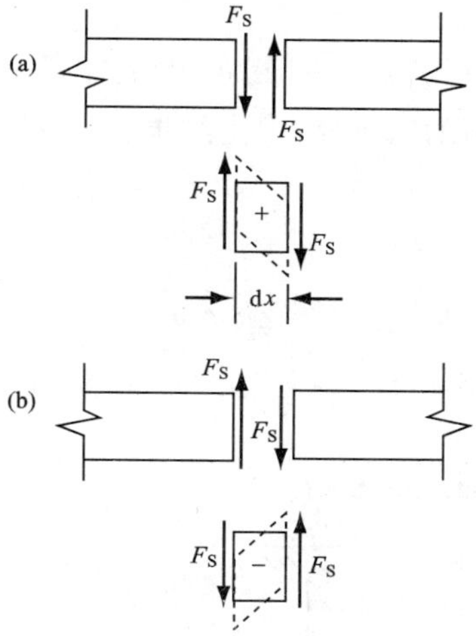

图 9.10

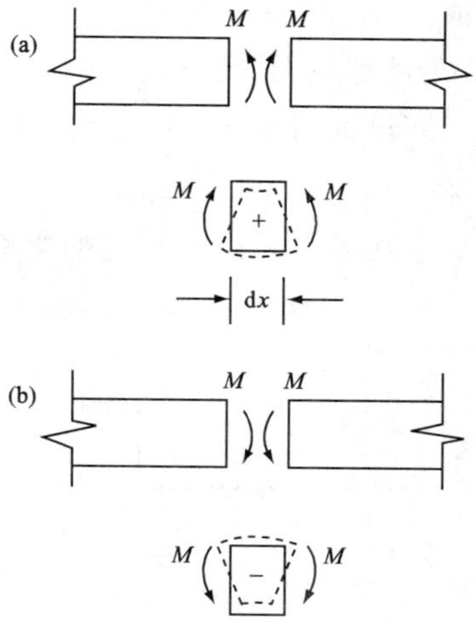

图 9.11

通过上述计算可以看出，直梁横截面上的剪力和弯矩，与该截面一侧梁上的外力相平衡，因而可以直接通过一侧梁段上的外力直接求得截面上的剪力和弯矩：

(1)直梁任一横截面上的剪力，其数值等于该截面一侧梁段上所有横向外力的代数和。凡是外力使力作用面与截开面之间的梁段产生左上右下的相对错动时，该外力项取正号，反之取负号。

(2)直梁任一横截面上的弯矩，其数值等于该截面一侧梁段上所有外力(包括力偶)对该截面形心的力矩的代数和。凡是外力使力作用面与截开面之间的梁段产生上凹下凸的弯曲变形时，该弯矩项取正号，反之取负号。

上述求直梁横截面上剪力和弯矩的方法可分为两个步骤：第一步，先写出所求内力截面处的内力符号和等于号，然后看保留梁段上有几个横向外力(或对截开面形心有几个外力矩)，就在等号后写出这几项；第二步，根据上述正负号规则确定每一项的正负号，并求出结果。因此，这种求内力的简便方法也称为一看一定法。

例 9.2 简支梁如图 9.12a 所示，受到图示荷载的作用。试求截面 C 和截面 D 上的剪力和弯矩。

解：(1)求支座约束力

取简支梁整体为研究对象，其受力图如图 9.12a 所示。由平衡方程

$\sum F_x = 0$，　　$F_{Ax} = 0$

$\sum M_B = 0$，$-F_{Ay} \times 6\ \text{m} + 8\ \text{kN} \times 4.5\ \text{m} + 12\ \text{kN/m} \times 3\ \text{m} \times 1.5\ \text{m} = 0$

$$F_{Ay} = 15\ \text{kN}$$

$\sum M_A = 0$，$F_B \times 6\ \text{m} - 8\ \text{kN} \times 1.5\ \text{m} - 12\ \text{kN/m} \times 3\ \text{m} \times 4.5\ \text{m} = 0$

$$F_B = 29\ \text{kN}$$

再由平衡方程进行校核

$$\sum F_y = 15\ \text{kN} - 8\ \text{kN} - 12\ \text{kN/m} \times 3\ \text{m} + 29\ \text{kN} = 0$$

可知支座约束力计算无误。

(2)求截面 C 上的剪力和弯矩

在截面 C 处将梁截开，研究左段(图 9.12b)，先写出 $F_{SC}=$，然后，看到左段上只有两个集中力，在等号后写出这两项；最后，根据变形确定各项的正负号，求出结果。因此有

$$F_{SC} = +15\ \text{kN} - 8\ \text{kN} = 7\ \text{kN}$$

同样，由一看一定法可求出截面 C 处的弯矩为

$$M_C = +15\ \text{kN} \times 2\ \text{m} - 8\ \text{kN} \times 0.5\ \text{m} = 26\ \text{kN} \cdot \text{m}$$

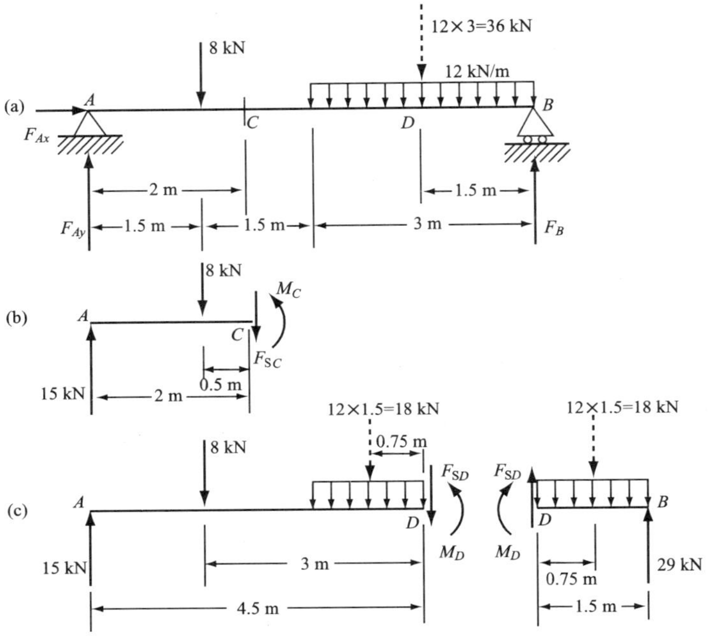

图 9.12

(3)求截面 D 上的剪力和弯矩

在截面 D 处将梁截开，注意到右段外力较少，计算简便。因此研究右段(图 9.12c)，均布荷载用其作用段上的合力来代替，如图 9.12c 中 DB 段梁上的虚线所示。由一看一定法可求出截面 D 处的剪力和弯矩分别为

$$F_{SD} = +12\ \text{kN/m} \times 1.5\ \text{m} - 29\ \text{kN} = -11\ \text{kN}$$

$$M_D = -12\ \text{kN} \times 1.5\ \text{m} \times 0.75\ \text{m} + 29\ \text{kN} \times 1.5\ \text{m} = 30\ \text{kN} \cdot \text{m}$$

实际上，在用一看一定法求内力时，并不需要画出左段(或右段)的受力图，只需在题图上确定截开面位置后，仅看保留段不看舍弃段即可。由于该方法书写量小，又不需画保留段受力图，计算熟练后速度是很快的。

在上例中，若取 AD 段求截面 D 的内力，所得内力的符号和数值应与例题 9.2 中求出的结果一致。请读者自行计算和验证。

例 9.3 等截面悬臂梁受力如图 9.13a 所示，已知外力和作用位置及角度，试求截面 m-m 上的内力分量。

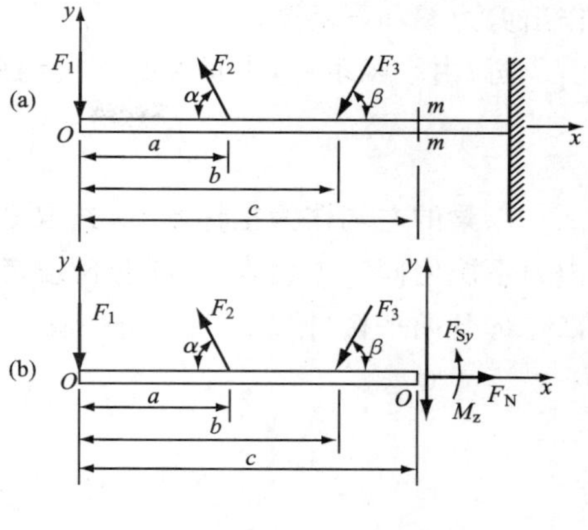

图 9.13

解：将杆沿截面 m-m 截开，取左段为研究对象，由平衡可知截面上有内力分量 F_N，F_{Sy}，M_z（图 9.13b），由一看一定法可得截面 m-m 上的内力分量分别为

轴力：$F_N = F_2\cos\alpha + F_3\cos\beta$

剪力：$F_{Sy} = -F_1 + F_2\sin\alpha - F_3\sin\beta$

弯矩：$M_z = -F_1 c + F_2\sin\alpha \cdot (c-a) - F_3\sin\beta \cdot (c-b)$

2. 剪力图与弯矩图

梁在外力作用下，各截面上的剪力和弯矩一般是不相同的。其中剪力和弯矩为最大的截面，相对于梁的强度来说都是可能的危险截面。要确定危险截面的位置，就必须知道剪力和弯矩沿梁轴线的变化情况。为此，可以选取梁轴线上一点为坐标原点，沿梁轴线选取轴，将各截面上的剪力和弯矩表示成梁轴线坐标 x 的函数，即

$$F_S = F_S(x)$$
$$M = M(x)$$

上述方程称为**剪力方程**（shearing force equation）和**弯矩方程**（bending moment equation）。若以平行于梁轴线的横坐标 x 表示横截面的位置，用垂直于梁轴线的坐标表示相应截面上的剪力和弯矩，这样绘出的图线称为**剪力图**（diagram of shearing force）和**弯矩图**（diagram of bending moment）。

下面通过例题来说明绘制剪力图和弯矩图的基本方法。

例 9.4 悬臂梁左端自由，右端固定，承受集度为 q 的均布荷载作用，试列出其剪力方程和弯矩方程，并作剪力图和弯矩图。

解：以梁左端为坐标原点，建立坐标系 Axy 如图 9.14a 所示。取距原点为 x 的任意截面，研究截面 x 的左段梁，由一看一定法可得剪力方程和弯矩方程分别为

$$F_S = -qx \qquad (0 \leqslant x < l) \tag{a}$$

$$M = -qx \cdot \frac{x}{2} = -\frac{qx^2}{2} \qquad (0 \leqslant x < l) \tag{b}$$

由式(a)可知，剪力图是一段向下的斜直线，只要确定两点就可画出这一斜直线。由 $x=0$，$F_S=0$；$x=l$，$F_S=-ql$ 可定出两个端点，画出的剪力图如图 9.14b 所示。

由式(b)可知，弯矩图是一条抛物线，若确定三点就可大致画出这一曲线。如取梁的左端、中点、右端偏左三个截面，由 $x=0$，$M=0$；$x=\frac{l}{2}$，$M=-\frac{ql^2}{8}$；$x=l$，$M=-\frac{ql^2}{2}$，可在坐标系 OxM 内定出三点连成光滑曲线，画出的弯矩图如图 9.14c 所示。

由图 9.14b 可见，在固定端左侧截面上剪力的绝对值最大，$F_{S,\max}=ql$；由图 9.1c 可见，在固定端左侧截面上弯矩的绝对值最大，$M_{\max}=\frac{ql^2}{2}$。

由上例可知，绘制剪力图和弯矩图的基本方法是：先由一看一定法求梁的剪力方程和弯矩方程，然后用描点作图的方法画剪力图和弯矩图。

例 9.5 如图 9.15a 所示的简支梁受集中力 F 作用，试列出梁的剪力方程和弯矩方程，并作出剪力图和弯矩图。

解：由平衡条件，求得梁的支座约束力分别为

$$F_A=\frac{Fb}{l},F_B=\frac{Fa}{l}$$

以梁的左端作为坐标原点，选取坐标系 Axy 如图 9.15a 所示。由于梁 AC 段和 CB 段的内力不能用同一方程表示，应分两段考虑。在 AC 段内取距原点为 x 的任意截面，考虑截面 x 以左部分的平衡（图 9.15a），由一看一定法可得 AC 段的剪力和弯矩方程分别为

$$F_S(x)=F_A=\frac{Fb}{l} \qquad (0<x<a)$$

$$M(x)=F_Ax=\frac{Fb}{l}x \qquad (0\leqslant x\leqslant a)$$

同理，在 CB 段内取距 A 端为 x 的任意截面，仍考虑截面以左部分的平衡，则由一看一定法可得 CB 段的剪力和弯矩方程分别为

$$F_S(x)=F_A-F=-\frac{Fa}{l} \qquad (a<x<l)$$

$$M(x)=F_Ax-F(x-a)=\frac{Fa}{l}(l-x) \qquad (a\leqslant x\leqslant l)$$

根据剪力方程和弯矩方程，采用描点作图的方法绘制梁的剪力图和弯矩图，分别如图 9.15b和 9.15c 所示。从图中看到，剪力值在集中力作用的 C 处有突然变化，即 C 处左侧截面的剪力值为$\frac{Fb}{l}$，而 C 处右侧截面的剪力值为$-\frac{Fa}{l}$，其突变量等于集中力 F 的数值；而 C 处的弯矩值并没有突然变化，但弯矩图斜率在 C 处发生了突变，故最大弯矩值就发生在截面 C 处，其值为 $M_{\max}=\frac{Fab}{l}$。

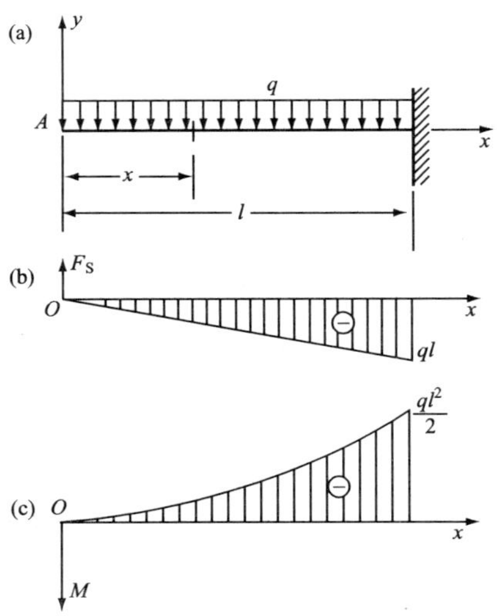

图 9.14

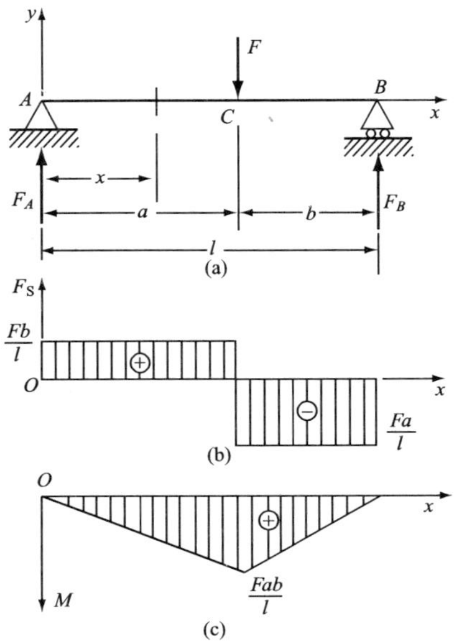

图 9.15

例 9.6 图 9.16a 所示的简支梁在 C 处受一集中力偶 M_0 作用，试作剪力图和弯矩图。

解:梁仅受一力偶作用,显然,A、B 两支座的反力必然数值相等,方向相反,由平衡方程求得

$$F_A=F_B=\frac{M_0}{l}$$

由一看一定法可分段列出内力方程:

AC 段:$F_S(x)=F_A=\frac{M_0}{l} \quad (0<x\leqslant a)$

$$M(x)=F_A x=\frac{M_0}{l}x \quad (0\leqslant x<a)$$

CB 段:$F_S(x)=F_A=\frac{M_0}{l} \quad (a\leqslant x<l)$

$$M(x)=F_A x-M_0=-\frac{M_0}{l}(l-x) \quad (a<x\leqslant l)$$

由以上方程可见,任一截面的剪力值均为常量,故剪力图是一条平行于轴 x 的直线(图 9.16b);左、右两段的弯矩方程均为 x 的一次函数,故左、右两段的弯矩图均为斜直线,但在集中力偶作用的截面 C 处弯矩发生突变,左侧截面的弯矩值为 $\frac{a}{l}M_0$,右侧截面为 $-\frac{b}{l}M_0$,其突变量就等于 M_0,所作的弯矩图如图 9.16c 所示。

由以上的几个例题可见,凡是集中力作用的截面上,剪力有突变,似乎没有确定的数值,在 x 的取值范围中,也是将该点剔除的。事实上,所谓的集中力不可能只“集中”作用于一点,而是分布于某微段 Δx 内的分布力经人为简化后的结果。如果在 Δx 范围内将荷载看成是均匀分布的(图 9.17a),则画出的剪力图将在 Δx 范围内连续变化,而不会产生突变(图 9.17b)。同样,对于集中力偶作用的截面,也可作类似地解释。

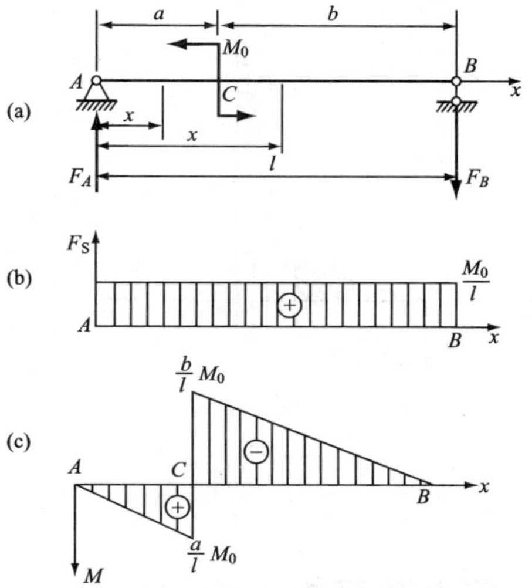

图 9.16

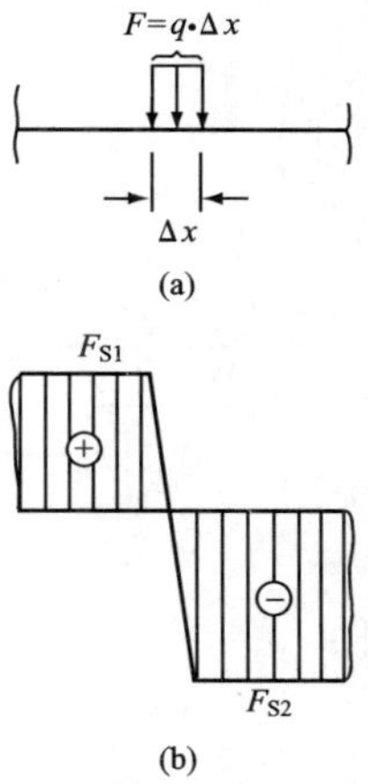

图 9.17

有些支架或机架的轴线是由几段直线组成的折线。这种支架在受力变形时,其折线拐角处夹角的变化很小,可忽略不计,这种连接点也称为刚接点。杆件由刚接点连接成的结构称为**刚架**。下面用例题说明静定刚架弯矩图的绘制。

例 9.7 刚架 ABC 在点 B 处受到一水平集中力 F 的作用,如图 9.18a 所示。试绘制刚架的弯矩图。

解:(1)求支座约束力

研究刚架 ABC,其受力图如图 9.18a 所示。由平衡方程

$\sum M_C=0$, $F_A a-Fh=0$, $F_A=\dfrac{Fh}{a}$(↓)

$\sum F_x=0$, $F_{Cx}-F=0$, $F_{Cx}=F$(→)

$\sum F_y=0$, $F_{Cy}-F_A=0$, $F_{Cy}=F_A=\dfrac{Fh}{a}$(↑)

(2)求弯矩方程

对于 AB 段,建立坐标系 Ax_1y_1 如图 9.18a 所示。研究截面 x_1 的左段,由一看一定法可得弯矩方程为

$$M_1=-F_A x_1=-\frac{Fh}{a}x_1 \qquad (0\leqslant x_1\leqslant a)$$

对于 BC 段,建立坐标系 Bx_2y_2 如图 9.18a 所示。研究截面 x_2 的右段,由一看一定法可得弯矩方程为

$$M_2=-F_{Cx}(h-x_2)=-F(h-x_2) \qquad (0\leqslant x_2\leqslant h)$$

(3)画弯矩图

由上述弯矩方程,在刚架轴线上建立相应的坐标系,用描点作图的方法可绘出刚架的弯矩图,如图 9.18b 所示。实际上,将弯矩图画在杆件受拉的一侧。由图可见,刚架弯矩的最大值在拐角处,其数值为

$$M_{max}=Fh$$

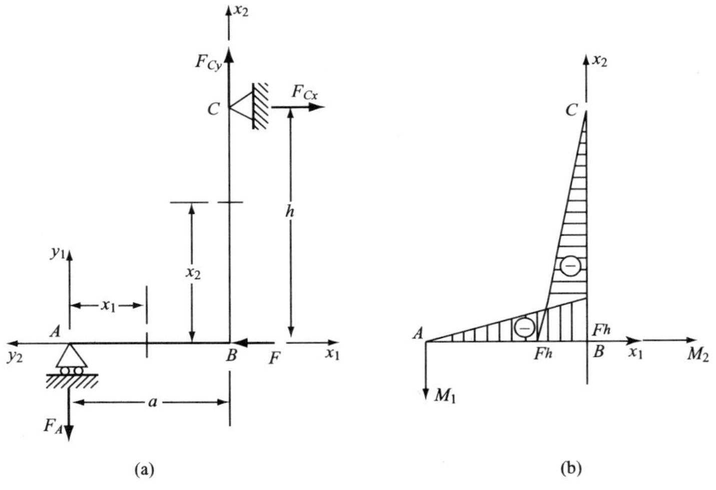

图 9.18

§9.3 分布荷载集度、剪力及弯矩之间的关系

事实上,梁的分布荷载集度,剪力及其弯矩之间存在着一定的关系,掌握了这个关系,对于作梁的剪力图和弯矩图是很有帮助的。

设在梁上作用有任意分布的荷载 $q(x)$,并规定分布荷载的方向向上时为正(图 9.19a)。用截面法截取一微段 dx(图 9.19b),微段左侧截面上有剪力 $F_S(x)$和弯矩 $M(x)$,微段的右侧

较左侧截面增加了距离 $\mathrm{d}x$，因此右侧截面上的剪力和弯矩分别为 $F_S(x)+\mathrm{d}F_S(x)$ 和 $M(x)+\mathrm{d}M(x)$。设该微段两侧面上的内力均为正值，由平衡方程

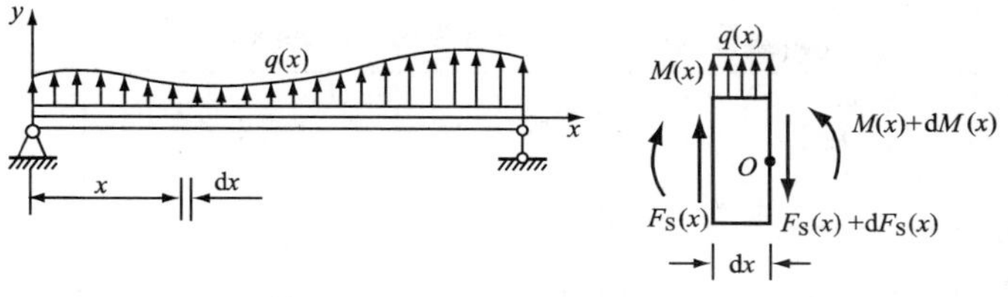

(a) (b)

图 9.19

$$\sum F_y=0, F_S(x)+q(x)\mathrm{d}x-F_S(x)-\mathrm{d}F_S(x)=0$$

$$\sum M_O=0, -F_S(x)\mathrm{d}x-M(x)-q(x)\mathrm{d}x\cdot\frac{1}{2}\mathrm{d}x+M(x)+\mathrm{d}M(x)=0$$

略去高阶微量 $\frac{1}{2}q(x)(\mathrm{d}x)^2$ 后，得到

$$\frac{\mathrm{d}F_S(x)}{\mathrm{d}x}=q(x) \tag{9.1}$$

$$\frac{\mathrm{d}M(x)}{\mathrm{d}x}=F_S(x) \tag{9.2}$$

$$\frac{\mathrm{d}^2M(x)}{\mathrm{d}x^2}=q(x) \tag{9.3}$$

以上各式即为剪力、弯矩与分布荷载集度之间的平衡微分关系，这些微分关系可用来帮助绘制或校核剪力图和弯矩图。为此，将荷载集度、剪力和弯矩的相互关系归纳如下：

(1)在梁的某一段内若无分布荷载作用，即 $q(x)=0$，由 $\frac{\mathrm{d}F_S(x)}{\mathrm{d}x}=q(x)=0$ 可知，$F_S(x)=$常数。因此，这段梁的剪力图是平行于轴 x 的一条水平线，如图 9.15b 所示。由 $\frac{\mathrm{d}^2M(x)}{\mathrm{d}x^2}=q(x)=0$ 可知，$M(x)$一般是 x 的一次函数，弯矩图是一条斜直线。由于弯矩坐标轴铅垂向下，若对应梁段内剪力为正，即弯矩图斜率为正，是一条向下斜的直线；反之，则为向上斜的直线，如图 9.15c 所示。

(2)在梁的某一段内若作用均布荷载，即 $q(x)=$常数，由于 $\frac{\mathrm{d}F_S(x)}{\mathrm{d}x}=q(x)=$常数，可知 $F_S(x)$是 x 的一次函数。因此，这段梁的剪力图是斜直线，若分布荷载 $q(x)$向上，剪力图斜率为正，是一条向上斜的直线；反之，则为向下斜的直线，如图 9.14b 所示。由于 $\frac{\mathrm{d}^2M(x)}{\mathrm{d}x^2}=q(x)=$常数，可知 $M(x)$是 x 的二次函数，弯矩图是一条抛物线。若对应梁段内分布荷载 $q(x)$向上作用，则 $\frac{\mathrm{d}^2M(x)}{\mathrm{d}x^2}=q(x)>0$，而弯矩轴方向铅垂向下，因此，弯矩图是上凸的抛物线；反之，则为下凸的抛物线，如图 9.14c 所示。

(3)在梁的某截面上若 $F_S(x)=\frac{\mathrm{d}M(x)}{\mathrm{d}x}=0$，可知该截面上弯矩有极值，即弯矩的极值产生于剪力为零的截面上。

(4)在集中力作用的截面处剪力图有突变，且剪力突变的数值就等于该集中力的数值，如图 9.15b 所示。在集中力偶作用的截面处弯矩图有突变，且弯矩突变的数值就等于该集中力

偶的数值，如图 9.16c 所示。

将荷载、剪力和弯矩的关系列入表 9.1 中，以便作剪力图和弯矩图时参考。

荷载与剪力图和弯矩图的关系 表 9.1

梁上外荷载	无荷载 $q=0$	均布荷载 $q>0$ 或 $q<0$	集中力 F	集中力偶 M
剪力图	水平线，通常为 + 或 −	斜直线 向上斜 或 向下斜	有突变 F	无影响
弯矩图	通常为斜直线 向下斜 或 向上斜	抛物线 上凸 或 下凸	有尖角	有突变 M

利用荷载与剪力图和弯矩图的关系绘制剪力图和弯矩图，不必列出剪力方程和弯矩方程，使作图过程简化，因此这种作图法也称为简便方法。下面通过例题来说明简便方法的应用。

例 9.8 简支梁受均布荷载的作用，如图 9.20a 所示。已知分布荷载集度为 q，梁的长度为 l，试作梁的剪力图和弯矩图。

解：(1)求支座约束力

由平衡方程可求得简支梁左右两端的支座约束力为

$$F_A=\frac{ql}{2}(\uparrow)$$

$$F_B=\frac{ql}{2}(\uparrow)$$

(2)作剪力图

将支座约束力 F_A 和 F_B 画在图 9.20a 中梁的两端，即梁在外荷载和约束力的共同作用下处于平衡状态。由表 9.1 可知，梁在向下的均布荷载作用下，剪力图是一条向下的斜直线。由一看一定法可求得截面 A 右侧面和截面 B 左侧面上的剪力分别为

$$F_{SA}^{R}=+F_A=\frac{ql}{2}$$

$$F_{SB}^{L}=-F_B=-\frac{ql}{2}$$

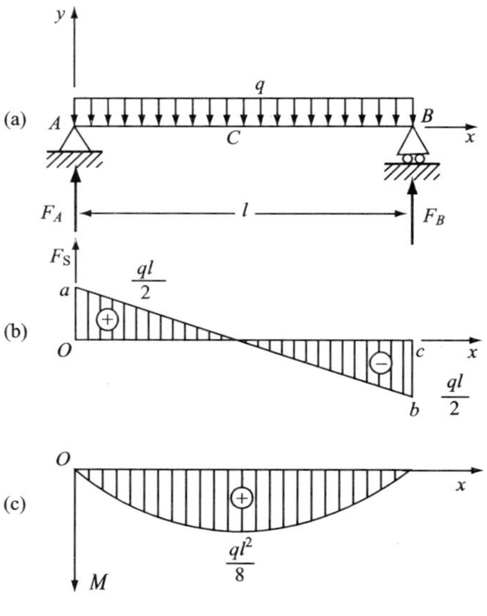

图 9.20

在剪力图上对应梁的截面 A，作一自下而上的铅垂线 Oa(图 9.20b)，突变数值等于约束力 F_A 的大小为 $ql/2$；对应梁的截面 B，作一自下而上的铅垂线 bc(图 9.20b)，突变数值等于约束力 F_B 的大小为 $ql/2$。连接点 a 和点 b，作一条向下的斜直线，图形 $Oabc$ 即为剪力图。

(3)作弯矩图

由表 9.1 可知，剪力图为斜直线则对应的弯矩图为下凸的抛物线。由微分关系可知，剪力

为零的截面处弯矩有极值。由一看一定法可求得梁左端和右端的弯矩为 $M_A=M_B=0$。梁中间截面 C 的弯矩为

$$M_C=F_A\cdot\frac{l}{2}-\frac{ql}{2}\cdot\frac{l}{4}=\frac{ql^2}{8}$$

在弯矩图上对应梁的左端面、中间面和右端面定出相应弯矩数值的三个点，用一条下凸的光滑曲线连接这三点，可作出梁的弯矩图(图 9.20c)。

由剪力图和弯矩图可得，梁内剪力和弯矩的最大值分别为

$$F_{S,\max}=\frac{ql}{2},\qquad M_{\max}=\frac{ql^2}{8}$$

由上例可知，作剪力图和弯矩图的简便方法是：

(1)根据梁上外荷载和约束力(不包括集中力偶)，由一看一定法计算各段梁分界处的剪力值并在剪力图上按大致比例标出各点的位置，按照表 9.1 中线形对应关系连接各点，作出剪力图。

(2)由一看一定法计算各段梁分界处的弯矩值和剪力为零处的弯矩极值，在弯矩图上按大致比例标出各点的位置，按照表 9.1 中线形对应关系连接各点，作出弯矩图。

例 9.9 外伸梁承受荷载如图 9.21a 所示，已知 q,a，试作梁的剪力图和弯矩图。

解:(1)求支座约束力

$$\sum M_C=0,-F_A\times 3a+qa^2+q\times 3a\times 0.5a=0$$

$$F_A=\frac{5}{6}qa$$

$$\sum M_A=0,F_C\times 3a+qa^2-q\times 3a\times 2.5a=0$$

$$F_C=\frac{13}{6}qa$$

将求出的支座约束力 F_A 和 F_C，画在梁的受载图上(图 9.21a)。

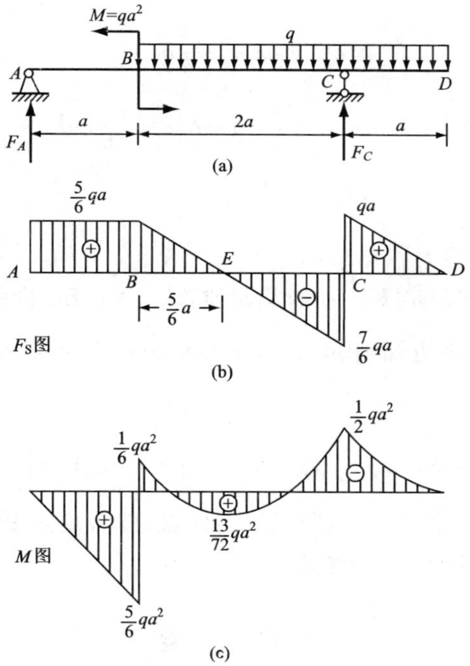

图 9.21

(2)作剪力图

由于在集中力和集中力偶作用处，某些内力分量将发生突变。因此，将整个外伸梁划分为 AB、BC 和 CD 三段。

AB 段，$q(x)=0$，剪力图为水平线，其值为

$$F_S=F_A=\frac{5}{6}qa$$

BC 和 CD 段，$q(x)=-q$，由表 9.1 可知剪力图均为斜率为负的斜直线。但在支座 C 处，有一集中力 F_C 作用，故剪力图在 C 处有沿 F_C 方向的突变。由一看一定法求得 BC 和 CD 段在边界截面处的剪力分别为

$$F_{SB}=F_A=\frac{5}{6}qa$$

$$F_{SC}^{L}=F_A-q\times 2a=-\frac{7}{6}qa$$

$$F_{SC}^{R}=qa$$

$$F_{SD}=0$$

将上述计算结果按大致比例在剪力图上标出各点位置，按各段线形对应关系，从左至右分别绘出各段剪力图，全梁的剪力图如图 9.21b 所示。

(3)作弯矩图

显然，由表 9.1 可知，AB 段的弯矩图为向下斜的直线，BC 和 CD 段均为下凸的抛物线。由于截面 B 处有一集中力偶，故弯矩图在 B 处有突变。同时，在 BC 段剪力等于零的截面 E 处弯矩有极值。

首先由一看一定法计算各段边界处截面的弯矩值，可得

$$M_A=0$$

$$M_B^{L}=F_A\times a=\frac{5}{6}qa^2$$

$$M_B^{R}=F_A\times a-M=-\frac{1}{6}qa^2$$

$$M_C=-\frac{1}{2}qa^2$$

$$M_D=0$$

为求 BC 段弯矩的极值，应先确定 $F_S=0$ 的截面位置。由于 BC 段的剪力图为斜直线，由剪力图三角形对应边长的比例关系可知，截面 B 至弯矩极值点 E 的距离为 $\frac{5}{6}a$。于是，由一看一定法求得弯矩的极值为

$$M_E=F_A(a+\frac{5}{6}a)-M-\frac{1}{2}q\times(\frac{5}{6}a)^2=\frac{13}{72}qa^2$$

将上述计算结果按大致比例在弯矩图上标出各点位置，按各段梁的线形对应关系，从左至右分别绘出各段弯矩图，全梁的弯矩图如图 9.21c 所示。

本章小结

正确熟练地绘制梁的剪力图和弯矩图是本章的重点，其基本步骤是：

(1)用平衡方程求出梁的约束力和约束力偶,并将其作为外荷载画在梁上。

(2)根据梁上外荷载和约束力(不包括集中力偶),由一看一定法计算各段梁分界处的剪力值并在剪力图上按大致比例标出各点的位置,按照表 9.1 中线形对应关系连接各点,作出剪力图,并标注剪力数值。

(3)由一看一定法计算各段梁分界处的弯矩值和剪力为零处的弯矩极值,在弯矩图上按大致比例标出各点的位置,按照表 9.1 中线形对应关系连接各点,作出弯矩图,并标注弯矩数值。

(4)校核剪力图和弯矩图的线形,突变数值,极值的正确性。

为方便绘图,减少错误,梁的荷载图与剪力图及弯矩图应上下对齐。

习　　题

9.1 试求图示各梁在指定截面上的剪力和弯矩。图中各指定截面无限接近于截面 A、B、C、D。

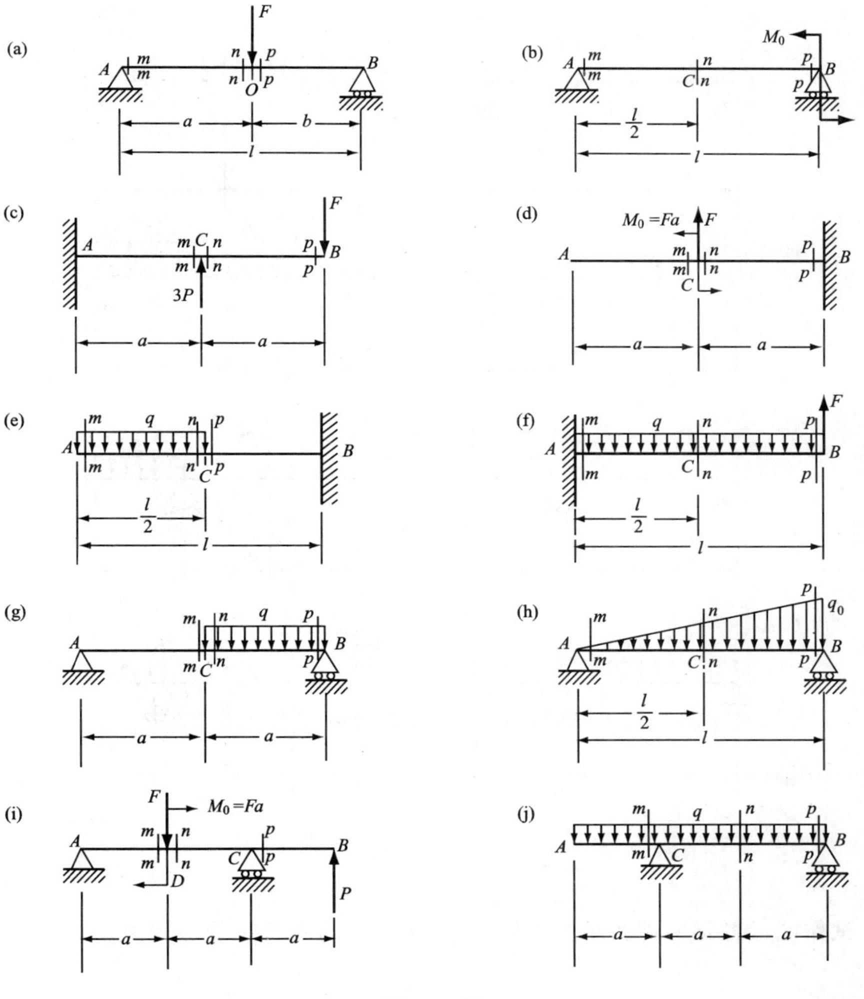

题 9.1　图

9.2 试写出图示各梁的剪力方程和弯矩方程，作各梁的剪力图和弯矩图，并求出剪力和弯矩的最大值。

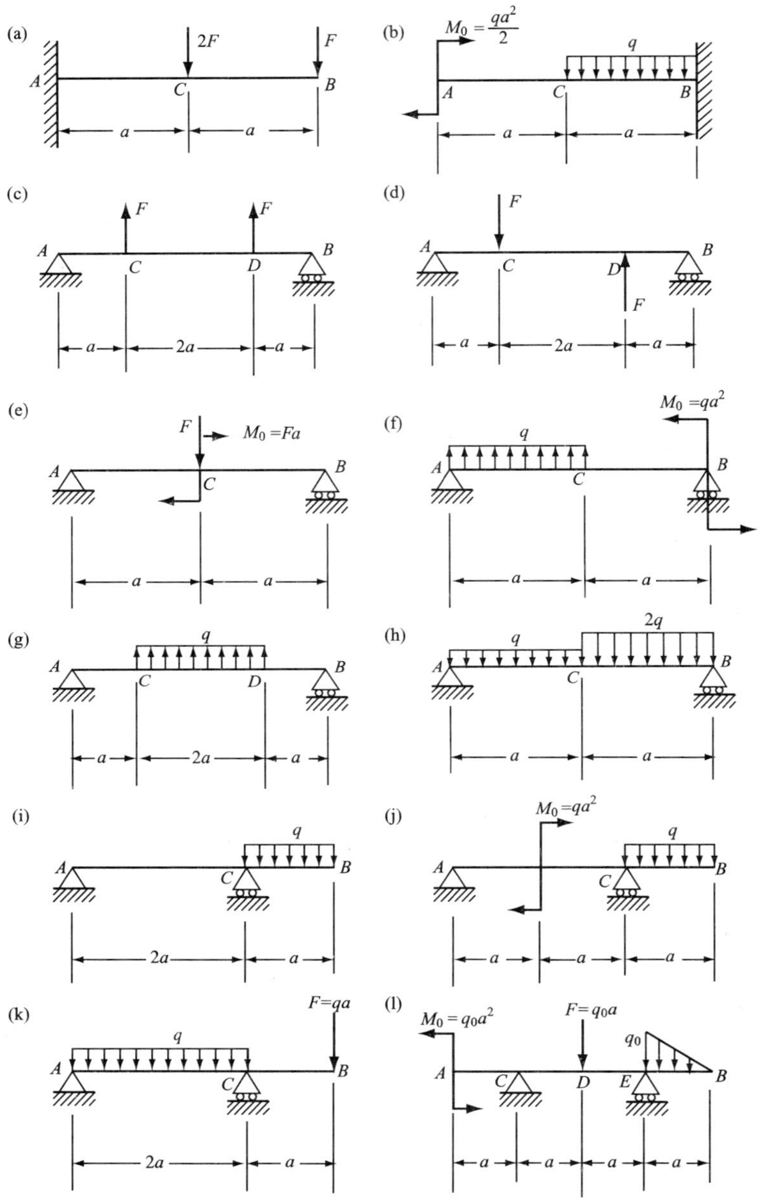

题 9.2 图

9.3 试作图示各梁的剪力图和弯矩图，并求出剪力和弯矩的最大值。

工程力学

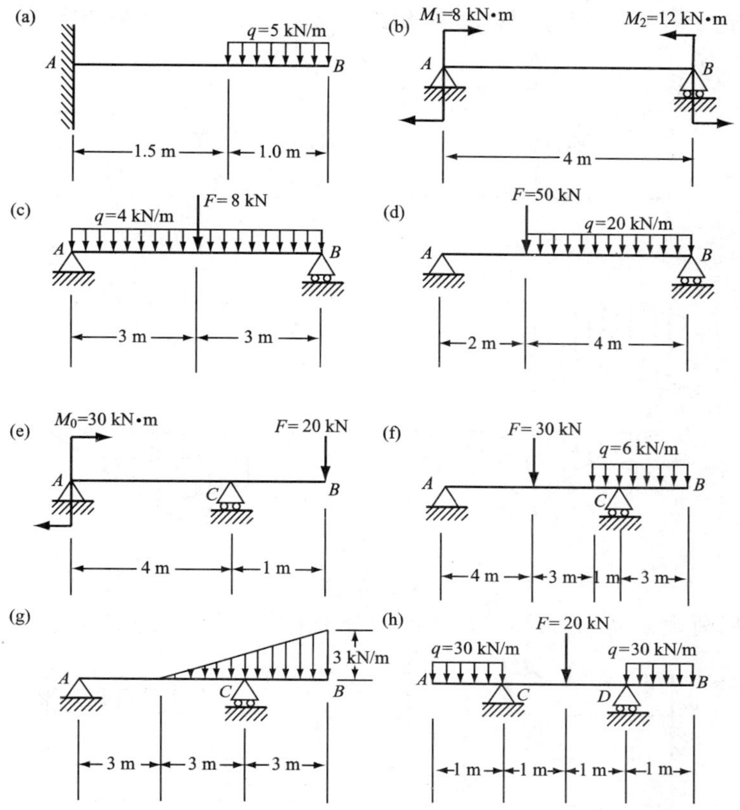

题 9.3　图

9.4　试求图示悬臂梁固定端截面上的弯矩为零时横向力 F 的大小，并作该梁的剪力图和弯矩图。

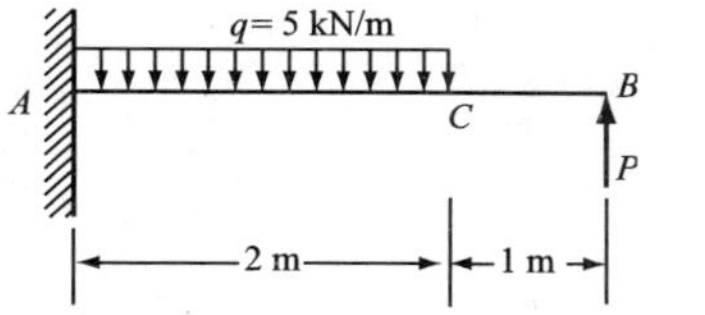

题 9.4　图

9.5　锅炉汽包的总重力为 200 kN，支承情况如图所示。试在下列条件下求比值 l/a：

(1)使 $M_C = M_D = -M_E$；

(2)使 $M_E = 0$。

9.6　试作图示梁 ABC 的剪力图和弯矩图。

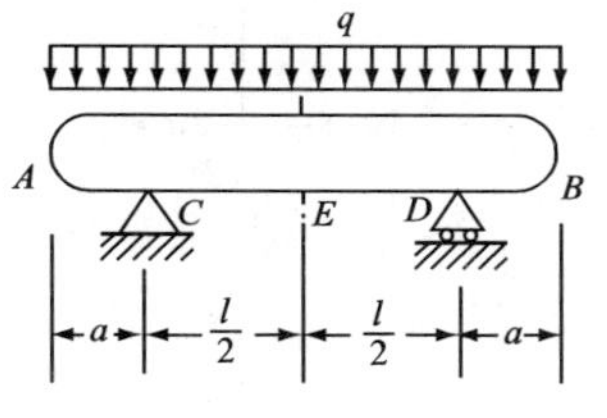

题 9.5　图

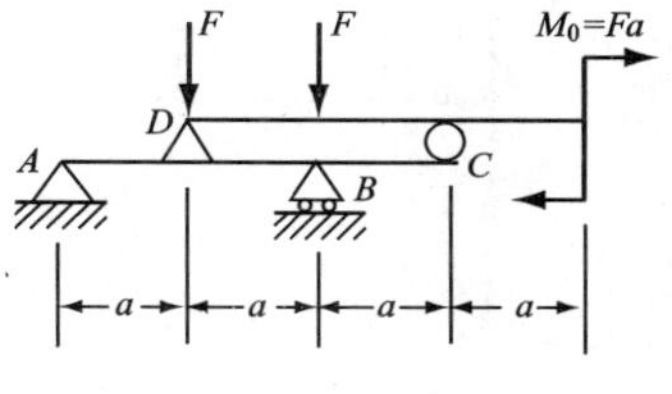

题 9.6　图

9.7 试利用荷载集度、剪力和弯矩间的微分关系，指出下列梁剪力图和弯矩图中的错误。

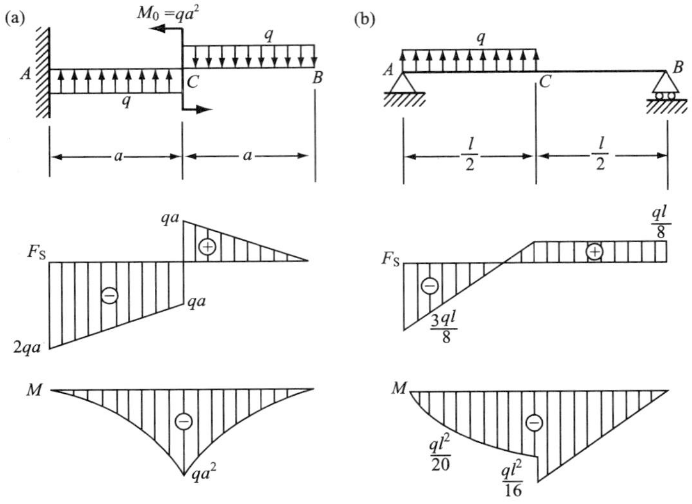

题 9.7　图

9.8 试利用荷载集度、剪力和弯矩间的微分关系，作下列梁的剪力图和弯矩图。

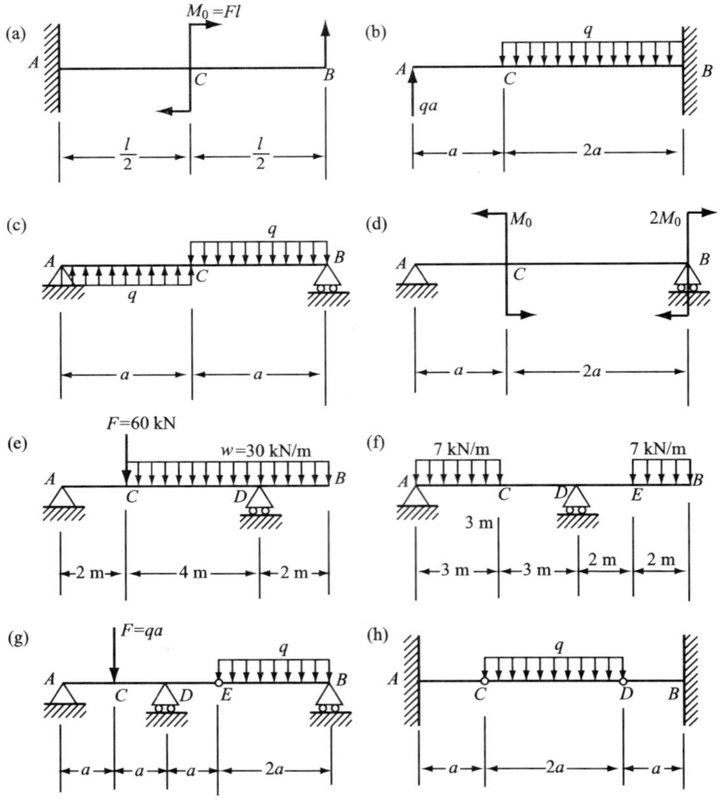

题 9.8　图

9.9 简支梁的剪力图如图所示。已知梁上没有集中力偶作用,试作该梁的剪力图和弯矩图。

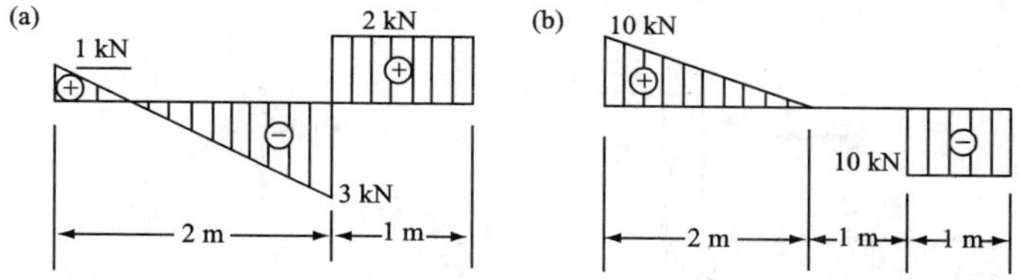

题 9.9 图

9.10 已知简支梁的弯矩图如图所示,试作该梁的剪力图和弯矩图。

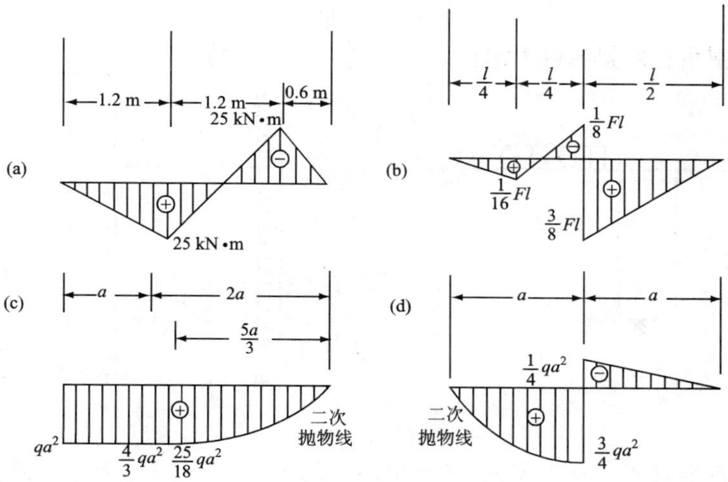

题 9.10 图

9.11 试求铰链 C 的位置 x,使图中所示梁 ACB 的固定端弯矩与 CB 段内的最大弯矩二者的绝对值相等。

9.12 图示起重机主梁上,起重小车的轮距为 c,起重力为 P,试求:

(1)欲使梁内弯矩最大,小车所在的位置以及最大弯矩的数值;

(2)若 c 与 l 相比可以忽略不计,上述问题的近似结果。

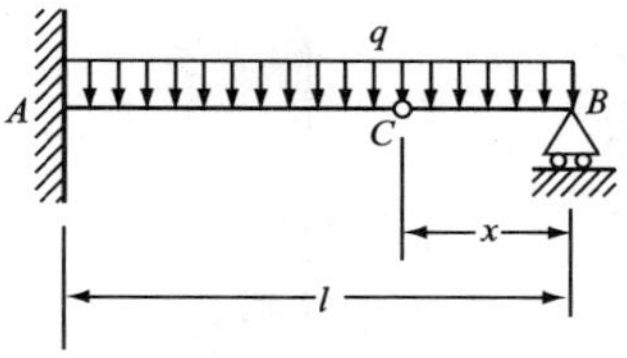

题 9.11 图

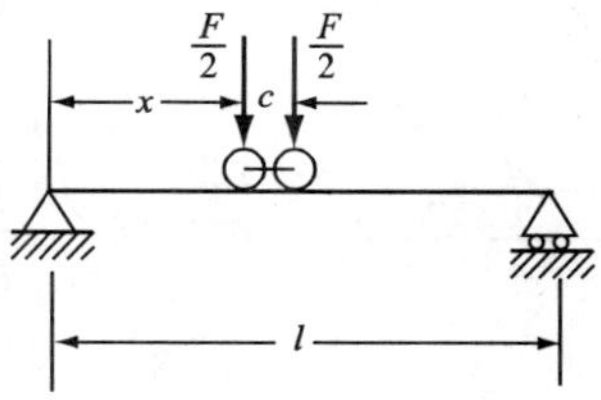

题 9.12 图

9.13 试作图 a 所示斜梁的内力图,若支座改成图 b 和图 c 的情况,内力图有何改变?

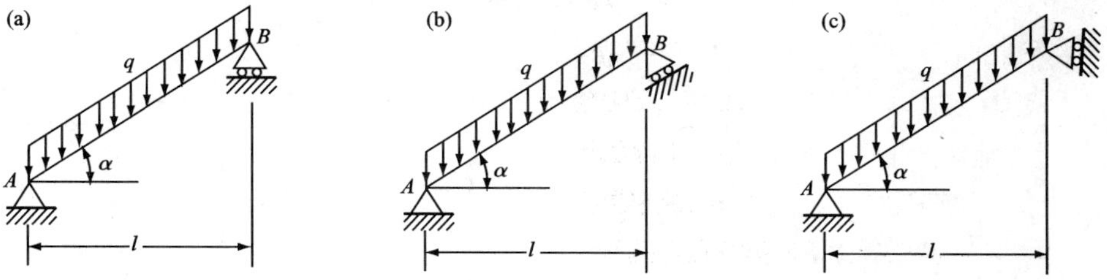

题 9.13 图

9.14 折杆 ABC 受力如图所示，试作各折杆的内力图。

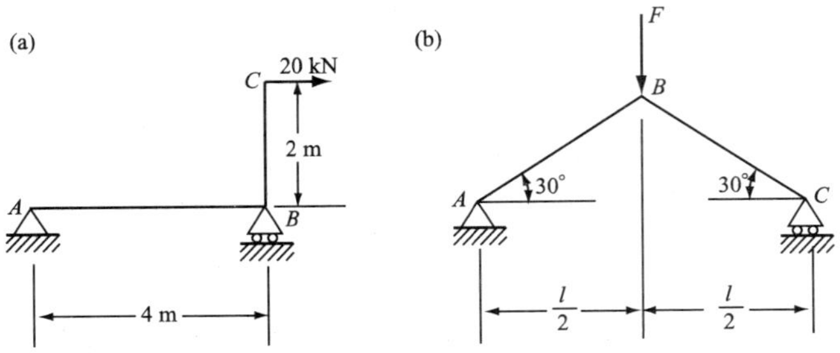

题 9.14 图

9.15 试作图示各刚架的内力图。

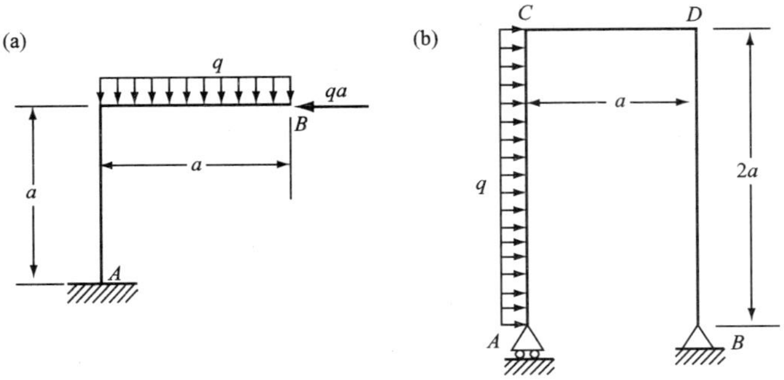

题 9.15 图

9.16 圆弧形曲杆受力如图所示，试写出曲杆的内力方程，并作图示各曲杆的内力图。

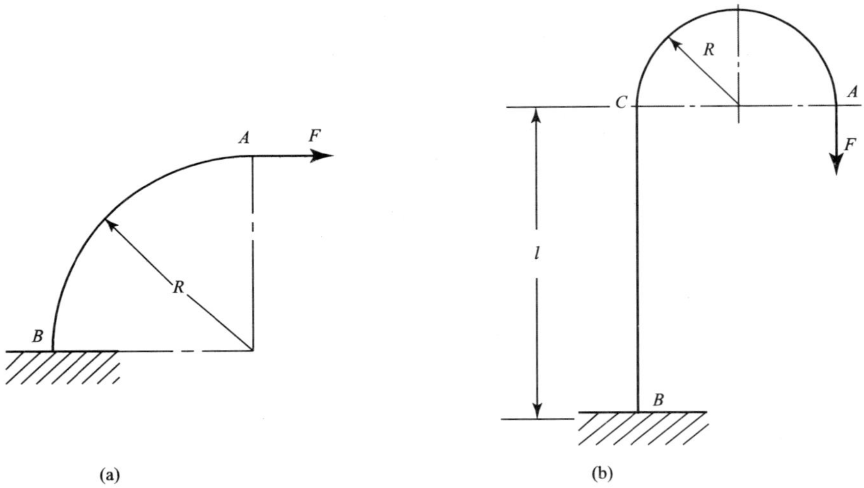

题 9.16 图

第十章 弯曲应力

教学要求：

1. 掌握梁在纯弯曲时横截面上正应力公式的推导方法；
2. 能正确认识弯曲梁横截面上正应力的分布规律，熟练计算梁的弯曲正应力，熟练掌握弯曲正应力强度条件及其在工程实际中的应用；
3. 能正确理解矩形截面梁弯曲切应力公式的推导方法，掌握工程中常见截面梁横截面上最大弯曲切应力的计算，了解常用截面上弯曲切应力的分布规律；
4. 掌握弯曲切应力强度条件和计算方法及其在工程中的应用；
5. 了解提高梁弯曲强度的主要措施。

工程中将以弯曲变形为主的杆件称为**梁**(beam)。在第四章中，采用平衡的方法，计算出梁横截面上的剪力和弯矩。而梁的强度，与横截面上的应力分布有关。那么，弯曲梁横截面上的正应力和切应力是如何分布的？如何计算梁内最大正应力和最大切应力，并确定其所在位置？如何进行弯曲梁的三类强度计算？这些就是本章要重点讨论的问题。由于分析计算横截面上各点的应力属超静定问题，仍需综合静力、几何和物理三方面的关系进行研究。本章首先研究对称弯曲梁横截面上的正应力和切应力，然后介绍梁的强度计算，接着讨论两互垂平面内的弯曲，最后介绍非对称弯曲和弯曲中心的概念。

§10.1 弯曲正应力

梁在外荷载作用下产生弯曲变形，其横截面上将产生什么应力？这些应力在横截面上是如何分布的？如何计算这些应力？下面就围绕这些问题进行分析和研究。

为了便于研究，我们先考察梁的横截面上只有弯矩没有剪力的简单情形。例如，当梁的两端各受到一个大小相等、转向相反的力偶 M 作用时(图 10.1a)，横截面上就只有弯矩 M 而剪力 $F_S=0$，这种情形称为**纯弯曲**(pure bending)。在力学实验室里，常常用图 10.1b 所示的简单而方便的加载方式来实现纯弯曲变形。梁在距两端均为 a 处分别受到一个集中力 F 的作用，由图 10.1c、d 所示梁的剪力图和弯矩图可见，在两个集中力 F 之间的一段梁的变形就是纯弯曲。

若等截面直梁的横截面有一对称轴，它与轴线形成梁的纵向对称面。当梁上的外力均作用在该对称面内时(图 10.2)，则变形后的轴线是位于这个对称面内的一条平面曲线，这种弯曲称为**对称弯曲**(symmetrical bending)。

仅从梁横截面上法向力的合成结果等于弯矩的静力条件，可知弯曲正应力在截面上可以有许多种分布形式都能满足要求，所以，这是一个超静定问题。因此，需要采用三关系法来研究对称弯曲梁纯弯曲时横截面上的正应力。

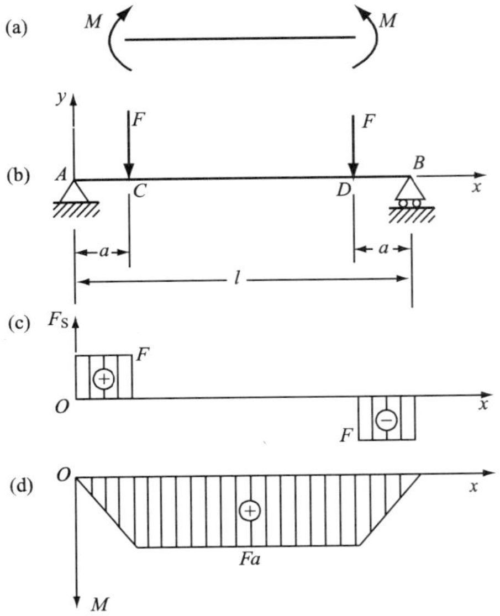

图 10.1

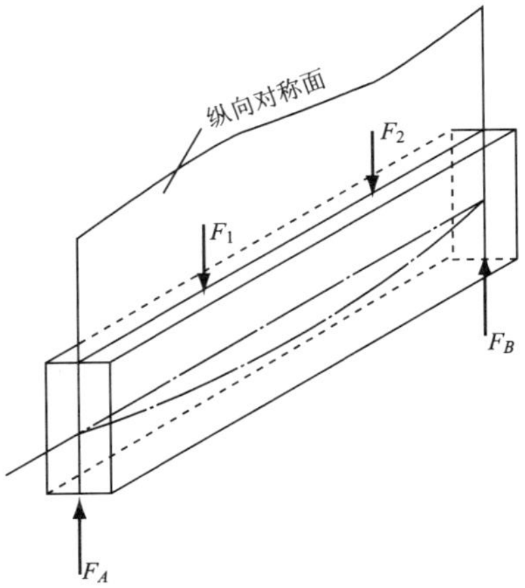

图 10.2

(1)几何关系

为分析梁的弯曲变形,首先进行实验观察。取一根矩形等截面直梁做弯曲实验。在加载前,先在梁的中段表面上作横向直线,并在直梁的两侧面上作纵向直线,如图 10.3a 所示。然后在直梁两端施加一对集中力偶 M,使其产生纯弯曲变形,如图 10.3b 所示。可观察到以下现象:

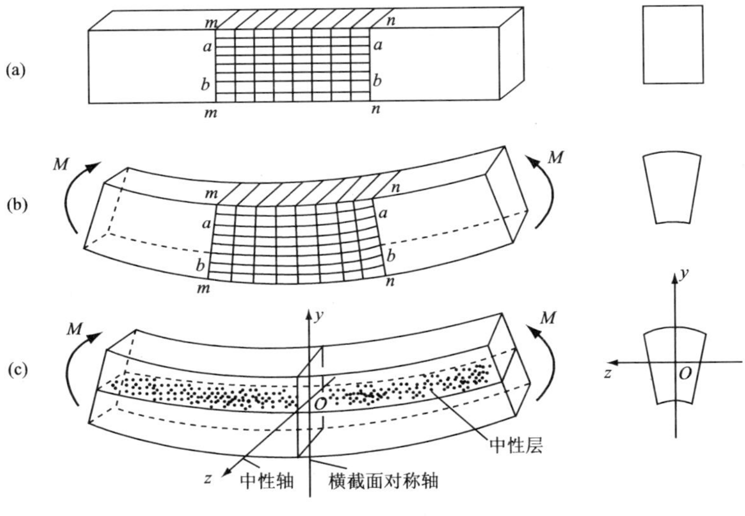

图 10.3

①梁侧面上的横向线仍为直线,只不过各线已互相倾斜,但仍与纵向线垂直。横向轮廓线在一个倾斜的平面内。

②纵向线弯成曲线,靠近梁上表面的纵向线缩短,而靠近梁下表面的纵向线伸长。

根据梁弯曲后表面的变形情况,经过由表及里的推断,可假设:直梁产生纯弯曲变形时,横截面仍保持为平面,且始终与梁的轴线垂直。这就是梁弯曲变形时横截面的**平面假设**,是推导梁弯曲时应力和变形公式的基础,弹性理论的分析和实验结果都证实了平面假设的正确性。

设想梁是由许多纵向纤维组成的，根据观察结果可知梁弯曲变形后，必然要引起靠近底面的纵向纤维伸长，靠近顶面的纵向纤维缩短。因为横截面仍保持为平面，应由底面纤维的伸长连续地逐渐变为顶面纤维的缩短，中间必有一层纵向纤维既不伸长也不缩短，这层长度不变的纤维层称为**中性层**(neutral surface)(图 10.3c)。中性层与横截面的交线称为**中性轴**(neutral axis)。取梁横截面的对称轴为轴 y，中性轴为轴 z，而轴 x 沿梁的轴线方向(图 10.4a)。现考察梁某一微段 $\mathrm{d}x$(图 10.4b)的变形。变形后，中性层上的纵向线段变成圆弧线，设其曲率半径为 ρ，而微段两端横截面绕其中性轴相对地转动了一个角度 $\mathrm{d}\theta$。距中性层为 y 的任一纵向线段 ab，由原长 $\mathrm{d}x=\rho\mathrm{d}\theta$，变为 $(\rho-y)\mathrm{d}\theta$。因此，线段 ab 的纵向应变为

$$\varepsilon_x=\frac{(\rho-y)\mathrm{d}\theta-\rho\mathrm{d}\theta}{\rho\mathrm{d}\theta}=-\frac{y}{\rho}$$

上式表明，纵向线段的线应变与其距中性层的距离成正比。负号表示在正弯矩作用下，中性层以上的纵向线段缩短，以下的纵向线伸长。

(2)物理关系

由于等直梁段上没有横向力作用，可假设纵向线段之间没有挤压，亦即处于单向拉伸或压缩的状态下，当应力不超过材料的比例极限时，由胡克定律可知横截面上正应力的分布规律为

$$\sigma=E\varepsilon_x=-E\frac{y}{\rho} \tag{10.1}$$

即横截面上的正应力沿宽度均匀分布，沿高度呈线性规律变化，在中性轴各点处的正应力均为零(图 10.5a)。

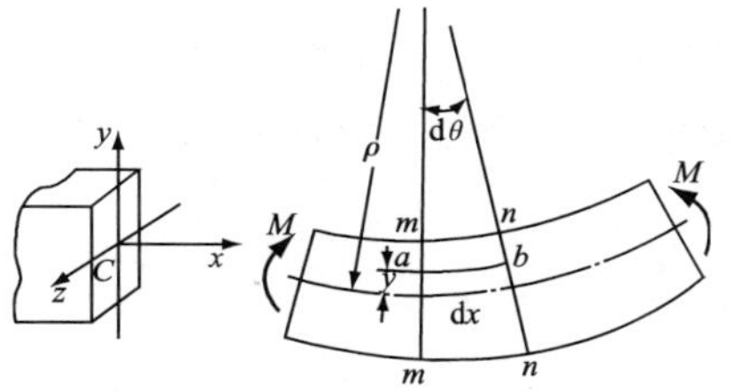

(a) (b)

图 10.4

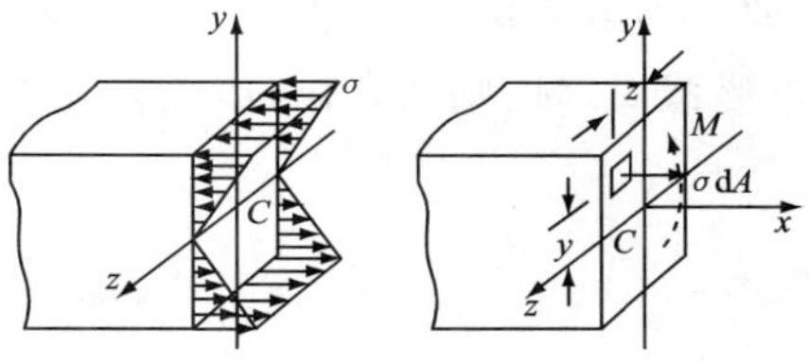

(a) (b)

图 10.5

(3)静力关系

由于横截面上的内力分量只有作用于纵向对称平面内的弯矩 M(图 10.5b)，因此，应力与内力分量间的静力关系为

$$F_{\mathrm{N}}=\int_A\sigma\mathrm{d}A=0 \tag{a}$$

$$M_y=\int_A z\sigma\mathrm{d}A=0 \tag{b}$$

$$M_z=-\int_A y\sigma\mathrm{d}A=M \tag{c}$$

将式(10.1)代入式(a)，得

$$\int_A\sigma\mathrm{d}A=-\frac{E}{\rho}\int_A y\mathrm{d}A=-\frac{E}{\rho}S_z=0$$

由于$\frac{E}{\rho}$不可能为零，则要求横截面对中性轴的静矩 S_z 等于零，因此中性轴必须通过截面的形心。

将式(10.1)代入式(b)，得

$$\int_A z\sigma \mathrm{d}A = -\frac{E}{\rho}\int_A zy\mathrm{d}A = 0$$

令积分 $\int_A yz\mathrm{d}A = I_{yz}$，称为截面对轴 y,z 的**惯性积**(product of inertia)。由于轴 y 是横截面的对称轴，由对称性可知，I_{yz} 必然等于零，故式(b)是自然满足的。

将式(10.1)代入式(c)，得

$$-\int_A y\sigma \mathrm{d}A = \frac{E}{\rho}\int_A y^2\mathrm{d}A = M$$

令积分 $\int_A y^2\mathrm{d}A = I_z$，称为横截面对中性轴 z 的**惯性矩**或**截面二次轴矩**(second axial moment of area)。于是有

$$\frac{1}{\rho}=\frac{M}{EI_z} \tag{10.2}$$

式中 $\frac{1}{\rho}$ 是梁变形后的曲率。上式表明，在弯矩不变的情况下，EI_z 越大，则曲率 $\frac{1}{\rho}$ 越小，故 EI_z 称为梁的**弯曲刚度**(flexural rigidity)。

将式(10.2)代回式(10.1)，即得对称弯曲梁纯弯曲时横截面上任一点处的正应力为

$$\sigma=-\frac{My}{I_z} \tag{10.3}$$

横截面上的最大拉、压应力分别发生在离中性轴的最远处。当中性轴为截面的对称轴(如圆形、工字形截面)时，则最大拉、压应力在数值上是相等的，令 $y_{\max}$ 表示最远处到中性轴的距离，则

$$\sigma_{\max}=\frac{My_{\max}}{I_z}=\frac{M}{W_z} \tag{10.4}$$

式中：$W_z=\frac{I_z}{y_{\max}}$ 称为**弯曲截面系数**(section modulus in bending)。

对称纯弯曲梁的正应力公式(10.3)是综合考虑了几何、物理和静力三个关系才得到的。问题的几何关系是在横截面保持平面的基础上，得到梁的纵向线段的线应变与距中性轴的距离成正比。按弹性理论的方法进行分析，可以证明等截面直梁在纯弯曲时其横截面确实保持平面。但当横截面上同时有剪力和弯矩时(称为**横力弯曲**)，由于有切应力，其截面将发生翘曲；同时，由于梁上横向力的作用，往往还会引起纵向线段之间的挤压。这些因素均会影响到横截面上正应力的分布规律。但对于细长梁而言，弯矩是主要的，按式(10.3)计算的正应力一般不会引起很大的误差。式(10.3)也可近似用于小曲率的曲梁，但有一定误差。问题的物理关系则要求材料在线弹性范围内工作，且材料在拉伸和压缩时的弹性模量相等，这是应用式(10.3)的限制条件。

此外，在研究问题的过程中，假设梁两端的受力分布与横截面上的应力分布完全相同。在此前提下得到的应力公式才严格满足两端面上力的边界条件。但在工程实际中，端部的加载方式可能不同，局部受力区域的应力和变形将会有很大的差异。但是在离局部加载区域稍远处，根据圣维南原理，受其不同加载方式影响的程度很小，一般可忽略不计。

§10.2 惯性矩　平行轴定理

在应用式(10.3)计算梁的正应力时,须预先计算横截面对中性轴的惯性矩。对于一些简单图形的截面,如矩形、圆形等,可以直接根据惯性矩的定义,用积分的方法来计算。例如,为求图10.6所示矩形截面对中性轴 z 的惯性矩 I_z,可取宽为 b,高为 dy 的狭长条作为微面积,即取 $dA=bdy$,积分后得

$$I_z=\int_A y^2 dA=\int_{-\frac{h}{2}}^{\frac{h}{2}} y^2 b dy=\frac{bh^3}{12} \tag{10.5}$$

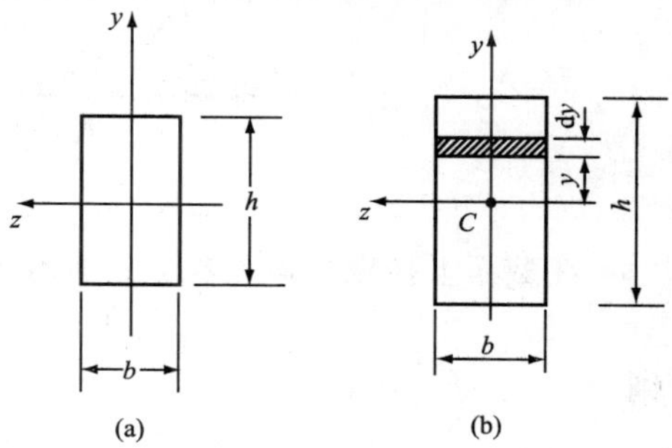

图　10.6

用同样的方法,可求得直径为 d 的圆形截面对通过圆心轴 z 的惯性矩为

$$I_z=\frac{\pi}{64}d^4 \tag{10.6}$$

若是外径为 D 内径为 d 的圆环形截面,则

$$I_z=\frac{\pi}{64}(D^4-d^4)=\frac{\pi D^4}{64}(1-\alpha^4) \tag{10.7}$$

式中:$\alpha=\dfrac{d}{D}$。

有时为了简便起见,将惯性矩表示为图形面积与某一长度平方的乘积,即

$$I_z=i_z^2 A$$

$$i_z=\sqrt{\frac{I_z}{A}} \tag{10.8}$$

i_z 为图形对轴 z 的惯性半径(radius of gyration for an area)。例如,矩形(图10.6)对轴 z 的惯性半径为

$$i_z=\sqrt{\frac{I_z}{A}}=\sqrt{\frac{bh^3}{12bh}}=\frac{h}{2\sqrt{3}}$$

同样可算得直径为 d 的圆形截面对任一形心轴的惯性半径为$\dfrac{d}{4}$。

工程上有许多梁的截面形状是比较复杂的,有些梁的截面形状是由几个部分组成的,对于这种组合图形,根据惯性矩的定义,组合图形对某一轴的惯性矩应等于各个组成部分对同一轴的惯性矩之和。例如图10.7所示的T形截面,可将其分为两个矩形Ⅰ和Ⅱ,则整个截面对轴 z 的惯性矩等于两个矩形对轴 z 的惯性矩 $(I_z)_{\mathrm{I}}$ 与 $(I_z)_{\mathrm{II}}$ 之和,即

$$I_z=(I_z)_{\mathrm{I}}+(I_z)_{\mathrm{II}}$$

在计算组合图形的各部分对整个截面中性轴的惯性矩时,往往会遇到这样的问题,中性轴并不通过各部分的形心,对中性轴的惯性矩并无简单的计算公式,图10.7所示的T字形截面就属于这种情况。这时,可应用下述的平行轴定理进行计算。

设有一任意形状的截面(图10.8),轴 y 和轴 z 是通过形心的一对形心轴,已知截面对形心轴的惯性矩分别为 I_y 和 I_z。如另一对坐标轴 y_1 和轴 z_1,它们分别与轴 y 和轴 z 平行,平行轴之间的距离分别为 a 和 b。现求截面对平行轴 y_1 和轴 z_1 的惯性矩。

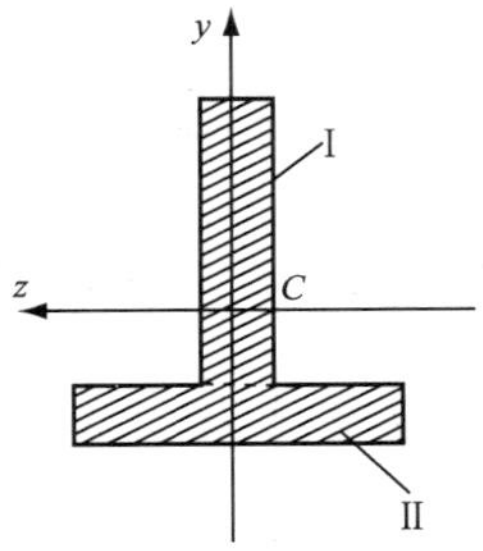

图 10.7

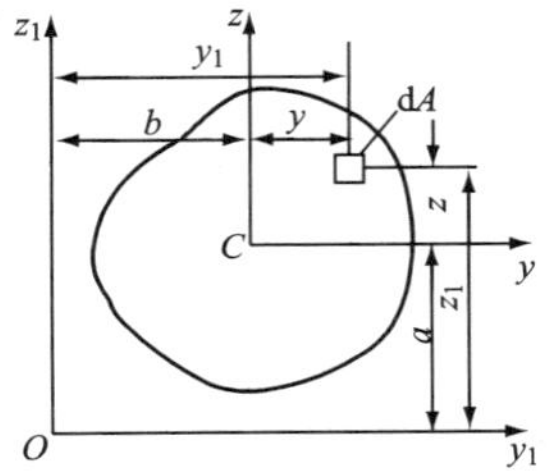

图 10.8

在截面上任取一微面积 dA，其在两个坐标系内的坐标 (y,z) 与 (y_1,z_1) 之间的关系为

$$y_1=y+b,z_1=z+a$$

则

$$\begin{aligned}I_{y_1}&=\int_A z_1^2\mathrm{d}A=\int_A(z+a)^2\mathrm{d}A\\&=\int_A z^2\mathrm{d}A+2a\int_A z\mathrm{d}A+a^2\int_A\mathrm{d}A\end{aligned}$$

上式中等号右边的第一项是截面对形心轴 y 的惯性矩 I_y；第二项中的积分为截面对形心轴 y 的静矩，必然等于零；第三项中的积分为截面的面积 A。因此，上式可表示为

$$I_{y_1}=I_y+a^2A \tag{10.9a}$$

同理

$$I_{z_1}=I_z+b^2A \tag{10.9b}$$

式(10.9)称为惯性矩的**平行轴定理**(parallel axis theorem)。

例 10.1 T形截面铸铁外伸梁的荷载和尺寸如图 10.9a 所示，试求梁内的最大拉应力和压应力。

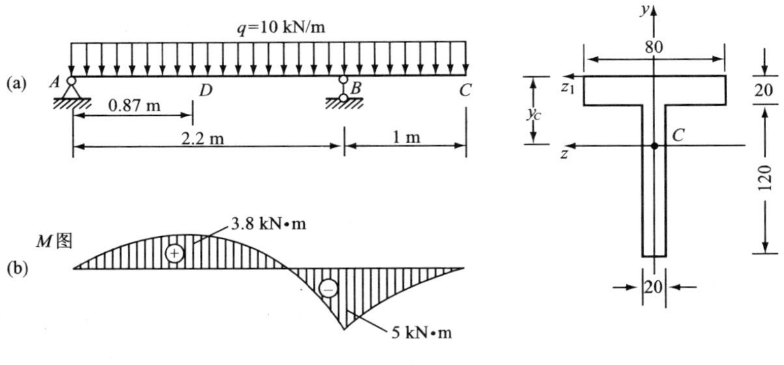

图 10.9

解：(1)确定截面中性轴的位置，并计算对中性轴的惯性矩。

设截面形心到顶边的距离为 y_C，取顶边轴 z_1 作参考轴，则

$$y_C=\frac{\Sigma A_i y_i}{\Sigma A_i}=\frac{(80\times20\times10+20\times120\times80)\mathrm{mm}^3}{(80\times20+20\times120)\mathrm{mm}^2}=52\ \mathrm{mm}$$

根据惯性矩的平行轴定理(式 10.9)，求得截面对中性轴的惯性矩为

$$\begin{aligned}I_z&=\left[\frac{80\times20^3}{12}+80\times20\times(52-10)^2+\frac{20\times120^3}{12}+20\times120\times(80-52)^2\right]\mathrm{mm}^4\\&=764\times10^4\ \mathrm{mm}^4=7.64\times10^{-6}\ \mathrm{m}^4\end{aligned}$$

(2)作弯矩图

如图 10.9b 所示，截面 B 有最大负弯矩，$M_B=-5\ \text{kN}\cdot\text{m}$；在 $x=0.87\ \text{m}$ 处截面 D 剪力为零，弯矩有极值，其值为 $M_D=3.8\ \text{kN}\cdot\text{m}$。

(3)求最大正应力

截面 B 负弯矩的绝对值最大，上边缘有最大拉应力，下边缘有最大压应力，即

$$\sigma_{t,\max}=\frac{(5\times10^3\ \text{N}\cdot\text{m})(52\times10^{-3}\ \text{m})}{7.64\times10^{-6}\ \text{m}^4}=34\times10^6\ \text{Pa}=34\ \text{MPa}$$

$$\sigma_{c,\max}=\frac{(5\times10^3\ \text{N}\cdot\text{m})[(140-52)\times10^{-3}\ \text{m}]}{7.64\times10^{-6}\ \text{m}^4}=57.6\times10^6\ \text{Pa}=57.6\ \text{MPa}$$

在截面 D，虽弯矩小于截面 B 弯矩的绝对值，但 M_D 是正弯矩，$\sigma_{t,\max}$ 位于截面的下边缘，由于离中性轴的距离最远，有可能发生比截面 B 还要大的拉应力。可得

$$\sigma_{t,\max}=\frac{(3.8\times10^3\ \text{N}\cdot\text{m})[(140-52)\times10^{-3}\ \text{m}]}{7.64\times10^{-6}\ \text{m}^4}=43.8\ \text{MPa}$$

可见，梁内的最大拉应力发生在截面 D 的下边缘，其值为 $\sigma_{t,\max}=43.8\ \text{MPa}$，而最大压应力发生在截面 B 的下边缘，其值为 $\sigma_{c,\max}=57.6\ \text{MPa}$。

§10.3 弯曲切应力

梁在横向力作用下产生弯曲时，在横截面上通常不仅有弯矩而且有剪力，这时横截面上除正应力外，还存在切应力。

研究截面上的弯曲切应力的分布比正应力分布要复杂些，要根据截面具体形状对切应力的分布适当地作出一些假设，然后采用局部平衡的方法，得出近似的公式。下面介绍等截面直梁在对称弯曲情形下，几种常见截面上切应力的计算公式。

1.矩形截面梁

宽为 b，高为 h 的矩形截面如图 10.10a 所示，截面上沿轴 y 作用有剪力 F_S。若 $h>b$，可以假设截面上各点切应力的方向与剪力 F_S 平行，且切应力沿截面宽度均匀分布。根据这些假设，由微体平衡条件可导出横截面上距中性轴为 y 的各点处切应力的近似计算公式为

$$\tau=\frac{F_S S_z^*}{bI_z} \tag{10.10}$$

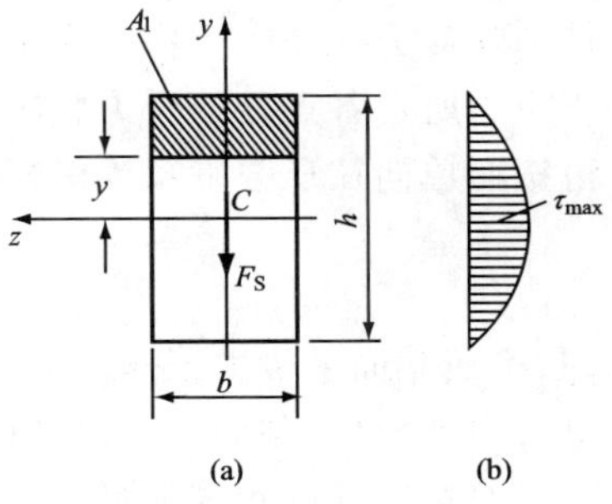

图 10.10

式中：I_z——截面对中性轴的惯矩；

b——所求切应力点处截面的宽度；

S_z^*——过所求切应力点沿宽度方向将横截面分为两部分，其中任一部分对中性轴的静矩；对于矩形截面(图 10.10a)，

$$S_z^*=\int_{A_1^*}y_1\,dA=\int_y^{\frac{h}{2}}y_1 b\,dy_1=\frac{b}{2}\left[\left(\frac{h}{2}\right)^2-y^2\right]$$

$$I_z=\frac{bh^3}{12}$$

于是，由式(10.10)得

$$\tau=\frac{3F_S}{2bh}\left(1-\frac{4y^2}{h^2}\right) \tag{10.11}$$

可见，切应力沿截面高度成抛物线分布(图 10.10b)。最大切应力发生在中性轴处($y=0$)，其值为

$$\tau_{\max}=\frac{3F_S}{2bh} \tag{10.12}$$

在截面高度 h 大于宽度 b 的情况下，按以上公式进行分析能满足工程上的要求。

2. 工字形截面梁

对于工字形截面(图 10.11a)。由于翼缘的宽度远大于腹板的宽度，翼缘主要承受水平方向的切应力，而铅垂方向的切应力很小，可略去。剪力 F_S 主要由腹板承担，沿 y 方向的切应力 τ 可按式(10.10)计算。由于 S_z^* 是 y 的二次函数，故腹板部分的切应力沿高度也是按抛物线规律变化的，如图 10.11b 所示。最大切应力发生在中性轴处，其值为

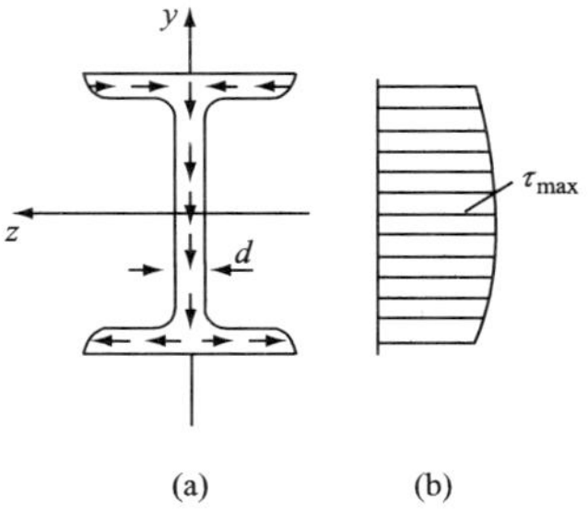

图 10.11

$$\tau_{\max}=\frac{F_S S_{z,\max}^*}{dI_z} \tag{10.13}$$

式中：d ——腹板宽度；

$S_{z,\max}^*$ ——中性轴任一侧的面积对中性轴的静矩。

对于轧制的工字型钢，I_z 和 $S_{z,\max}^*$ 可直接由型钢表查得。

§10.4 梁的强度计算

等截面直梁的最大弯曲正应力发生在最大弯矩的横截面上距中性轴最远的各点处，而该处的切应力往往等于零。而由横向力产生的挤压应力较小，可忽略不计。因此，可将最大弯曲正应力所在各点处的受力状况看作单向拉伸应力状态(图 2.16)或单向压缩应力状态。所以，可按照单向拉压强度条件的形式，建立梁弯曲正应力的强度条件为

$$\sigma_{\max}=\frac{M_{\max}}{W}\leqslant[\sigma] \tag{10.14}$$

即：梁横截面上最大工作正应力不得超过材料的许用应力。根据强度条件式(10.14)，可对梁进行强度校核，截面设计以及确定许可荷载。

对拉压强度相等的材料，例如低碳钢等塑性材料，只要梁内绝对值最大的正应力不超过许用应力即可。

对拉压强度不等的材料，例如铸铁等脆性材料，则最大拉应力和最大压应力都应不超过各自的许用应力。

对于横截面上既有弯矩又有剪力的横力弯曲情形，梁除满足正应力强度条件外，还应满足切应力强度要求。

等直梁的最大切应力一般发生在横截面中性轴上各点处，这些点处的正应力为零，均为纯剪切应力状态(图 3.7d)。因此，弯曲切应力的强度条件为

$$\tau_{\max}=\frac{F_{S,\max}S_{z,\max}^*}{bI_z}\leqslant[\tau] \tag{10.15}$$

进行弯曲梁的强度设计时，必须同时满足正应力和切应力强度条件。可先按正应力进行强度计算，再按切应力进行强度校核。细长实体梁的控制因素通常是弯曲正应力，只有在下述情况下，才进行梁的弯曲切应力强度校核：(1)梁的跨度较短，或在支座附近作用较大的荷载，致使梁的弯矩较小，而剪力很大；(2)铆接或焊接的薄壁截面梁，如工字梁等，若腹板较薄，小于相应型钢腹板，应对腹板进行切应力校核；(3)经焊接、铆接或胶合而成的梁，一般需对焊缝、铆钉或胶合面进行剪切强度计算。

例 10.2 简支木梁如图 10.12a 所示。已知梁的跨度 $l=5$ m，承受均布荷载 $q=3.6$ kN/m，木材顺纹许用应力 $[\sigma]=10$ MPa。若木梁的横截面为矩形，截面宽度与高度之比约为2∶3，试设计木梁的截面尺寸。

解：根据已知条件可作木梁的弯矩图如图 10.12b 所示。最大弯矩在梁的跨中截面上，其大小为

$$M_{\max}=\frac{ql^2}{8}=\frac{(3.6\ \text{kN/m})(5\ \text{m})^2}{8}=11.25\ \text{kN}\cdot\text{m}$$

由木梁弯曲正应力的强度条件式(10.14)，可得弯曲截面系数为

$$W_z\geqslant\frac{M_{\max}}{[\sigma]}=\frac{11.25\times10^3\ \text{N}\cdot\text{m}}{10\times10^6\ \text{Pa}}=1.125\times10^{-3}\ \text{m}^3$$

矩形截面弯曲截面系数的表达式为

$$W_z=\frac{bh^2}{6}$$

已知截面宽度与高度之比约为

$$\frac{b}{h}=\frac{2}{3}$$

所以有

$$W_z=\frac{1}{6}\cdot\frac{2h}{3}\cdot h^2\geqslant1.125\times10^{-3}\ \text{m}^3$$

可得

$$h\geqslant0.216\ \text{m},\qquad b\geqslant0.144\ \text{m}$$

例 10.3 悬臂工字钢梁如图 10.13a 所示。已知梁的长度 $l=1.2$ m，在自由端承受一集中荷载 F 的作用，工字钢的型号为 18 号，钢材的许用应力 $[\sigma]=170$ MPa，略去梁的自重，试求悬臂梁的最大许可荷载值。

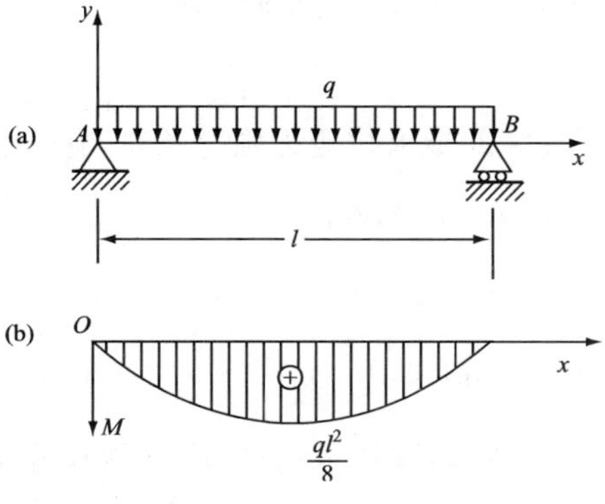

图 10.12

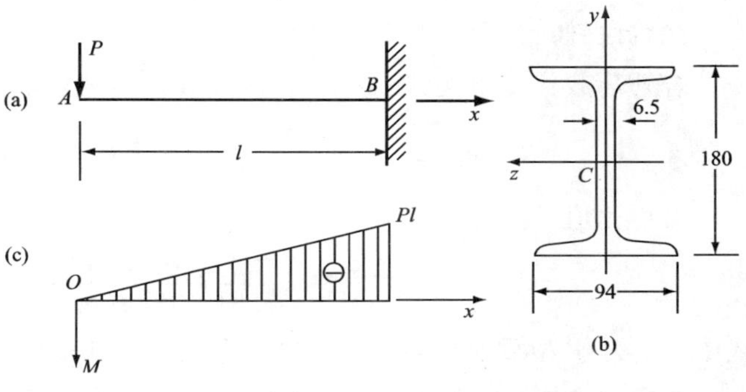

图 10.13

解:根据已知条件可作悬臂梁的弯矩图,如图 10.13c 所示。最大弯矩在靠近固定端的截面上,其大小为

$$M_{\max}=Fl=1.2F\ \text{N}\cdot\text{m}$$

由附录中工字钢的型钢表可查得,18 号工字钢的弯曲截面系数为

$$W_z=185\times10^3\ \text{mm}^3=185\times10^{-6}\ \text{m}^3$$

由悬臂梁弯曲正应力的强度条件式(10.14),可得

$$M_{\max}=1.2F\leqslant W_z\cdot[\sigma]=(185\times10^{-6}\ \text{m}^3)(170\times10^6\ \text{Pa})$$

因此,可求得悬臂梁的最大许可荷载值为

$$[F]=\frac{(185\times10^{-6}\ \text{m}^3)(170\times10^6\ \text{Pa})}{1.2\ \text{m}}=26.2\times10^3\ \text{N}=26.2\ \text{kN}$$

例 10.4 对于例 10.1 中 T 型截面铸铁外伸梁,若已知铸铁的许用拉应力$[\sigma_t]=30$ MPa,许用压应力$[\sigma_c]=90$ MPa。(1)试校核梁的强度;(2)若截面尺寸不变,试确定许可荷载集度$[q]$;(3)若荷载不变,T 型截面宽度不变,板厚不变,试设计截面腹板的高度。

解:(1)校核强度

由例 10.1 的计算结果可知:最大压应力发生在截面 B 的下边缘,有

$$\sigma_{c,\max}=57.6\ \text{MPa}<[\sigma_c]=90\ \text{MPa}$$

最大拉应力发生在截面 D 的下边缘,有

$$\sigma_{t,\max}=43.8\ \text{MPa}>[\sigma_t]=30\ \text{MPa}$$

可见,最大压应力满足强度条件,而最大拉应力不满足强度条件,需要修改设计。

(2)确定许可荷载$[q]$

研究外伸梁,由平衡方程可得支座 A 处的约束力为

$\Sigma M_B=0,F_A=0.873q$

截面 D 处的弯矩为

$$M_D=0.873q\times0.873-\frac{q}{2}(0.873)^2=0.381q$$

若截面尺寸不变,由截面 D 下边缘的最大拉应力的强度条件,有

$$\sigma_{t,\max}=\frac{(0.381q\ \text{N}\cdot\text{m})[(140-52)\times10^{-3}\ \text{m}]}{7.64\times10^{-6}\ \text{m}^4}\leqslant[\sigma_t]=30\times10^6\ \text{N/m}^2$$

可得许可荷载集度为

$$[q]=\frac{(30\times10^6\ \text{N/m}^2)(7.64\times10^{-6}\ \text{m}^4)}{(88\times10^{-3}\ \text{m})(0.381\ \text{m}^2)}=6.8\times10^3\ \text{N/m}=6.8\ \text{kN/m}$$

(3)设计腹板

若外荷载集度不变,仍为 $q=10$ kN/m。由截面 D 下边缘的最大拉应力强度条件,有

$$\sigma_{t,\max}=\frac{(3.81\times10^3\ \text{N}\cdot\text{m})y_{\max}}{I_z}\leqslant[\sigma_t]=30\times10^6\ \text{N/m}^2$$

可得比值

$$\frac{y_{\max}}{I_z}\leqslant\frac{30\times10^6\ \text{N/m}^2}{3.81\times10^3\ \text{N}\cdot\text{m}}=7\ 874\ 1/\text{m}^3$$

式中 $y_{\max}$为 T 型截面形心至下边缘的距离。图 10.9 中 T 型截面,除腹板高度外,其他尺寸不变。给定一个腹板高度,可求出形心位置 y_C 和惯性矩 I_z,由截面总高度减 y_C 可得 $y_{\max}$,从而求出上述比值。经过试算可知,当腹板高度 $h=151$ mm 时,其比值

$$\frac{y_{max}}{I_z}=\frac{105.1\times10^{-3}\ \mathrm{m}}{13.44\times10^{-6}\ \mathrm{m}^4}=7\ 820\ 1/\mathrm{m}^3<7\ 874\ 1/\mathrm{m}^3$$

因此，当腹板高度增加到 $h=151$ mm 时，T 型截面外伸梁的强度足够。

当腹板高度 $h=151$ mm 时，试计算外伸梁内最大切应力的大小，并指出其所在位置。若许用切应力 $[\tau]=26$ MPa。试说明是否需要校核该梁的弯曲切应力强度。

例 10.5 一吊车大梁，为 20a 号工字钢并在中段上、下用二块钢板加强而成，有关尺寸如图 10.14a 所示。若工字钢与钢板许用应力相同，$[\sigma]=165$ MPa，$[\tau]=100$ MPa。起吊重力 $F=50$ kN，试校核梁的强度。

解：(1)校核正应力强度

当荷载 F 位于梁跨度中点时(图 10.14b)，梁有最大弯矩，其值为

$$M_{max}=62.5\ \mathrm{kN\cdot m}$$

因为梁中段用钢板加强，故横截面的惯性矩应为工字钢与加强板截面的惯性矩之和。由型钢表查得 20a 号工字钢的惯性矩为 2 370 cm^4，故加强后截面的惯性矩为

$$I_z=2\ 370\ \mathrm{cm}^4+\frac{1}{12}(12\ \mathrm{cm})[(22^3-20^3)\ \mathrm{cm}^3]=5\ 018\ \mathrm{cm}^4$$

则梁跨中截面上的最大正应力为

$$\sigma_{max}=\frac{M_{max}y_{max}}{I_z}=\frac{(62.5\times10^3\ \mathrm{N\cdot m})(0.11\ \mathrm{m})}{5\ 018\times10^{-8}\ \mathrm{m}^4}=137\ \mathrm{MPa}<[\sigma]=165\ \mathrm{MPa}$$

当荷载移至截面突变处也是一种不利位置(图 10.14)，此时梁的最大弯矩为

$$M'_{max}=40\ \mathrm{kN\cdot m}$$

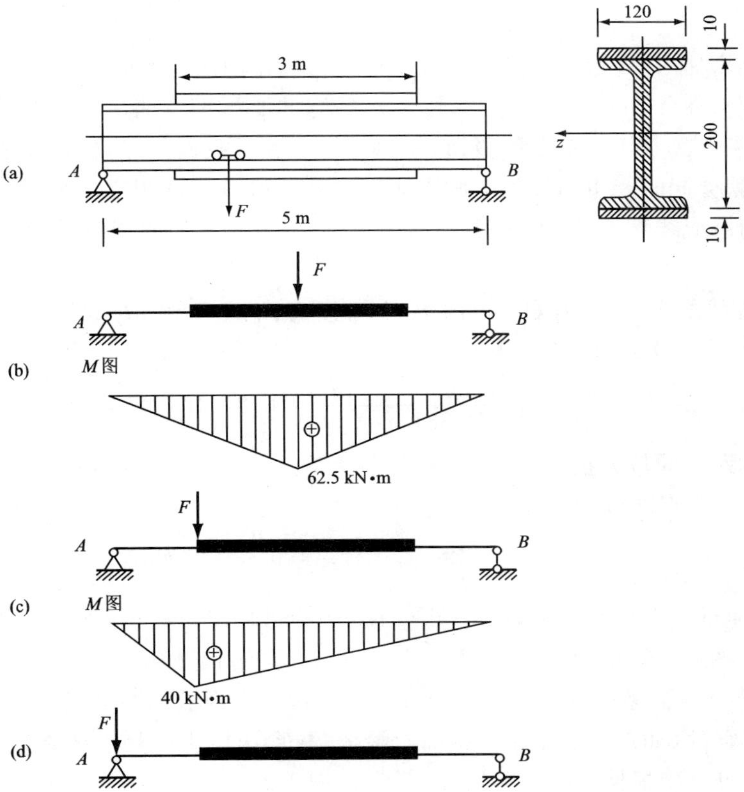

图 10.14

未加强段横截面的弯曲截面系数由型钢表查得：$W_z=237\ \text{cm}^3$。这时梁内的最大正应力为

$$\sigma'_{\max}=\frac{M'_{\max}}{W_z}=\frac{40\times10^3\ \text{N}\cdot\text{m}}{237\times10^{-6}\ \text{m}^3}=169\ \text{MPa}>[\sigma]=165\ \text{MPa}$$

计算表明，梁跨中截面最大弯曲正应力满足强度条件，而截面突变处最大弯曲正应力大于许用正应力，但由于最大正应力超出许用正应力的数值相对许用正应力的百分比没超出5%，仍可认为该梁满足正应力强度条件。

(2)校核切应力强度

当荷载很靠近支座 A 时(图10.14d)，梁内的剪力最大。由平衡条件可知，支反力 F_A 约等于 F。于是，由截面法求得

$$F_{S,\max}=F_A\approx F=50\ \text{kN}$$

由型钢表查得 $I_z/S_{z,\max}=17.2\ \text{cm}$，腹板厚度 $d=7\ \text{mm}$。于是，按式(10.13)求得梁内的最大切应力为

$$\tau_{\max}=\frac{F_{S,\max}S_{z,\max}}{dI_z}=\frac{(50\times10^3\ \text{N})}{(7\times10^{-3}\ \text{m})(17.2\times10^{-2}\ \text{m})}=41.5\ \text{MPa}<[\tau]=100\ \text{MPa}$$

综上所述，荷载在移动过程中，梁内的最大正应力为169 MPa，最大切应力为41.5 MPa，分别满足正应力和切应力强度条件。

由上例可见，即使对于型钢这类薄壁截面的细长梁，在强度设计中，其弯曲正应力强度仍为主要控制因素，而弯曲切应力为次要因素。

§10.5 两互垂平面内的弯曲

梁发生对称弯曲时，变形后的轴线所在平面与荷载作用面及梁的纵向对称面为同一平面，因此也称为**平面弯曲**(plane bending)，实际上对称弯曲是平面弯曲的一种最简单的特例。在工程实际中，许多梁具有正交双对称截面，如：矩形，工字形截面等，当横向荷载作用在双对称纵向面内时，梁就会同时产生两互垂平面内的弯曲。若材料服从胡克定律，且变形很小，由于弯曲正应力与荷载成线性关系，可采用叠加的方法计算两互垂面内弯曲时，截面上任意一点的正应力。

如果梁的横截面是双向对称的，两纵向对称面内的弯矩 M_y，M_z 均按正值画出，如图10.15a所示。采用叠加的方法，得到横截面上任一点 $A(y,z)$ 处的正应力为

$$\sigma=\sigma_{M_y}+\sigma_{M_z}=\frac{M_y}{I_y}z-\frac{M_z}{I_z}y \qquad (10.16)$$

为确定横截面上的最大正应力，需先确定中性轴的位置。设中性轴上各点的坐标为(y_0,z_0)，由于中性轴上各点的应力为零，于是，由式(10.16)可得

$$\frac{M_y}{I_y}z_0-\frac{M_z}{I_z}y_0=0 \qquad (10.17)$$

可见，中性轴是通过截面形心的斜直线。中性轴将截面划分为受拉和受压的两个区域。在截面周边上，离中性轴最远的 D_1 和 D_2 两点分别是截面上最大拉、压应力的作用点(图10.15b)。将两点的坐标分别代入式(10.16)，即可得到横截面上的最大拉、压应力。对于周边具有棱角的截面(如矩形和工字形截面)，最大的拉、压应力必然发生在截面的棱角处(图10.15c)。于是，可直接根据梁的变形情况，确定截面上的最大拉、压应力所在的位置，而无需确定中性轴位置。

由于最大拉应力和最大压应力点处为单向拉伸和单向压缩，因此，可直接将最大正应力与材料的许用正应力相比较，建立强度条件，进行三类强度计算。

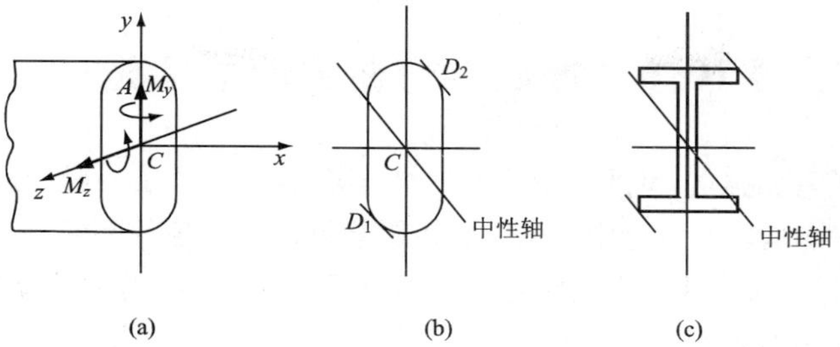

图 10.15

例 10.6 图 10.16a 所示悬臂梁由工字钢制成。若作用于自由端的集中力 $\boldsymbol{F}$ 与轴 y 的夹角为 φ，许用应力为$[\sigma]$，试建立梁的正应力强度条件。

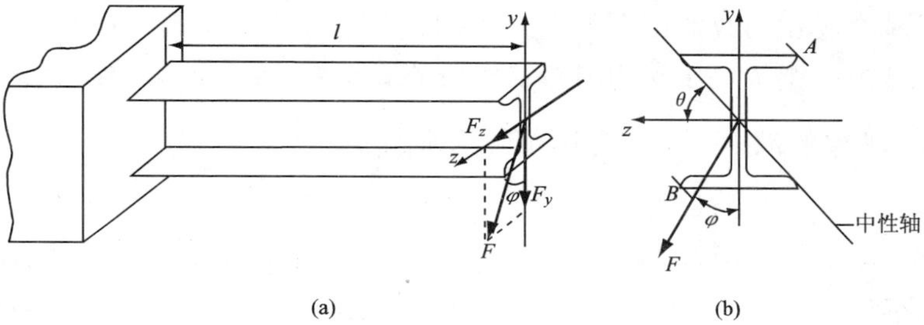

图 10.16

解：在图示坐标系中，y，z 为截面的对称轴。将 $\boldsymbol{F}$ 沿轴 y，z 分解，得

$$F_y = F\cos\varphi, \qquad F_z = F\sin\varphi$$

问题转化为两相互垂直平面内弯曲的叠加。在固定端，弯矩最大，其值为

$$M_y = -F_z \cdot l = -F\sin\varphi \cdot l$$

$$M_z = -F_y \cdot l = -F\cos\varphi \cdot l$$

按式(10.16)，可知固定端截面上任一点的正应力为

$$\sigma = \frac{M_y}{I_y}z - \frac{M_z}{I_z}y = -Fl\left(\frac{\sin\varphi}{I_y}z - \frac{\cos\varphi}{I_z}y\right) \tag{a}$$

若令 $\sigma = 0$，即得中性轴方程

$$\frac{M_y}{I_y}z_0 - \frac{M_z}{I_z}y_0 = 0$$

设中性轴与轴 z 的夹角为 θ(图 10.16b)，则

$$\tan\theta = \frac{y_0}{z_0} = \frac{I_z}{I_y} \cdot \frac{M_y}{M_z} = \frac{I_z}{I_y}\tan\varphi$$

因为 $I_z \neq I_y$，故 $\theta \neq \varphi$，表明中性轴与力的作用平面并不垂直。由于变形后梁轴线所在平面与中性轴不垂直，所以变形后梁轴线所在平面不在力作用面内，而是倾斜了一个角度，因此这种弯曲也称为**斜弯曲**。离中性轴最远的两点为 A 和 B，分别是梁内的最大拉、压应力作用点，其应力的绝对值相等，由式(a)可建立梁的正应力强度条件为

$$\sigma_{\max} = \left|\frac{M_y}{I_y}z_{\max}\right| + \left|\frac{M_z}{I_z}y_{\max}\right|$$

$$= \frac{|M_y|}{W_y} + \frac{|M_z|}{W_z} \leqslant [\sigma]$$

实际上，工字钢截面的危险点必然位于棱角处，完全可以直接按梁的变形来判断危险点的位置以及应力的正负。

§10.6 提高梁弯曲强度的措施

要保证梁有足够的弯曲强度，又要尽量节省材料以降低成本，这是一对矛盾。强度设计的任务就在于合理地解决这一矛盾。在设计中应具体分析影响梁强度的各种因素，例如，梁的受力和约束情况，梁的外形和截面尺寸等方面。下面将讨论工程中常采用的一些提高梁弯曲强度的措施。

(1)合理安排梁的荷载和约束

弯矩是引起弯曲变形的主要因素，合理地安排梁的荷载和约束，可以降低弯矩，从而提高梁的承载能力。

例如，受集中荷载作用的简支梁，当荷载位于梁跨度的中点时(图 10.17a)，梁内的弯矩最大。若将原来的单个集中力改为两个集中力(图 10.17b)或均布荷载(图 10.17c)，则后两者的最大弯矩仅为原来的一半。对于受均匀荷载作用的简支梁，若将两端的铰链支座各向内移动 $0.2l$(图 10.17d)，则梁的最大弯矩仅为均布荷载简支梁的$\frac{1}{5}$。

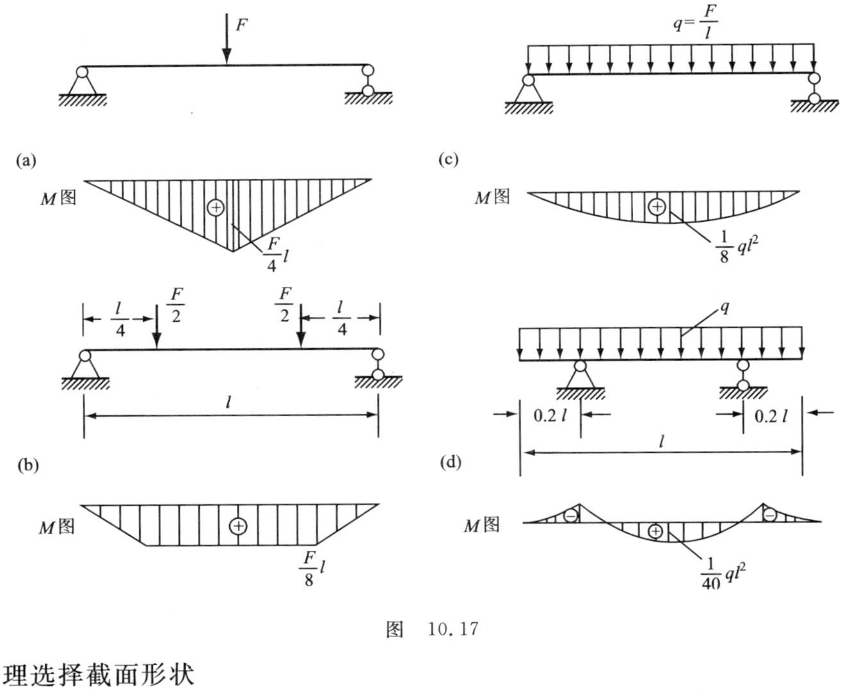

图 10.17

(2)合理选择截面形状

由于梁的弯曲正应力与梁的弯曲截面系数 W 成反比，因此，在横截面面积 A 相同的前提下，应尽量提高 W 值。为了发挥材料的潜力，应将较多的材料配置在远离中性轴的部位。由此可见，环形截面比圆形合理，矩形截面竖放比平放合理，而工字形又比竖放的矩形更合理些。

在选择梁的截面形状时，还要考虑到材料的特性。对于抗拉与抗压能力相等的塑性材料，应采用对称于中性轴的截面，这样才能使横截面上的最大拉、压应力值同时达到材料的许用应力，例如，工字形、箱形、圆形等截面。但对于用脆性材料制成的梁，由于材料的抗压强度高得多，所以，宜采用 T 形、U 形等对中性轴不对称的截面，并使中性轴偏向于受拉的一侧，尽量使梁的最大拉、压应力同时达到相应的许用拉、压应力。

应该指出，在设计矩形或工字形截面梁时，截面不能过于狭长，以免发生侧向失稳而丧失承载能力。另外，在设计工字形等薄壁截面梁时，应注意腹板的厚度不能太小，否则会因切应力强度不足而破坏。

(3)合理设计梁的外形

为了减轻梁自重和节省材料，常将梁设计成变截面的，尽量使各截面上的最大正应力相等。若各截面上的最大正应力都相等，这种梁称为**等强度梁**(beam of constant strength)。根据梁的正应力强度条件，可以得到梁截面的弯曲截面系数沿轴线的变化规律，即

$$W(x)=\frac{M(x)}{[\sigma]} \tag{10.18}$$

例如，宽度 b 不变而高度 h 可变化的矩形截面简支梁，梁的跨度中间受一集中力。若按等强度设计，则随截面位置而变化的截面高度 $h(x)$ 可由式(10.18)求得，即

$$W(x)=\frac{bh^2(x)}{6}=\frac{\frac{F}{2}x}{[\sigma]} \qquad \left(0\leqslant x\leqslant\frac{l}{2}\right)$$

$$h(x)=\sqrt{\frac{3Fx}{b[\sigma]}} \tag{a}$$

在靠近支座处，还应满足切应力的强度条件

$$\tau_{\max}=\frac{3}{2}\frac{F_S}{A}=\frac{3}{2}\frac{F/2}{bh_{\min}}=[\tau]$$

故支座附近处截面的最小高度为

$$h_{\min}=\frac{3F}{4b[\tau]} \tag{b}$$

按式(a)和(b)设计梁的外形，如图 10.18a 所示，若将梁制作成图 10.18b 所示形式，就是工程中常见的鱼腹梁了。

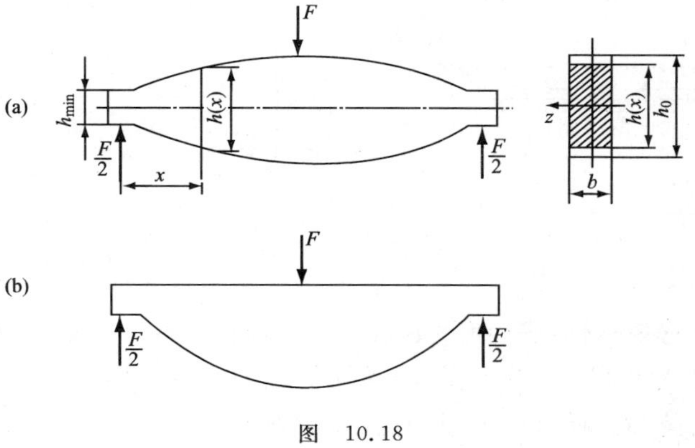

图 10.18

*§ 10.7 非对称弯曲正应力

若梁没有纵向对称平面，或梁虽具有纵向对称面，但外力的作用平面与该平面间有一夹角，这种弯曲称为**非对称弯曲**(unsymmetrical bending)。

截面图形对通过其上任一点的一对正交坐标轴的惯性积，将随着坐标轴所选取的方位不

同而变化，且有正有负。因此，总可以找到位于某一方位的一对正交坐标轴，使截面对坐标轴的惯性积等于零，则称这一对坐标轴为截面过某一点的**惯性主轴**(principal axes of inertia)。截面对主轴的惯性矩称为**主惯性矩**(principal moment of inertia)。通过截面形心的主轴，称为形心惯性主轴，简称**形心主轴**(centroidal principal axes)。显然，截面若有对称轴(如槽形截面)，则该对称轴一定是形心主轴，而与对称轴相垂直的另一个形心轴，亦是形心主轴。截面对形心主轴的惯性矩称为**形心主惯性矩**(centroidal principal moment of inertia)。

图 10.19 所示的非对称弯曲梁，设图中的轴 y,z 为横截面的形心主轴，如果弯曲力偶的作用平面与形心主惯性平面(形心主轴与梁轴线所形成的纵向平面)相重合。综合考虑几何、物理、静力三方面的关系，分析表明在弹性范围内，横截面上的正应力公式与对称弯曲完全相同，即

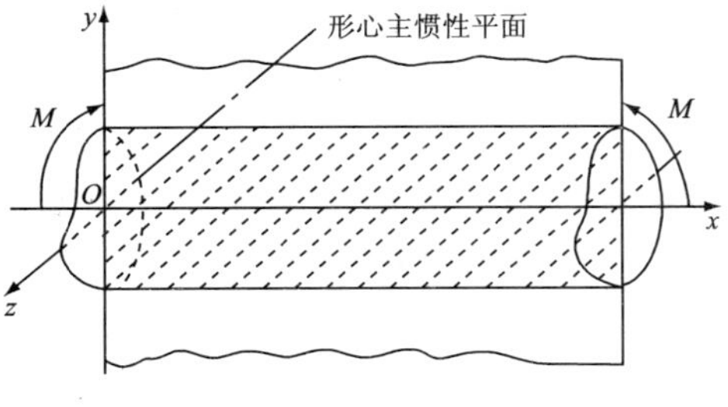

图 10.19

$$\sigma=-\frac{M}{I_z}y$$

式中 I_z 为截面对中性轴 z(为形心主轴)的惯性矩。由于中性轴垂直于弯矩所在平面，因此梁的轴线将在弯矩平面内弯成一条平面曲线。中性轴垂直于弯矩所在平面的弯曲形式，称为**平面弯曲**。对称弯曲时，中性轴垂直于弯矩作用面，所以，对称弯曲也是一种平面弯曲。

若弯矩所在平面与梁的形心主惯性平面平行，但不重合，这时梁的弯曲变形是否为平面弯曲？为什么？

例如，按二种不同形式放置的 T 字形截面悬臂梁，分别如图 10.20a，b 所示。虽然这两种情况分别为对称和非对称的弯曲，但弯矩所在平面均与形心主惯性平面相重合，因而都属于平面弯曲。这时，梁横截面上的正应力计算公式是完全相同的。

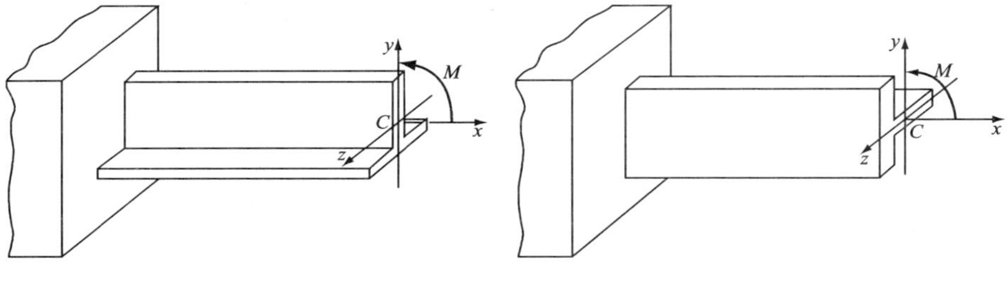

(a) (b)

图 10.20

如果梁横截面上弯矩的作用平面并不与形心主惯性平面相重合(图 10.21)，可将截面上的弯矩矢量分别向形心主轴 y,z 进行分解，从而简化为在两个形心主惯性平面内弯曲的叠加。横截面上任一点(y,z)处的正应力为

$$\sigma=\frac{M_y}{I_y}z-\frac{M_z}{I_z}y \tag{10.19}$$

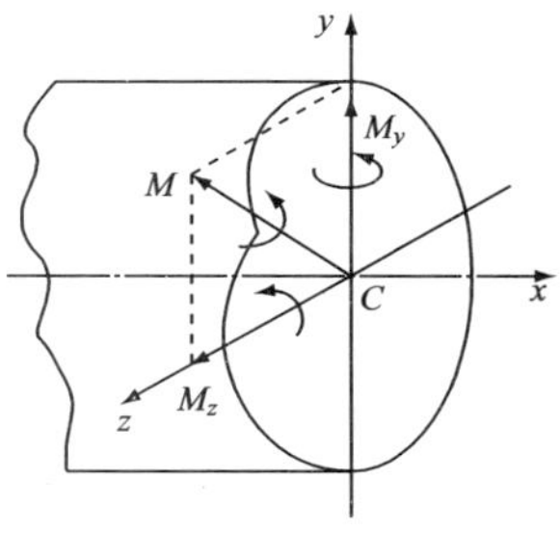

图 10.21

一等边角钢梁，横截面上的弯矩位于铅垂纵向平面，梁按照三种不同的形式放置，如图 10.22 所示。试问它们分别将发生何种形式的弯曲，横截面上的正应力如何分析？

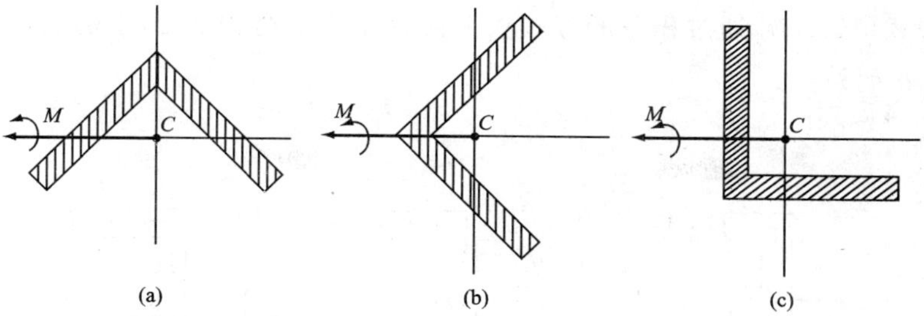

图 10.22

*§ 10.8 弯曲中心

前面指出，对于非对称的纯弯曲梁来说，只要外力偶的作用平面与形心主惯性平面重合或平行，梁将发生平面弯曲而无扭转。同样，在横力弯曲情况下，若梁具有纵向对称平面，且横向力作用于该对称面内，梁亦只有弯曲而无扭转。但对于非对称的横力弯曲来说，即使横向力作用于形心主惯性平面内，梁除发生弯曲变形外，还可能发生扭转变形，例如图 10.23a 所示的情况。只有当横向力作用线通过某一特定点 A 时，梁才只有弯曲而无扭转（图 10.23b）。横截面内的这一特定点 A 称为**弯曲中心**（bending center）。

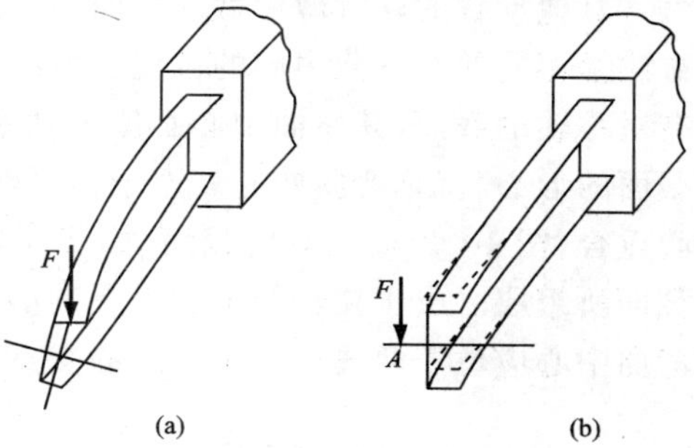

图 10.23

现以槽形薄壁截面梁为例（图 10.24a）来解释这一现象。假设梁只产生弯曲而无扭转，横向力应与横截面上的剪力位于同一纵向平面内。因此，横截面上剪力作用线的位置也就决定了横向力的作用位置。为此，必须分析横截面上弯曲切应力的分布规律。

假设横向力沿水平方向作用，且与对称轴（轴 z）重合，显然，这是对称弯曲的情况，切应力合力的作用线必然与轴 z 相重合。因此，弯曲中心位于对称轴上。

为确定弯曲中心在对称轴上的具体位置，再设横向力沿铅垂方向作用，使梁只发生弯曲而不扭转。这时横向力通过弯曲中心且与形心主惯性轴（轴 y）平行，因此发生平面弯曲。

由于是薄壁截面，各点处的切应力方向可假设与周边平行，且认为沿壁厚均匀分布。参照弯曲切应力公式（10.10），其横截面上切应力可按下式计算：

$$\tau=\frac{F_{Sy}S_z^*}{\delta I_z} \tag{10.20}$$

式中：F_{Sy} 是横截面上平行于轴 y 的剪力；S_z^* 则是截面开口处至所求点处局部面积对中性轴（轴 z）的静矩。按式（10.20）计算的横截面上切应力的分布规律如图 10.24b 所示。于是，可以分别计算作用于翼缘和腹板上的切向内力 F_1，F_2 和 F_3（图 10.24c）。F_1 和 F_3 相交于中心线的角点 B，以点 B 为矩心，由合力矩定理得

$$F_{Sy}e=F_2h$$

$$e=\frac{F_2h}{F_{Sy}}$$

由图 10.24a 和式(10.20),通过积分的方法求下翼缘截面上微内力 τdA 的合力,可求得 $F_2=\dfrac{F_{Sy}b^2h\delta}{4I_z}$,故 $e=\dfrac{b^2h^2\delta}{4I_z}$。

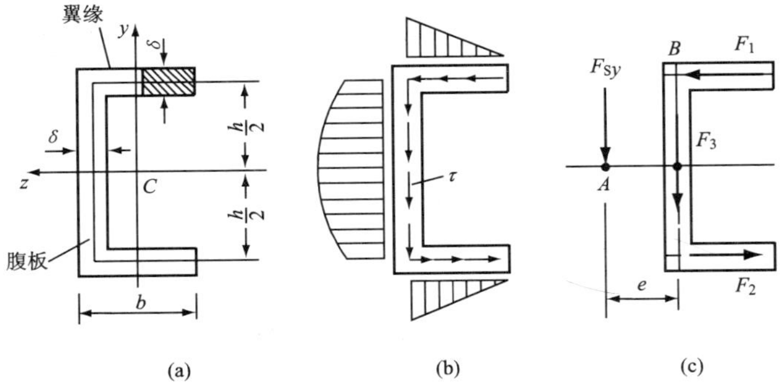

图 10.24

其他形状的开口薄壁截面弯曲中心位置的确定,其分析方法与确定槽形截面弯曲中心的方法是相同的。弯曲中心的位置仅取决于截面的形状和大小,而与剪力的大小无关。对于具有对称轴的截面,其弯曲中心必位于对称轴上。若截面有两根对称轴,则两对称轴的交点(即截面的形心)就是弯曲中心。至于像 Z 形截面这样反对称的截面,其弯曲中心也与截面的形心重合(图 10.25a)。有些截面,如 T 字形、等边或不等边角钢截面,它们都是由两个狭长矩形截面所组成。由于狭长矩形截面上的剪力作用线均通过两截面中线的交点,因此,这类截面的弯曲中心应位于两狭长矩形中线的交点(图 10.25b,c,d)。

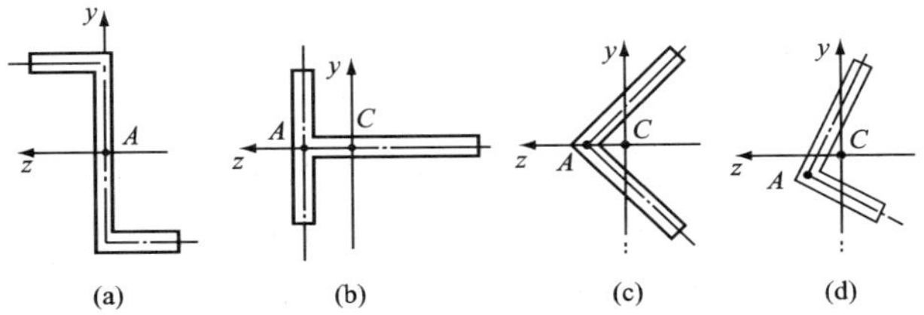

图 10.25

开口薄壁截面梁的抗扭刚度较小,若横向力不通过弯曲中心,将引起严重的扭转变形。实体梁或闭口薄壁梁的抗扭刚度较大,且弯曲中心常在截面形心附近,因而当横向力通过截面形心时,引起的扭转变形一般可不考虑。

本章小结

1.纯弯曲梁横截面上的正应力

横截面上距中性轴为 y 的任一点的正应力为

$$\sigma=\frac{M}{I_z}\cdot y$$

弯曲正应力的分布规律:横截面上任一点处的正应力的大小,与该点至中性轴的距离成正比,中性轴一侧为拉应力,另一侧为压应力。

最大正应力为

$$\sigma_{\max}=\frac{M_{\max}}{I_z}\cdot y_{\max}=\frac{M_{\max}}{W_z}$$

2.横力弯曲梁横截面上的切应力

横截面上距中性轴为 y 的任一点的切应力为

$$\tau=\frac{FS_z^*}{bI_z}$$

矩形截面梁弯曲切应力的分布规律:切应力方向与截面上剪力的方向一致,其大小沿截面高度呈抛物线变化。

最大切应力发生在截面中性轴处,计算公式为

$$\tau_{\max}=\frac{F_S S_{z,\max}^*}{bI_z}$$

3.弯曲正应力的强度条件

$$\sigma_{\max}=\frac{M_{\max}}{W_z}\leqslant[\sigma]$$

校核强度:$\sigma_{\max}=\frac{M_{\max}}{W_z}\leqslant[\sigma]$

设计截面:$W_z\geqslant\frac{M_{\max}}{[\sigma]}$　由 W_z 计算截面尺寸

确定许可荷载:$M_{\max}\leqslant[\sigma]W_z$　由 $M_{\max}$ 计算许可荷载值

4.弯曲切应力的强度条件

$$\tau_{\max}=\frac{F_{S,\max}S_{z,\max}^*}{bI_z}\leqslant[\tau]$$

切应力的强度计算同样有校核强度,设计截面和确定许可荷载三类问题。

应当指出:对于受弯曲的细长实体梁,弯曲正应力比弯曲切应力大得多,是主要因素,因此通常只需进行正应力强度计算。对于短梁或薄壁截面梁等情况,弯曲切应力不可忽略,可先按正应力强度条件进行计算,然后用切应力强度条件进行校核。

习　题

10.1　正方形截面悬臂梁承载如图所示,若按图 a,b 两种方式放置,试问抗弯强度何者为大,抗弯刚度何者为大?

10.2　试问图示槽形截面对形心主轴 z 和 y 的惯性矩是否可按下式计算?为什么?

$$I_y=\frac{h_1B^3}{12}-\frac{hb^3}{12}$$

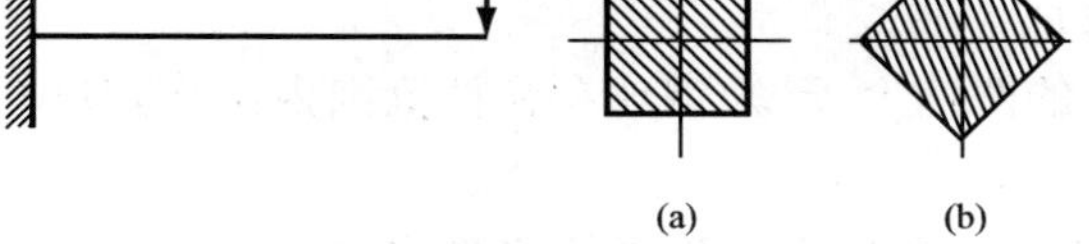

题 10.1　图

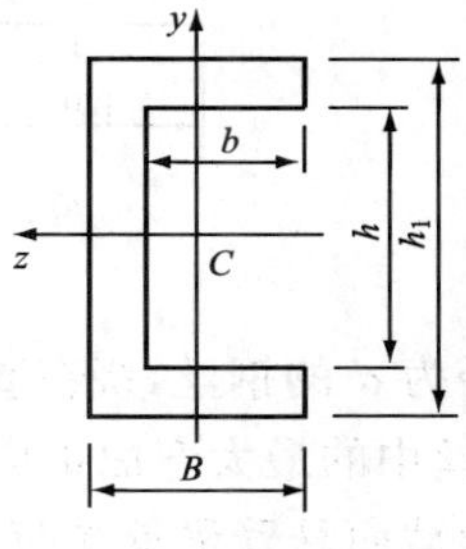

题 10.2　图

$$I_z = \frac{Bh_1^3}{12} - \frac{bh^3}{12}$$

10.3 试求图示各截面对形心轴 y 和 z 的惯性矩。

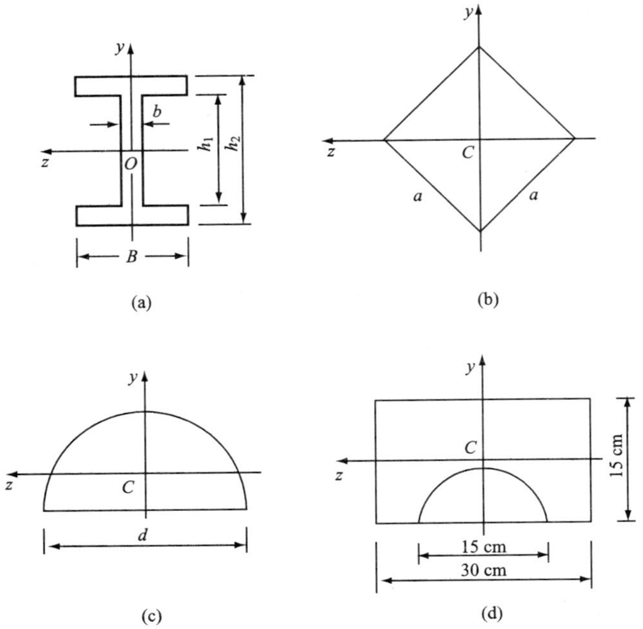

题 10.3 图

10.4 试求各图形对水平形心轴 y_C 的惯矩。

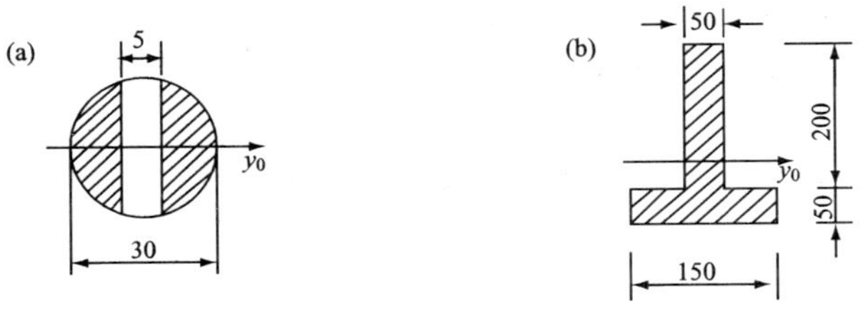

题 10.4 图

10.5 试求图示各截面图形对形心轴 z 的惯矩以及惯性半径。

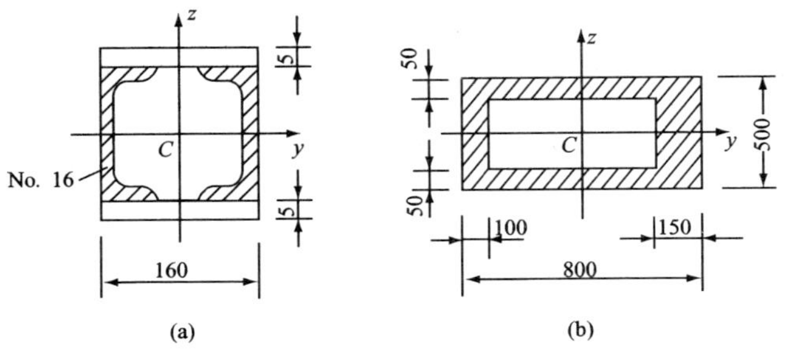

题 10.5 图

10.6 直径为 d 的钢丝，绕在直径为 D 的圆筒上，已知钢丝在弹性范围内工作，其弹性模量为 E，试求钢丝中的最大弯曲正应力。

10.7 矩形截面悬臂梁承受荷载如图所示。求作弯矩图并求危险截面上距下边 40 mm

的点 A 处正应力和危险截面上的最大正应力。

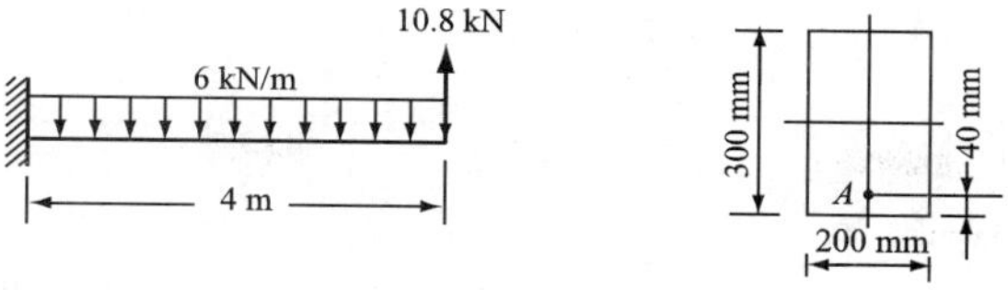

题 10.7　图

10.8　图中圆轴的外伸段为空心管状，试作弯矩图，并求轴内的最大正应力。

10.9　一外伸梁受载如图所示，梁为 16a 号槽钢所制成。试求梁内的最大拉应力和最大压应力，并指出其所作用的截面和位置。

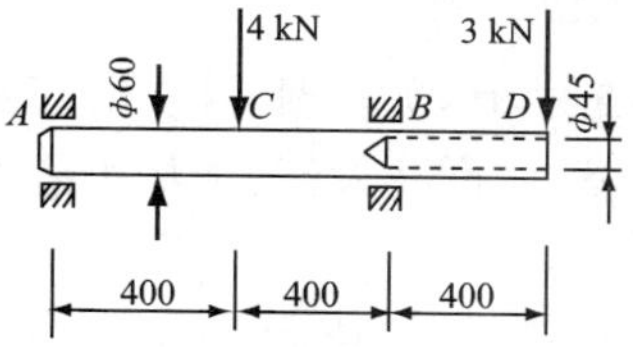

题 10.8　图

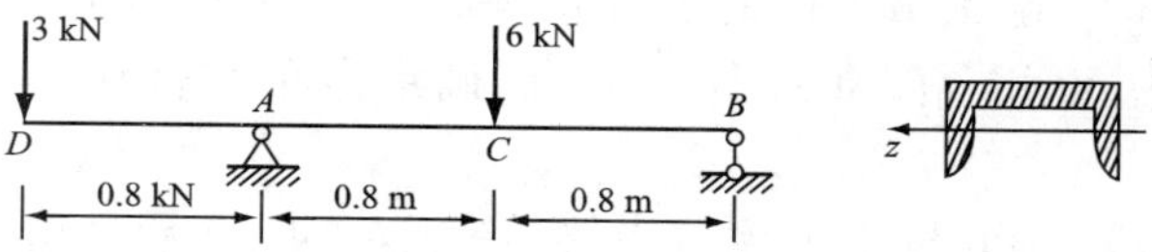

题 10.9　图

10.10　均布荷载作用下的简支梁由实心圆杆和圆管胶合而成，如图所示，实心圆杆的弹性模量为 E_1，圆管的弹性模量为 E_2。试分别计算两杆的最大弯曲正应力。

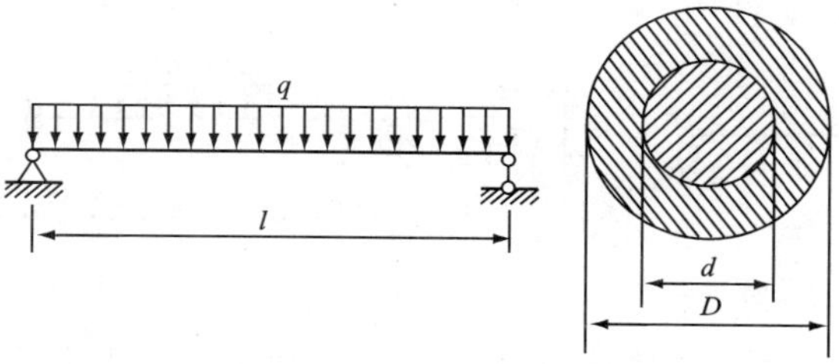

题 10.10　图

10.11　100mm×150mm 的矩形截面悬臂梁，在自由端受横向集中力 75 kN 作用。已知材料的许用应力为 100 MPa，试求梁的许可长度。

10.12　用两个槽钢组成的简支梁如图所示。若$[\sigma]=120$ MPa，试选择此梁的槽钢型号。

10.13　10 号工字钢梁 AB，支承和荷载情况如图所示。已知圆钢杆 BC 的直径 $d=20$ mm，梁和杆的许用应力$[\sigma]=160$ MPa，试求许可均布荷载集度 q。

10.14　集中力直接作用于简支梁 AB 的中点时，梁内最大应力超过许用值 30%；为了消除此过载现象，配置了辅助梁 CD 如图所示。已知 $l=6$ m，试求梁 CD 的跨度 a。

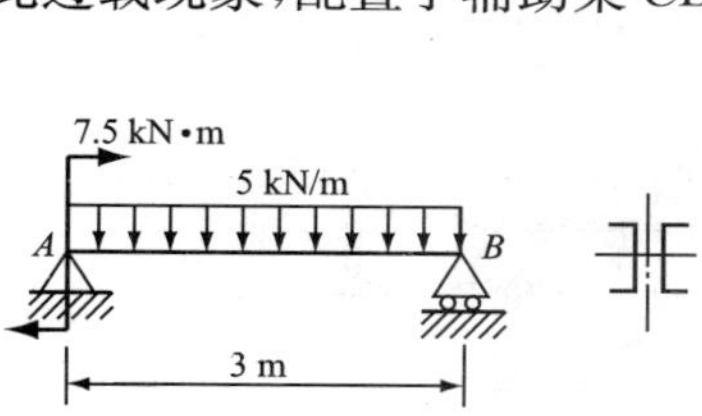

题 10.12　图

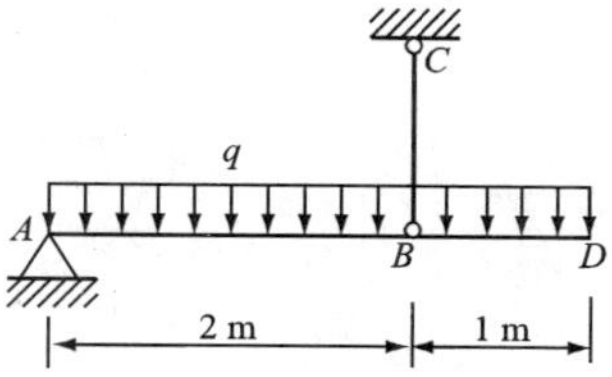

题 10.13　图

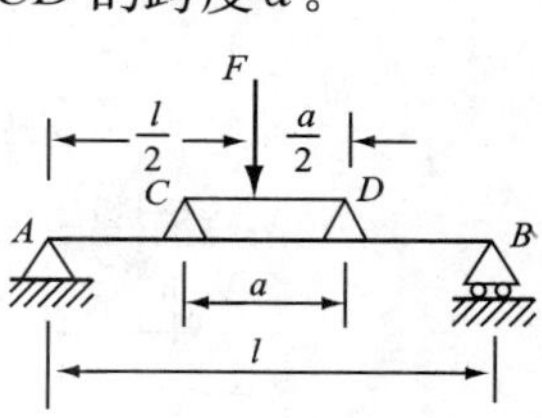

题 10.14　图

10.15　简支梁跨度 $l=2.4$ m，在梁跨中点有一向下的集中荷载 F，梁的截面如图所示。若许用拉应力$[\sigma_t]=15$ MPa，许用压应力$[\sigma_c]=30$ MPa，试求荷载 F 可以有多大。

10.16　矩形截面悬臂梁受力如图所示，试求固定端截面上 A,B,C 各点处的切应力。

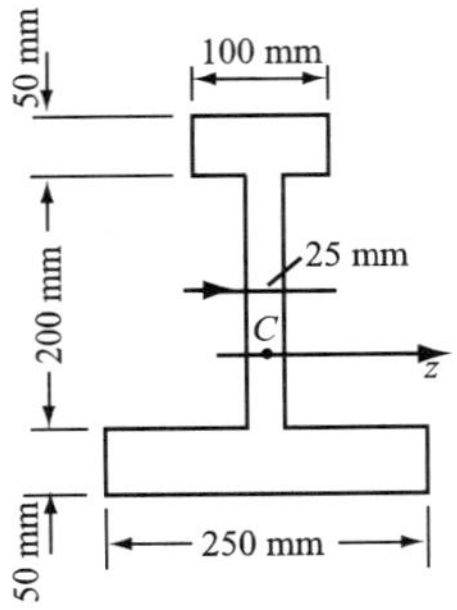

题 10.15 图

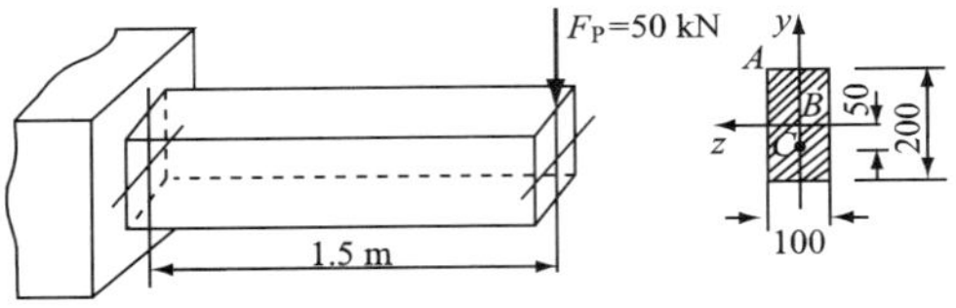

题 10.16 图

10.17 起重吊车行走于两根 No. 28a 工字钢所组成的简支梁上，如图所示。吊车最大起重力为 50 kN，自重为 10 kN。试确定吊车在移动过程中，梁内的最大正应力和最大切应力。

10.18 25a 号工字钢简支梁，跨度 $l=4$ m，承受均布荷载 q。已知梁内最大正应力为 120 MPa，求梁内最大切应力。

10.19 100mm×150mm 矩形截面的简支梁，跨度 $l=4$ m，受力情况如图所示。试求在离右支座 0.5 m 的截面 D 上与梁的底面相距 40 mm 处的切应力。

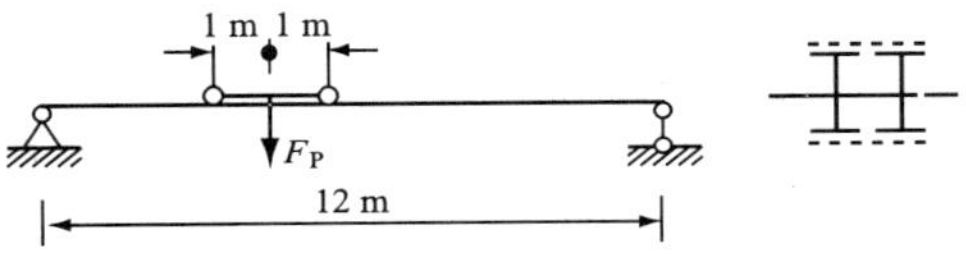

题 10.17 图

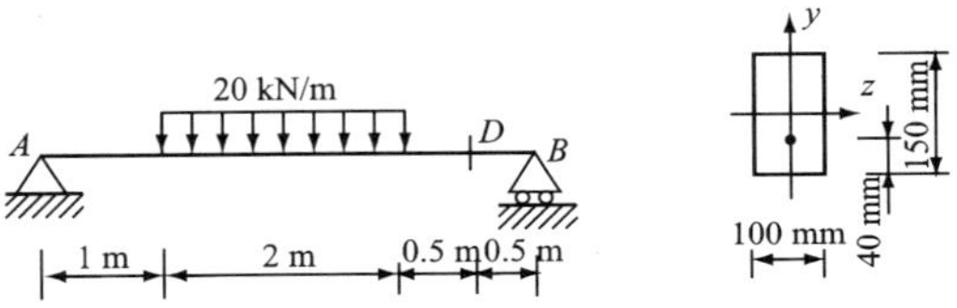

题 10.19 图

10.20 铸铁圆管的一端伸出支座之外 0.3 m，在管外伸端受集中截荷 6 kN，管的外径为 100 mm，壁厚 10 mm，若$[\sigma]=32$ MPa，$[\tau]=26$ MPa，试校核管外伸部分的强度。

10.21 起重机行走于两根工字钢所组成的简支梁上，如图所示。起重机自重 $G=50$ kN，起重力 $P=10$ kN，梁材料的许用应力$[\sigma]=170$ MPa，试选择工字钢的号码。梁自重影响不计。

10.22 一工字型钢梁的型号为 20a，梁的中部上、下用钢板加强，全梁作用有均布荷载 q。已知 $l=6$ m，$q=12$ kN/m，钢板厚度 $\delta=10$ mm，钢材的许用应力$[\sigma]=170$ MPa，$[\tau]=100$ MPa。试校核该梁的强度。

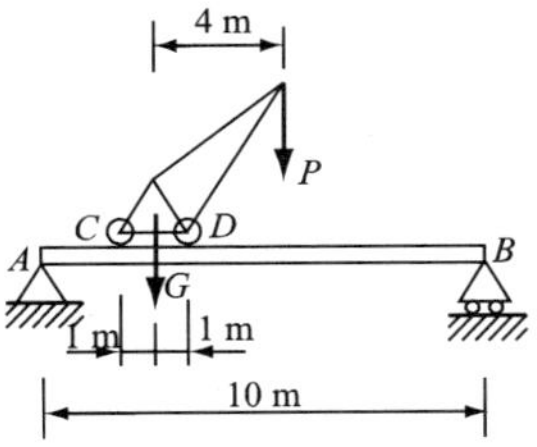

题 10.21 图

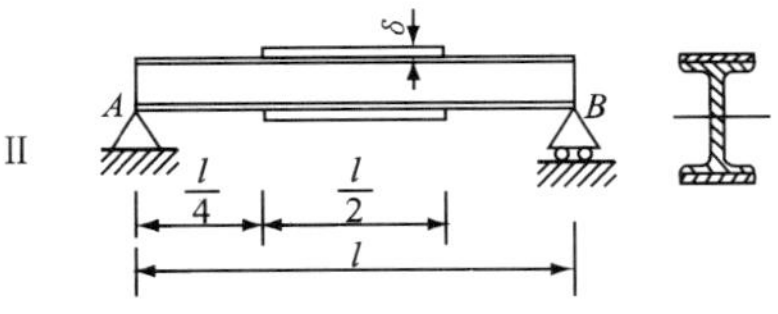

题 10.22 图

10.23 悬臂木梁，自由端的荷载 $\boldsymbol{F}_P$ 通过形心，方向如图所示。在截面积保持不变的情况下，为提高梁的强度，试问截面 h 与 b 的最佳比值为多大?

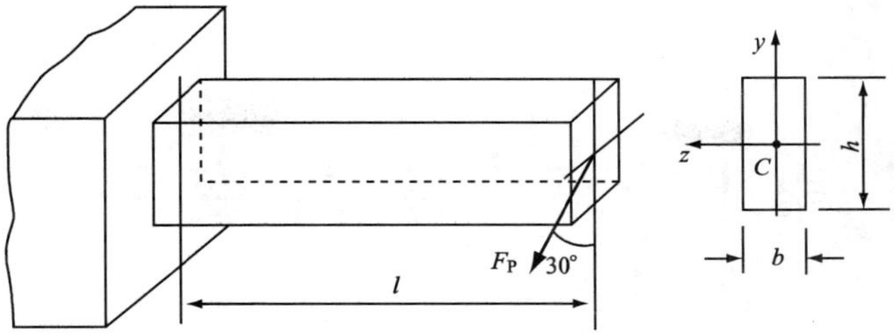

题 10.23 图

10.24 图示桥式起重机大梁为 32a 工字钢，$l=4$ m。在起吊时由于某种原因，荷载 $\boldsymbol{F}$ 偏离纵向对称面一个角度 φ。若 $F=30$ kN，$\varphi=15°$，试求梁内的最大正应力，并与 $\varphi=0$ 的情况相比较。若材料的许用应力$[\sigma]=160$ MPa，试校核梁的强度。

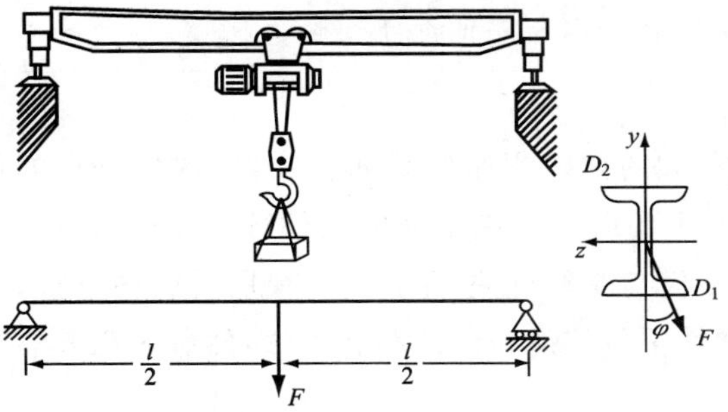

题 10.24 图

10.25 悬臂梁承受集中力 $\boldsymbol{F}$，力 $\boldsymbol{F}$ 在横截面内的作用方向分别如图所示，图中 A 为弯曲中心，C 为形心。试分别说明各梁产生何种变形？

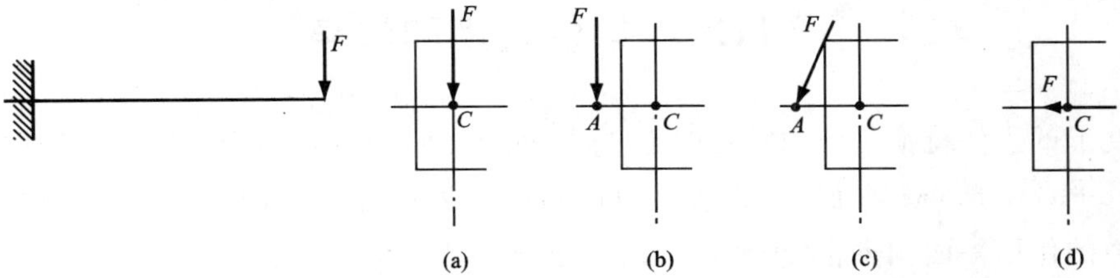

题 10.25 图

第十章 弯曲应力

第十一章　弯曲变形

教学要求：

1. 正确建立梁的挠曲线、挠度和转角的概念；
2. 熟练掌握计算梁变形的积分法和叠加法；
3. 能正确应用梁的刚度条件进行刚度计算，了解提高梁刚度的主要措施；
4. 能正确应用变形比较法求解梁的简单超静定问题。

在对称弯曲的情况下，梁的轴线弯曲成平面曲线，梁内任一点的位置变化称为**位移**(displacement)。对于弯曲梁，主要研究其横截面的**线位移**(linear displacement)和**角位移**(angular displacement)。位移不仅与变形有关，而且还与梁所受的约束有关。

本章首先介绍求解弹性梁位移的积分法和叠加法，然后讨论梁的刚度设计，最后研究简单超静梁。

即使将梁的变形限制在弹性范围内，对细长梁来说，过大的弹性变形也会影响其正常工作。因此，在梁的设计中，刚度设计是一个很重要的方面。

§11.1　梁的挠度和转角

弯曲变形的主要特征是梁轴线变成了曲线(称为挠曲线)，其轴线上任一点的横向线位移称为**挠度**(deflection)，横截面绕中性轴转过的角度称为**转角**(slope)。在发生对称弯曲时，挠曲线与外力的作用平面相重合(或平行)，是一条光滑平坦的平面曲线(图 11.1)。挠曲绕上任一点的纵坐标即代表相应截面上的挠度，用 w 表示。任一截面的挠度 w 是截面位置 x 的函数，故**挠曲线方程**(equation of deflection curve)可以写成

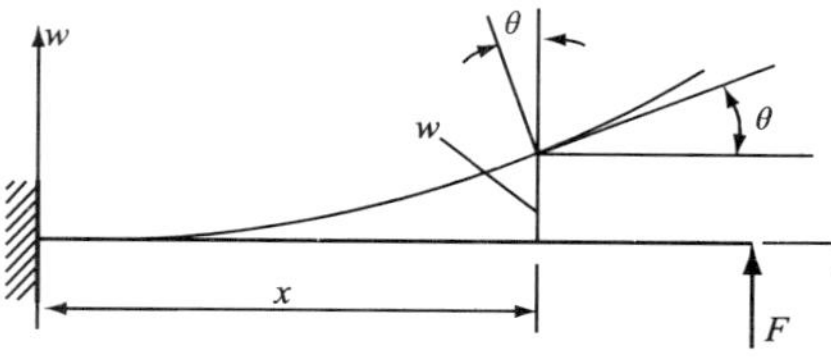

图　11.1

$$w=f(x) \tag{11.1}$$

应当指出，梁轴线弯成曲线后，在 x 方向也是有位移的。但对于细长梁，在小变形的条件下，沿轴线方向的位移与挠度相比属于高阶微量，一般可略去不计。

对于纯弯曲的等直梁，横截面变形后仍然保持平面，且仍垂直于变弯后的轴线。所以，截面的转角 θ 应与挠曲线的倾角(挠曲线切线与 x 轴的夹角)相等。在小变形情况下，有

$$\theta\approx\tan\theta=\frac{\mathrm{d}w}{\mathrm{d}x}=f'(x) \tag{11.2}$$

即挠曲线上任意一点处的切线斜率$\frac{\mathrm{d}w}{\mathrm{d}x}$，可以足够精确地代表该处横截面的转角。式(11.2)称

为**转角方程**(slope equation)。

在图 11.1 所示的坐标系中,正值的挠度表示向上,负值向下;正值的转角为逆时针转向,而负值为顺时针转向。

试说明梁的弯曲变形与梁的位移这两个概念有何区别和联系?

§ 11.2 用积分法求梁的变形

在线弹性范围内,由式(10.2)可知

$$\frac{1}{\rho}=\frac{M}{EI} \tag{a}$$

此为纯弯曲情况下梁的变形公式。如果忽略剪力对变形的影响,上式也可适用于横力弯曲的情况。在小变形时,由梁微段的弯曲变形关系(图 11.2),曲率$\frac{1}{\rho}$可近似写成

这就是挠曲线近似微分方程。该方程在线弹性范围和小变形的条件下才适用。

$$\frac{1}{\rho}=\frac{\mathrm{d}\theta}{\mathrm{d}s}\approx\frac{\mathrm{d}\theta}{\mathrm{d}x}=\frac{\mathrm{d}^2 w}{\mathrm{d}x^2} \tag{b}$$

将式(b)代入式(a),得到

$$\frac{\mathrm{d}^2 w}{\mathrm{d}x^2}=\frac{M}{EI} \tag{11.3}$$

对挠曲线近似微分方程(11.3)积分两次,即得转角和挠度方程

$$\theta=\int\frac{M\mathrm{d}x}{EI}+C \tag{11.4}$$

$$w=\int\left(\int\frac{M\mathrm{d}x}{EI}\right)\mathrm{d}x+Cx+D \tag{11.5}$$

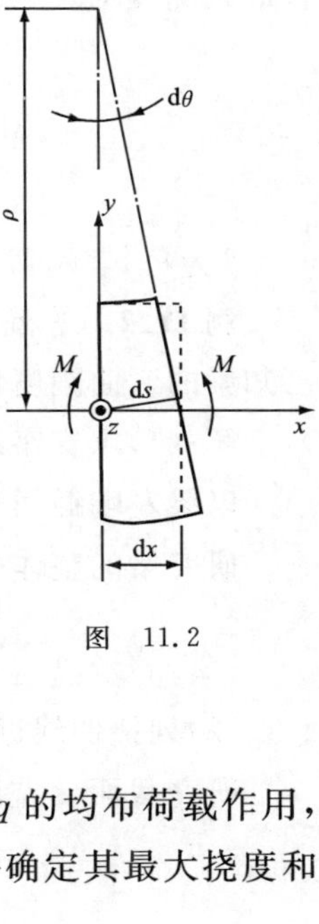

图 11.2

式中 C,D 为积分常数,可通过梁的位移边界条件来确定。例如,在固定端处,梁的挠度和转角均为零;在铰链支座处,梁的挠度为零。同时,若梁各段的弯矩方程不同,则应分段积分,各段梁的边界条件还应包括相邻截面处位移的连续条件以及挠曲线的光滑条件。

例 11.1 图 11.3 所示一弯曲刚度为 EI 的悬臂梁,在梁上受集度为 q 的均布荷载作用,试求此梁的挠度方程和转角方程,并确定其最大挠度和转角。

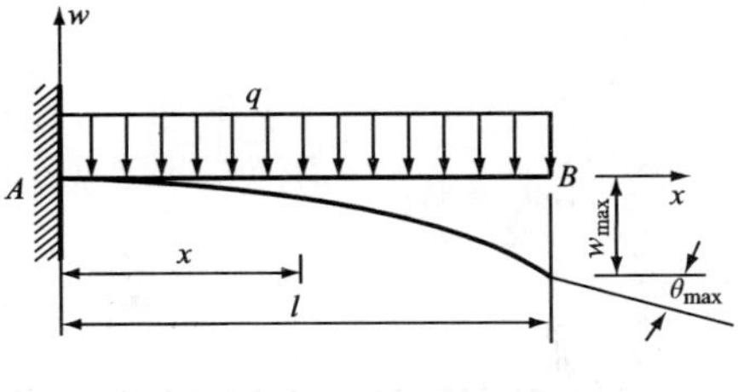

图 11.3

解:选取坐标系如图 11.3 所示,研究截面 x 右段梁,由一看一定法可得任意截面上的弯矩为

$$M(x)=-\frac{1}{2}q(l-x)^2$$

代入方程(11.3),得挠曲线近似微分方程

$$EIw''=M(x)=-\frac{1}{2}q(x^2-2lx+l^2) \tag{a}$$

经过两次积分,得

$$EIw'=-\frac{1}{2}q\left(\frac{1}{3}x^3-lx^2+l^2x\right)+C \tag{b}$$

$$Elw=-\frac{1}{2}q\left(\frac{1}{12}x^4-\frac{1}{3}lx^3+\frac{1}{2}l^2x^2\right)+Cx+D \tag{c}$$

悬臂梁的位移边界条件是固定端处的挠度和转角都等于零，即当 $x=0$ 时

$$w'_A=0,w_A=0$$

根据这两个边界条件，由式(b)，(c)，可得

$$C=0,D=0$$

将已确定的积分常数代入(b)，(c)两式，即得梁的转角方程和挠度方程分别为

$$\theta=w'=-\frac{q}{6EI}(x^3-3lx^2+3l^2x) \tag{d}$$

$$w=-\frac{q}{24EI}(x^4-4lx^3+6l^2x^2) \tag{e}$$

根据梁的受力情况和边界条件，画出梁的挠曲线示意图(图 11.3)，可知，此梁的最大转角和最大挠度均发生在自由端截面 B 处。由(d)和(e)两式，即得

$$\theta_{\max}=|\theta|_{x=l}|=\left|-\frac{ql^3}{6EI}\right|=\frac{ql^3}{6EI}$$

$$w_{\max}=|w|_{x=l}|=\left|-\frac{ql^4}{8EI}\right|=\frac{ql^4}{8EI}$$

θ 为负，表示截面 B 的转角是顺时针的；w 为负，表示截面 B 的挠度向下。

例 11.2 等截面简支梁 AB 在右支座截面 B 处受到集中力偶 M 的作用，如图 11.4 所示。已知梁的弯曲刚度为 EI 和跨度 l，试求梁的转角方程和挠度方程，并求最大挠度 $w_{\max}$。

解：(1)求支座约束力

以梁左端截面 A 的形心为坐标原点，建立直角坐标系 Axy 如图 11.4 所示。

研究梁的整体平衡，受力图如图所示，由平衡方程，可求得支座约束力分别为

$$F_{Ax}=0,F_{Ay}=\frac{M}{l}(\uparrow),F_B=\frac{M}{l}(\downarrow)$$

(2)列挠曲线近似微分方程

研究截面 x 左段梁，由一看一定法可得任意截面上的弯矩为

$$M(x)=\frac{M}{l}x$$

代入方程(11.3)，得挠曲线近似微分方程

$$EIw''=M(x)=\frac{M}{l}x \tag{a}$$

(3)积分

将式(a)积分两次，可得

$$EIw'=\frac{M}{2l}x^2+C \tag{b}$$

$$EIw=\frac{M}{6l}x^3+Cx+D \tag{c}$$

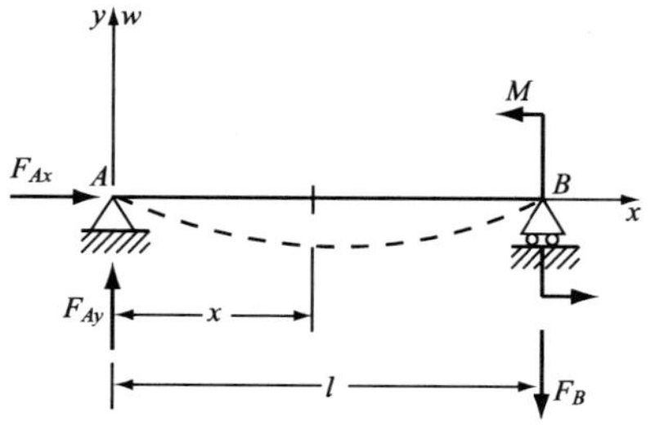

图 11.4

(4)确定积分常数

由支承情况可知，梁有两个边界条件：

当 $x=0$ 时，$w=0$；　　　　当 $x=l$ 时，$w=0$。

将这两个边界条件代入式(c)，可得

$$D=0,\qquad C=-\frac{Ml}{6}$$

(5)求转角方程和挠度方程

将积分常数代入式(b)和式(c)，可得转角方程和挠度方程分别为

$$\theta(x)=w'=-\frac{Ml}{6EI}\left[1-3\left(\frac{x}{l}\right)^2\right]$$

$$w(x)=-\frac{Mlx}{6EI}\left[1-\left(\frac{x}{l}\right)^2\right]$$

(6)求最大挠度

简支梁挠曲线的大致形状如图中虚线所示。可见，在挠曲线最低点处挠度的绝对值最大，该点处的切线为水平线，即

$$\theta(x)=-\frac{Ml}{6EI}\left[1-3\left(\frac{x}{l}\right)^2\right]=0$$

$$1-3\left(\frac{x}{l}\right)^2=0$$

可解得

$$x=\frac{l}{\sqrt{3}}$$

将上述 x 的数值代入挠度方程，有

$$w\left(\frac{l}{\sqrt{3}}\right)=-\frac{Ml^2}{9\sqrt{3}EI}$$

可得最大挠度为

$$w_{\max}=\left|w\left(\frac{l}{\sqrt{3}}\right)\right|=\frac{Ml^2}{9\sqrt{3}EI}$$

例 11.3　图 11.5 所示弯曲刚度为 EI 的简支梁，在 C 处受一集中力 F 作用。试求梁的最大转角和挠度。

解：(1)列弯矩方程

由梁的平衡方程，求得支座约束力分别为

$$F_A=\frac{Fb}{l},\qquad F_B=\frac{Fa}{l}$$

由图示简支梁的受力情况可见，AC 段和 CB 段的弯矩表达式不同，因此，必须分段列出弯矩方程

AC 段：$M_1(x_1)=\dfrac{Fb}{l}x_1\qquad(0\leqslant x_1\leqslant a)$

CB 段：$M_2(x_2)=\dfrac{Fb}{l}x_2-F(x_2-a)\qquad(a\leqslant x_2\leqslant l)$

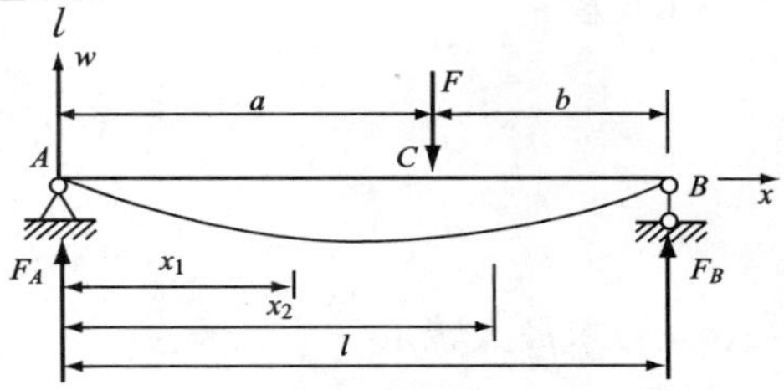

图　11.5

(2)列挠曲线近似微分方程并积分

AC 段，$(0\leqslant x_1\leqslant a)$：

$$EIw''_1=\frac{Fb}{l}x_1$$

$$EIw'_1=\frac{Fb}{2l}x_1^2+C_1 \tag{a}$$

$$EIw_1=\frac{Fb}{6l}x_1^3+C_1x_1+D_1 \tag{b}$$

CB 段，$(a\leqslant x_2\leqslant l)$：

$$EIw''_2=\frac{Fb}{l}x_2-F(x_2-a)$$

$$EIw'_2=\frac{Fb}{2l}x_2^2-\frac{F}{2}(x_2-a)^2+C_2 \tag{c}$$

$$EIw_2=\frac{Fb}{6l}x_2^3-\frac{F}{6}(x_2-a)^3+C_2x_2+D_2 \tag{d}$$

(3)由边界条件确定积分常数

首先，利用 C 处挠曲线的光滑条件和位移的连续条件，即

$$x_1=x_2=a\text{ 时}, w'_1=w'_2, w_1=w_2$$

将相应的方程代入上述条件，可得

$$C_1=C_2, D_1=D_2$$

此外，梁 A，B 两端皆为铰支座，其边界条件为

$$x_1=0\text{ 时}, w_1=0$$

$$x_2=l\text{ 时}, w_2=0$$

将方程(b)，(d)两式分别代入以上两条件，得到

$$D_1=D_2=0,\ C_1=C_2=-\frac{Fb}{6l}(l^2-b^2)$$

将以上求得的四个积分常数代回式(a)～(d)，则不难写出 AB 和 CB 段的转角与挠度方程分别为

AC 段：

$$\theta_1(x)=\frac{Fb}{6EIl}[3x_1^2-(l^2-b^2)]$$

$$w_1(x)=\frac{Fbx_1}{6EIl}[x_1^2-(l^2-b^2)]$$

CB 段：

$$\theta_2(x)=\frac{Fb}{6EIl}\left[3x_2^2-\frac{3l}{b}(x_2-a)^2-(l^2-b^2)\right]$$

$$w_2(x)=\frac{Fb}{6EIl}\left[x_2^3-\frac{l}{b}(x_2-a)^3-x_2(l^2-b^2)\right]$$

(4)求最大转角

将 $x_1=0$ 和 $x_2=l$ 分别代入相应的转角方程，即得两端面的转角分别为

$$\theta_A = w'_1|_{x_1=0} = \frac{C_1}{EI} = -\frac{Fb(l^2-b^2)}{6EIl} = -\frac{Fab(l+b)}{6EIl} \quad (\curvearrowright)$$

$$\theta_B = w'_2|_{x_2=l} = \frac{Fab(l+a)}{6EIl} \quad (\curvearrowleft)$$

当 $a>b$ 时，可以判定 θ_B 为最大转角。

(5)求最大挠度

当 $\theta=w'=0$ 时，挠度有极值。若令 $\theta_1=0$，由 AC 段的转角方程可解得

$$x_0=\sqrt{\frac{l^2-b^2}{3}}=\sqrt{\frac{a(a+2b)}{3}} \tag{e}$$

显然，当 $a>b$ 时，$x_0<a$，表明在此情况下最大挠度发生在 AC 段内，以 x_0 代入 AC 段的挠度方程可求得

$$w_{\max}=|w_1|_{x_1=x_0}|=\left|-\frac{Fb\sqrt{(l^2-b^2)^3}}{9\sqrt{3}EIl}\right|=\frac{Fb\sqrt{(l^2-b^2)^3}}{9\sqrt{3}EIL} \tag{f}$$

(6)讨论

当集中力作用于跨度中点时，$a=b=\frac{l}{2}$，$x_0=\frac{l}{2}$，即最大挠度发生在跨度中点，其值为

$$w_{\max}=\left|-\frac{Fl^3}{48EI}\right|=\frac{Fl^3}{48EI}$$

此时梁的最大转角为

$$\theta_{\max}=|\theta_A|=\theta_B=\frac{Fl^2}{16EI}$$

另一种极端情况是集中力 F 接近于右支座，此时 b^2 与 l^2 相比可以略去，则

$$x_0\approx\frac{1}{\sqrt{3}}=0.577l$$

可见即使在这种极端情况下，最大挠度所在的截面仍然位于跨度中点附近。所以，作为近似计算，可以用跨度中点挠度代替最大挠度。将 $x_1=\frac{l}{2}$代入 AC 段的挠度方程，求得跨度中点的挠度为

$$w_{l/2}=-\frac{Fb}{48EI}(3l^2-4b^2) \tag{g}$$

当 F 接近于右端支座时，按式(g)计算的误差不会超过 2.65%。可见在简支梁中，若有多个荷载(集中力或分布力)同向作用，总可用跨度中点的挠度代替最大挠度。另外，式(f)和(g)，均假设 $a>b$ 时才适用。若 $a<b$，其最大挠度和中点挠度的表达式应该如何表示，请读者思考。

顺便指出，列 CB 段的弯矩方程时，仍以 x_2 截面以左部分梁为研究对象，因此方程中增加了(x_2-a)的一项。在积分时，没有将(x_2-a)的括号打开，而直接以(x_2-a)为自变量进行积分。这样，在利用连续条件时可以使积分常数 $C_1=C_2$，$D_1=D_2$，从而使运算得到简化。

由上述例题可见，积分法可求得挠度和转角的普遍方程，但若梁上荷载较复杂且分段较多时，积分法的计算较繁。尤其在只需求某些特定截面的挠度和转角，而并不需要求挠度和转角的普遍方程的情况下，积分法就显得过于累赘。因此，将用积分法求得的梁在一些简单荷载作用下变形的结果列入表 11.1 中，以供查用。

梁在简单荷载作用下的位移　　　表 11.1

梁的简图	挠曲线方程	端截面转角和最大挠度
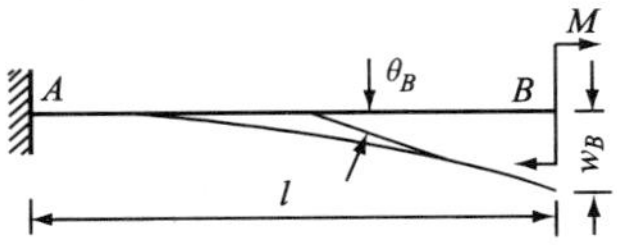	$w=-\dfrac{Mx^2}{2EI}$	$\theta_B=-\dfrac{Ml}{EI}$ $w_B=-\dfrac{Ml^2}{2EI}$
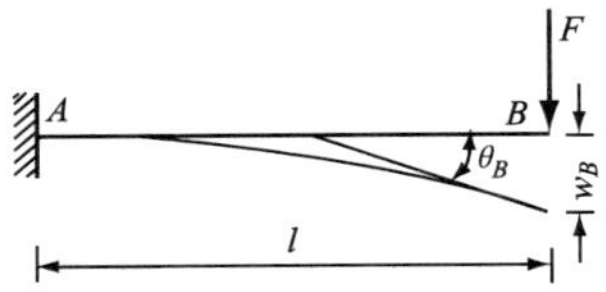	$w=-\dfrac{Fx^2}{6EI}(3l-x)$	$\theta_B=-\dfrac{Fl^2}{2EI}$ $w_B=-\dfrac{Ml^3}{3EI}$
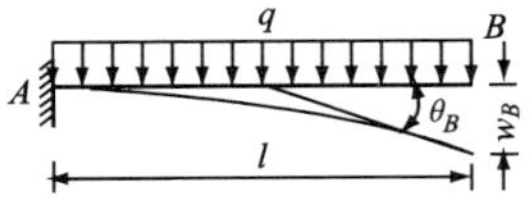	$w=-\dfrac{qx^2}{24EI}(x^2-4lx+6l^2)$	$\theta_B=-\dfrac{ql^3}{6EI}$ $w_B=-\dfrac{ql^4}{8EI}$
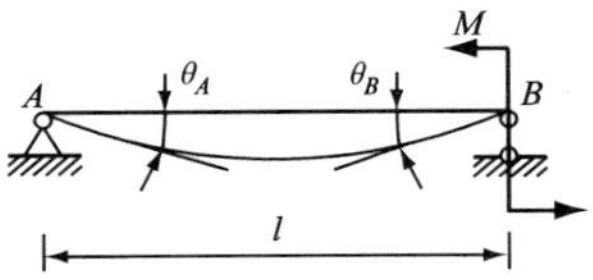	$w=-\dfrac{Mx}{6EIl}(l^2-x^2)$	$\theta_A=-\dfrac{Ml}{6EI},w_B=\dfrac{Ml}{3EI}$ $w_{\max}=\dfrac{-Ml^2}{9\sqrt{3}EI}(x=\dfrac{\sqrt{3}}{3}l)$ $w_{l/2}=-\dfrac{Ml^2}{16EI}$
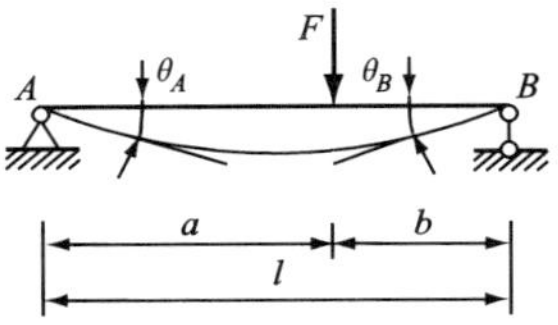	$w=-\dfrac{Fbx}{6EIl}(l^2-x^2-b^2)$ $(0\leqslant x\leqslant a)$ $w=-\dfrac{Fb}{6EIl}[\dfrac{l}{b}(x-a)^3+(l^2-b^2)x-x^3]$ $(a\leqslant x\leqslant l)$	$\theta_A=-\dfrac{Fab(l+b)}{6EIl}$ $\theta_B=\dfrac{Fab(l+a)}{6EIl}$ $w_{l/2}=-\dfrac{Fb(3l^2-4b^2)}{48EI}$ $(a>b)$
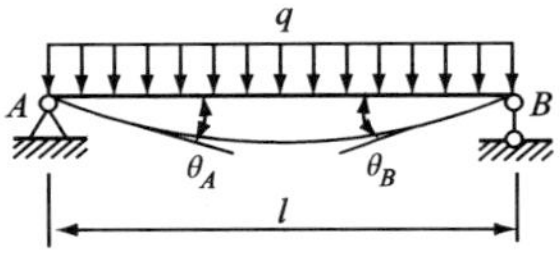	$w=-\dfrac{qx}{24EI}(l^3-2lx^2+x^3)$	$\theta_A=-\theta_B=-\dfrac{ql^3}{24EI}$ $w_{\max}=-\dfrac{5ql^4}{384EI}(x=\dfrac{l}{2})$

图 11.6 中所示两梁的尺寸及材料相同，所受外力也一样，只是支座处的几何约束不同。试分析研究下列问题：(1)两梁的弯曲变形是否相同？(2)两梁对应横截面上的位移是否相等？通过分析，能得出什么结论？

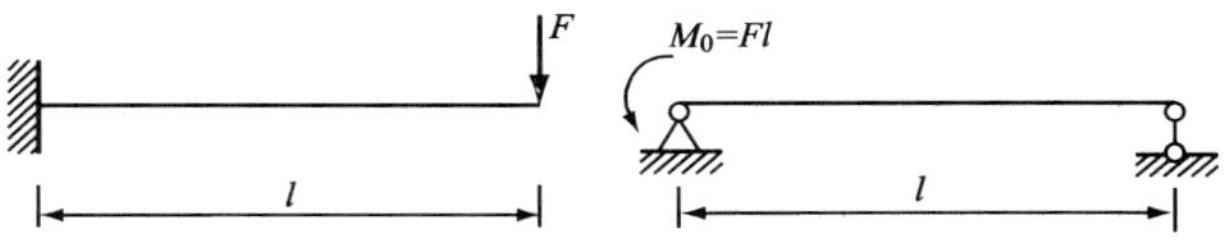

图　11.6

§11.3 用叠加法求梁的变形

在线弹性范围和小变形的条件下，为求梁在几项荷载同时作用下的挠度和转角，同样可应用叠加法。即先分别计算每一项荷载单独作用下的挠度或转角，然后再叠加。

例 11.4 简支梁受力如图 11.7a 所示，试用叠加法求截面 A 的转角。

解：在分布荷载 q 单独作用下（图 11.7b），截面 A 转角由表 11.1 查得

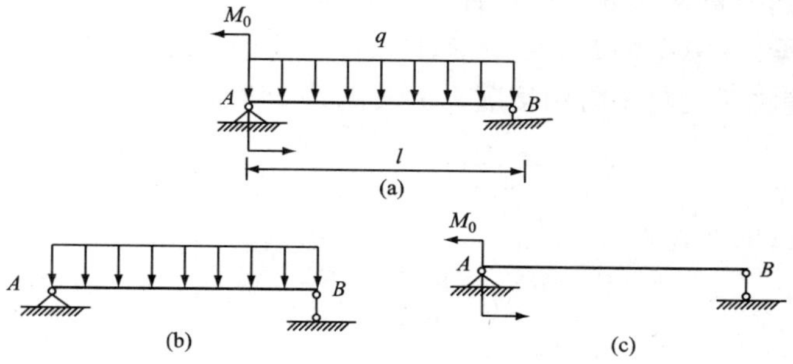

图 11.7

$$(\theta_A)_q = -\frac{ql^3}{24EI}$$

在集中力偶 M_0 单独作用下（图 11.7c），截面 A 转角为

$$(\theta_A)_{M_0} = \frac{M_0 l}{3EI}$$

叠加以上结果，即得在 q 和 M_0 共同作用下截面 A 的转角

$$\theta_A = -\frac{ql^3}{24EI} + \frac{M_0 l}{3EI}$$

例 11.5 悬臂梁如图 11.8a 所示，已知均布荷载集度为 q，梁的弯曲刚度为 EI，试求悬臂梁自由端截面 C 的挠度。

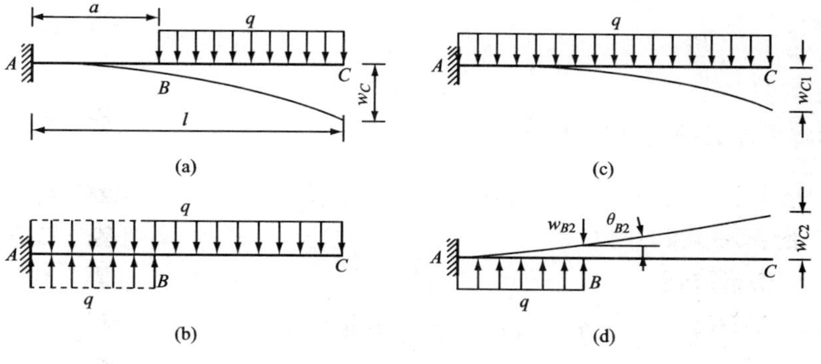

图 11.8

解：为便于利用表 11.1 中悬臂梁受均布荷载的计算结果，先将图 11.8a 梁的 AB 段加上等值、反向的均布荷载，如图 11.8b 所示。然后将图 11.8b 梁所承受的荷载分解为图 11.8c 和图 11.8d两种情况。由表 11.1 查得以上两种情况自由端的挠度分别为

$$w_{C1} = -\frac{ql^4}{8EI}$$

$$w_{C2}=w_{B2}+\theta_{B2}\times(l-a)=\frac{qa^4}{8EI}+\frac{qa^3}{6EI}\times(l-a)$$

因此，悬臂梁自由端截面 C 的挠度为

$$w_C=w_{C1}+w_{C2}=-\frac{q}{EI}(3l^4-4la^3+a^4)$$

例 11.6 结构受力如图 11.9a 所示，已知梁 AB 抗弯刚度为 EI，杆 DB 的抗拉刚度为 EA。试求梁截面 C 的挠度及截面 B 的转角。

解：将结构的变形分成两部分：(1)设杆 DB 为刚性杆，只考虑梁 AB 的变形(图 11.9b)；(2)设梁 AB 为刚性梁，只考虑杆 DB 的变形(图 11.9c)。下面分别加以讨论。

图 11.9b 即为简支梁受集中力的情况。由表 11.1 求得

$$w_{C1}=-\frac{Fl^3}{48EI},\qquad \theta_{B1}=\frac{Fl^2}{16EI}$$

在图 11.9c 中，杆的伸长为

$$\Delta l=\frac{F_N l_1}{EA}=\frac{Fl_1}{2EA}$$

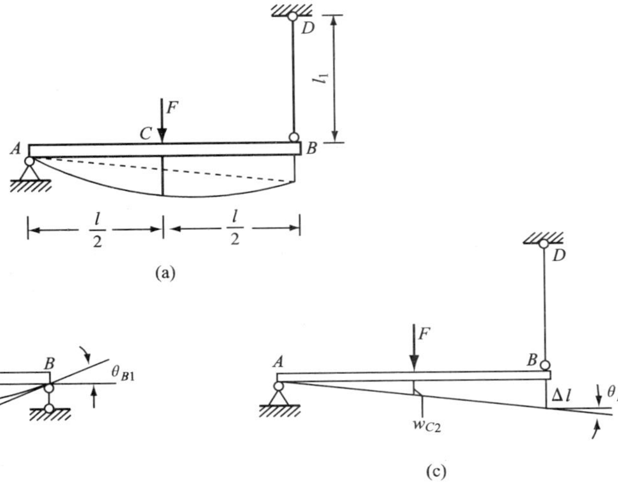

图 11.9

由于杆的变形将引起梁的刚性转动，故

$$w_{C2}=-\frac{\Delta l}{2}=-\frac{Fl_1}{4EA}$$

$$\theta_{B2}=-\frac{\Delta l}{l}=-\frac{Fl_1}{2EAl}$$

根据叠加法，原结构梁 AB 在截面 C 处的挠度及截面 B 的转角分别为

$$w_C=w_{C1}+w_{C2}=-\frac{Fl^3}{48EI}-\frac{Fl_1}{4EA}$$

$$\theta_B=\theta_{B1}+\theta_{B2}=\frac{Fl^2}{16EI}-\frac{Fl_1}{2EAl}$$

例 11.7 图 11.10a 所示的圆截面直角折杆位于同一水平面内，在自由端作用一铅垂的力 F。杆 AB 段和 BC 段的长度分别为 a 和 b，杆的直径为 d，材料的弹性模量 E 及切变模量 G 均已知。试用叠加法求截面 C 的铅垂位移。

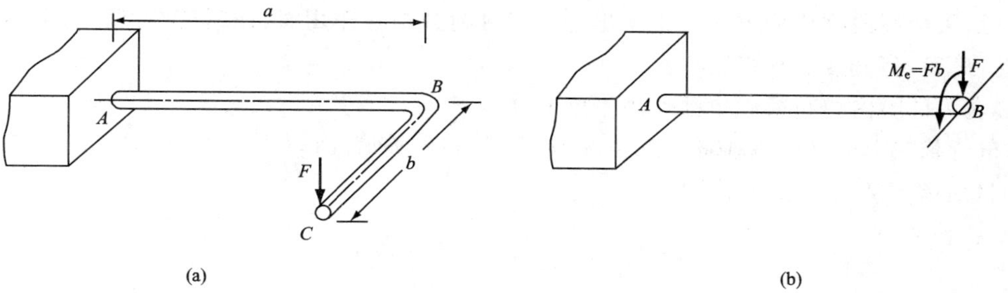

图 11.10

解:截面 C 的位移是由于 AB 和 BC 段的变形而引起的。若先不考虑 AB 段的变形(即视杆 AB 为刚性梁),则 BC 段相当于是 B 端固定的悬臂梁,截面 C 的铅垂位移由表 11.1 查得

$$w_{C1}=\frac{Fb^3}{3EI}$$

接着,再考虑当 BC 段为刚性杆时,由 AB 段变形而引起截面 C 的铅垂位移,将力 F 平移至截面 B 并附加一力偶矩 $M_e=Fb$(图 11.10b)。力偶 M_e 引起杆 AB 扭转,其扭转角为

$$\varphi_B=\frac{M_e a}{GI_p}=\frac{Fab}{GI_p}$$

力 F 使杆 AB 产生弯曲,其挠度为

$$w_B=\frac{Fa^3}{3EI}$$

由于截面 B 向下移动和绕轴线转动,均会引起 BC 段刚杆的刚性位移,由此引起截面 C 的铅垂位移为

$$w_{C2}=w_B+\varphi_B b=\frac{Fa^3}{3EI}+\frac{Fab^2}{GI_p}$$

将 w_{C1} 和 w_{C2} 叠加,即得截面 C 的铅垂位移为

$$w_C=w_{C1}+w_{C2}=\frac{F(a^3+b^3)}{3EI}+\frac{Fab^2}{GI_p}(\downarrow)$$

式中:$I=\frac{\pi d^4}{64}, I_p=\frac{\pi d^4}{32}$

例 11.8 等截面外伸梁如图 11.11a 所示。已知均布荷载集度为 q,尺寸 a,弯曲刚度为 EI,试用叠加法求跨度中点和自由端的挠度。

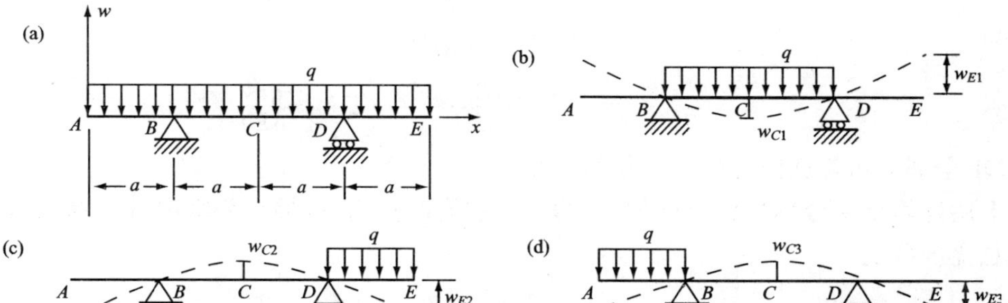

图 11.11

解:分析:为利用表 11.1 中的结果,必须将图示外伸梁所受的均布荷载分解成三部分:(1)在BD 段内有均布荷载作用;(2)在 DE 段内有均布荷载作用;(3)在 AB 段内有均布荷载作

用。然后，采用逐段刚化的方法分别求出上述三种荷载单独作用时，在跨度中点和自由端产生的挠度。最后，将其叠加求得结果。

(1)求 BD 段内均布荷载单独作用下梁的挠度

均布荷载在 BD 段内单独作用的情况如图 11.11b 所示，由表 11.1 可查得此时在跨度中点 C 和自由端 E 产生的挠度分别为

$$w_{C1}=-\frac{5q(2a)^4}{384EI}=-\frac{5ql^4}{24EI}$$

$$\theta_{D1}=\frac{q(2a)^3}{24EI}=\frac{qa^3}{3EI}$$

$$w_{E1}=\theta_{D1}\cdot a=\frac{qa^4}{3EI}$$

(2)求 DE 段内均布荷载单独作用下梁的挠度

均布荷载在 DE 段内单独作用的情况如图 11.11c所示，首先让 BD 段刚化 DE 段变形，可得因 DE 段变形在自由端 E 产生的挠度为

$$w_{E2}^{DE}=-\frac{qa^4}{8EI}$$

再让 DE 段刚化 BD 段变形，由表 11.1 可查得，因 BD 段变形在跨度中点 C 和自由端 E 产生的挠度分别为

$$w_{C2}=\frac{(qa^2/2)(2a)^2}{16EI}=\frac{qa^4}{8EI}$$

$$w_{E2}^{BD}=-\frac{(qa^2/2)(2a)}{3EI}\cdot a=-\frac{qa^4}{3EI}$$

可得均布荷载在 DE 段内单独作用时，在自由端 E 产生的总挠度为

$$w_{E2}=w_{E2}^{DE}+w_{E2}^{BD}=-\frac{qa^4}{8EI}-\frac{qa^4}{3EI}=-\frac{11qa^4}{24EI}$$

(3)求 AB 段内均布荷载单独作用下梁的挠度

均布荷载在 AB 段内单独作用的情况如图 11.11d 所示，将 AB 段内均布荷载向截面 B 简化，可得一逆时针旋转的集中力偶$\frac{qa^2}{2}$，由表 11.1 可查得，在跨度中点 C 和在自由端 E 产生的挠度分别为

$$w_{C3}=w_{C2}=\frac{qa^4}{8EI}$$

$$w_{E3}=\theta_{D3}\cdot a=-\frac{(qa^2/2)(2a)}{6EI}\cdot a=-\frac{qa^4}{6EI}$$

(4)求全部均布荷载同时作用下梁的挠度

将上述计算结果分别叠加，可得全部均布荷载同时作用下，梁在跨度中点 C 和在自由端 E 产生的总挠度分别为

$$w_C=w_{C1}+w_{C2}+w_{C3}=-\frac{5qa^4}{24EI}+\frac{qa^4}{8EI}+\frac{qa^4}{8EI}=\frac{qa^4}{24EI}(\uparrow)$$

$$w_E=w_{E1}+w_{E2}+w_{E3}=\frac{qa^4}{3EI}-\frac{11qa^4}{24EI}-\frac{qa^4}{6EI}=-\frac{7qa^4}{24EI}(\downarrow)$$

试用叠加法求下列梁(图 11.12)跨中截面的挠度 w_C。

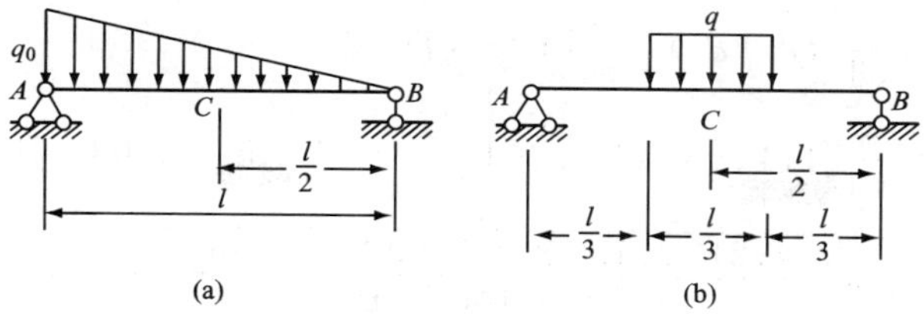

图 11.12

§11.4 梁的刚度计算 提高弯曲刚度的措施

1.梁的刚度计算

工程中的受弯梁除应满足强度要求外，往往还有刚度要求，因为过大的变形同样会影响到梁的正常工作。例如，机器的传动轴，运转过程中往往同时发生扭转和弯曲变形。若弯曲变形过大，会影响到齿轮间的啮合和轴与轴承间的配合，从而使齿轮和轴承的磨损增加，寿命降低。如果是机床的主轴，若弯曲变形过大，还会影响到机床的加工精度。所以，即使梁的变形是弹性的，但若超过允许值，也将使梁丧失承载能力而失效。

对于弯曲梁，通常限制最大挠度和最大转角，使其不超过某一规定的允许值，即梁的刚度条件为

$$w_{\max} \leqslant [w] \tag{11.6a}$$

$$\theta_{\max} \leqslant [\theta] \tag{11.6b}$$

式中，$[w]$和$[\theta]$分别是规定的许可挠度和许可转角。各类工程对变形限制的规定不相同。例如，土建工程中，一般规定$[w]=\left(\frac{1}{250}\sim\frac{1}{1\ 000}\right)l$（$l$为梁的跨度）。而机械工程中，对变形的要求比较严格，通常规定$[w]=(0.0001\sim0.0005)l$（l为轴承间距），$[\theta]=(0.001\sim0.005)\text{rad}$。对于锅炉、化工压力容器，主要是强度问题，一般可以不考虑刚度要求。

大多数梁的设计过程一般是先根据结构和工艺的要求，大致确定梁的形状和尺寸，然后再进行强度和刚度计算。

例 11.9 一两端简支的输气管道，已知其外径 $D=114\ \text{mm}$，壁厚 $\delta=4\ \text{mm}$，单位长度的重力为 $q=106\ \text{N/m}$，材料的弹性模量 $E=210\ \text{GPa}$。设管道的$[\sigma]=80\ \text{MPa}$，$[w]=\frac{l}{500}$，试确定此管道的最大跨度。

解：简支管道在均布荷载作用下的最大挠度，从表 11.1 中查得

$$w_{\max}=\frac{5ql^4}{384EI}$$

根据梁的刚度条件(11.6a)，要求

$$\frac{w_{\max}}{l}=\frac{5ql^3}{384EI}\leqslant\frac{1}{500}$$

即

$$l\leqslant\sqrt[3]{\frac{384EI}{5\times500q}}$$

其截面的惯性矩为

$$I=\frac{\pi}{64}(D^4-d^4)=\frac{\pi}{64}[D^4-(D-2\delta)^4]$$

$$=\frac{\pi}{64}[114^4-(114-2\times4)^4]\times10^{-12}\ \text{m}^4=2.09\times10^{-6}\ \text{m}^4$$

于是 $$l\leqslant\sqrt[3]{\frac{384(210\times10^9\ \text{Pa})(2.09\times10^{-6}\ \text{m}^4)}{5\times500(106\ \text{N/m})}}=8.6\ \text{m}$$

现在再校核梁的弯曲正应力强度。梁内的最大弯矩为

$$M_{\max}=\frac{1}{8}ql^2=\frac{1}{8}(106\ \text{N/m})(8.6\ \text{m})^2=980\ \text{N}\cdot\text{m}$$

其截面的弯曲截面系数为

$$W=\frac{\pi D^3}{32}(1-\alpha^4)=\frac{\pi(114\times10^{-3}\ \text{m})}{32}\left[1-(\frac{106}{114})^4\right]=3.67\times10^{-5}\ \text{m}^3$$

则最大正应力为

$$\sigma_{\max}=\frac{M_{\max}}{W}=26.7\times10^6\ \text{Pa}=26.7\ \text{MPa}<[\sigma]$$

因此,根据管道的弯曲强度和刚度要求,其最大跨度为 8.6 m。

例 11.10 简支梁由 22 号工字钢制成,所受荷载如图 11.13a 所示。已知:$q=4$ kN/m,$l=6$ m,$E=200$ GPa,$[w]=\frac{l}{5\ 000}$。试校核简支梁的刚度。

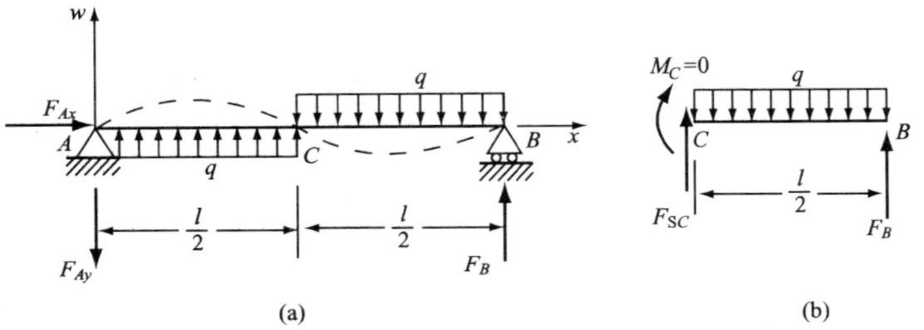

图 11.13

解:(1)求最大挠度

由平衡方程可求得简支梁的支座约束力分别为

$$F_{Ax}=0,F_{Ay}=\frac{ql}{4}(\downarrow),F_B=\frac{ql}{4}(\uparrow)$$

根据梁所受荷载及其约束力的情况可以推断,弯曲变形后梁的挠曲线必然关于中间截面 C 成反对称,如图 11.13a 中虚线所示。因此,跨度中点 C 的挠度等于零。

假想在中间截面 C 处将梁切开,任取 CB 段进行研究,由平衡方程可得截面 C 处的剪力和弯矩分别为

$$F_{SC}=\frac{ql}{4}(\uparrow),\qquad M_C=0$$

如图 11.13b 所示。可见,CB 段梁的受力情况和边界条件与跨度为 $\frac{l}{2}$ 的简支梁相同,最大挠度发生在 CB 段梁的中间截面处,由表 11.1 可得

$$w_{\max}=\frac{5q}{384EI}\left(\frac{l}{2}\right)^4=\frac{5ql^4}{6\ 144EI}$$

(2)校核刚度

根据梁的刚度条件(11.6a),要求

$$\frac{w_{\max}}{l}=\frac{5ql^3}{6\ 144EI}=\frac{5(4\ 000\ \text{N/m})(6\ \text{m})^3}{6\ 144(200\times10^9\ \text{Pa})(34\times10^{-6}\ \text{m}^4)}=\frac{1}{9\ 670}<\frac{1}{5\ 000}=\frac{[w]}{l}$$

可见,该梁符合刚度要求。

2.提高弯曲刚度的措施

在实际工程问题中,多数情况下要求限制梁的弯曲变形,即刚度设计的任务是在满足刚度要求的前提下,尽可能合理地选用材料和降低材料的消耗量。但在另一些情况下,常常又利用梁的变形达到某种要求。例如,设计叠板弹簧(图 11.14)时,为了更好地起缓冲减振作用,要求在满足强度要求的前提下,使叠板弹簧梁有较大的变形。

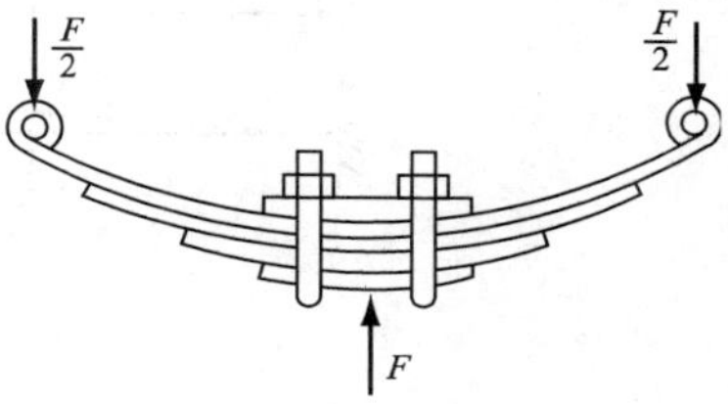

图 11.14

梁的变形与荷载的大小及作用方式、支座约束条件、杆件的几何尺寸,以及材料的弹性模量等多种因素有关。在某些方面提高梁的刚度与提高强度的措施相一致,这里不再赘述,以下仅是强调两点:

(1)增大梁的弯曲刚度 EI

梁的位移与弯曲刚度 EI 成反比。在截面积相同的情况下尽量增大截面的惯性矩 I,或选用弹性模量 E 大的材料,均能减小梁的变形。例如,工字形、箱形截面都比面积相等、而高度不变的矩形截面有更大的惯性矩。一般来说,增大截面惯性矩的同时,有利于提高梁的强度。但更确切地说,在强度问题中应提高弯矩较大的局部范围内的抗弯截面系数;而弯曲变形则与全长梁内各部分的刚度都有关系,因此要考虑梁全长范围内的弯曲刚度。同时也应指出,对于钢材来说,采用高强度钢可以大大地提高梁的强度,但却不能提高梁的刚度,因为高强度钢与普通低碳钢的 E 值是相近的。

(2)调整梁的跨长和增加约束

梁的跨长直接影响到梁的强度和刚度。例如,悬臂梁自由端受集中力作用,最大弯矩与梁长度的一次方正比,而最大转角和挠度分别与梁长度的二次方和三次方成正比。因此,减小梁的跨长有利于提高梁的强度,但对提高梁的刚度则更为明显。如果梁的变形过大,而又不允许缩短梁的长度时,则可采用增加支承的办法。当然,梁增加支承后,其变形应按超静定问题求解。

§11.5 简单超静定梁

前面所讨论的都是静定梁,其支座反力可全部由静平衡方程求出。例如:悬臂梁、简支梁和外伸梁,均为静定梁。在工程上,为减少梁的变形以增加刚度,除维持平衡必须的约束外,还增加一些约束。这样,梁未知约束力数多于独立的平衡方程数,只用静平衡方程不能确定全部约束力,这种梁称为**超静定梁**,仍用三关系法求解。

例如图 11.15a 所示,细长工件左端由卡盘夹紧,为减少车削时工件的弯曲变形,提高加工精度,在工件右端安装了尾顶针。将卡盘夹紧端简化为固定端,尾顶针简化为铰支座,画出计算简图如图 11.15b 所示。共有 4 个未知约束力 F_{Ax},F_{Ay},M_A,F_B,由工件的静力关系,有

$\Sigma F_x=0$, $F_{Ax}=0$

$$\Sigma F_y = 0, \qquad F - F_{Ay} - F_{By} = 0$$

$$\Sigma M_A = 0, \qquad Fa - M_A - F_{By} l = 0$$

3 个平衡方程，4 个未知力，为一次超静定梁。必须再建立一个补充方程，方可求解。

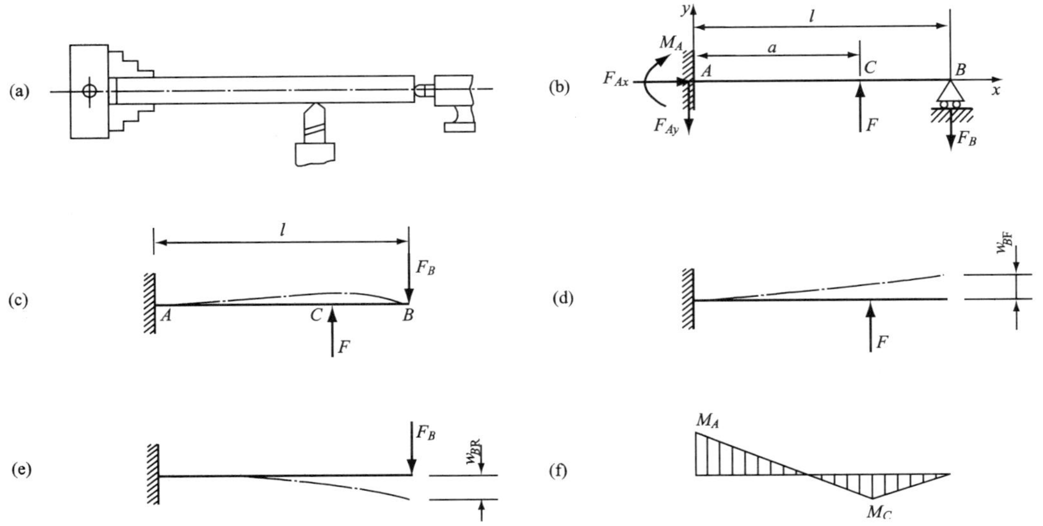

图 11.15

为建立变形几何方程，设想解除支座 B，用力 F_B 代替其作用。这样就将原超静定梁在形式上转变为静定的悬臂梁，称为**静定基**。在静定基上，除原外荷载 F 外，还有未知约束力 F_B（图 11.15c），共同组成**相当系统**，且认为相当系统中的静定梁与原超静定梁的受力和变形完全相同。比较相当系统与原超静定梁在截面 B 处的挠度，B 处原为铰支座，挠度为零，则变形几何方程为

$$w_B = 0$$

在相当系统中，由叠加法可知，悬臂梁截面 B 处的总挠度，应为外力 F 和约束力 F_B 单独作用时，产生的挠度 w_{BF} 和 w_{BR}（图 11.15d 和 e）的代数和。因此，可将几何方程写为

$$w_B = w_{BF} + w_{BR} = 0 \tag{a}$$

由叠加法，可求出 F 和 F_B 单独作用时，悬臂梁截面 B 处挠度，得物理方程

$$w_{BF} = \frac{Fa^3}{3EI} + \frac{Fa^2}{2EI}(l-a) = \frac{Fa^2}{6EI}(3l-a)$$

$$w_{BR} = -\frac{F_B l^3}{3EI}$$

代入式(a)，可得补充方程，解得截面 B 处约束力为

$$F_B = \frac{F}{2}\left(3\frac{a^2}{l^2} - \frac{a^3}{l^3}\right)$$

接下来的计算，可在相当系统的悬臂梁（图 11.15c）上进行，由于相当系统与原超静定梁的受力和变形处处相同，因此，相当系统静定梁上的计算结果，就是超静定梁对应截面上的结果。

例如，由平衡方程，可求得截面 A 和 C 处的弯矩分别为

$$M_A = Fa - F_B l = \frac{Fl}{2}\left(2\frac{a}{l} - 3\frac{a^2}{l^2} + \frac{a^3}{l^3}\right)$$

$$M_C = -F_B(l-a) = -\frac{F(l-a)}{2}\left(3\frac{a^2}{l^2} - \frac{a^3}{l^3}\right)$$

作梁的弯矩图，如图 11.15f 所示。

在上述分析求解过程中，几何关系是求解超静梁的关键，采用将相当系统上未知约束力作用截面处的位移与原系统对应处的位移进行比较，得到几何方程，因此这种方法也称为**变形比较法**。

在上例中，若解除固定端对截面 A 的转动约束，取简支梁 AB 为静定基，试用变形比较法求超静定梁的全部支座反力，并与取悬臂梁为静定基的解法作比较。

例 11.11 三支座梁 ABC，受均布荷载作用，如图 11.16a 所示。已知：均布荷载集度为 q，尺寸 l，试作梁的剪力图和弯矩图。

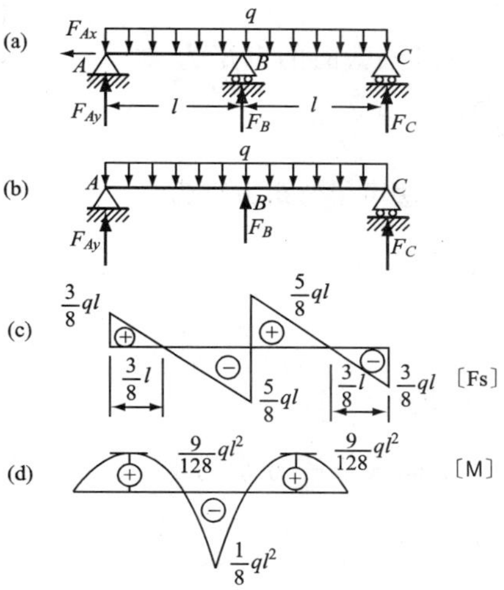

图 11.16

解：画梁的受力图（图 a），有 F_{Ax}，F_{Ay}，F_B，F_C 共 4 个未知约束力，只有 3 个独立平衡方程，为一次超静定梁。由平衡方程 $\Sigma F_x=0$，得 $F_{Ax}=0$。若解除支座 A 或 C，相应的静定基均为外伸梁，计算挠度不太方便。因此，解除中间支座 B，取简支梁为静定基，加上均布荷载及约束力 F_B，得到相当系统，如图 b 所示。比较相当系统中简支梁与原超静定梁在截面 B 处的挠度，并利用叠加法，可得几何方程为：

$$w_B=w_{Bq}+w_{BF}=0 \tag{a}$$

查表 11.1，可得简支梁在均布荷载或中间截面处集中力作用下，中间截面挠度 w_{Bq} 或 w_{BF} 的表达式，代入式(a)，可得补充方程为

$$-\frac{5q(2l)^4}{384EI}+\frac{F_B(2l)^3}{48EI}=0$$

可解得截面 B 处约束力为

$$F_B=\frac{5}{4}ql$$

求出约束力 F_B 后，研究静定的相当系统（图 b），由静平衡方程，并利用对称性，可得其余支座反力为

$$F_{Ay}=F_C=\frac{3}{8}ql$$

可画出相当系统中简支梁 ABC 的剪力图和弯矩图，如图 c 和图 d 所示。当然，这就是超静梁 ABC 的剪力图和弯矩图。

例 11.12 两端固支的梁受到三角形分布荷载的作用，如图 11.17 所示。已知：最大的分

布荷载集度为 q_0，跨度 l，试求梁的支座约束力。

解：(1)列挠曲线近似微分方程并进行积分

为使计算简便，以梁的右端 B 为原点，坐标轴 x 水平向左，建立坐标系 Bxw 如图所示。

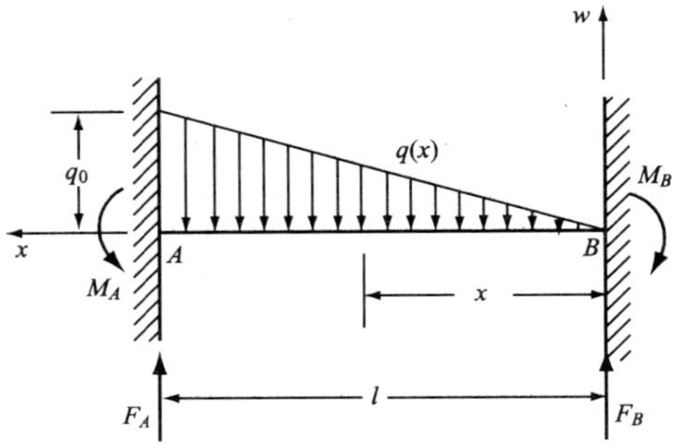

图 11.17

在距离右端 B 为 x 的截面处，分布荷载的集度为

$$q(x)=\frac{q_0}{l}x$$

截面 x 的右侧梁段上的分布荷载对该截面的弯矩为

$$M^q=-\left[\frac{1}{2}q(x)\cdot x\right]\frac{x}{3}=-\frac{q_0}{6l}x^3$$

研究截面 x 的右侧梁段，由一看一定法可得弯矩方程为

$$M(x)=-M_B+F_Bx-\frac{q_0}{6l}x^3$$

挠曲线近似微分方程为

$$EIw''(x)=M(x)=-M_B+F_Bx-\frac{q_0}{6l}x^3$$

积分两次，可得梁的转角方程和挠曲线方程分别为

$$EIw'(x)=EI\theta(x)=C-M_Bx+F_B\frac{x^2}{2}-\frac{q_0}{l}\cdot\frac{x^4}{24}$$

$$EIw(x)=D+Cx-M_B\cdot\frac{x^2}{2}+F_B\frac{x^3}{6}-\frac{q_0}{l}\cdot\frac{x^5}{120}$$

(2)利用边界条件确定积分常数

由梁 B 端的边界条件，有

$$\theta_B=\theta(0)=0,\qquad w_B=w(0)=0$$

代入上述梁的转角方程和挠曲线方程，可得

$$C=0,\qquad D=0$$

(3)利用边界条件求约束力

由梁 A 端的边界条件，有

$$\theta_A=\theta(l)=0,\qquad w_A=w(l)=0$$

代入上述梁的转角方程和挠曲线方程，可得补充方程组

$$-M_Bl+F_B\frac{l^2}{2}-\frac{q_0}{l}\cdot\frac{l^4}{24}=0$$

$$-M_B\cdot\frac{l^2}{2}+F_B\frac{l^3}{6}-\frac{q_0}{l}\cdot\frac{l^5}{120}=0$$

联立求解，可得

$$M_B=\frac{q_0l^2}{30},\qquad F_B=\frac{3q_0l}{20}$$

再研究梁 AB，其受力图如图 11.17 所示。由平衡方程可得

$$M_A=\frac{q_0l^2}{20},\qquad F_A=\frac{7q_0l}{20}$$

约束力的方向如图 11.17 所示。

由上例可见，也可用直接积分，然后由边界条件建立补充方程求约束力的方法，来求解梁的超静定问题。

试用变形比较法求出上例中超静定梁的支座约束力，并与直接积分法进行比较。

本章小结

1. 挠曲线

梁在弯曲变形后的轴线称为挠曲线。挠曲线在坐标平面内的函数表达式为挠曲线方程，可以表示为

$$w=f(x)$$

2. 挠曲线近似微分方程

在线弹性范围内，小变形情况下挠曲线近似微分方程为

$$\frac{\mathrm{d}^2 w}{\mathrm{d}x^2}=\frac{M(x)}{EI}$$

3. 求梁的挠度和转角的积分方法

将挠曲线近似微分方程，积分一次得梁截面的转角方程，积分二次得梁轴线的挠曲线方程。

$$\frac{\mathrm{d}^2 w}{\mathrm{d}x^2}=\frac{M(x)}{EI}$$

$$\theta=\frac{\mathrm{d}w}{\mathrm{d}x}=\int\frac{M(x)}{EI}\mathrm{d}x+C$$

$$w=\int\left[\int\frac{M(x)}{EI}\mathrm{d}x\right]\mathrm{d}x+Cx+D$$

需要指出的是：

(1)积分应遍及全梁。在梁的弯矩方程不连续处或截面突变处，其挠曲线近似微分方程应分段列出，并分段积分。

(2)积分常数由边界条件、连续条件和光滑条件来确定。

(3)积分方法是求解弯曲变形的基本方法，适用于求解各种荷载情况下的等截面或变截面梁的转角方程和挠度方程。

4. 求梁的挠度和转角的叠加方法

在小变形和材料服从胡克定律的条件下，梁的转角和挠度方程与梁上的荷载成线性齐次关系。因此，梁上某一荷载引起的变形，不受同时作用的其他荷载的影响，每一个荷载对弯曲变形的贡献是各自独立的，即独立作用原理成立。当梁上同时作用若干个荷载时，可分别计算每一个荷载单独作用时所引起的变形，然后将这些变形求代数和，即为所有荷载共同作用时梁的变形。

简单荷载作用下，基本形式梁的挠度和转角，可在教科书或手册中查到。

叠加法适宜于求解梁上指定截面的挠度和转角值。

5. 梁的刚度条件

$$|w|_{\max}\leqslant[w]$$

$$|\theta|_{\max}\leqslant[\theta]$$

6. 静不定梁的解题步骤

(1)建立相当系统选择形式简单的几何不变结构为静定基，加上原有的外荷载和多余约束力。

(2)列出几何方程比较相当系统与原静不定梁在多余约束处的变形，并用叠加法列出相应的变形几何方程。

(3)求解约束力将相当系统的位移与荷载间的物理关系代入几何方程，得到补充方程，与静力平衡方程联立求解，可得所有的约束力。

习　　题

11.1　已知等截面直梁的挠曲线方程

$$w=-\frac{qx}{360EI}(3x^4-10l^2x^2+7l^4)$$

试：(1)说明 $x=0$ 和 $x=l$ 处是何种约束；

(2)画出直梁的剪力图和弯矩图；

(3)作出梁的受力图。

11.2　试用积分法求图中悬臂梁自由端截面的转角和挠度。

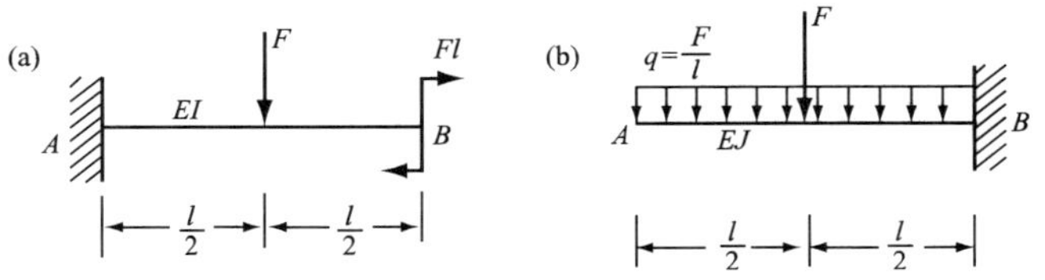

题 11.2　图

11.3　试用积分法求图中简支梁两端截面的转角以及跨度中央截面的挠度。

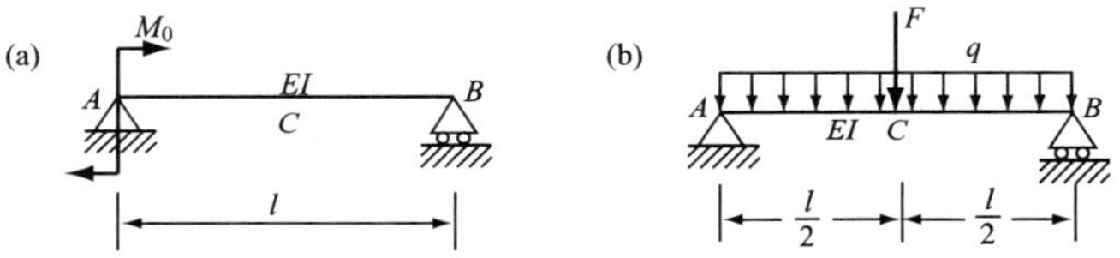

题 11.3　图

11.4　试用积分法求图中外伸梁自由端截面的转角和挠度。

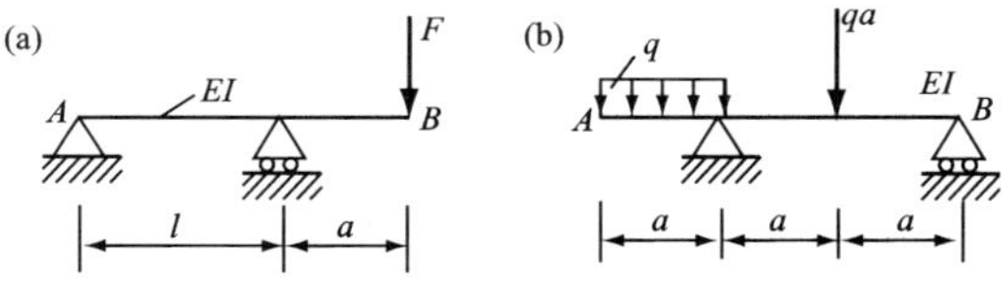

题 11.4　图

11.5　写出图示各梁的边界条件。

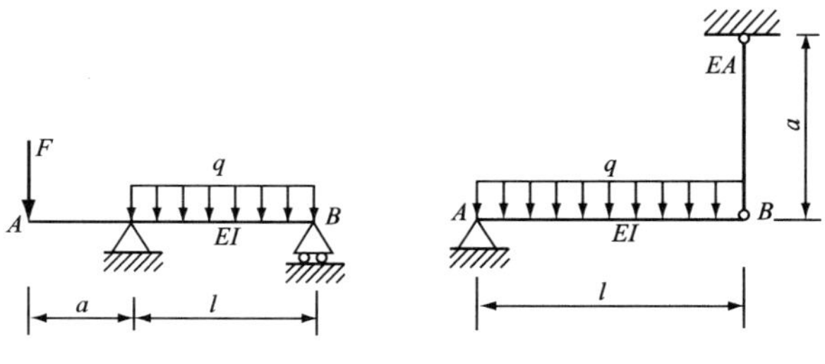

(a)　　(b)

题 11.5　图

11.6　用积分法计算梁的位移时，必须确定积分常数。试写出图示各梁确定积分常数的边界条件。在图 b 中支座 B 的弹簧刚度系数为 k。

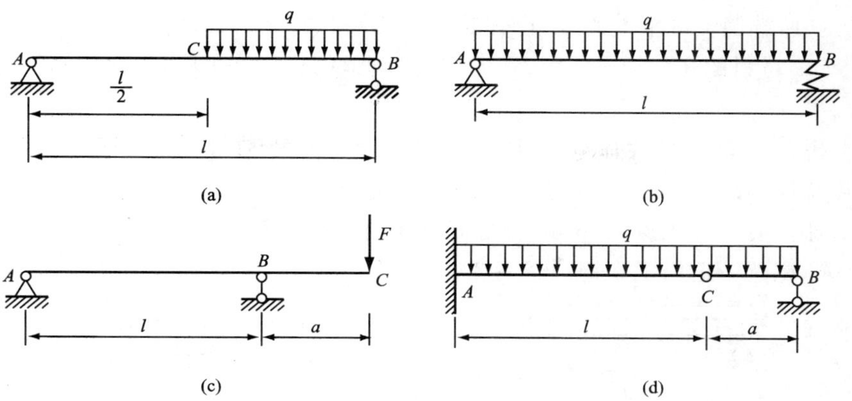

题 11.6 图

11.7 试用积分法求习题 11.6(a),(c)梁的截面 A 转角和截面 C 的挠度。

11.8 试用叠加法求图示各梁截面 A 的挠度和截面 B 的转角。设杆件的抗弯刚度 EI 为常量。

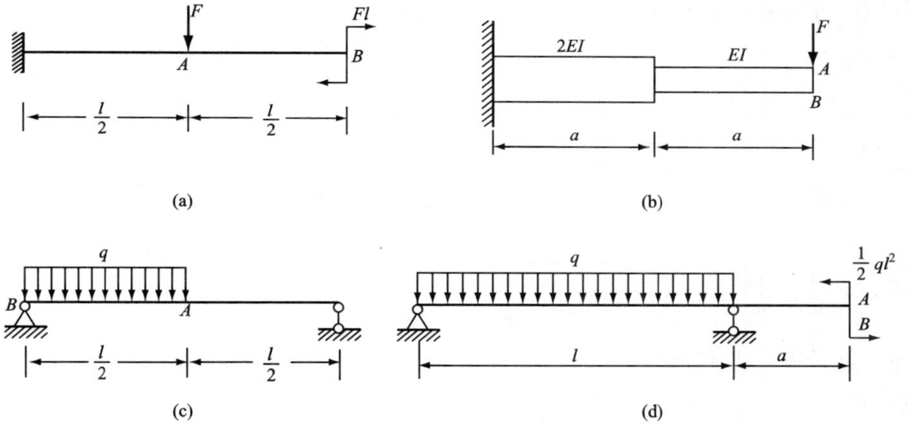

题 11.8 图

11.9 图中两根梁的 EI 相同,且等于常量,两梁由铰链相互连接。试求力 F 作用点 D 的位移。

11.10 图示结构,梁 AC 的抗弯刚度为 EI,杆 DB 的抗拉刚度为 EA。试求截面 C 的铅垂位移。

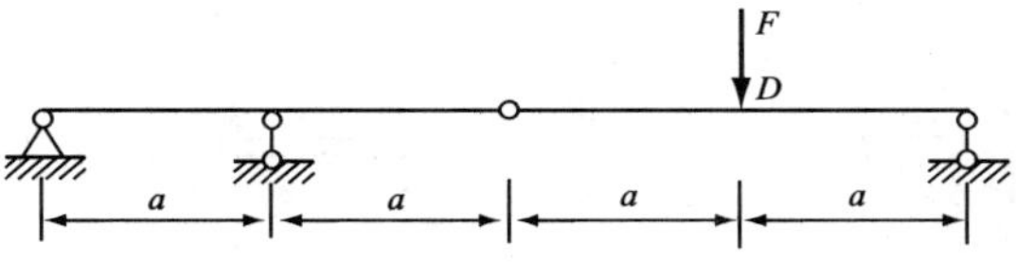

题 11.9 图

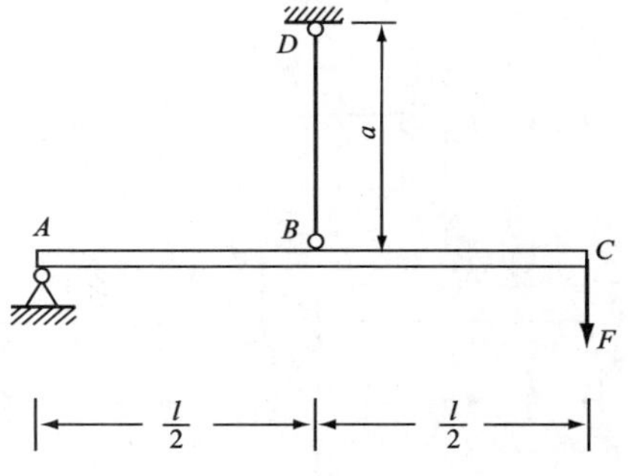

题 11.10 图

11.11 试用叠加法重新求解习题 11.4。

11.12 一两端简支的输气管道，已知其外径 $D=114$ mm，壁厚 $\delta=4$ mm，单位长度重力为 $q=106$ N/m，材料的弹性模量 $E=210$ GPa，设管道的许可挠度 $[w]=l/500$，试确定此管道的最大跨度。

11.13 桥式吊车的最大荷载为 $P=20$ kN，吊车大梁为 32a 工字钢，$E=210$ GPa，$l=8.76$ m，许可挠度为 $[w]=l/500$，试校核大梁的刚度。

11.14 悬臂梁 AB，长度 $l=3$ m，所受荷载如图所示。若许用应力 $[\sigma]=150$ MPa，许可挠度 $[w]=l/300$；试选一适当工字钢。($E=200$ GPa)。

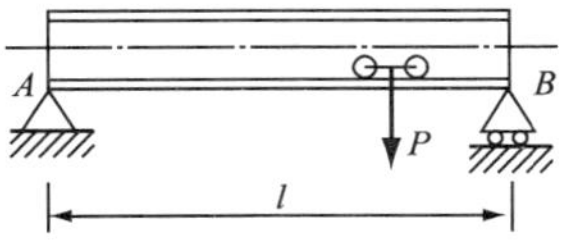

题 11.13 图

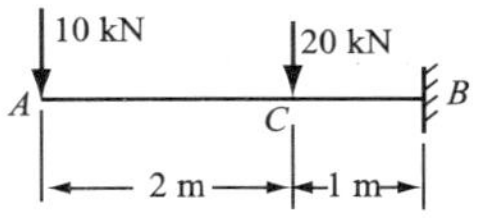

题 11.14 图

11.15 在 No. 18 工字钢梁上作用着可移动的荷载 $\boldsymbol{F}$。已知 $E=200$ GPa，$[\sigma]=100$ MPa，$[w]=\dfrac{l}{400}$（l 为两支承间的跨长）。为提高梁的承载能力，试确定 a 的合理数值及相应的许可荷载，并校核梁的刚度。

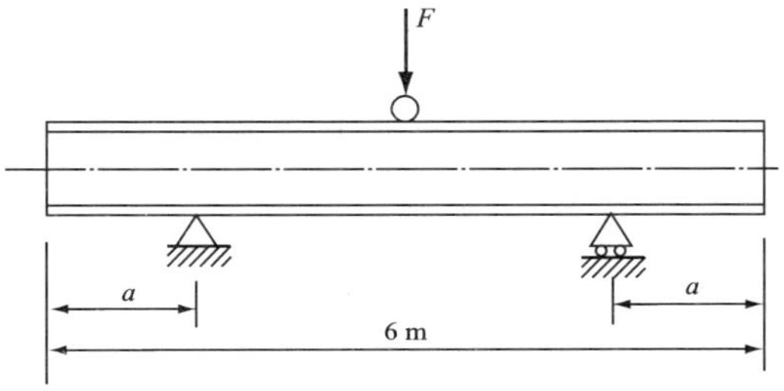

题 11.15 图

11.16 试求图示各超静定梁的支反力。

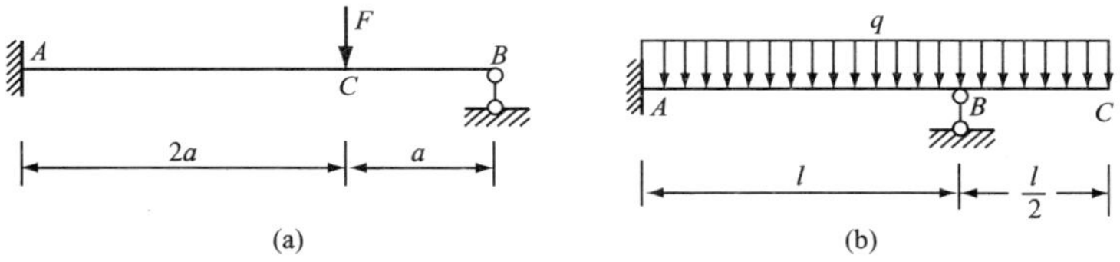

题 11.16 图

11.17 试求出下列各梁的反力，并绘出剪力图及弯矩图。

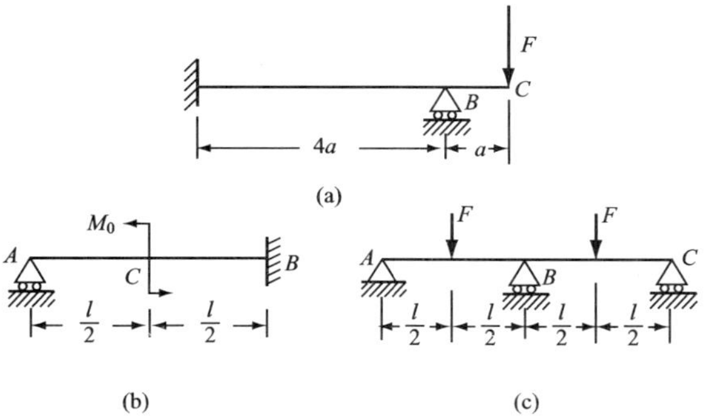

题 11.17 图

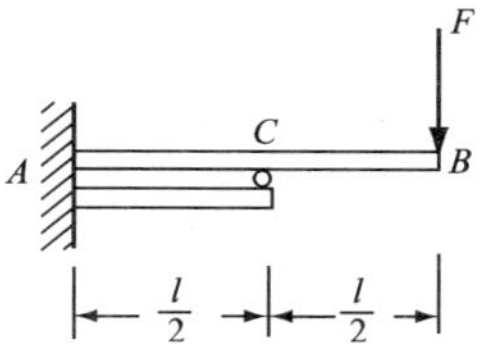

题 11.18 图

11.18 悬臂梁 AB 因强度不足，用同一材料相同截面的一根短梁 AC 加固，如图所示。问：

(1)支点 C 处的反力 F_C 为多少？

(2)梁 AB 的最大弯矩和点 B 的挠度比没有加固梁 AC 支承时减小多少？

第十二章　应力状态　强度理论

教学要求：

1. 正确建立一点应力状态、主平面和主应力的概念；
2. 熟练掌握用解析法和图解法分析和计算平面应力状态下任意截面的应力、主应力，并能正确确定主平面方位；
3. 能理解三向应力状态的概念，了解绘制三向应力状态应力圆的方法，能熟练计算三向应力状态下的最大切应力；
4. 掌握广义胡克定律及其应用。了解复杂应力状态下关于应变能密度、体积改变能密度和畸变能密度的主要结论和公式；
5. 了解材料的两种失效形式，能正确理解四种常用的强度理论及其应用范围；
6. 能正确应用四种常用的强度理论进行强度计算，熟练掌握用第三和第四强度理论进行强度分析和计算的方法。

在前述各章中，分别讨论了拉伸与压缩、扭转、弯曲时杆件的强度设计，所涉及的最大应力点为单向拉伸、单向压缩或纯剪，即最大应力点只受单向正应力或切应力作用，因此可通过同样受力情况下的实验结果，直接确定许用正应力或许用切应力，从而建立强度条件。

在工程中，实际构件的受力常常是复杂的，其最大应力点往往同时受多向正应力作用，或受正应力和切应力同时作用，这就需要研究并建立复杂情况下的强度条件。

本章首先介绍应力状态的概念和分析方法，接着讨论广义胡克定律和应变能密度，最后介绍工程中常用的强度理论，并应用强度理论建立复杂应力状态下的强度条件。

§12.1　应力状态的概念

为了分析受力构件内一点处的应力状态，可围绕该点截取各边长均为无穷小量的正六面体，称为**单元体**(element)。因为单元体的尺寸是无限小的，所以可认为，单元体各面上的应力是均匀分布的，并且在每一对平行面上，应力的大小和性质都是相同的。因此，单元体六个面上的应力就代表在该点处位于互相垂直的三个截面上的应力。

当单元体各面上的应力已知时，就可以应用截面法求得过该点的任意方位面上的应力。因此，过一点所有方位面上应力的集合，称为该点的**应力状态**(stress state at a point)。

在截取单元体时，应尽量使各面上的应力容易确定。例如，对于轴向拉伸杆内的点 A(图12.1a)，可围绕点 A 分别用三对无限靠近的横截面、水平和铅垂纵向截面截取一单元体。已知左、右两横截面上的正应力为 $\sigma=\dfrac{F_N}{A}$，其他两对截面上没有应力，故点 A 处的应力状态如图

12.1b所示。又如受扭圆轴表面上的点 A(图 12.2a),可围绕该点分别用横截面、径向和切向截面截取单元体,其应力状态如图 12.2b 所示。

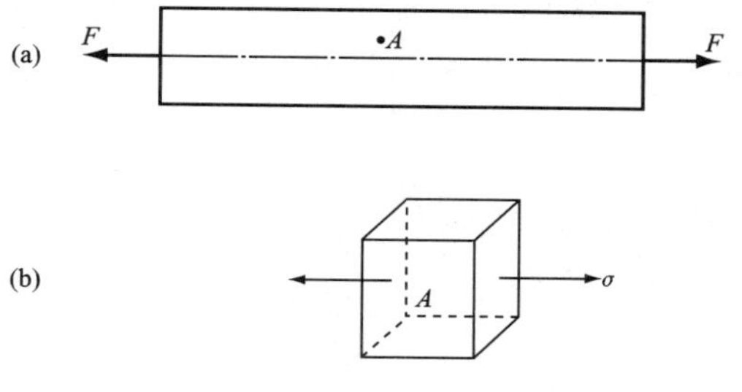

图 12.1

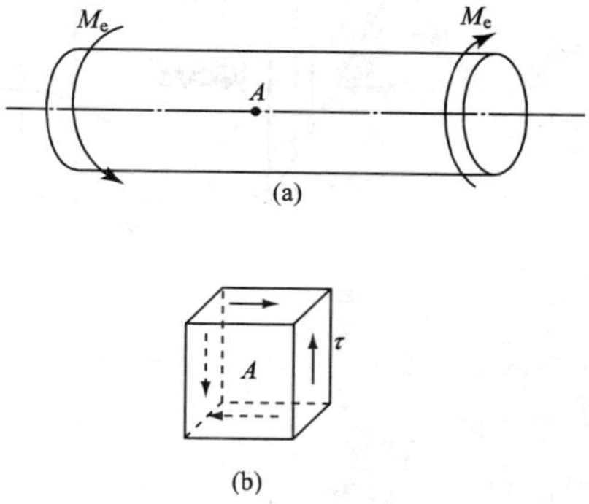

图 12.2

对于图 12.3 所示在横向力作用下产生对称弯曲的梁,试用单元体分别表示横截面上 A,B,C 三点处的应力状态。

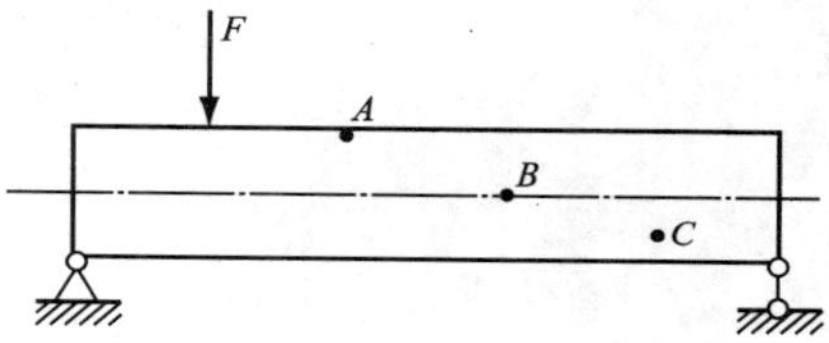

图 12.3

对于受力构件内的同一点,按不同方位所截取的单元体,其各面上的应力是不同的。若单元体某一面上的切应力等于零,则称该面为**主平面**(principal plane)。主平面上的正应力称为**主应力**(principal stress)。进一步分析可以证明,在受力构件内任一点处总可以找到三个相互垂直的主平面。用三个主平面截取的单元体称为**主应力单元体**(principal stress element)。三个主应力,依次用 σ_1,σ_2 和 σ_3 表示,且按代数值的大小排列,即 $\sigma_1 \geqslant \sigma_2 \geqslant \sigma_3$。

根据主应力的情况,可将应力状态分为三类:三个主应力中只有一个不等于零,称为**单向应力状态**(state of uniaxial stress);若有二个主应力不等于零,称为**二向或平面应力状态**(state of plane stress);若三个应力皆不等于零,称为**三向或空间应力状态**(state of space stress)。二向和三向应力状态统称为复杂应力状态。

§12.2 平面应力状态分析

1.应力的坐标变换

工程中常见的是平面应力状态,一般情况如图 12.4a 所示。为简便起见,也可用单元体的正投影来表示(图 12.4b)。设单元体各面上的应力分量 σ_x,σ_y,τ_{xy} 和 τ_{yx} 皆为已知,切应力 τ_{xy}(或 τ_{yx})第一个角标 x(或 y)表示切应力作用平面法线的方向;第二个角标 y(或 x)表示切应力的作用方向。由切应力互等定理可知,$\tau_{xy}=\tau_{yx}$。

现设按新的坐标 x',y' 截取单元体(图 12.4c),它相对于原坐标轴 x,y 的夹角为 θ(以逆时针转向为正)。为求新坐标系中的应力分量 $\sigma_{x'}$,$\sigma_{y'}$,$\tau_{x'y'}=\tau_{y'x'}$,可用截面法由平衡条件求得。

关于应力的正负号本书规定:正应力以拉为正,反之为负;切应力以使单元体在坐标轴正向间的直角增大时为正,反之为负。按照这一应力的正负号规则,图 12.4 中各应力分量均按正方向画出。

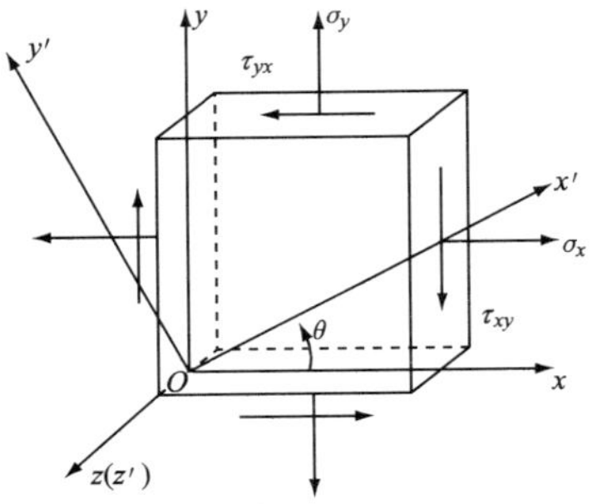

(a)

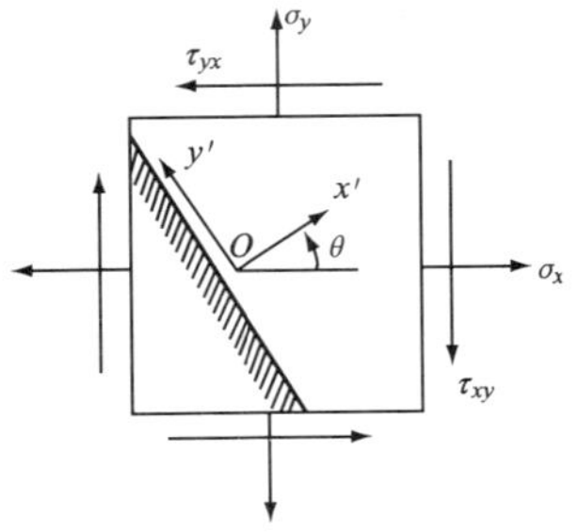

(b)

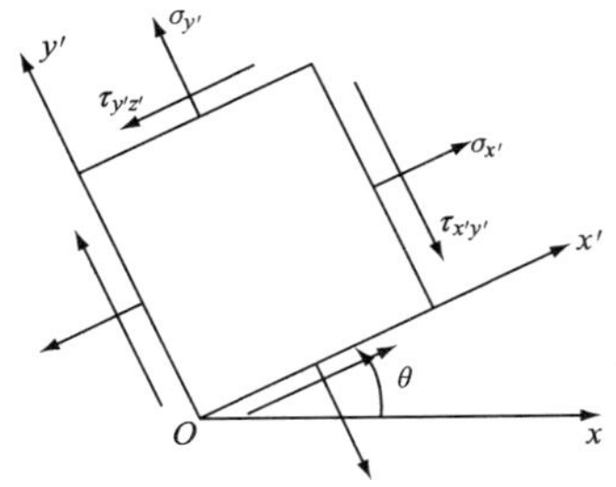

(c)

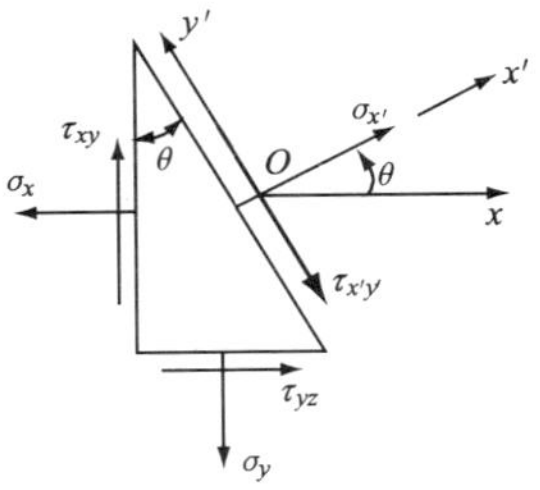

(d)

图 12.4

为求单元体垂直于轴 x' 的斜截面上的应力，将单元体沿轴 y' 方向截为两部分，考察其中任意部分，如图 12.4d 所示。设斜截面的面积为 dA，由 x' 和 y' 方向力的平衡方程可得

$$\sum F_{x'}=0,\quad \sigma_{x'}\,\mathrm{d}A-(\sigma_x\,\mathrm{d}A\cos\theta)\cos\theta+(\tau_{xy}\,\mathrm{d}A\cos\theta)\sin\theta-(\sigma_y\,\mathrm{d}A\sin\theta)\sin\theta+(\tau_{yx}\,\mathrm{d}A\sin\theta)\cos\theta=0$$

$$\sum F_{y'}=0,\quad -\tau_{x'y'}\,\mathrm{d}A+(\sigma_x\,\mathrm{d}A\cos\theta)\sin\theta+(\tau_{xy}\,\mathrm{d}A\cos\theta)\cos\theta-(\sigma_y\,\mathrm{d}A\sin\theta)\cos\theta-(\tau_{yx}\,\mathrm{d}A\sin\theta)\sin\theta=0$$

同样，也不难写出 y' 面上关于 $\sigma_{y'}$ 和 $\tau_{y'x'}$ 的方程。并注意到 $\tau_{xy}=\tau_{yx}$，消去 dA，经过坐标变换后的应力分量可表示为

$$\left.\begin{aligned}\sigma_{x'}&=\sigma_x\cos^2\theta+\sigma_y\sin^2\theta-2\tau_{xy}\sin\theta\cos\theta\\ \sigma_{y'}&=\sigma_x\sin^2\theta+\sigma_y\cos^2\theta+2\tau_{xy}\sin\theta\cos\theta\\ \tau_{x'y'}&=\tau_{y'x'}=(\sigma_x-\sigma_y)\sin\theta\cos\theta+\tau_{xy}(\cos^2\theta-\sin^2\theta)\end{aligned}\right\}\tag{12.1}$$

以上分析表明，一点处的应力状态，可以选取不同的坐标系来研究。从一种坐标系 Oxy 变换到另一坐标系 $Ox'y'$ 的过程中，应力分量之间的转换关系可由式(12.1)确定。式(12.1)称为平面应力状态下的**应力变换方程**(transformation equation of stress)。

由应力变换方程(12.1)可见

$$\sigma_{x'}+\sigma_{y'}=\sigma_x+\sigma_y$$

说明正交平面上的正应力之和，是与坐标变换无关的一个不变量。

2. 应力圆

利用倍角的三角函数公式，在法线倾角为 θ 的斜截面(即 x' 面)上其应力分量 $\sigma_{x'}$ 和 $\tau_{x'y'}$ 的表达式(12.1)可改写为

$$\left.\begin{aligned}\sigma_{x'}&=\frac{\sigma_x+\sigma_y}{2}+\frac{\sigma_x-\sigma_y}{2}\cos 2\theta-\tau_{xy}\sin 2\theta\\ \tau_{x'y'}&=\frac{\sigma_x-\sigma_y}{2}\sin 2\theta+\tau_{xy}\cos 2\theta\end{aligned}\right\} \tag{12.2}$$

从以上两式可得到一圆方程

$$\left(\sigma_{x'}-\frac{\sigma_x+\sigma_y}{2}\right)^2+\tau_{x'y'}^2=\left(\frac{\sigma_x-\sigma_y}{2}\right)^2+\tau_{xy}^2 \tag{12.3}$$

若已知 $\sigma_x,\sigma_y,\tau_{xy}$，则上式是以 $\sigma_{x'}$ 和 $\tau_{x'y'}$ 为变量的圆周方程。在以 $\sigma_{x'}$ 为横轴，$\tau_{x'y'}$ 为纵轴的坐标系中，可以画一个圆。圆心的坐标为 $\left(\frac{\sigma_x+\sigma_y}{2},0\right)$，半径 R 为 $\sqrt{\left(\frac{\sigma_x-\sigma_y}{2}\right)^2+\tau_{xy}^2}$，此圆称为**应力圆**(stress circle)，是由德国工程师莫尔(Otto Mohr)最早提出，故称为莫尔应力圆，简称**莫尔圆**(Mohr circle)。

现以图 12.5a 所示平面应力状态为例说明应力圆的作法。应为应力圆上某一点的坐标与单元体某一斜截面上的应力有着一定的对应关系。由式(12.2)可知：

当 $\theta=0$ 时，

$$\sigma_{x'}=\sigma_x,\tau_{x'y'}=\tau_{xy}$$

当 $\theta=\frac{\pi}{2}$ 时，

$$\sigma_{x'}=\sigma_y,\tau_{x'y'}=-\tau_{xy}$$

据此，即可在 $\sigma_{x'}-\tau_{x'y'}$ 坐标系中分别确定相应的点 D 和点 D'，它们的坐标分别代表 x 面和 y 面上的应力。连接 DD'，与横轴(轴 $\sigma_{x'}$)相交于点 C，以点 C 为圆心 CD 为半径作圆。不难证明，所作的圆就是对应于该平面应力状态下的应力圆，如图 12.5b 所示。

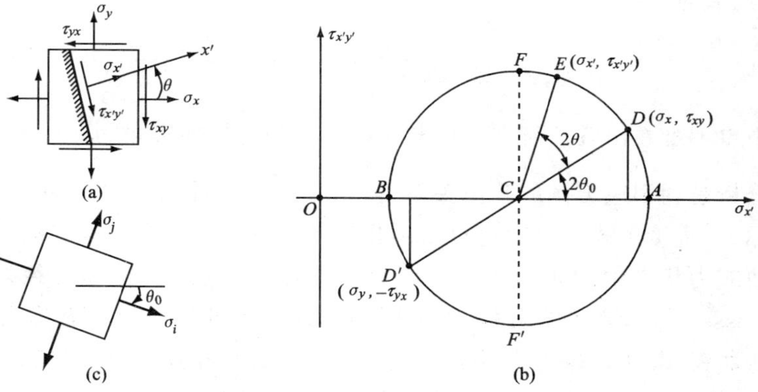

图 12.5

从图 12.5 中看出，单元体截面的法线由轴 x 逆时针转过 90°至轴 y 时，在应力圆上相应的点 D 沿圆周按相同的方向转过 180°至点 D'。同理，若单元体由轴 x 到任意斜截面法线的夹角为 θ，则在应力圆上，从相应的点 D 沿圆周按同一方向转过角度 2θ，得到点 E。点 E 的坐标就代表该斜截面上的应力(参看图 12.5b)。

3.主应力与面内最大切应力

由图 12.5b 可以看出，应力圆与横轴相交于 A,B 两点的纵坐标(切应力)等于零，所以 A，B 两点的横坐标代表平面应力状态的两个主应力。根据图中的几何关系，得到

$$\left.\begin{matrix}\sigma_i\\ \sigma_j\end{matrix}\right\}=\frac{\sigma_x+\sigma_y}{2}\pm\sqrt{\left(\frac{\sigma_x-\sigma_y}{2}\right)^2+\tau_{xy}^2} \tag{12.4}$$

其中主应力 σ_i 为垂直于零应力平面(z 面)的一组截面上最大正应力,而主应力 σ_j 为该组截面上的最小正应力。

主平面的方位角也可以从应力圆上确定。由于应力圆上从点 D 到点 A 所对应的圆心角为 $2\theta_0$,且为顺时针转向。表明单元体上从 x 轴顺时针转过一角度 θ_0,即可确定 σ_i 所在主平面的方位角。按前述对角度 θ 的正负号规定,θ_0 应为负值,因此,从图 12.5b 中的几何关系可知

$$\tan(-2\theta_0)=\frac{\tau_{xy}}{\frac{1}{2}(\sigma_x-\sigma_y)}$$

或

$$\tan 2\theta_0=-\frac{2\tau_{xy}}{\sigma_x-\sigma_y} \tag{12.5}$$

由上式可求出相差 90°的两个角度 θ_0,它们确定的两个互垂平面分别为主应力 σ_i 和 σ_j 所在的平面,如图 12.5c 所示。从图中可见,由轴 x 顺着 τ_{xy} 的方向转过一角度 $|\theta_0|$ 即为最大主应力的方向。说明单元体上对应于最大主应力作用平面的方位角的转向,与 x 面上切应力相对于单元体的转向是一致的。

考虑到应力为零的 z 面也是主平面,因此,单元体有三个相互垂直的主平面。通常规定三个主应力分别用 σ_1,σ_2,和 σ_3 表示,且按代数值 $\sigma_1\geqslant\sigma_2\geqslant\sigma_3$ 来排列,其方向相互垂直。

从图 12.5b 中看出,应力圆的 F 和 F' 两点,切应力绝对值最大,是平面应力状态中垂直于零应力平面的一组截面中切应力的最大者,称为面内最大切应力。它们的绝对值等于应力圆的半径,故数值为

$$\tau_{\max}=\sqrt{\left(\frac{\sigma_x-\sigma_y}{2}\right)^2+\tau_{xy}^2}=\frac{\sigma_i-\sigma_j}{2} \tag{12.6}$$

从应力圆中也不难看出,$\tau_{\max}$所在平面与 σ_i(或 σ_j)的主平面夹角为$\frac{\pi}{4}$。

以上分析是利用应力圆的几何关系,得到有关主平面、主应力和面内最大切应力的解析公式的。实际上,直接由式(12.2)也可得到相应的结论。建议有兴趣的读者自行推证。

当平面应力状态中的正应力 $\sigma_x=\sigma_y=0$ 时,这种应力状态称为**纯切应力状态**(shearing state of stresses)。读者不难分析,扭转圆轴内任一点处的应力状态均为纯切应力状态;受横向荷载的弯曲梁,其中性轴各点处亦为纯切应力状态。在纯切应力状态下,如何确定单元体的主平面、主应力和最大切应力,请读者直接用应力圆分析。

例 12.1 受力构件内某点处的应力状态如图 12.6 所示。试

(1)求指定斜截面上的应力;

(2)用主应力表示该点的应力状态。

解:(1)求斜截面上应力

按应力和斜截面方位角的正负号规定,在 Oxy 坐标系中的应力分量为 $\sigma_x=30$ MPa,$\sigma_y=-40$ MPa,$\tau_{xy}=-60$ MPa;所求斜面的方位角 $\theta=-30°$。由式(12.2)可得斜面上的应力为

$$\sigma_{x'}=\frac{1}{2}(30\text{ MPa}-40\text{ MPa})+\frac{1}{2}(30\text{ MPa}+40\text{ MPa})\cos(-60°)-(-60\text{ MPa})\sin(-60°)$$

$=-39.5\ \text{MPa}$

$$\tau_{x'y'}=\frac{1}{2}(30\ \text{MPa}+40\ \text{MPa})\sin(-60^\circ)+(-60\ \text{MPa})\cos(-60^\circ)=-60.3\ \text{MPa}$$

按应力的正负号规定，斜截面上正应力和切应力的实际方向示于图 12.6a 中。

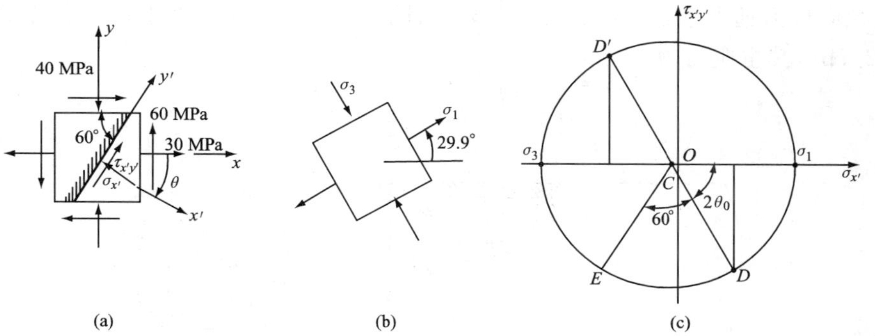

图 12.6

(2)求主应力及主平面方位角

主应力的大小按式(12.4)计算，得

$$\left.\begin{matrix}\sigma_i\\ \sigma_j\end{matrix}\right\}=\left[\frac{1}{2}(30-40)\pm\sqrt{\left(\frac{30+40}{2}\right)^2+60^2}\right]\text{MPa}=\begin{cases}64.5\ \text{MPa}\\ -74.5\ \text{MPa}\end{cases}$$

另一个主应力为零。根据主应力 $\sigma_1\geqslant\sigma_2\geqslant\sigma_3$ 的排列顺序，可知

$$\sigma_1=64.5\ \text{MPa},\ \sigma_2=0,\sigma_3=-74.5\ \text{MPa}$$

由式(12.5)可得主应力所在截面的方位角

$$\tan 2\theta_0=-\frac{2\tau_{xy}}{\sigma_x-\sigma_y}=-\frac{2(-60\ \text{MPa})}{(30+40)\text{MPa}}=1.71$$

所以

$$\theta_0=29.9^\circ\text{或}-60.1^\circ$$

顺着切应力 τ_{xy} 方向转过的角度 $\theta_0=29.9^\circ$ 即为对应最大主应力作用平面的方位角，按此方位所确定的主应力单元体如图 11.6b 所示。

对于图 12.6a 所示的应力状态，可以画出相应的应力圆，并在圆上确定斜截面上应力所对应点的坐标，如图 12.6c 所示。建议读者根据所作的应力圆来检查以上分析结果的正确性。

例 12.2 图 12.7a 所示为承受内压的圆筒形薄壁容器。已知圆筒的平均直径为 D，壁厚为 $\delta\left(\delta\leqslant\frac{D}{20}\right)$，承受的内压压强为 p。试分析筒壁上任一点 A 处的主应力。

解：两端封闭的圆筒，作用于筒底的合力为 $F=p\times\frac{\pi D^2}{4}$(图 12.7c)，薄壁圆筒横截面的面积为 $A\approx\pi D\delta$，则由内压引起横截面上的轴向应力为

$$\sigma_x=\frac{p\times\frac{\pi D^2}{4}}{\pi D\delta}=\frac{pD}{4\delta}\tag{a}$$

在内压作用下，纵向截面上有正应力 σ_y，由于薄壁，纵向截面上的应力可视为均匀分布。用截面法，取单位长圆筒并将其一分为二，以上半部分为研究对象(图 12.7d)，由 $\sum F_y=0$ 得

$$2\sigma_y\delta=\int_0^\pi p\cdot\frac{D}{2}\sin\theta\mathrm{d}\theta=pD$$

所以

$$\sigma_y = \frac{pD}{2\delta} \tag{b}$$

此外，由于内压力的作用，在容器内壁还存在垂直于内壁的径向应力 $\sigma_z = -p$。但对于薄壁容器，其径向应力远小于 σ_x 和 σ_y，常可忽略不计。于是，可认为筒壁上任一点处于二向应力状态(图 12.7b)，其主应力为

$$\sigma_1 = \frac{pD}{2\delta}, \sigma_2 = \frac{pD}{4\delta}, \sigma_3 = 0$$

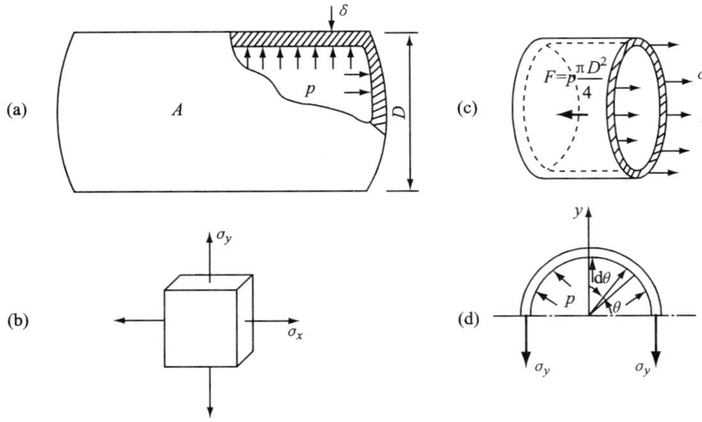

图 12.7

§12.3 空间应力状态简介

受力物体内某点处的应力状态，如果三个主应力均不为零，即为空间应力状态。对构件内危险点处进行强度分析，常常需要确定其最大正应力和最大切应力。如果某点处的三个主应力均为已知(图 12.8a)，为分析该点处的最大正应力和最大切应力，仍可利用应力圆。

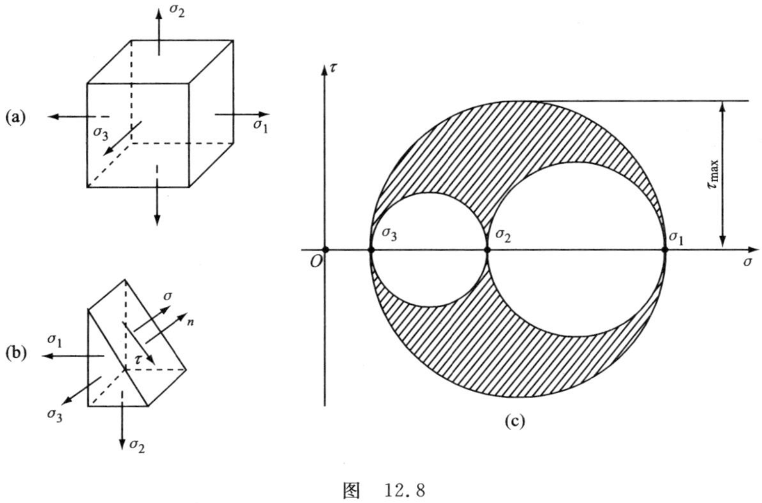

图 12.8

首先讨论平行于任一主应力的斜截面上的应力。为此，假想以平行于主应力 σ_3 的斜截面将单元体截开，并研究任一部分的平衡(图 12.8b)。由于主应力为 σ_3 所在的两平面上是一对

自相平衡的力，因而这一组斜截面上的应力与 σ_3 无关，可视为只有 σ_1 和 σ_2 作用的平面应力状态。于是，与 σ_3 相平行的任意斜截面上的应力，可由 σ_1 和 σ_2 所确定的应力圆上相应点的坐标来表示。同理，平行于 σ_2（或 σ_1）的斜截面上的应力，由 σ_1 和 σ_3（或 σ_2 和 σ_3）所确定的应力圆来表示。所作的三个应力圆（图 12.8c），其上各点的坐标分别对应于空间应力状态中三组特殊方位面上的应力。这三个圆通常称为**三向应力圆或空间应力状态的应力圆**（stress circle of space stress state）。

进一步分析可以证明，除上述三组平面外，在与三个主应力都不平行的任意斜截面上的应力，在 σ-τ 坐标平面上所对应的坐标必位于三个应力圆围成的区域内（图 12.8c 中阴影线部分）。由此可见，空间应力状态下的最大和最小正应力（指代数值）分别为

$$\sigma_{\max}=\sigma_1,\ \sigma_{\min}=\sigma_3 \tag{12.7}$$

而最大切应力则等于最大应力圆上最高点和最低点的纵坐标，其绝对值为

$$\tau_{\max}=\frac{\sigma_1-\sigma_3}{2} \tag{12.8}$$

从图 12.7c 中还可以看出，最大切应力所在的截面平行于 σ_2，其法线与 σ_1 和 σ_3 均成 45°角。

平面应力状态或单向应力状态，可看作是空间应力状态的特例，仅有一个或二个主应力为零，按照代数值排列的三个主应力同样可以作出三向应力圆。若要确定单元体内的最大切应力，其表达式与式（12.8）相同。

根据上述讨论可知，有下列两个最大切应力计算公式

$$\tau_{\max}=\sqrt{(\frac{\sigma_x-\sigma_y}{2})^2+\tau_x^2}$$

$$\tau_{\max}=\frac{\sigma_1-\sigma_3}{2}$$

这两个公式相同吗？为什么？

例 12.3 单元体各面上的应力如图 12.9 所示，试求主应力和最大切应力值。

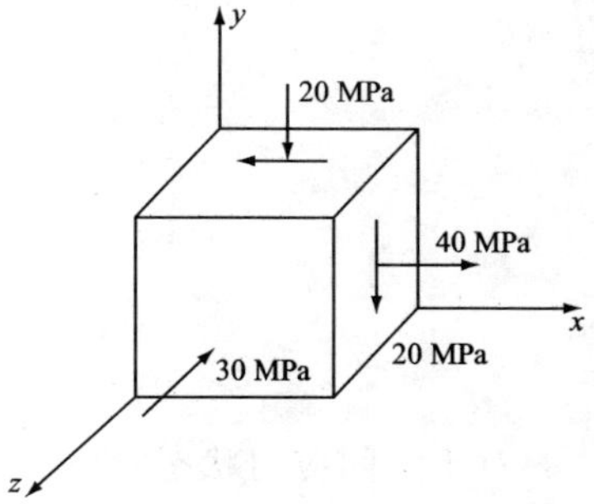

图 12.9

解：由于面 z 只有正应力 $\sigma_z=-30$ MPa，切应力为零，故面 z 为主平面，σ_z 为主应力。因为与面 z 正交的各斜截面上的应力与 σ_z 无关，于是，另外两个主应力可按式（12.4）计算，即

$$\left.\begin{matrix}\sigma_i\\ \sigma_j\end{matrix}\right\}=\frac{1}{2}(\sigma_x+\sigma_y)\pm\sqrt{\left(\frac{\sigma_x-\sigma_y}{2}\right)^2+\tau_{xy}^2}$$

$$=\frac{1}{2}(40-20)\text{MPa}\pm\sqrt{\left[\frac{40-(-20)}{2}\right]^2+(20)^2}\text{MPa}$$

$$=\begin{cases}46\ \text{MPa}\\ -26\ \text{MPa}\end{cases}$$

将三个主应力按其代数值的大小顺序排列为

$$\sigma_1=46\ \text{MPa},\ \sigma_2=-26\ \text{MPa},\ \sigma_3=-30\ \text{MPa}$$

主应力 σ_1 和 σ_2 的作用平面与面 z 相垂直，其法线的方向可按式（12.5）计算

$$\tan 2\theta_0=-\frac{2\tau_{xy}}{\sigma_x-\sigma_y}=-\frac{2(20\ \text{MPa})}{(40+20)\text{MPa}}=-\frac{2}{3}$$

$$\theta_0=-16.9° \text{ 或 } 73.1°$$

最大切应力由式(12.8)求得

$$\tau_{\max}=\frac{\sigma_1-\sigma_3}{2}=\frac{46\ \mathrm{MPa}-(-30\ \mathrm{MPa})}{2}=38\ \mathrm{MPa}$$

§12.4 广义胡克定律

在绪论中已指出，一般工程材料通常可以认为是均匀连续、各向同性的，而且，在一定的范围内具有应力与应变成线性关系的弹性阶段。由于各向同性材料沿任一方向具有相同的力学性质，也即任一方向都是材料的对称轴，可以证明单元体沿坐标轴方向的线应变只与正应力有关，而坐标轴之间的切应变只与坐标平面内的切应力有关。在线弹性范围和小变形条件下，可分别考虑单元体上各应力分量单独作用时的应变，然后应用叠加法，即得各应力分量同时作用时的应力 - 应变关系。

对于如图 12.4a 所示的平面应力状态，当 σ_x 单独作用时，沿各坐标轴方向的线应变分量为

$$\varepsilon_x=\frac{\sigma_x}{E},\ \varepsilon_y=-\nu\varepsilon_x=-\nu\frac{\sigma_x}{E},\ \varepsilon_z=-\nu\varepsilon_x=-\nu\frac{\sigma_x}{E}$$

同理，由 σ_y 引起的应变分量为

$$\varepsilon_y=\frac{\sigma_y}{E},\ \varepsilon_x=-\nu\frac{\sigma_y}{E},\ \varepsilon_z=-\nu\frac{\sigma_y}{E}$$

而切应力 τ_{xy} 仅引起 xy 平面内切应变，即

$$\gamma_{xy}=\frac{\tau_{xy}}{G}$$

应用叠加原理，即得平面应力状态下的应力 - 应变关系：

$$\left.\begin{aligned}\varepsilon_x&=\frac{1}{E}(\sigma_x-\nu\sigma_y)\\\varepsilon_y&=\frac{1}{E}(\sigma_y-\nu\varepsilon_x)\\\varepsilon_z&=-\frac{\nu}{E}(\sigma_x+\sigma_y)\\\gamma_{xy}&=\frac{\tau_{xy}}{G}\end{aligned}\right\}\tag{12.9}$$

对于空间应力状态，当三个主应力已知，其应力-应变关系可写成

$$\left.\begin{aligned}\varepsilon_1&=\frac{1}{E}[\sigma_1-\nu(\sigma_2+\sigma_3)]\\\varepsilon_2&=\frac{1}{E}[\sigma_2-\nu(\sigma_3+\sigma_1)]\\\varepsilon_3&=\frac{1}{E}[\sigma_3-\nu(\sigma_1+\sigma_2)]\end{aligned}\right\}\tag{12.10}$$

式中 ε_1、ε_2、ε_3 分别为沿主应力方向的线应变。由于主应力单元体三个坐标平面内的切应变等于零，故沿着主应力方向的线应变称为**主应变**(principal strain)。

式(12.9)和式(12.10)都称为**广义胡克定律**(generalized Hooke law)，只适用于各向同性的线弹性材料。对于各向同性材料，上述分析表明，主应变和主应力的方向是重合的。

例 12.4 图 12.10a 所示矩形截面拉杆，截面宽 b、高 h 及材料的弹性常数 E、ν 均已知。

在拉杆表面的图示位置画直角 ABC。试求杆受拉力 F 后线段 BC 以及直角 ABC 的改变量。

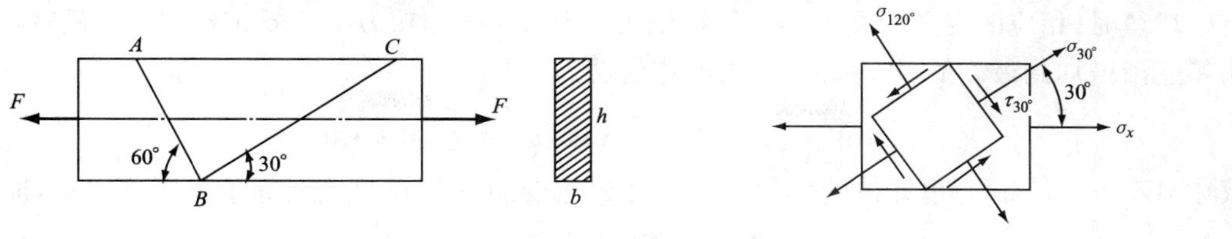

(a) (b)

图 12.10

解:拉杆各点处于单向应力状态(图 12.10b),x 面上的应力为 $\sigma_x=\dfrac{F}{bh}$,利用应力变换方程(12.1),求得

$$\sigma_{30°}=\sigma_x cos^2 30°=\frac{3}{4}\sigma_x$$

$$\tau_{30°}=\frac{\sigma_x}{2}sin(2\times 30°)=\frac{\sqrt{3}}{4}\sigma_x$$

$$\sigma_{120°}=\sigma_x cos^2 120°=\frac{1}{4}\sigma_x$$

由广义胡克定律,可得 BC 方向的线应变为

$$\varepsilon_{30°}=\frac{1}{E}(\sigma_{30°}-\nu\sigma_{120°})=\frac{3-\nu}{4E}\sigma_x=\frac{(3-\nu)}{4Ebh}F$$

则 BC 段的伸长量为

$$\Delta l_{BC}=\varepsilon_{30°}\times l_{BC}=2h\varepsilon_{30°}=\frac{(3-\nu)}{2Eb}F$$

而直角 ABC 的改变量就是切应变 $\gamma_{30°}$,由胡克定律得

$$\gamma_{30°}=\frac{\tau_{30°}}{G}=\frac{\dfrac{\sqrt{3}}{4}\sigma_x}{\dfrac{E}{2(1+\nu)}}=\frac{\sqrt{3}(1+\nu)}{2E}\sigma_x=\frac{\sqrt{3}}{2}\cdot\frac{(1+\nu)F}{bhE}$$

切应变为正值,表明直角增大。

§12.5 复杂应力状态下的应变能密度

1.弹性应变能密度

物体受外力作用而产生弹性变形时,在物体内部所储存的能量,称为弹性应变能,简称**应变能**(strain energy)。在弹性范围内,当外力缓慢地作用时,若不考虑能量损耗,根据能量守恒原理,外力作的功将全部以应变能的形式储存在弹性体内。弹性体的变形是可逆的,当外力逐渐解除时,它在恢复变形的过程中,将释放出全部的应变能而对外作功。

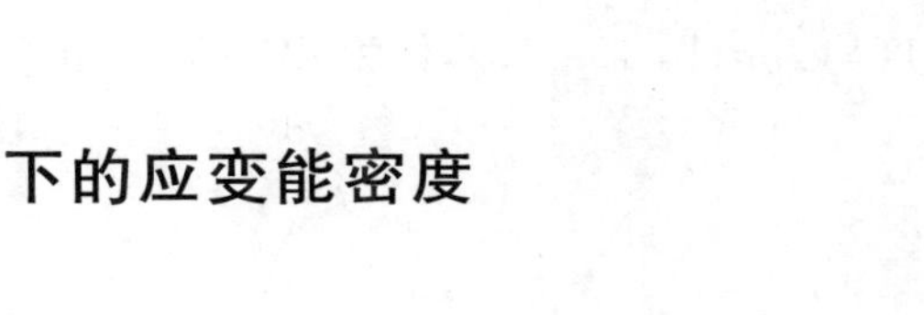

(a) (b)

图 12.11

首先考察单元体在单向应力状态下(图 12.11a)的应变能。设单元体各边长分别为 dx、dy、dz,在 x

面上作用的力为$\sigma_x \mathrm{d}y\mathrm{d}z$(对单元体而言看作外力),沿 x 方向的伸长为$\varepsilon_x \mathrm{d}x$(图 12.11b)。如应力有一增量时,相应的变形增量为 $\mathrm{d}\varepsilon_x \mathrm{d}x$,则单元体上力所作的功为$(\sigma_x \mathrm{d}y\mathrm{d}z)(\mathrm{d}\varepsilon_x \mathrm{d}x)$。显然,当应力由零逐渐增加到最终值时,单元体上力所作的功为

$$\mathrm{d}W = \int (\sigma_x \mathrm{d}y\mathrm{d}z)(\mathrm{d}\varepsilon_x \mathrm{d}x) = \int \sigma_x \mathrm{d}\varepsilon_x \cdot \mathrm{d}V$$

式中 $\mathrm{d}V=\mathrm{d}x\mathrm{d}y\mathrm{d}z$ 为单元体的体积。单元体的应变能 $\mathrm{d}V_\varepsilon$ 在数值上等于力所作的功,即

$$\mathrm{d}V_\varepsilon = \mathrm{d}W = \int \sigma_x \mathrm{d}\varepsilon_x \cdot \mathrm{d}V \tag{12.11}$$

单位体积的应变能称为**应变能密度**(strain energy density),并记作 v_ε,则有

$$v_\varepsilon = \frac{\mathrm{d}V\varepsilon}{\mathrm{d}V} = \int \sigma_x \mathrm{d}\varepsilon_x$$

若材料为线弹性体,其应力与应变成正比,$\sigma_x = E\varepsilon_x$,则

$$v_\varepsilon = \int E\varepsilon_x \mathrm{d}\varepsilon_x = \frac{1}{2}E\varepsilon_x^2 = \frac{\sigma_x^2}{2E} = \frac{1}{2}\sigma_x\varepsilon_x \tag{12.12}$$

对于空间应力状态,单元体的应变能在数值上仍然等于外力所作的功。弹性体的应变能只取决于最终的受力情况,而与加力的次序无关。因此,为了便于分析,假设单元体各面上的应力按同一比例从零增加到最终值。在线弹性情况下,每一主应力与相应的主应变之间仍然保持线性关系。于是,空间应力状态下的应变能密度可表示为

$$v_\varepsilon = \frac{1}{2}(\sigma_1\varepsilon_1 + \sigma_2\varepsilon_2 + \sigma_3\varepsilon_3) \tag{12.13}$$

将广义胡克定律式(12.10)代入上式,整理后得

$$v_\varepsilon = \frac{1}{2E}[\sigma_1^2 + \sigma_2^2 + \sigma_3^2 - 2v(\sigma_1\sigma_2 + \sigma_2\sigma_3 + \sigma_3\sigma_1)] \tag{12.14}$$

2.体积改变能密度与畸变能密度

一般情况下,单元体将同时发生体积改变和形状改变。将主应力单元体(图 12.12a)分解为图 12.12b 和 c 所示两种单元体应力的叠加。因此,应变能密度 v_ε 也可相应地分解为两部分:**体积改变能密度** v_V(density of energy of volume change)和**畸变能密度** v_d(distortional strain energy density)。

首先研究主应力单元体的体积变化。单元体的三对平面均为主平面,变形前各棱边的长度均为 a(图 12.12a),体积 $\mathrm{d}V=a^3$。变形后,单元体的体积为

$$\mathrm{d}V_1 = (1+\varepsilon_1)a \cdot (1+\varepsilon_2)a \cdot (1+\varepsilon_3)a$$

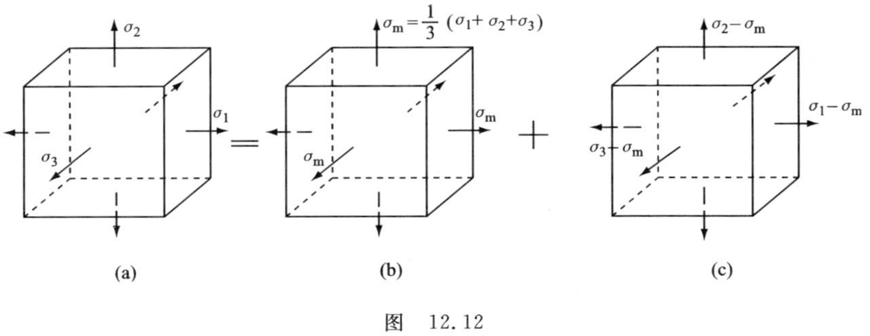

图 12.12

展开上式,略去高阶微量,得

$$\mathrm{d}V_1 = (1+\varepsilon_2+\varepsilon_2+\varepsilon_3)a^3$$

单位体积的体积变化率为

$$\theta=\frac{dV_1-dV}{dV}=\varepsilon_1+\varepsilon_2+\varepsilon_3 \tag{12.15}$$

θ 也称为**体应变**(volume strain)。将广义胡克定律式(12.10)代入上式,整理后得

$$\theta=\frac{1-2\nu}{E}(\sigma_1+\sigma_2+\sigma_3) \tag{12.16}$$

表明体应变只与三个主应力之和有关。若用主应力的平均值 $\sigma_m=\frac{1}{3}(\sigma_1+\sigma_2+\sigma_3)$ 分别代替原来单元体的三个主应力,则体变单元体(图 12.12b)只有体积变化,没有形状改变,且三个主应力之和与原主应力单元体的三个主应力之和相等,故其体积改变等于原单元体的体积改变。对体变单元体应用式(12.14),即得原单元体的体积改变能密度为

$$\upsilon_V=\frac{3(1-2\nu)}{2E}\sigma_m^2=\frac{1-2\nu}{6E}(\sigma_1+\sigma_2+\sigma_3)^2 \tag{12.17}$$

图 12.12c 所示单元体的三个主应力之和为零,故无体积改变,只有形状改变。因此,其应变能密度就是原主应力单元体的畸变能密度。所以,单元体的畸变能密度 υ_d 等于总的应变能密度 υ_ε 式(12.14)与体积改变能密度 υ_V 式(12.17)之差。经简化后,得

$$\upsilon_d=\upsilon_\varepsilon-\upsilon_V=\frac{1+\nu}{6E}[(\sigma_1-\sigma_2)^2+(\sigma_2-\sigma_3)^2+(\sigma_3-\sigma_1)^2] \tag{12.18}$$

§12.6 强度理论的概念

当杆件受到轴向拉伸或压缩时,杆内各点的应力状态相同,都是处于单向应力状态。第二章中已经指出,在这种情况下的强度条件为

$$\sigma=\frac{F_N}{A}\leqslant[\sigma]$$

这里的许用应力[σ]是根据构件强度失效时的极限应力来决定的。对于塑性材料,通常以屈服极限 σ_s 为极限应力,对脆性材料,通常以强度极限 σ_b 为极限应力。而屈服极限和强度极限都是由材料的拉伸试验或压缩试验测定的。因此可以说,材料处于单向应力状态下的强度条件是直接由试验来决定的,这个强度条件是通过构件横截面上的正应力来建立的,也就是通过单向应力状态中唯一的主应力来建立的。在单向应力状态下,可直接由试验测定该主应力的极限应力来建立强度条件,而不需要考虑材料失效的原因。但是,当材料处于复杂应力状态下,应如何来建立其强度条件呢?

第一种方法就是,根据外荷载及构件形状尺寸,确定危险截面上危险点(即最大应力点)的三个主应力 σ_1、σ_2 和 σ_3,然后对材料进行三向拉压试验测定三向极限应力,建立复杂应力状态下的强度条件。但是,主应力的比例 $\sigma_1:\sigma_2:\sigma_3$ 有无穷多个,针对某一比例的三向试验不具有通用性。此外,三向拉压试验在技术上还难以实现。因此,这一方法至少目前还不切实际。

第二种方法就只能是,利用材料单向拉伸或压缩的试验结果,来建立复杂应力状态下的强度条件。为此,就必须研究导致材料强度失效的主要原因,因为只有了解到材料失效的主因之后,才能抓住主要因素,略去次要因素,建立材料失效的条件,最终建立复杂应力状态下的强度条件。

经过长期的生产实践和试验研究,发现材料失效是有一定规律的。在静荷载作用下,因材料强度不足而造成失效的形式大致有两种:一种是**脆性断裂**(brittle fracture),是指材料经过

弹性变形后只发生很小塑性变形或无塑性变形时就突然断裂的现象，这是一种严重的失效形式；另一种是**塑性屈服**(plastic yield)，是指材料经过弹性变形后发生显著的塑性变形，从而使构件的形状发生不良的永久变形，这在许多机器或结构中也不容许，因而也是一种失效形式。而导致材料失效的因素有应力、应变以及应变能密度等等。人们在长期的生产活动中，综合分析材料失效的现象，对强度失效提出各种假说，假定材料之所以按某种方式失效，是应力、应变或应变能密度等因素中某一因素引起的。按照这些假说，无论是简单或复杂应力状态，引起失效的因素是相同的。这些假说称为**强度理论**(theory of strength)。利用强度理论，便可由单向应力状态的试验结果，建立复杂应力状态下的强度条件。

强度理论是关于材料强度失效原因的一些假说，因此其是否正确，适用什么情况，必须经过试验和生产实践的验证。

§12.7 工程中常用的强度理论

强度失效形式主要有两种：脆性断裂和塑性屈服。与此相应，强度理论也分为两类：一类是关于脆性断裂失效的，其中有最大拉应力理论和最大拉应变理论；另一类是关于塑性屈服失效的，其中主要有最大切应力理论和畸变能密度理论。下面分别予以介绍。

1. 最大拉应力理论(第一强度理论)

这一理论是人们根据早期使用的脆性材料(砖、石、铸铁等)易于拉断提出的。认为：无论材料在什么应力状态下，引起脆性断裂的共同原因是最大拉应力($\sigma_{max}=\sigma_1>0$)达到了某个共同的极限值 σ_u。

根据上述观点，任何应力状态下，最大拉应力的极限值是相同的。于是，可用材料在拉伸试验中测定的强度极限 σ_b，作为不同应力状态下发生脆性断裂时的极限应力 σ_u。因此，材料发生脆性断裂的失效判据为

$$\sigma_1=\sigma_b \tag{12.19}$$

将强度极限 σ_b 除以安全因数得许用应力$[\sigma]$，可得按第一强度理论建立的强度条件为

$$\sigma_1\leqslant[\sigma] \tag{12.20}$$

最大拉应力理论在历史上是最古老的。认为材料的断裂与最大拉应力有关，这个概念早在17世纪就由伽利略(Galileo)于1638年提出，后来由兰金(Rankine)于1856年完善了这一理论。

大量的试验表明，许多脆性材料当处于拉应力为主的应力状态时，这一理论基本上与试验结果相符。但是，这一理论没有考虑到其他两个主应力对材料失效的影响。而且，对于不存在拉应力的情况，也无法应用。

2. 最大拉应变理论(第二强度理论)

这一理论是在十七世纪后期由科学家马里奥特首先提出的。这个理论认为：最大拉应变是引起材料脆性断裂的主要因素。根据该理论，无论材料在什么应力状态下，只要最大拉应变 ε_1 达到某一极限值 ε_u，材料就会发生脆性断裂。极限值 ε_u 与应力状态无关，可由单向拉伸试验测定强度极限 σ_b，由单向拉压胡克定律求得：$\varepsilon_u=\dfrac{\sigma_b}{E}$。根据该理论，任意应力状态下，只要 ε_1 达到极限值$\dfrac{\sigma_b}{E}$，材料就发生脆性断裂。可得脆性断裂的失效判据为

$$\varepsilon_1=\frac{\sigma_b}{E} \tag{a}$$

由广义胡克定律，有

$$\varepsilon_1=\frac{1}{E}[\nu_1-\nu(\sigma_2+\sigma_3)]$$

代入式(a)，得到用应力表示的断裂失效判据为

$$\sigma_1-\nu(\sigma_2+\sigma_3)=\sigma_b \tag{12.21}$$

将 σ_b 除以安全因数得许用应力$[\sigma]$，因此可得按第二强度理论建立的强度条件为

$$\sigma_1-\nu(\sigma_2+\sigma_3)\leqslant[\sigma] \tag{12.22}$$

对于脆性材料，这个理论与试验结果在某些情况下大致相符。例如，铸铁在拉压二向应力作用，且压应力较大的情况下，试验结果与这个理论吻合得较好。可是，按照这个理论，材料在二向或三向受拉时要比单向受拉安全，但试验结果并不能证实这一点。对于塑性材料，这个理论则不能得好地被试验所验证。

3. **最大切应力理论**(第三强度理论)

随着生产的发展，钢材等塑性材料获得广泛应用，人们发现材料的塑性屈服与最大切应力有关。这一观点最早由库仑(Coulomb)在 1773 年提出，后由特雷斯卡(Tresca)、格斯特(Guest)加以完善。这个理论认为:无论材料处于什么应力状态，发生塑性屈服的共同原因是最大切应力 τ_{max}达到了材料的某个共同极限值 τ_s。因此，材料塑性屈服的判据为

$$\tau_{max}=\tau_s$$

在复杂应力状态下，最大切应力为

$$\tau_{max}=\frac{1}{2}(\sigma_1-\sigma_3)$$

极限值 τ_s 可由单向拉伸试验测定，当材料屈服时，在 45°角的斜截面上切应力达到极限值，其值为

$$\tau_s=\frac{1}{2}\sigma_s$$

于是，屈服判据可表示为

$$\sigma_1-\sigma_3=\sigma_s \tag{12.23}$$

上式也称为特雷斯卡屈服判据。按第三强度理论建立的强度条件为

$$\sigma_1-\sigma_3\leqslant[\sigma] \tag{12.24}$$

试验表明，对于塑性材料，这一理论与试验结果较为符合，且一般是偏于安全的。但是，该理论未考虑主应力 σ_2 的影响。

有些脆性材料，例如铸铁在受压(或以压为主)时，也会出现剪切破坏形式，这主要取决于切应力，但和正应力也有很大的关系。由于脆性材料的抗拉和抗压强度不同，材料的失效并不能简单地看作是由某一因素引起的。莫尔(Mohr)提出的强度理论，是以各种应力状态下材料的破坏试验结果为依据，进行综合分析和适当的简化，而建立起来的带有一定经验性的强度理论。其强度条件为

$$\sigma_1-\frac{[\sigma_t]}{[\sigma_c]}\sigma_3\leqslant[\sigma_t] \tag{12.25}$$

式中，$[\sigma_t]$和$[\sigma_c]$分别为材料的抗拉和抗压许用应力。当$[\sigma_t]=[\sigma_c]$时，就与最大切应力理论的

失效判据相一致。因此，莫尔强度理论也可看作是最大切应力理论的发展。当 $\sigma_3=0$ 或 $\sigma_1=0$ 时，分别同单向拉伸或单向压缩试验相符合。

4. **畸变能密度理论**（第四强度理论）

这是从能量的观点提出的强度理论。历史上曾提出过“应变能密度理论”，认为材料的屈服失效原因是应变能密度达到材料的某一极限值。但这一理论与试验结果并不相符。试验表明，材料在很高的三向等压（静水压力）作用时仍保持弹性，而不是屈服。由于应变能密度可分为体积改变能密度和畸变能密度，三向等拉或是等压而引起的体积改变并非是材料发生屈服的原因。1904 年由胡贝尔（Huber），1913 年由米塞斯（Mises）等科学家提出了“畸变能密度理论”。该理论认为：无论材料处于什么应力状态，发生屈服的共同原因是畸变能密度达到了某一极限值。

在线弹性范围内，空间应力状态下的畸变能密度式（12.18）为

$$v_{\mathrm{d}}=\frac{1+\nu}{6E}[(\sigma_1-\sigma_2)^2+(\sigma_2-\sigma_3)^2+(\sigma_3-\sigma_1)^2]$$

因为单向拉伸时，当应力达到 σ_{s}，材料将发生屈服，故畸变能密度的极限值为

$$v_{\mathrm{ds}}=\frac{1+\nu}{3E}\sigma_{\mathrm{s}}^2$$

于是，材料的屈服判据为

$$\sqrt{\frac{1}{2}[(\sigma_1-\sigma_2)^2+(\sigma_2-\sigma_3)^2+(\sigma_3-\sigma_1)^2]}=\sigma_{\mathrm{s}} \qquad (12.26)$$

上式也称为米塞斯屈服判据。按第四强度理论建立的强度条件为

$$\sqrt{\frac{1}{2}[(\sigma_1-\sigma_2)^2+(\sigma_2-\sigma_3)^2+(\sigma_3-\sigma_1)^2]}\leqslant[\sigma] \qquad (12.27)$$

某些塑性材料，例如钢、铜、铝的薄壁圆管试验资料表明，畸变能密度屈服判据与试验结果相当吻合，比第三强度理论更精确。其他大量的试验结果还表明，米塞斯屈服判据能很好地描述铜、镍、铝等许多工程韧性材料的屈服状态。

前述四个强度理论的强度条件分别为式（12.20）、式（12.22）、式（12.24），式（12.27），可以写成以下统一的形式：

$$\sigma_{\mathrm{r}}\leqslant[\sigma] \qquad (12.28)$$

式中 σ_{r} 称为**相当应力**。按照从第一强度理论到第四强度理论的顺序，相当应力分别为

$$\left.\begin{aligned}
\sigma_{\mathrm{r1}}&=\sigma_1\\
\sigma_{\mathrm{r2}}&=\sigma_1-\nu(\sigma_2+\sigma_3)\\
\sigma_{\mathrm{r3}}&=\sigma_1-\sigma_3\\
\sigma_{\mathrm{r4}}&=\sqrt{\frac{1}{2}[(\sigma_1-\sigma_2)^2+(\sigma_2-\sigma_3)^2+(\sigma_3-\sigma_1)^2]}
\end{aligned}\right\} \qquad (12.29)$$

一般情况下，铸铁、石料、混凝土、玻璃等脆性材料，通常以断裂的形式失效，宜采用第一和第二强度理论。碳钢、铜、铝等塑性材料，通常以屈服的形式失效，宜采用第三和第四强度理论。

但必须指出，材料的失效形式还与危险点处的应力状态有关。即使是塑性材料，在三向均匀拉伸的应力状态下，也会发生脆性断裂，这时宜选用最大拉应力理论。必须注意的是，相应的许用应力不能通过单向拉伸时的屈服应力除以安全因数得到，而应以在三向拉伸时发生脆性断裂的最大应力除以安全因数。

同样，对于脆性材料，在三向均为压应力时也可能发生明显的塑性变形，这时宜选用第三

和第四强度理论。但因脆性材料不可能由单向拉伸试验得到材料发生屈服的极限应力，故$[\sigma]$也不能用脆性材料在单向拉伸时的许用应力值。

例 12.5 如图 12.13 所示的平面应力状态，试分别讨论构件的材料为脆性材料和塑性材料时的强度条件。

解：按式(12.4)求得二个不等于零的主应力

$$\left.\begin{matrix}\sigma_i\\ \sigma_j\end{matrix}\right\}=\frac{\sigma}{2}\pm\sqrt{\left(\frac{\sigma}{2}\right)^2+\tau^2}$$

另一个主应力等于零。因为$\sigma_i>0$，$\sigma_j<0$，故三个主应力为

$$\begin{cases}\sigma_1=\dfrac{\sigma}{2}+\dfrac{1}{2}\sqrt{\sigma^2+4\tau^2}\\ \sigma_2=0\\ \sigma_3=\dfrac{\sigma}{2}-\dfrac{1}{2}\sqrt{\sigma^2+4\tau^2}\end{cases}$$

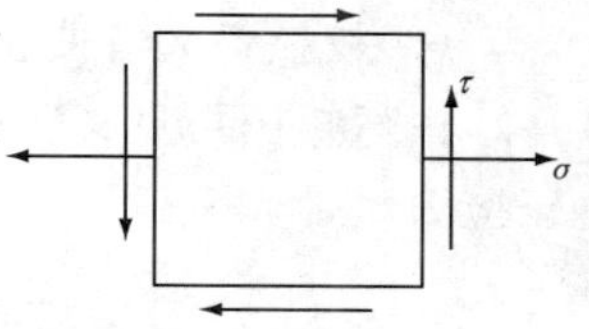

图 12.13

对于脆性材料，按第一强度理论，则强度条件为

$$\sigma_{r1}=\frac{\sigma}{2}+\frac{1}{2}\sqrt{\sigma^2+4\tau^2}\leqslant[\sigma]$$

式中$[\sigma]=\dfrac{\sigma_b}{n_b}$。

若为塑性材料，应按第三和第四强度理论进行强度计算，将图示应力状态的主应力代入相应的强度条件可得到

$$\sigma_{r3}=\sqrt{\sigma^2+4\tau^2}\leqslant[\sigma] \tag{12.30}$$

$$\sigma_{r4}=\sqrt{\sigma^2+3\tau^2}\leqslant[\sigma] \tag{12.31}$$

式中$[\sigma]=\dfrac{\sigma_s}{n_s}$。

例 12.6 用 20a 号工字钢制成的简支梁，如图 12.14a 所示。已知：集中力 $F=62$ kN，均布荷载集度 $q=2$ kN/m，材料的许用应力$[\sigma]=170$ MPa，$[\tau]=100$ MPa。试用第四强度理论校核梁的强度。

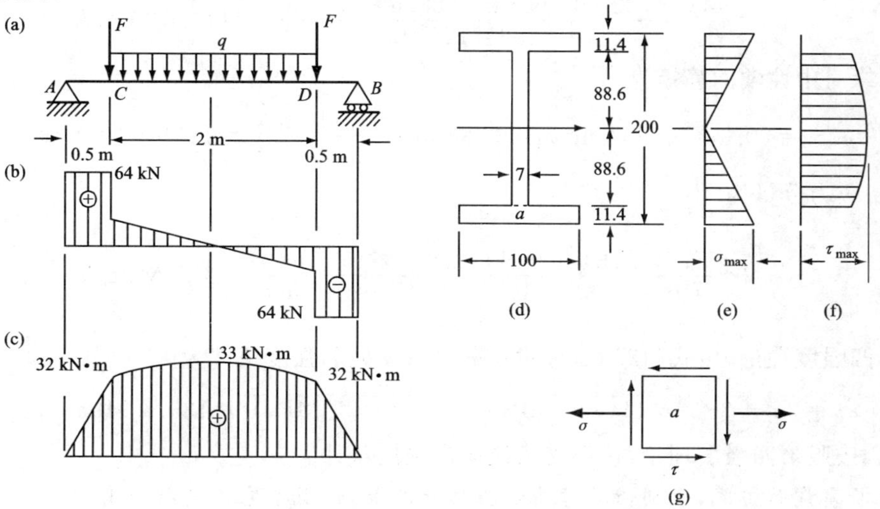

图 12.14

解:(1)作梁的剪力图和弯矩图

由对称性求出支座约束力后,可作出梁的剪力图和弯矩图,如图 12.14b、c 所示。

(2)查工字钢的几何参数

将 20a 号工字钢截面简化为三个窄矩形的组合图形,由附录型钢表可查得简化图形的尺寸如图 12.14d 所示。又查得该工字钢的其他几何参数为

$$W_z = 237\ \text{cm}^3 = 237 \times 10^{-6}\ \text{m}^3$$

$$I_z = 2\ 370\ \text{cm}^4 = 237 \times 10^{-7}\ \text{m}^4$$

$$I_z/S_z = 17.2\ \text{cm} = 172 \times 10^{-3}\ \text{m}$$

(3)校核最大弯曲正应力

由弯矩图可见,简支梁的危险弯矩截面为跨中截面,在该截面的上、下边缘处有最大弯曲正应力

$$\sigma_{\max} = \frac{M_{\max}}{W_z} = \frac{33\ 000\ \text{N} \cdot \text{m}}{237 \times 10^{-6}\ \text{m}^3} = 139\ \text{MPa} < [\sigma] = 170\ \text{MPa}$$

最大弯曲正应力满足强度条件。

(4)校核最大弯曲切应力

由剪力图可见,简支梁的危险剪力截面在 AC 段和 DB 段,在这两段的任一截面的中性轴上有最大弯曲切应力

$$\tau_{\max} = \frac{F_{S,\max}}{(I_z/S_z)b} = \frac{64\ 000\ \text{N}}{(172 \times 10^{-3}\ \text{m})(7 \times 10^{-3}\ \text{m})} = 53.2\ \text{MPa} < [\tau] = 100\ \text{MPa}$$

最大弯曲切应力也满足强度条件。

(5)校核腹板和翼缘交界处危险点 a 的应力

由剪力图和弯矩图可见,在简支梁 C 处的左侧截面和 D 处的右侧截面上,剪力和弯矩都较大。又由表示横截面上正应力和切应力分布的图 e 和图 f 可见,在腹板和翼缘交界处的正应力和切应力皆较大,是另一类可能的危险点。

在梁 C 处的左侧截面或 D 处的右侧截面上,图 d 所示点 a 处的应力状态如图 g 所示。可求得其正应力分量为

$$\sigma = \frac{My}{I_z} = \frac{(32\ 000\ \text{N} \cdot \text{m})(88.6 \times 10^{-3}\ \text{m})}{237 \times 10^{-7}\ \text{m}^4} = 119.6\ \text{MPa}$$

截面下翼缘对中性轴的静矩为

$$S_z = (0.1 \times 0.0114\ \text{m}^2)\left(0.0886\ \text{m} + \frac{0.0114\ \text{m}}{2}\right) = 1.075 \times 10^{-4}\ \text{m}^3$$

因此,其切应力分量为

$$\tau = \frac{F_S S_z}{I_z b} = \frac{(64\ 000\ \text{N})(1.075 \times 10^{-4}\ \text{m}^3)}{(237 \times 10^{-7}\ \text{m}^4)(7 \times 10^{-3}\ \text{m})} = 41.5\ \text{MPa}$$

按第四强度理论,由式(12.31)可建立危险点 a 处的强度条件为

$$\sigma_{r4} = \sqrt{\sigma^2 + 3\tau^2} = \sqrt{(119.6\ \text{MPa})^2 + 3 \cdot (41.5\ \text{MPa})^2} = 139.5\ \text{MPa} < [\sigma]$$

由此可见,按照第四强度理论,该简支梁能满足强度条件。

取两根圆截面粉笔,分别使其弯曲和扭转而断裂,试观察它们的断口有何不同?试分析它们危险点处的应力状态,并选用适当的强度理论解释其破坏的原因。

本章小结

1. 一点的应力状态

通过受力构件内的任一点，不同方位截面上应力的集合，称为该点的应力状态。围绕该点，截取一微小的正六面体，称为单元体。由于单元体是无限小的，因此，单元体各面上的应力是均匀分布的，且相互平行的平面上的应力大小相等，方向相反。

2. 主平面和主应力

应力单元体中切应力为零的平面，称为主平面。主平面上的正应力称为主应力，分别用符号 σ_1、σ_2、σ_3 表示，且按其代数值大小排列 $\sigma_1 \geqslant \sigma_2 \geqslant \sigma_3$。在一般情况下，任一点处的应力状态，一定存在一个由三对相互垂直的主平面所组成的主应力单元体。

3. 平面应力状态分析

任意斜截面上的应力

$$\sigma_\theta = \frac{\sigma_x + \sigma_y}{2} + \frac{\sigma_x - \sigma_y}{2}\cos 2\theta - \tau_x \sin 2\theta$$

$$\tau_\theta = \frac{\sigma_x - \sigma_y}{2}\sin 2\theta + \tau_x \cos 2\theta$$

主应力的大小为

$$\sigma_i = \sigma_{\max} = \frac{\sigma_x + \sigma_y}{2} + \sqrt{\left(\frac{\sigma_x - \sigma_y}{2}\right)^2 + \tau_x^2}$$

$$\sigma_j = \sigma_{\min} = \frac{\sigma_x + \sigma_y}{2} - \sqrt{\left(\frac{\sigma_x - \sigma_y}{2}\right)^2 + \tau_x^2}$$

主平面方位为

$$\tan 2\theta_0 = -\frac{2\tau_x}{\sigma_x - \sigma_y}$$

面内最大切应力的大小为

$$\tau_{\max} = \sqrt{\left(\frac{\sigma_x - \sigma_y}{2}\right)^2 + \tau_x^2} = \frac{\sigma_i - \sigma_j}{2}$$

应当指出：

(a)斜截面上的应力公式是由微元上力的平衡条件求得，应力不存在平衡关系。

(b)上述公式中的符号规定为：正应力以拉为正，压为负；切应力以对单元体内任一点产生顺时针转动趋势者为正，反之为负；角度 θ 以逆时针转向为正，反之为负。

(c)由于二向应力状态中有一个主应力为零，求出主应力 σ_i 和 σ_j 后，需按其代数值的大小重新排序。

(d)求出的主平面方位 $2\theta_0$ 应有两个角度，这两个角度相差 180°，即 θ_0 的两个角度相差 90°。主平面与最大切应力的作用面互成 45°。

(e)主平面上的切应力一定为零，但最大切应力的作用面上的正应力却通常不为零，而是等于 $\frac{\sigma_x + \sigma_y}{2}$。

4. 最大切应力

$$\tau_{\max}=\frac{\sigma_1-\sigma_3}{2}$$

5. 广义胡克定律

$$\varepsilon_x=\frac{1}{E}[\sigma_x-\mu(\sigma_y+\sigma_z)]$$

$$\varepsilon_y=\frac{1}{E}[\sigma_y-\mu(\sigma_z+\sigma_x)]$$

$$\varepsilon_z=\frac{1}{E}[\sigma_z-\mu(\sigma_x+\sigma_y)]$$

$$\gamma_{xy}=\frac{\tau_{xy}}{G}$$

$$\gamma_{yz}=\frac{\tau_{yz}}{G}$$

$$\gamma_{zx}=\frac{\tau_{zx}}{G}$$

6. 畸变能密度

$$v_d=\frac{1+\upsilon}{6E}[(\sigma_1-\sigma_2)^2+(\sigma_2-\sigma_3)^2+(\sigma_3-\sigma_1)^2]$$

7. 强度理论的概念

强度理论是从宏观角度，对引起材料强度失效的原因所作的各种假设，这类假设认为，材料之所以按某种方式失效，主要是由于某一种因素引起的。从而，可利用单向应力状态下的试验结果，建立复杂应力状态下的强度条件。

8. 强度理论的统一表示

四个常用强度理论的强度条件可写成统一的形式：

$$\sigma_{ri}\leqslant[\sigma] \qquad (i=1,2,3,4)$$

四个强度理论的相当应力分别为

$$\sigma_{r1}=\sigma_1$$

$$\sigma_{r2}=\sigma_1-\nu(\sigma_2+\sigma_3)$$

$$\sigma_{r3}=\sigma_1-\sigma_3$$

$$\sigma_{r4}=\sqrt{\frac{1}{2}[(\sigma_1-\sigma_2)^2+(\sigma_2-\sigma_3)^2+(\sigma_3-\sigma_1)^2]}$$

应根据受力构件材料的失效形式，选取相应的强度理论来建立强度条件。铸铁、石料、混凝土、玻璃等脆性材料，通常以断裂形式失效，一般采用第一和第二强度理论。碳钢、铜、铝等塑性材料，通常以屈服形式失效，一般采用第三或第四强度理论。大量实例表明，材料的失效形式还与应力状态有关。无论是塑性还是脆性材料，在三向拉应力状态或与其相近的情况下，均以脆性断裂的形式失效，应采用第一强度理论；而在三向压应力状态或与其相近的情况下，均以塑性屈服的形式失效，应采用第三或第四强度理论。

习　　题

12.1 纯弯曲梁内任一点处只有正应力，而扭转轴内任一点处只有切应力，这种说法对吗？为什么？

12.2　构件受力如图示，试画出危险点单元体的应力状态。

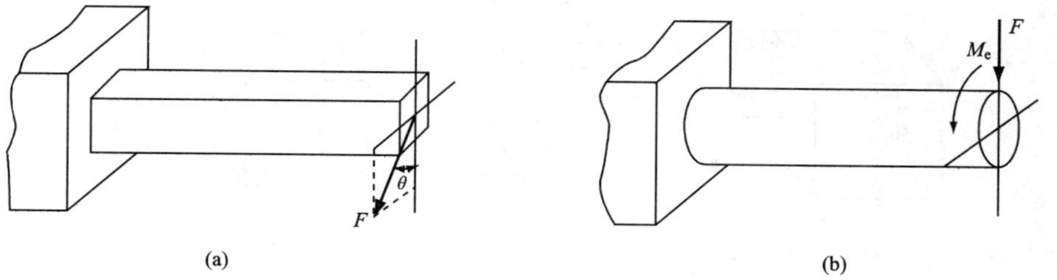

题 12.2　图

12.3　试从图示各构件中点 A 和 B 处截取单元体，并计算单元体各面上的应力。

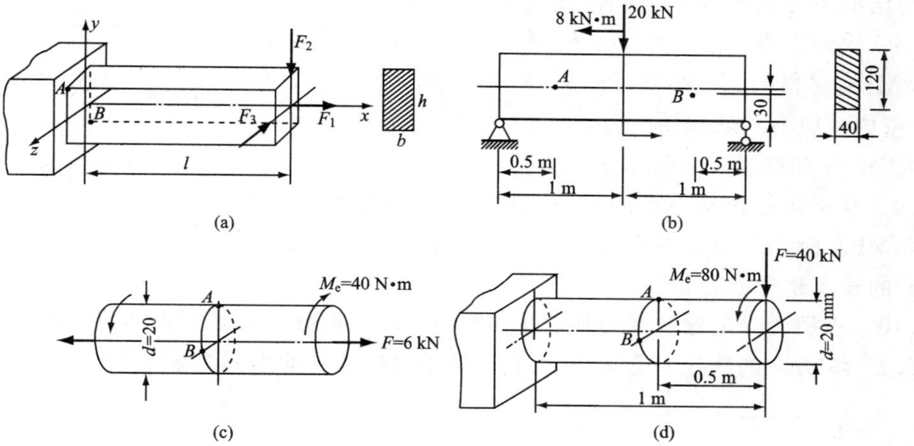

题 12.3　图

12.4　已知平面应力状态如图所示，试用解析法和图解法计算图中各单元体指定斜截面上的应力（应力单位为 MPa）。

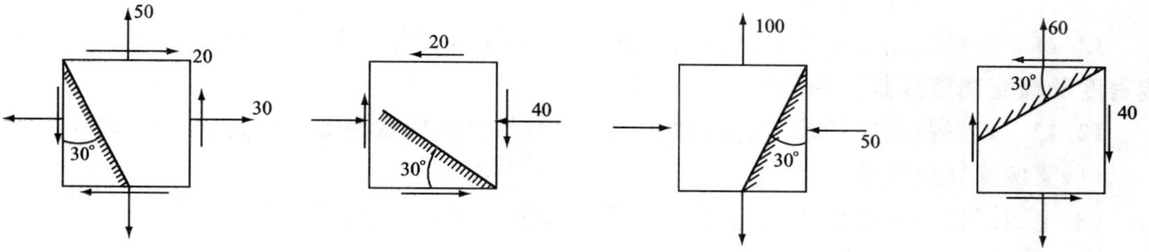

题 12.4　图

12.5　已知平面应力状态如图所示（应力单位为 MPa），试用解析法和图解法计算图中各单元体主应力的大小和主平面方位，并画出主应力单元体。

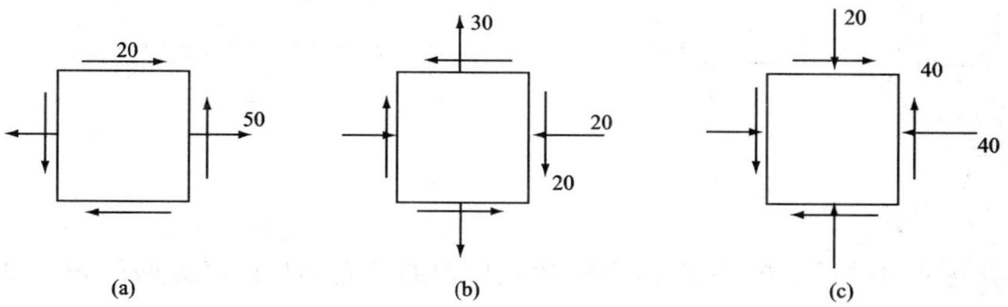

题 12.5　图

12.6 试求图示各应力状态的主应力及最大切应力(应力单位为 MPa)。

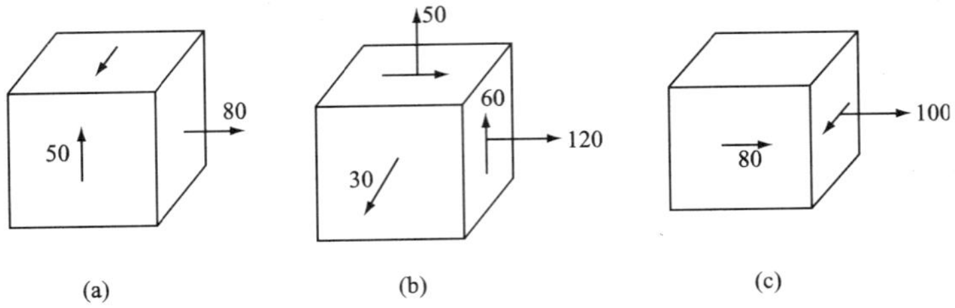

题 12.6 图

12.7 图示平面应力状态,已知 σ_x、σ_y、τ_{xy} 和材料的 E、v,试问如何写出沿正交轴 x' 和 y' 方向的线应变 $\varepsilon_{x'}$、$\varepsilon_{y'}$ 呢?

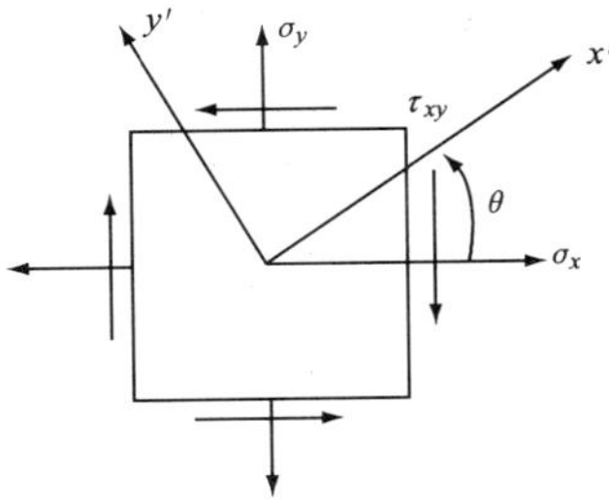

题 12.7 图

12.8 锅炉平均直径 $D=1$ m,壁厚 $\delta=10$ mm,内部蒸汽压力 $p=3$ MPa,材料的 $E=200$ GPa,$v=0.3$。试求:

(1)壁内主应力和最大切应力;

(2)直径 D 和壁厚 δ 的改变量。

12.9 从钢构件内某一点的周围取出一单元体如图示。已知 $\sigma=30$ MPa,$\tau=15$ MPa,材料的 $E=200$ GPa,$v=0.30$,试求对角线 AC 的长度改变 Δl_{AC}。

12.10 直径为 d 的圆杆受力如图示,材料的 E、v 均已知。现测得圆杆表面上沿母线方向与母线成 45°方向的线应变分别为 ε_{0°、ε_{45°,试求圆杆所受的力 F 和转矩 M_e。

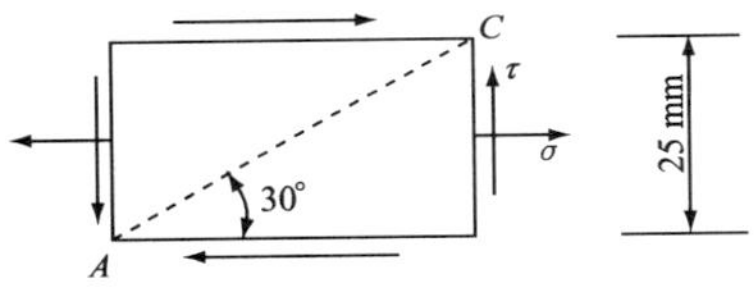

题 12.9 图

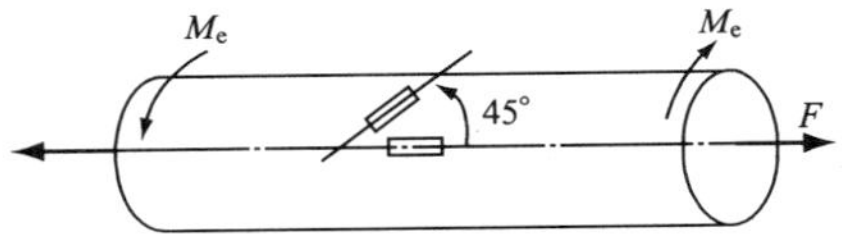

题 12.10 图

12.11 两单元体的应力状态分别如图所示。试问:二者的主应力、最大切应力、体积改变能密度及畸变能密度是否相等?

12.12 矩形截面梁的尺寸、荷载如图示,材料的弹性模量为 E,泊松比为 v。试求:

(1)梁的弹性应变能;

(2)上边缘任一点处的应变能密度、体积改变能密度和畸变能密度。

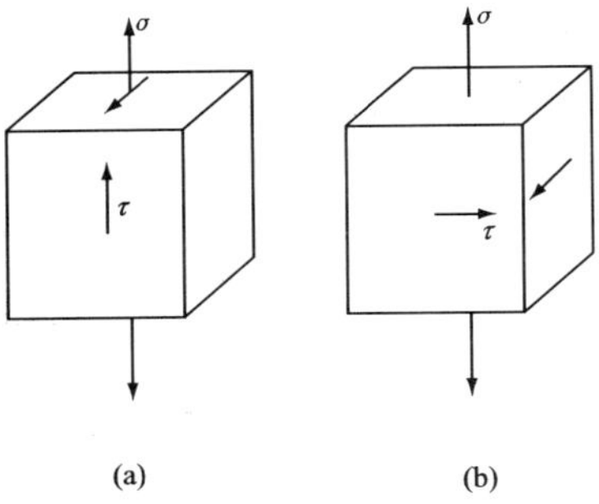

题 12.11 图

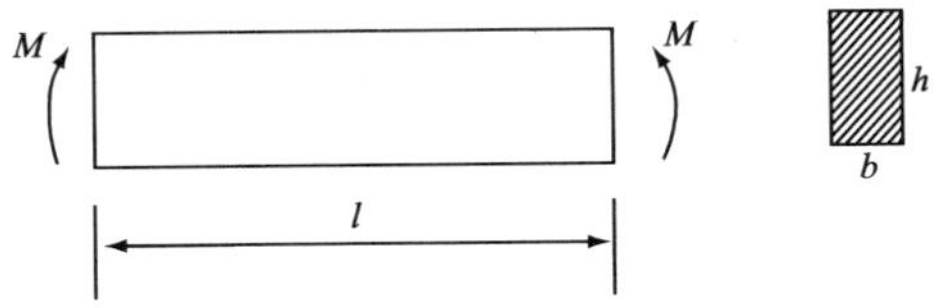

题 12.12 图

12.13 在轴向拉伸下的等截面直杆,单位体积的改变与单位横截面面积的改变之比在数值上等于 0.75。试求直杆材料的泊松比 v。

12.14 试求图示应力状态下的体应变 ε_V、应变能密度 v_ε 和畸变能密度 v_d。设 $E=200$ GPa，$v=0.3$。(应力单位为 MPa)。

12.15 铸铁构件上危险点的应力状态如图所示。若已知铸铁的许用拉应力$[\sigma]=30$ MPa。试对下列应力分量作用下的危险点进行强度校核：

(1)$\sigma_x=\sigma_y=\sigma_z=0$，$\tau_{xy}=30$ MPa；

(2)$\sigma_x=10$ MPa，$\sigma_y=23$ MPa，$\sigma_z=0$，$\tau_{xy}=-11$ MPa。

12.16 钢构件上危险点的应力状态见题 12.15 图。若已知钢的$[\sigma]=160$ MPa，试对下列应力分量作用下的危险点进行强度校核。

(1)$\sigma_x=120$ MPa，$\sigma_y=\sigma_z=0$，$\tau_{xy}=-25$ MPa；

(2)$\sigma_x=10$ MPa，$\sigma_y=-50$ MPa，$\sigma_z=60$ MPa，$\tau_{xy}=60$ MPa。

12.17 圆筒形薄壁容器，直径 $D=2$ m，壁厚 $t=10$ mm，所受的内压为 $p=1$ MPa。若容器材料的许用应力$[\sigma]=90$ MPa。试按第四强度理论进行强度校核。

12.18 圆杆如图示。已知 $d=10$ mm，$M_e=Fd/10$，试求许可荷载 F。若材料为：(1)钢材，$[\sigma]=160$ MPa；(2)铸铁，$[\sigma_t]=30$ MPa。

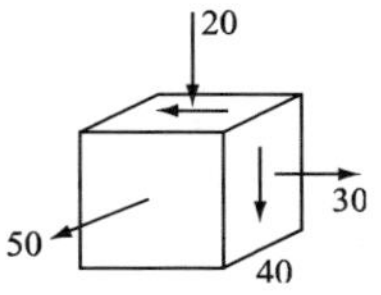

题 12.14 图

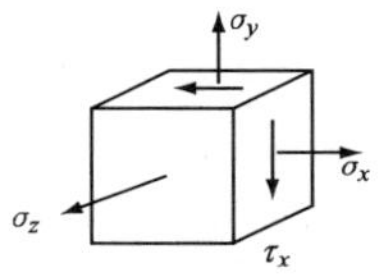

题 12.15 图

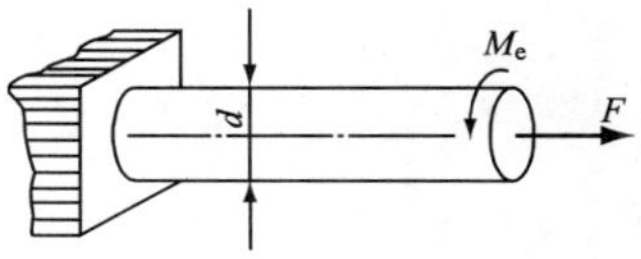

题 12.18 图

12.19 对于塑性材料，是否只要危险点处的最大应力 σ_{max} 达到屈服应力 σ_s，材料就开始屈服？例如，图 a、b 所示两单元体，它们的 $\sigma_{max}=\sigma$，如按最大切应力理论，达到屈服时的 σ_{max} 分别为多大？

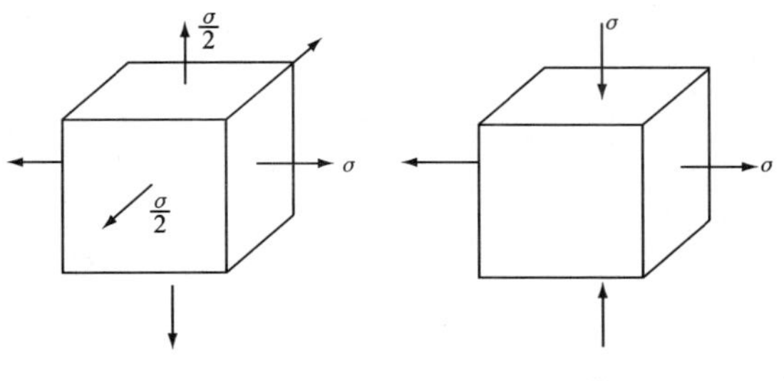

题 12.19 图

12.20 直径为 d 的圆截面直杆，已知危险截面上的内力分量有轴力 F_N、扭矩 T 和弯矩 M，试分别按第一强度理论(对脆性材料)和第三强度理论(对塑性材料)建立相应的强度条件。

12.21 图示螺丝起子，直径 $d=9$ mm，施加的轴向力 $F=100$ N，转矩 $M_e=5$ N·m。试分析杆表面 a 点处的应力状态，并按畸变能密度理论计算 σ_{r4}。

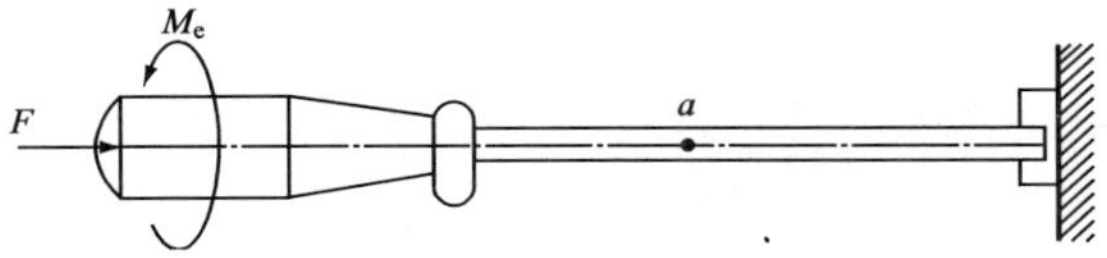

题 12.21 图

12.22 试比较图示正方形棱柱体在下列两种情况下的相当应力 σ_{r3}；

(1)棱柱体自由受压；

(2)棱柱体放在刚性方模内受压，弹性常数 E、v 均为已知。

12.23 图示曲柄轴，在点 A 处承受一垂直于纸面的力 $F=20$ kN。试按第三强度理论和第四强度理论分别计算 CD 段内危险点的相当应力。

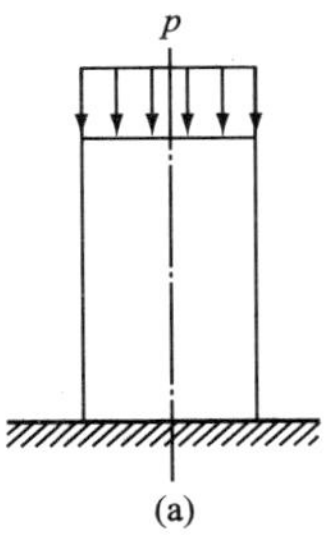

题 12.22 图

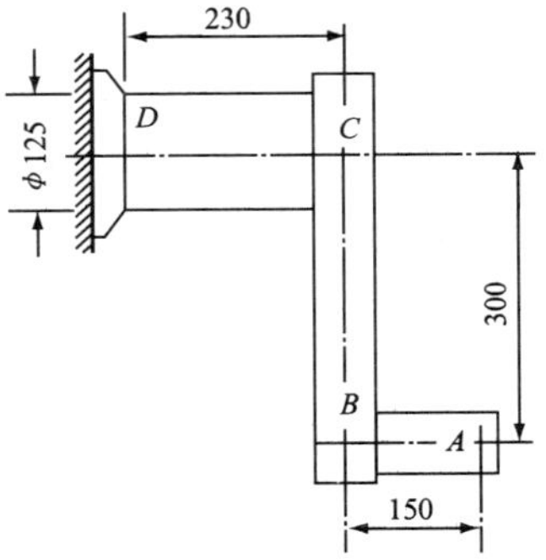

题 12.23 图

第十三章 组合变形及连接件的计算

教学要求：

1. 建立组合变形杆件强度计算的基本概念和方法，能正确分析和判定危险截面和危险点的位置，并能正确计算危险点应力分量；
2. 熟练掌握拉(压)弯组合变形杆件的应力分析和强度计算；
3. 掌握偏心压缩杆件的应力分析和强度计算；
4. 熟练掌握弯扭组合变形时杆件的应力分析和强度计算；
5. 掌握剪切面和挤压面的判定方法，能综合应用剪切和挤压的强度条件进行连接件的实用计算。

在前几章中，分别介绍了杆件在拉伸、压缩、扭转和弯曲等基本变形情形下的强度和刚度问题。在工程实际中，许多构件的变形较复杂，往往是由几种基本变形组合而成的。

本章首先介绍拉伸或压缩与弯曲组合变形时的强度计算，接着讨论偏心压缩、扭转与弯曲组合变形，最后介绍连接件的实用计算。

§13.1 组合变形的概念

在前面各章中，分别讨论了杆件的拉伸与压缩、扭转、剪切、弯曲等基本变形。在工程实际中，构件受到外力作用后所产生的变形往往并不单纯是某一种基本变形，而是两种或更多的基本变形形式的组合，称为**组合变形**(combined deformation)。例如，图 13.1 中所示的塔式容器，由于重力 P 的作用而产生轴向压缩，同时，又因受到风压力 q 的作用而产生弯曲。又如，图 13.2 中所示的夹具，夹紧零件时受到平行于夹具竖杆形心轴的外力 F 作用，竖杆所发生的变形是轴向拉伸与弯曲的组合变形。再如，图 13.3 中所示的皮带轮传动轴，由于受到皮带拉力等若干横向外力的作用产生弯曲，同时，因传递扭矩在各轮所在的平面内还受到力偶作用产生扭转，因此传动轴的变形是弯扭组合变形。

在构件的组合变形中，若有一种基本变形是主要的，有时为简化计算，常略去其他次要变形，而在强度计算中，可适当降低所用材料的许用应力。若构成组合变形的几种基本变形都是重要的，则应按组合变形进行计算。

计算组合变形杆件的强度问题时，基于小变形的假设，一般可应用叠加原理，即假设所有外荷载的作用彼此独立互不相关，任一荷载所引起的应力和变形都不受其他荷载的影响。因此，当杆受到复杂荷载作用产生几种变形时，可先将荷载向截面形心简化，使其分解为几组静力等效的荷载，其中每组荷载产生一种基本变形，然后分别计算各基本变形下所产生的应力，最后将应力叠加，得到组合变形的总应力。特别需要指出的是，叠加原理的成立，要求内力、应力、位移和应变等待求量与外力成线性关系。若没有上述线性关系，叠加原理则不成立。可以证明，在线弹性范围内，小变形条件下，上述线性关系成立，可以应用叠加原理计算杆件的内力、应力、位移与应变。

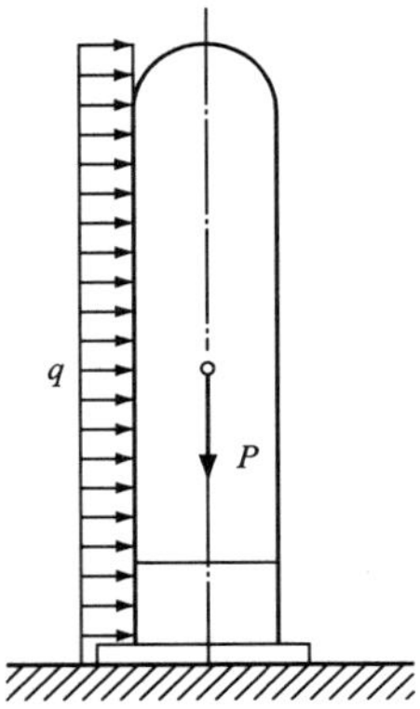

图 13.1

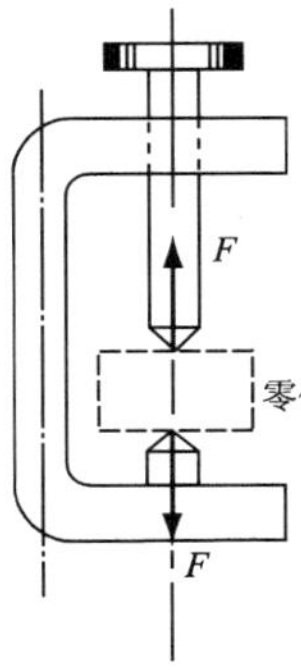

图 13.2

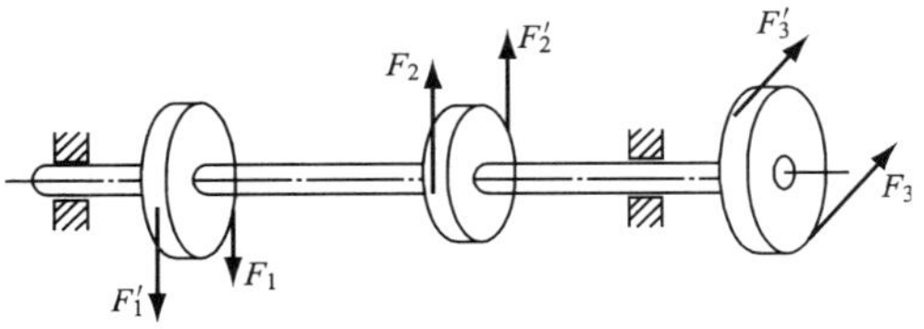

图 13.3

§13.2 拉伸或压缩与弯曲的组合

当杆件横截面上同时作用有轴力和弯矩时，若材料服从胡克定律且为小变形，可应用叠加原理计算其正应力。

以如图 13.4 所示的具有纵向对称截面的杆件为例，横截面上作用有轴力 F_N 和位于纵向对称面内的弯矩 M_z，这是轴向拉应力和对称弯曲正应力的叠加问题，其横截面上任一点处的正应力为

$$\sigma=\frac{F_N}{A}-\frac{M_z y}{I_z} \tag{13.1}$$

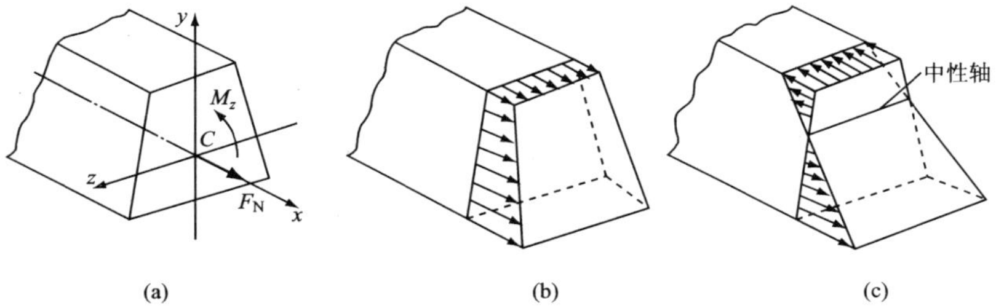

(a) (b) (c)

图 13.4

可见横截面上的正应力为 y 的一次函数，仍然是线性分布的，若轴力和弯矩均为正值，其正应力可能的分布规律分别如图 13.4b、c 所示。这时中性轴不再通过形心，中性轴的位置应根据 $\sigma=0$ 重新确定。

如果杆件横截面是双向对称的，截面上同时作用的有轴力 F_N 以及两纵向对称面内的弯矩 M_y 和 M_z，各内力分量均按正值画出，如图 13.5a 所示。由叠加原理，可得横截面上任一点 (y,z) 处的正应力为

$$\sigma=\frac{F_N}{A}+\frac{M_y}{I_y}z-\frac{M_z}{I_z}y \tag{13.2}$$

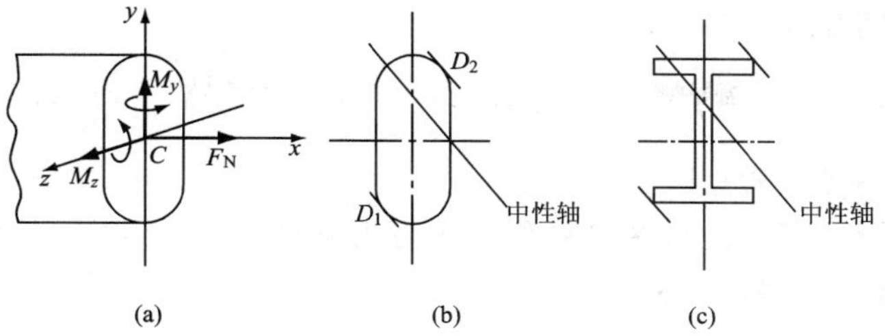

图 13.5

为确定横截面上的最大应力，需先确定中性轴的位置。设中性轴上各点的坐标为 y_0、z_0，由于中性轴上各点的应力为零，由式(13.2)可得

$$\frac{F_N}{A}+\frac{M_y}{I_y}z_0-\frac{M_z}{I_z}y_0=0 \tag{13.3}$$

可见，中性轴是一条不通过截面形心的斜直线（图 13.5b，c）。中性轴将截面划分为受拉和受压两个区域。离中性轴最远的两点 D_1 和 D_2 分别是截面上最大拉应力和最大压应力的作用点（图 13.5b）。将两点的坐标分别代入式(13.2)，可得最大拉、压应力。对于有棱角的截面，最大拉、压应力必然发生在截面的棱角处（图 13.5c），可直接根据梁的变形，确定截面上最大拉、压应力的位置。

由于危险点为单向应力状态，在求得最大应力后，可根据材料的许用应力建立强度条件。

例 13.1 矩形截面折杆 ABC，荷载和支承情况如图 13.6a 所示。已知：集中力 F，方位角 $\theta=\arctan\frac{4}{3}$，尺寸 $a=\frac{l}{4}$。

(1)试作折杆的轴力图和弯矩图；

(2)设 $l=12h$，试求杆内最大正应力，并作危险截面上的正应力分布图。

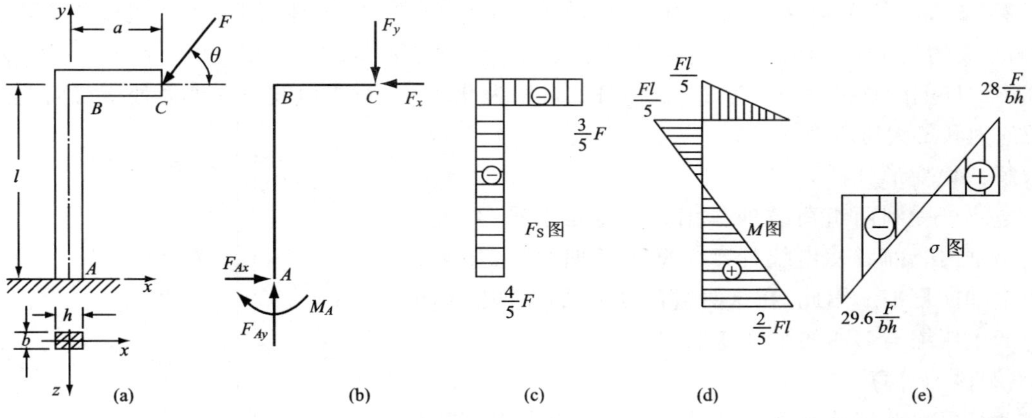

图 13.6

解：(1)分析外力并作折杆受力图

将集中力 F 沿水平和铅垂方向分解，可得分力分别为

$$F_x=F\cos\theta=\frac{3}{5}F$$

$$F_y=F\sin\theta=\frac{4}{5}F$$

可画出折杆的受力图如图 13.6b 所示。

由平衡方程可求得折杆的约束力分别为

$$F_{Ax}=\frac{3}{5}F(\rightarrow),\qquad F_{Ay}=\frac{4}{5}F(\uparrow),\qquad M_A=\frac{2}{5}Fl(\circlearrowright)$$

(2)作折杆的轴力图和弯矩图

根据折杆的受力图，可作出轴力图和弯矩图，分别如图 13.6c 和图 13.6d 所示。

(3)确定危险截面并求最大正应力

由轴力图和弯矩图可见，折杆的危险截面在固定端截面 A 处。

在截面 A 的左边缘，正应力为

$$\sigma_{\min}=-\frac{F}{A}-\frac{M}{W_z}=-\frac{\frac{4}{5}F}{bh}-\frac{\frac{2}{5}Fl}{\frac{bh^2}{6}}=-\frac{4F}{5bh}\left(1+\frac{3l}{h}\right)=-29.6\,\frac{F}{bh}$$

在截面 A 的右边缘，正应力为

$$\sigma_{\max}-\frac{F}{A}+\frac{M}{W_z}=-\frac{\frac{4}{5}F}{bh}+\frac{\frac{2}{5}Fl}{\frac{bh^2}{6}}=\frac{4F}{5bh}\left(-1+\frac{3l}{h}\right)=28\,\frac{F}{bh}$$

(4)作危险截面上的正应力分布图

在截面 A 上，距形心轴 z 为 x 的任一点处，正应力为

$$\sigma=-\frac{F}{A}+\frac{M}{I_z}x$$

式中$\frac{F}{A}$与$\frac{M}{I_z}$皆为正值常数。可见，正应力 σ 沿截面高度，即沿左右方向，按直线规律变化。因此，作出的 σ 分布图如图 13.6e 所示。

例 13.2 直径 $d=200$ mm 的电线杆，如图 13.7a 所示。在离地面 $H=5$ m 处安装了两组电线，相互夹角为 120°。两组电线作用于杆上的水平分力分别为 $F_1=1$ kN 和 $F_2=1.5$ kN。两组电线传到杆上的总铅垂分力为 2.8 kN，杆的自重为 900 N。试求电线杆在地面处横截面上的最大拉应力和最大压应力。

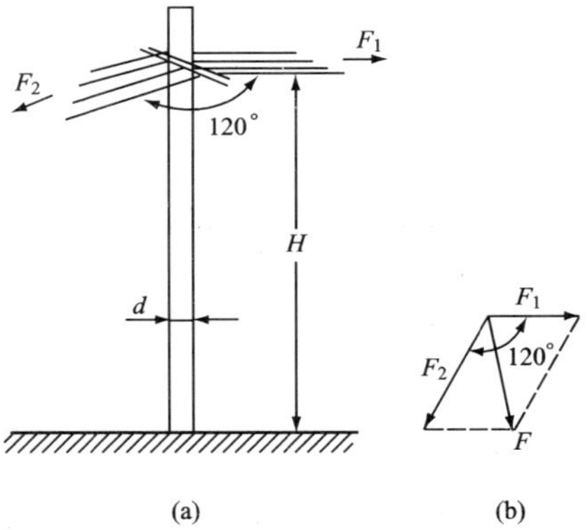

图 13.7

解:(1)变形分析

电线杆受到两组荷载的作用。一组是水平力，另一组是铅垂力。前者使电线杆产生横力弯曲，后者使电线杆产生轴向压缩。因此，在这两组荷载的共同作用下，电线杆产生压缩与弯曲的组合变形。

(2)内力计算

两组电线对杆施加的水平力，可用其合力来等效代换，如图 13.7b 所示。其数值为

$$\begin{aligned}F&=\sqrt{F_1^2+F_2^2+2F_1F_2\cos120^\circ}\\&=\sqrt{1^2+1.5^2+2\times1\times1.5\cos120^\circ}\\&=1.323\text{ kN}\end{aligned}$$

由于合力 F 的作用，杆在地面处横截面上的弯矩最大，其数值为

$$M_{\max}=1.323\times5=6.62\text{ kN}\cdot\text{m}$$

由于铅垂力的作用，电线杆横截面上的轴力为

$$F_N = -2.8 - 0.9 = -3.7\ \text{kN}$$

(3)应力计算

圆截面的面积和弯曲截面系数分别为

$$A = \frac{\pi}{4}d^2 = \frac{\pi}{4}(0.2\ \text{m})^2 = 3.14 \times 10^{-2}\ \text{m}^2$$

$$W = \frac{\pi}{32}d^3 = \frac{\pi}{32}(0.2\ \text{m})^3 = 7.85 \times 10^{-4}\ \text{m}^3$$

由叠加原理可得杆在地面处的横截面上的最大正应力为

$$\sigma_{\max} = -\frac{F_N}{A} + \frac{M_{\max}}{W} = -\frac{3.7 \times 10^3\ \text{N}}{3.14 \times 10^{-2}\ \text{m}^2} + \frac{6.62 \times 10^3\ \text{N} \cdot \text{m}}{7.85 \times 10^{-4}\ \text{m}^3} = 8.32\ \text{MPa}$$

这就是最大拉应力。同理,可求得该横截面上的最小正应力为

$$\sigma_{\min} = -\frac{F_N}{A} - \frac{M_{\max}}{W} = -\frac{3.7 \times 10^3\ \text{N}}{3.14 \times 10^{-2}\ \text{m}^2} - \frac{6.62 \times 10^3\ \text{N} \cdot \text{m}}{7.85 \times 10^{-4}\ \text{m}^3} = -8.55\ \text{MPa}$$

因此,最大压应力为

$$\sigma_{c,\max} = 8.55\ \text{MPa}$$

例 13.3 图 13.8 所示的钻床,在零件上钻孔时,心轴 D 受到的压力为 $F=15$ kN。已知尺寸 $e=400$ mm,许用应力$[\sigma]=35$ MPa,试计算圆截面立柱 B 所需的直径。

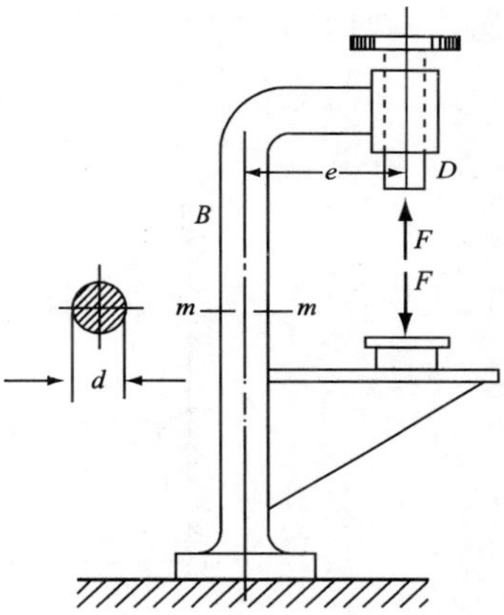

图 13.8

解:(1)组合变形分析

在力 F 的作用下,圆截面立柱 B 受到偏心拉伸,产生拉伸与弯曲的组合变形。

拉力 $F=15$ kN,偏心距 $e=400$ mm。

(2)设计直径

由式(13.2)可求得在拉伸与弯曲的组合变形下,立柱 B 横截面上的最大正应力。因此,可建立偏心拉伸的强度条件为

$$\sigma_{t,\max} = \frac{F}{A} + \frac{M_z}{I_z} y_{\max} \leqslant [\sigma_t]$$

在立柱 B 的 m-m 截面右侧(图 13.8)各点上产生的最大拉应力,其强度条件为

$$\sigma_{t,\max} = \frac{F}{A} + \frac{Fe}{W_z} \leqslant [\sigma_t]$$

将已知数据代入上式,可得

$$\frac{15 \times 10^3\ \text{N}}{\frac{\pi}{4}d^2} + \frac{(15 \times 10^3\ \text{N})(0.4\ \text{m})}{\frac{\pi}{32}d^3} \leqslant 35 \times 10^6\ \text{Pa}$$

求解上式可得

$$d \geqslant 0.122\ \text{m}$$

即当直径大于等于 122 mm 时,立柱 B 可满足强度要求。

例 13.4 一起重架由工字钢梁 AB 和拉杆 BC 组成,荷载可沿梁移动(图 13.9a)。工字钢梁为 16 号型钢,梁长 $l=2$ m,拉杆直径 $d=25$ mm。若材料的许用应力$[\sigma]=100$ MPa,试求此结构的许可荷载。

解:(1)由杆 BC 的拉伸强度确定最大荷载

当梁上荷载移动至 B 处，拉杆轴力最大，由平衡求得轴力 $F_{NC}=2F$，建立强度条件为

$$\sigma=\frac{F_N}{A_1}=\frac{2F}{A_1}\leqslant[\sigma]$$

$$F\leqslant\frac{[\sigma]A_1}{2}=\frac{(100\times10^6\ \text{Pa})(\frac{\pi}{4}\times25^2\times10^{-6}\ \text{m}^2)}{2}$$

$$=24.5\times10^3\ \text{N}=24.5\ \text{kN}$$

(2)由梁 AB 的弯曲强度确定最大荷载

设荷载 F 与 A 端的距离为 x，根据梁的平衡(图 13.9b)，求得支座 A 处的约束力为

$$F_{Ax}=\frac{\sqrt{3}Fx}{l},F_{Ay}=\frac{F(l-x)}{l}$$

可见，梁的变形为弯曲与压缩的组合。在荷载作用处的横截面上，轴力和弯矩为

$$F_N=F_{Ax}=\frac{\sqrt{3}Fx}{l}(\text{压}),M=F_{Ay}x=\frac{F(l-x)x}{l}$$

在该截面的上边缘有最大压应力，其值为

$$\sigma_{\max}=\frac{F_N}{A}+\frac{M}{W}=\frac{F}{l}\left[\frac{\sqrt{3}x}{A}+\frac{x(l-x)}{W}\right]$$

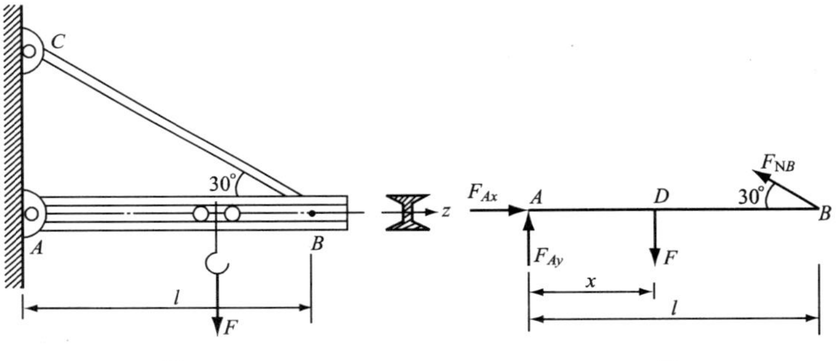

(a) (b)

图 13.9

应力随荷载作用的位置而变化，最危险状况为 $\sigma_{\max}$ 取得极大值，由 $\frac{\mathrm{d}\sigma_{\max}}{\mathrm{d}x}=0$，得到

$$x=\frac{1}{2}+\frac{\sqrt{3}W}{2A}$$

查型钢表得 $W=141\ \text{cm}^3$，$A=26.1\ \text{cm}^2$，计算表明 $\frac{\sqrt{3}W}{2A}\ll\frac{l}{2}$，故可认为荷载位于梁跨度中点时最危险。这时 $F_N=\frac{\sqrt{3}}{2}F$，$M=\frac{Fl}{4}$，由于危险点处于单向应力状态，其强度条件为

$$\sigma_{\max}=\frac{\sqrt{3}F}{2A}+\frac{Fl}{4W}\leqslant[\sigma]$$

将已知数据代入

$$F\left[\frac{\sqrt{3}}{2(26.1\times10^{-4}\ \text{m}^2)}+\frac{2\ \text{m}}{4(141\times10^{-6}\ \text{m}^3)}\right]\leqslant100\times10^6\ \text{Pa}$$

解得

$$F \leqslant 25.6 \times 10^3\ \text{N} = 25.6\ \text{kN}$$

(3)由梁 AB 的切应力强度确定最大荷载

当荷载靠近左或右端支座时，梁的剪力最大，其值为 $F_{S,\max}=F$。横截面中性轴各点处有最大切应力。由式(10.13)可得

$$\tau_{\max}=\frac{F_{S,\max}S_{z,\max}^*}{dI_z}=\frac{FS_{z,\max}^*}{dI_z}$$

因为中性轴各点处为纯切应力状态，$\sigma_1=\tau_{\max}$，$\sigma_3=-\tau_{\max}$，故按最大切应力理论

$$\sigma_{r3}=\sigma_1-\sigma_3=2\tau_{\max}\leqslant[\sigma]$$

由此得到

$$F \leqslant \frac{[\sigma]dI_z/S_{z,\max}^*}{2}$$

对于 16 号型钢，由型钢表查得 $d=6$ mm，$I_z/S_{z,\max}^*=13.8$ cm，于是

$$F \leqslant \frac{1}{2}(100\times 10^6\ \text{Pa})(6\times 10^{-3}\ \text{m})(13.8\times 10^{-2}\ \text{m})=41.4\times 10^3\ \text{N}=41.4\ \text{kN}$$

为保证结构的强度足够，应取三个许可荷载的最小值为结构的许可荷载。因此，结构的许可荷载为

$$[F]=24.5\ \text{kN}$$

若梁用脆性材料制成，在进行强度分析时，危险点是否仅为梁中间截面的上边缘？应如何确定结构的许可荷载？

由上例可见，组合变形杆件强度计算的关键是如何确定内力最大的危险截面、应力最大的危险点的位置以及危险点的应力状态。通常需要全面考虑外荷载作用的危险工况、结构形式及杆件内力图来确定可能的危险截面；根据危险截面上各内力分量引起的应力分布以及应力的叠加，确定可能的危险点的位置；根据各危险点的应力状态及失效形式，选择适当的强度理论，建立相应的强度条件，进行三类强度计算。

§13.3　偏心压缩　截面核心

当短柱上的压力与轴线平行但不重合时，将产生**偏心压缩**。图 13.10a 表示一横截面具有双对称轴的短柱承受偏心距为 e 的压力 F 产生偏心压缩，压力 F 的作用点的坐标为 y_F，z_F。将偏心压力向短柱轴线 O_1O 简化，得到与轴线重合的压力 F 和力偶矩 Fe。然后，将 Fe 分解为两纵向对称面 xy 和 xz 内的弯矩 $M_z=Fy_F$ 和 $M_y=Fz_F$。因此，偏心压缩使短柱产生轴向压缩和在两个纵向对称面内的纯弯曲，是压缩与弯曲的组合变形，且在任意横截面上的内力和应力均相同。在任意横截面 n-n 上，坐标为 y、z 的点 B 处(图 13.10b)，与三种变形对应的正应力分别是

$$\sigma'=-\frac{F}{A},\sigma''=\frac{M_zy}{I_z}=-\frac{Fy_Fy}{I_z},\sigma'''=\frac{M_yz}{I_y}=-\frac{Fz_Fz}{I_y}$$

式中负号表示压应力。叠加以上三种应力，并注意到 $I_z=Ai_z^2$，$I_y=Ai_y$，可得点 B 的应力为

$$\sigma=-\frac{F}{A}\left(1+\frac{y_Fy}{i_z^2}+\frac{z_Fz}{i_y^2}\right) \qquad (13.4)$$

若中性轴上各点的坐标为 y_0、z_0，由中性轴各点的正应力为零，可得中性轴方程为

$$1+\frac{y_F}{i_z^2}y_0+\frac{z_F}{i_y^2}z_0=0 \qquad (13.5)$$

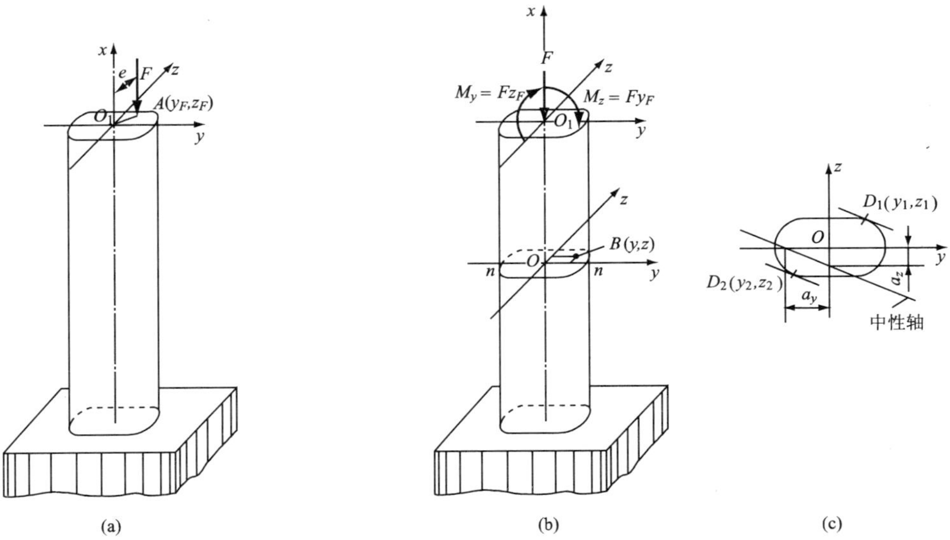

图 13.10

若中性轴在轴 y 和轴 z 上的截距分别为 a_y 和 a_z，可得中性轴截距公式为

$$a_y=-\frac{i_z^2}{y_F},a_z=-\frac{i_y^2}{z_F} \tag{13.6}$$

由上式可见，压力作用点坐标值 y_F 和 z_F 越小，中性轴截距就越大。因此，当压力作用点位于截面形心附近的某区域内时，可使中性轴不与短柱横截面相交，则横截面上不出现拉应力，这个区域称为**截面核心**。土木工程中，常用的混凝土构件和砖石砌体，其抗拉强度远低于抗压强度，在设计这类材料制作的受偏心压缩的短柱时，往往要求其横截面上不出现拉应力，即要求压力作用点在截面核心之内。

例 13.5 若短柱的截面为矩形，如图 13.11 所示，已知：b,h，试确定截面核心。

解：矩形截面对两对称轴 y 和 z 的惯性半径分别为

$$i_y^2=\frac{I_y}{A}=\frac{hb^3}{12bh}=\frac{b^2}{12}$$

$$i_z^2=\frac{I_z}{A}=\frac{bh^3}{12bh}=\frac{h^2}{12}$$

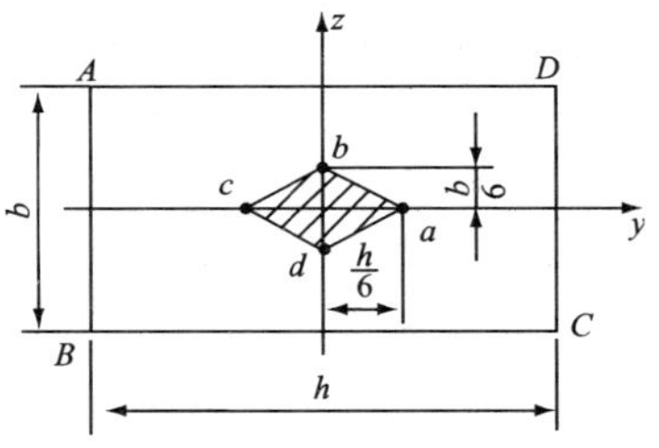

图 13.11

若中性轴与边 AB 重合，则其在两坐标轴上的截距分别为

$$a_y=-\frac{h}{2},a_z=\infty$$

代入公式(13.6)，可得压力 F 的作用点 a 的坐标为

$$y_F=-\frac{i_z^2}{a_y}=-\frac{h^2}{12}\cdot\left(-\frac{2}{h}\right)=\frac{h}{6},z_F=-\frac{i_y^2}{a_z}=0$$

同理，当中性轴与 BC 重合时，压力作用点 b 的坐标是

$$y_F=0,z_F=\frac{b}{6}$$

当中性轴从截面的侧边 AB 绕点 B 旋转到邻边 BC 时，得到一组通过点 B 但斜率不同的中性轴，将点 B 坐标代入中性轴方程式(13.5)，可得

$$1+\frac{y_B}{i_z^2}y_F+\frac{z_B}{i_y^2}z_F=0$$

在上式中，点 B 坐标 y_B、z_B 为常数。因此，上式可看作当中性轴绕点 B 旋转时，外力作用点坐标 y_F 和 z_F 的直线方程，即压力作用点移动轨迹为直线 ab。

同理，可确定点 c 和点 d(图 13.11)。由中性轴绕角点旋转，压力作用点轨迹为相应两点的连线，可得矩形截面的截面核心为一个菱形。

试确定半径为 r 的圆形截面的截面核心。

例 13.6 图 13.12 所示的高压电缆钢塔，由 4 根 63 mm×63 mm×6 mm 的等边角钢组装而成。塔身自重为 $G=8$ kN，由高压电缆传来的重力为 $P=20$ kN，作用在铅垂对称面内，其偏心距为 $e=1.2$ m，等边角钢的许用应力为 $[\sigma]=60$ MPa。试校核钢塔的强度。

解：(1)组合变形分析

钢塔在自身重力 G 的作用下，产生轴向压缩。又因电缆重力 P 的作用而产生偏心压缩，因此，钢塔在自身重力和电缆重力的共同作用下产生轴向压缩与偏心压缩的组合变形。

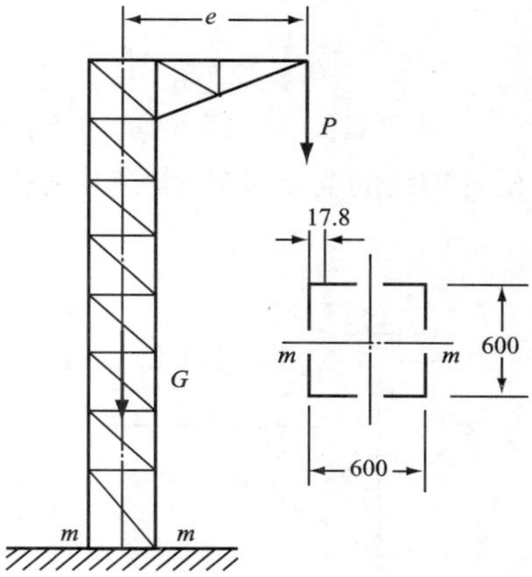

图 13.12

(2)内力分析

在钢塔底部横截面上内力最大，为危险截面。在塔底部截面上的轴力为

$$F=-(P+G)=-(20+8)\ \text{kN}=-28\ \text{kN}$$

弯矩为

$$|M|=Pe=(20\ \text{kN})(1.2\ \text{m})=24\ \text{kN}\cdot\text{m}$$

(3)强度校核

由型钢表查得等边角钢的横截面面积为 7.288mm²、形心位置为 17.8mm 和惯性矩为 27.12cm⁴ 后，可计算出钢塔底部截面四个角钢的截面面积 A、惯性矩 I 及弯曲截面系数 W 分别为

$$A=4\times7.288\times10^2\ \text{mm}^2=2.92\times10^{-3}\ \text{m}^2$$

$$I=4[27.12\times10^4+7.288(300-17.8)^2]\ \text{mm}^4=233\times10^{-6}\ \text{m}^4$$

$$W=\frac{233\times10^{-6}\ \text{m}^4}{0.3\ \text{m}}=777\times10^{-6}\ \text{m}^3$$

最大拉应力产生在钢塔底部截面左侧边缘处，其数值为

$$\sigma_{\text{t,max}}=\frac{F}{A}+\frac{|M|}{W}=-\frac{28\times10^3\ \text{N}}{2.92\times10^{-3}\ \text{m}^2}+\frac{24\times10^3\ \text{N}\cdot\text{m}}{777\times10^{-6}\ \text{m}^3}$$

$$=21.3\times10^6\ \text{Pa}=21.3\ \text{MPa}<[\sigma]=60\ \text{MPa}$$

最大压应力产生在钢塔底部截面右侧边缘处，其数值为

$$\sigma_{\text{c,max}}=\left|\frac{F}{A}-\frac{|M|}{W}\right|=\left|-\frac{28\times10^3\ \text{N}}{2.92\times10^{-3}\ \text{m}^2}-\frac{24\times10^3\ \text{N}\cdot\text{m}}{777\times10^{-6}\ \text{m}^3}\right|$$

$$=40.5\times10^6\ \text{Pa}=40.5\ \text{MPa}<[\sigma]=60\ \text{MPa}$$

由上述计算可知，钢塔强度满足要求。

§13.4 弯曲与扭转的组合

一般的传动轴、曲柄轴等构件往往是在扭转与弯曲的组合变形之下工作的。在第八章中曾讨论过圆轴的扭转变形，实际上，像传动轴这类构件，皮带的拉力或齿轮的啮合力等横向外

力所引起的弯曲变形，在强度计算中常常是不能忽略的。

现以图 13.13a 所示的简单情况为例，来说明圆轴在弯曲与扭转组合变形下的应力和强度计算。

图 13.13a 所示的圆截面轴，直径为 d，长为 l，左端固定，右端自由，在自由端横截面水平直径端点 D 处受到一个铅垂的集中力 F 的作用。将力 F 向自由端截面的形心 C 进行简化，可以得到作用在该截面形心 C 上的一个铅垂力 F 和一个附加外力偶 $M_C=\frac{Fd}{2}$，如图 13.13b 所示。

以固定端截面形心 O 为坐标原点，建立坐标系 $Oxyz$，如图 13.13b 所示。距圆轴左端为 x 的任一横截面上的内力有剪力 F_S、弯矩 M 和扭矩 T，其数值分别为

$$F_S=F,\qquad M=-F(l-x),\qquad T=\frac{Fd}{2}$$

对于细长实体杆件，剪力 F_S 的影响较小，一般可忽略不计，只须考虑弯矩和扭矩。为了解内力沿杆轴线的变化情况，作剪力图和弯矩图，如图 13.13c 和 d 所示。由图可见，危险截面在固定端。

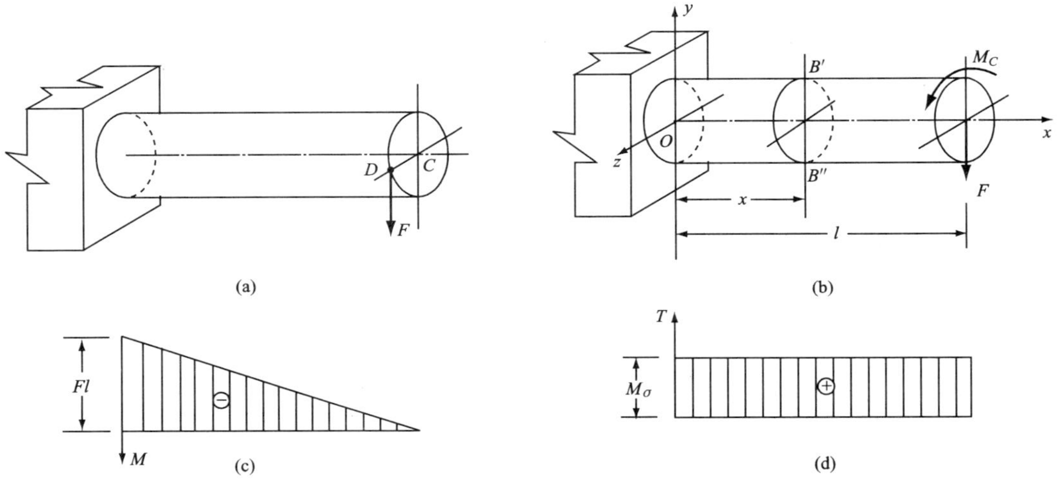

图 13.13

在圆截面轴的任一横截面上，由于弯曲产生的正应力 σ，沿截面高度按直线规律变化；而由于扭转所产生的切应力 τ，沿圆截面半径按直线规律变化，如图 13.14a 和 b 所示。因此，在弯曲和扭转组合变形下，在圆截面铅垂直径的上下两端，即图中的点 B' 和点 B'' 两处，正应力 σ 和切应力 τ 的绝对值都达到了最大值。对于许用拉应力和许用压应力大小相等的延性材料，点 B' 和点 B'' 都是危险点。假想围绕点 B' 切取单元体，其应力状态如图 13.14c 所示。图中正应力和切应力的表达式分别为

$$\sigma=\frac{M}{W_z},\qquad \tau=\frac{T}{W_p}$$

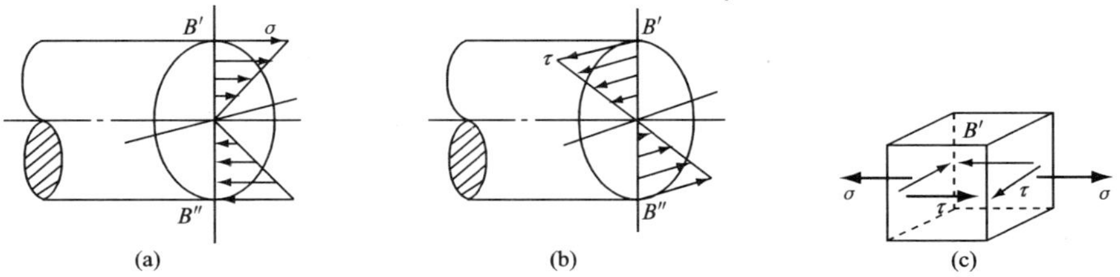

图 13.14

危险点 B' 的应力状态为平面应力状态，由式(12.30)和式(12.31)则应用第三和第四强度理论建立的强度条件分别为

$$\sigma_{r3}=\sqrt{\sigma^2+4\tau^2}\leqslant[\sigma]$$

$$\sigma_{r4}=\sqrt{\sigma^2+3\tau^2}\leqslant[\sigma]$$

对于圆截面轴的弯扭组合变形，可将前述正应力和切应力的计算公式代入上述强度条件，注意到

$$W_p=\frac{\pi d^3}{16}=2\cdot\frac{\pi d^3}{32}=2W_z=2W$$

可得到直接用弯矩 M 和扭矩 T 来表达的强度条件分别为

$$\sigma_{r3}=\frac{\sqrt{M^2+T^2}}{W}\leqslant[\sigma] \tag{13.7}$$

$$\sigma_{r4}=\frac{\sqrt{M^2+0.75T^2}}{W}\leqslant[\sigma] \tag{13.8}$$

以上所述，是针对圆轴任一横截面来分析的。在实际问题中，应针对危险截面(即固定端)上的弯矩 M 和扭矩 T 来进行计算。若情况复杂不易看出哪个截面最危险，可选取弯矩 M 和扭矩 T 绝对值较大的几个横截面分别计算，进行比较。应该指出，在同一算式中的 M 与 T 必须是同一横截面上的。

公式(13.7)和(13.8)的适用条件是什么？

下面用例题来说明杆件在弯扭组合变形下的强度计算。

例 13.7 齿轮传动由电动机带动(图 13.15a)，电动机功率为 $P=6$ kW，传动轴的转速为 $n=800$ r/min，材料为 45 钢，$[\sigma]=60$ MPa。齿轮的节圆直径 $D=200$ mm，齿轮重 $G=50$ N，F 为作用于齿轮上的法向力。试选择合适的强度理论设计轴的直径。

解：(1)外力分析

电动机传给轴的扭转力矩为

$$M_e=9\ 549\,\frac{P}{n}=\left(9\ 549\times\frac{6}{800}\right)\text{N}\cdot\text{m}=71.6\ \text{N}\cdot\text{m} \tag{a}$$

将作用于齿轮上的法向力 F 分解为切向力 F_t 和径向力 F_r，并向轴线简化，画出传动轴的计算简图(图 13.15b)。由平衡方程 $\sum M_x=0$，可知

$$\frac{F_tD}{2}=M_e$$

解得

$$F_t=\frac{2M_e}{D}=\frac{2(71.6\ \text{N}\cdot\text{m})}{0.2\ \text{m}}=716\ \text{N} \tag{b}$$

而

$$F_r=F_t\tan20^\circ=260\ \text{N} \tag{c}$$

根据轴的计算简图可见，力偶矩 M_e 和 $\frac{F_tD}{2}$ 引起轴 AC 段的扭转变形，而横向力 (F_r+G) 及 F_t 引起轴在铅垂面和水平面内的弯曲变形。

(2)内力分析

分别作出轴的扭矩图(T 图)、铅垂面内的弯矩图(M_z 图)和水平面内的弯矩图(M_y 图)，如图 13.15c 所示。显然，轴的截面 C 左侧为危险截面，其内力分量为

$$\left.\begin{aligned} T &= M_e = 71.6\ \text{N}\cdot\text{m} \\ M_{z,\max} &= 20.6\ \text{N}\cdot\text{m} \\ M_{y,\max} &= 47.7\ \text{N}\cdot\text{m} \end{aligned}\right\} \tag{d}$$

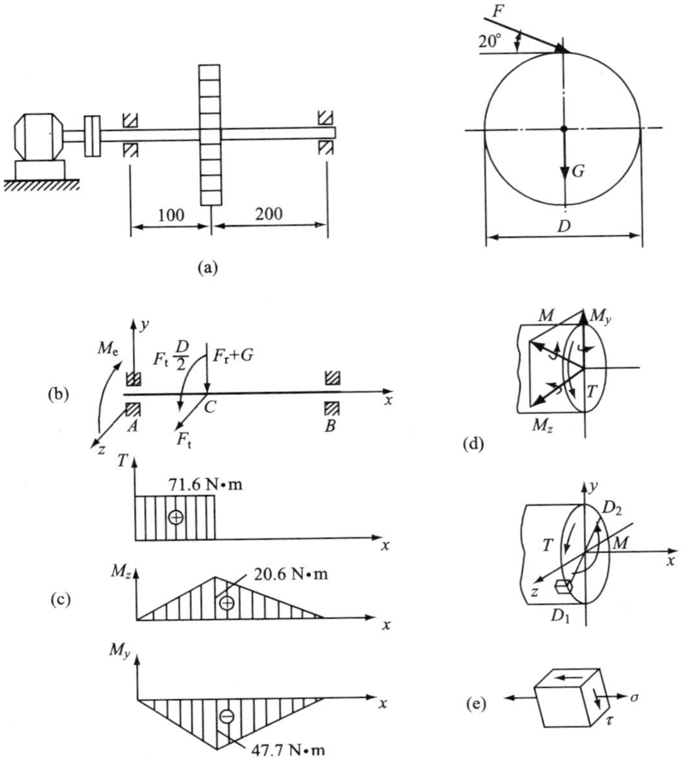

图　13.15

由于通过圆轴轴线的任一平面均是纵向对称平面，所以将 $M_{y,\max}$ 和 $M_{z,\max}$ 合成后，合成弯矩 M 仍然位于轴的纵向对称平面内。这样，用矢量合成的方法，求出合成弯矩 M（图 13.15d），其数值为

$$M=\sqrt{M_{y,\max}^2+M_{z,\max}^2}=\sqrt{(47.7\ \text{N}\cdot\text{m})^2+(20.6\ \text{N}\cdot\text{m})^2}=52\ \text{N}\cdot\text{m} \tag{e}$$

合成弯矩 M 引起的弯曲正应力，在 D_1 和 D_2 点达到最大值，其值为

$$\sigma=\frac{M}{W} \tag{f}$$

在危险截面上，扭矩 T 引起的切应力在边缘上达到最大值，其值为

$$\tau=\frac{T}{W_p} \tag{g}$$

对于实心圆轴，弯曲切应力一般可略去不计。危险点 D_1 的应力状态如图 13.15e 所示。

(3)强度计算

轴的材料为 45 钢，应按第三和第四强度理论进行强度计算。对图 13.15e 所示的平面应力状态，在本例中若选用第四强度理论，则由式(13.8)可得

$$\frac{\sqrt{(52\ \text{N}\cdot\text{m})^2+0.75(71.6\ \text{N}\cdot\text{m})^2}}{\frac{\pi}{32}d^3}\leqslant 60\times10^6\ \text{Pa}$$

由上式可解得

$$d \geqslant 24 \times 10^{-3}\ \mathrm{m} = 24\ \mathrm{mm}$$

必须指出，由塑性材料制成的圆轴，在弯矩和扭矩同时作用下的强度条件式(13.7)和式(13.8)，并不适合非圆截面杆。例如，矩形截面杆，危险截面上的内力分量有扭矩 T 和弯矩 M_y，M_z(图 13.16)，危险点的位置应如何确定？强度条件应如何建立？

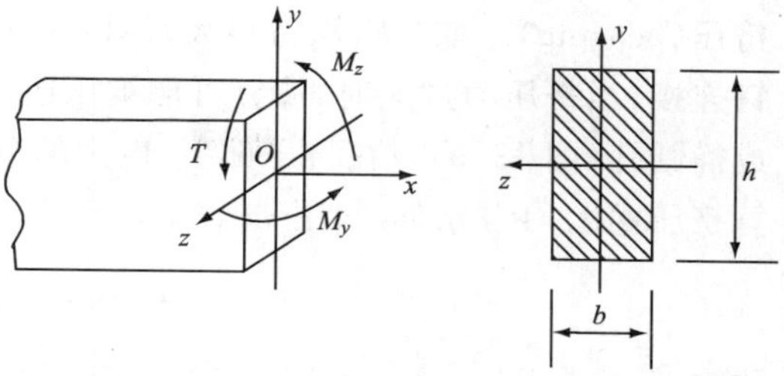

图 13.16

§13.5 连接件的实用计算

当构件某截面的两侧受到一对大小相等、方向相反、作用线相距很近的横向力作用时，使构件两部分沿这一截面发生相对错动，这种变形形式称为剪切。两力之间发生相对错动的横截面称为剪切面。工程中很多连接件，如连接螺栓、铆钉(图 13.17a)、键(图 13.17b)等，主要产生剪切变形。此外，钢板的剪切(图 13.17c)和冲孔(图 13.17d)等也属剪切变形。

剪切构件在发生剪切变形的同时，常伴随着其他变形形式，应力和变形规律很复杂。工程上对于这类构件通常采用假定计算方法，即假设剪切面上的切应力均匀分布。例如图 13.17a所示铆钉，受剪面上的剪力由截面法求得，即 $F_S = F$。假设切应力在其截面上均匀分布，于是

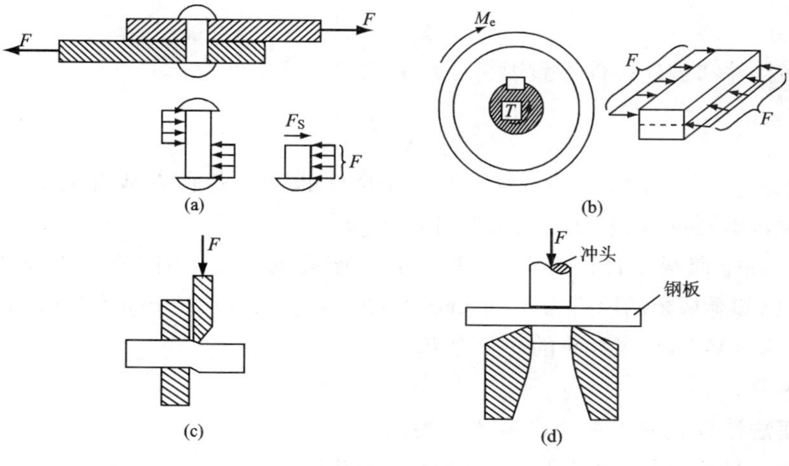

图 13.17

$$\tau = \frac{F_S}{A} \tag{13.9}$$

式中：A 为剪切面面积；τ 称为名义切应力。

为保证受剪构件安全可靠地工作，相应的强度条件为

$$\tau = \frac{F_S}{A} \leqslant [\tau] \tag{13.10}$$

式中：$[\tau]$为许用切应力，$[\tau] = \frac{\tau_u}{n}$。$\tau_u$ 为名义极限切应力，是根据实验(尽可能使试样的受力接近构件的实际情况)测得失效荷载，也按假定计算公式(13.9)算得的；n 为剪切安全因数。

连接件在受剪切的同时，还会出现连接件和被连接件之间相互压紧的现象，这种变形称为**挤压**(bearing)。如果挤压力很大，足以在接触面的局部区域内产生塑性变形或破坏。例如铆钉连接，当挤压力过大时，铆钉可能被压成扁圆柱，当然，铆钉孔也可能在受压的一侧被压皱而成椭圆孔(图 13.9)。在挤压面上，应力的分布也比较复杂，在实用计算中，假定挤压应力在计算挤压面上均匀分布，并用 σ_{bs} 表示。于是

$$\sigma_{bs}=\frac{F}{A_{bs}} \tag{13.11}$$

式中：F 为挤压力；A_{bs} 为计算挤压面积。

当连接件与被连接接触面为平面(如键连接)时，式(13.11)中的 A_{bs} 就是实际接触面的面积。当接触面为圆柱面时，挤压应力的分布情况如图 13.18b 所示，若以圆柱面在垂直于挤压力方向的平面上的投影作为计算挤压面积(图 13.18b)，按式(13.11)算得的应力大致与实际最大应力接近。

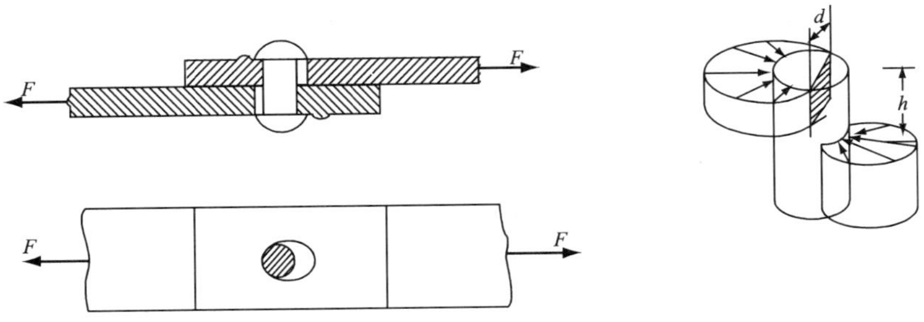

(a)　　　　(b)

图　13.18

为保证连接件和被连接件不致因挤压而失效的强度条件为

$$\sigma_{bs}=\frac{F}{A_{bs}}\leqslant[\sigma_{bs}] \tag{13.12}$$

式中：$[\sigma_{bs}]$为许用挤压应力。不同材料、不同连接件的$[\sigma_{bs}]$值可以从有关规范中查得。如果两接触件的材料不同，应按强度较弱的构件确定$[\sigma_{bs}]$。

例 13.8　在金属板上冲圆孔时，把板放在有圆孔的砧上，用圆柱形的冲头向下冲，如图 13.19a所示。已知金属板的厚度为 $\delta=6$ mm，欲冲出直径为 $d=20$ mm的圆孔，金属板的剪切强度极限为 $\tau_b=330$ MPa，试求冲头的冲压力 F_b。

解：(1)求剪力

可用截面法计算金属板被冲出圆孔时的内力，为此，先要确定剪切面。显然，板被冲出圆孔时，圆筒形的孔壁就是剪切面。因此假想以圆筒形曲面从板上切出一块圆片，如图 13.19b 所示。

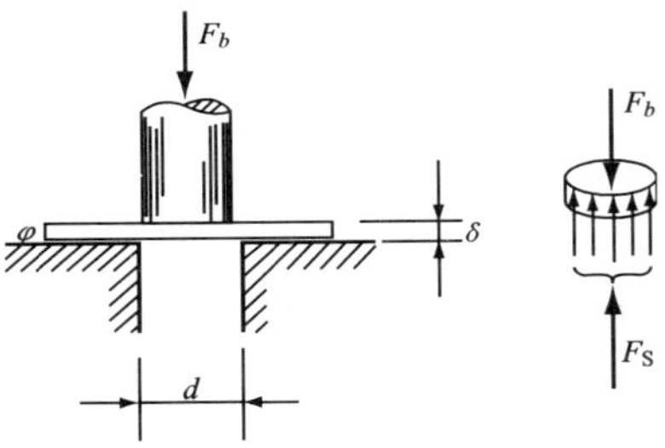

(a)　　　　(b)

图　13.19

由此可见，圆筒形剪切面上分布内力的合力即是剪力 F_S，其大小与冲力 F_b 相等。

(2)求冲压力

假定上述圆筒形剪切面上的切应力均匀分布，由式(13.9)可得

$$F_b=F_{Sb}=\tau_b\cdot A=\tau_b\cdot(\pi d\delta)$$

$$=(330\times10^6\ \text{Pa})\times\pi(0.02\ \text{m})(0.006\ \text{m})$$
$$=124\times10^3\ \text{N}=124\ \text{kN}$$

例 13.9 用两块钢板联接两根矩形截面的木杆，如图 13.20a 所示。已知木杆所受的轴向拉力 $F=50$ kN，木杆截面宽度 $b=250$ mm，木材顺纹的许用切应力 $[\tau]=1$ MPa，顺纹的许用挤压应力 $[\sigma_{bs}]=10$ MPa，试求该联接接头所需的尺寸 a 和 c。

解：(1)求尺寸 a

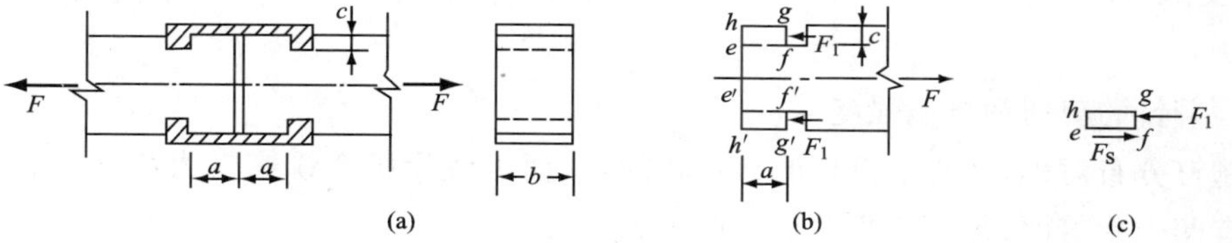

图 13.20

钢板所联接的两根木杆的受力情况相同。研究右杆，作受力图如图 13.20b 所示。由平衡条件可得

$$\sum F_x=0,\qquad F_1=\frac{F}{2}$$

即钢板作用于木杆的力，上下相等，各为 $\frac{F}{2}$。

由图 13.20b 可见，木杆的端部有两个剪切面，分别为 ef 和 $e'f'$。假想沿平面 ef 将木杆切开，研究木块 $efgh$(图 13.20c)，由平衡条件可得

$$\sum F_x=0,\qquad F_S=F_1=\frac{F}{2}$$

由剪切强度条件式(13.10)，有

$$A\geqslant\frac{F_S}{[\tau]}$$

即

$$ba\geqslant\frac{F}{2[\tau]}$$

可求得

$$a\geqslant\frac{F}{2b[\tau]}=\frac{50\times10^3\ \text{N}}{2(0.25\ \text{m})(1\times10^6\ \text{Pa})}=0.1\ \text{m}=100\ \text{mm}$$

(2)求尺寸 c

由图 13.20b 可见，木杆的端部有两个挤压面，分别为 fg 和 $f'g'$。每个挤压面受到的挤压力皆为

$$F_{bs}=F_1=\frac{F}{2}$$

由挤压强度条件式(13.12)，有

$$A_{bs}\geqslant\frac{F_{bs}}{[\sigma_{bs}]}$$

即

$$bc \geqslant \frac{F}{2[\sigma_{bs}]}$$

可求得

$$c \geqslant \frac{F}{2b[\sigma_{bs}]} = \frac{50 \times 10^3\ \text{N}}{2(0.25\ \text{m})(10 \times 10^6\ \text{Pa})} = 0.01\ \text{m} = 10\ \text{mm}$$

例 13.10 图 13.21a 所示的铆钉连接件，$F=150$ kN，材料为 Q235 钢，许用拉伸应力 $[\sigma]=160$ MPa，许用切应力 $[\tau]=100$ MPa，许用挤压应力 $[\sigma_{bs}]=300$ MPa，试校核连接件的强度。

解：(1)铆钉的剪切和挤压强度

由于铆钉分布对称，且每个铆钉的直径相同，从而可假设每个铆钉受力相同，如图13.21b所示。它有两个受剪面，每一个受剪面的剪力为

$$F_S = \frac{F}{8}$$

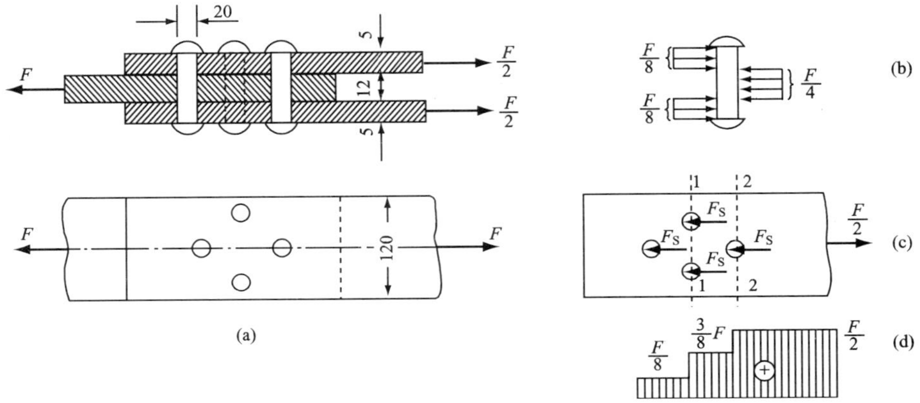

图 13.21

其切应力为

$$\tau = \frac{F_S}{A} = \frac{\frac{1}{8}(150 \times 10^3\ \text{N})}{\frac{\pi}{4}(20 \times 10^{-3}\ \text{m})^2} = 59.6\ \text{MPa} < [\tau]$$

由于中间钢板的厚度大于上、下钢板厚度的总和，因此，在上、下钢板与铆钉之间的挤压应力较大，其值为

$$\sigma_{bs} = \frac{\frac{F}{8}}{A_{bs}} = \frac{\frac{1}{8}(150 \times 10^3\ \text{N})}{20 \times 5 \times 10^{-6}\ \text{m}^2} = 187.5\ \text{MPa} < [\sigma_{bs}]$$

(2)钢板的拉伸强度

上、下钢板承受的拉力为中间钢板的1/2，但截面积小于中间钢板截面积的1/2，故只要校核上、下钢板的拉伸强度即可。现以上面一块钢板为研究对象(图 13.21c)，作轴力图(图 13.21d)。

截面 1-1 上的拉应力为

$$\sigma_1=\frac{F_{N1}}{A_1}=\frac{\frac{3}{8}(150\times10^3\ \text{N})}{(120-2\times20)\times5\times10^{-6}\ \text{m}^2}=140.6\ \text{MPa}<[\sigma]$$

截面 2 - 2 上的拉应力为

$$\sigma_1=\frac{F_{N2}}{A_2}=\frac{\frac{1}{2}(150\times10^3\ \text{N})}{(120-20)\times5\times10^{-6}\ \text{m}^2}=150\ \text{MPa}<[\sigma]$$

综上所述，连接件的强度是满足要求的。

本章小结

1. 组合变形下强度计算的方法

(1)外力分析

根据已知条件计算外荷载数值，并将荷载向杆件截面的形心进行简化，以得到符合各种基本变形外力作用条件的静力等效力系，进而可知杆件变形是由哪几种基本变形组合而成。这一步骤也称为**外力分解**。

(2)内力分析

根据各基本变形外力作用的情况，作出各基本变形下的内力图，确定组合变形时危险截面的位置，并计算相应的内力分量。

(3)应力分析

根据基本变形下横截面上的应力分布规律，确定危险截面上可能的危险点的位置，并应用基本变形应力公式计算相应的应力分量。然后，应用叠加原理将危险点的应力进行叠加，得到组合变形下危险点的应力状态，画出危险点单元体图，并叠加相应的应力分量。这一步骤也称为**应力叠加**。

(4)强度计算

根据危险点的应力状态以及材料失效的类型，选取适当的强度理论，由组合变形下危险点的应力分量计算相当应力，建立强度条件，进行强度计算。

2. 拉(压)和弯曲的组合变形

确定危险截面后，危险点的位置完全由弯曲变形决定，危险点仍然为单向应力状态。

对于圆形或圆管形截面，其强度条件为

$$\sigma_{max}=\frac{|F_N|}{A}+\frac{\sqrt{M_y^2+M_z^2}}{W}\leqslant[\sigma]$$

对于矩形截面，其强度条件为

$$\sigma_{max}=\frac{|F_N|}{A}+\frac{|M_y|}{W_y}+\frac{|M_z|}{W_z}\leqslant[\sigma]$$

3. 偏心压缩与截面核心

横截面上任意一点(y, z)处的应力为

$$\sigma_x=-\frac{F}{A}\left(1+\frac{y_F\cdot y}{i_z^2}+\frac{z_F\cdot z}{i_y^2}\right)$$

中性轴方程为

$$\frac{y_F \cdot y}{i_z^2}+\frac{z_F \cdot z}{i_y^2}=-1$$

中性轴与轴 y 和轴 z 的截距分别为

$$a_y=-\frac{i_z^2}{y_F}, a_z=-\frac{i_y^2}{z_F}$$

危险点仍然为单向应力状态，其强度条件为

$$\sigma_{\max}=\frac{F}{A}\left(1+\frac{y_F \cdot y_1}{i_z^2}+\frac{z_F \cdot z_1}{i_y^2}\right)\leqslant[\sigma]$$

使横截面上只产生压应力的外力作用区域，称为**截面核心**。可由与截面周边相切的中性轴的截距，反求外力作用点的位置，即由

$$y_F=-\frac{i_z^2}{a_y}, z_F=-\frac{i_y^2}{a_z}$$

来确定截面核心的封闭区域。

4.扭转和弯曲的组合

(1)圆形或圆管形截面

由于截面关于其形心对称，可先计算危险截面上的合成弯矩

$$M=\sqrt{M_y^2+M_z^2}$$

对于塑性材料，选用第三或第四强度理论，其强度条件为：

$$\sigma_{r3}=\frac{\sqrt{M^2+T^2}}{W}\leqslant[\sigma]$$

$$\sigma_{r4}=\frac{\sqrt{M^2+0.75T^2}}{W}\leqslant[\sigma]$$

(2)非圆截面

其强度条件为：

$$\sigma_{r3}=\sqrt{\sigma^2+4\tau^2}\leqslant[\sigma]$$

$$\sigma_{r4}=\sqrt{\sigma^2+3\tau^2}\leqslant[\sigma]$$

5.连接件的实用计算

剪切强度条件为：

$$\tau=\frac{F_S}{A}\leqslant[\tau]$$

挤压强度条件为：

$$\sigma_{bs}=\frac{F_{bs}}{A_{bs}}\leqslant[\sigma_{bs}]$$

习　　题

13.1　试作图示构件的内力图。

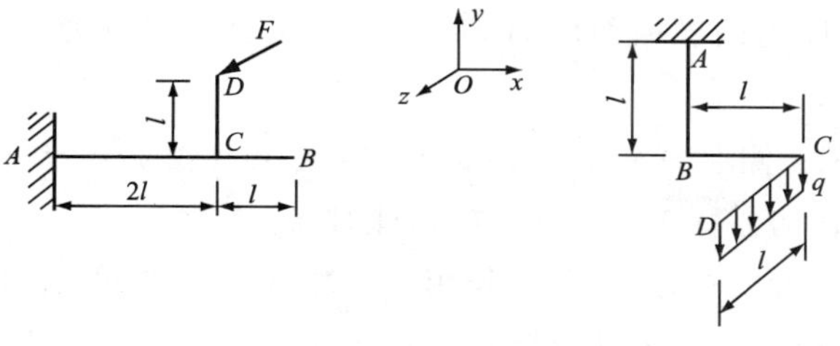

(a) (b)

题 13.1 图

13.2 图示一简支斜梁 AB，在中点受一集中荷载 $F=20$ kN，梁的截面为矩形，宽 200 mm，高 300 mm。试求梁内的最大压应力及其所在位置。

13.3 混凝土坝，高 8 m，侧面如图所示，混凝土比重 $\gamma=20$ kN/m^3，如果要使坝在受水压力作用后，坝底没有拉应力，试计算坝宽 a 所需的最小尺寸。（提示：可取长为 1 m 的一段坝，考虑其应力）。

13.4 图示的水塔连同基础共重 $G=6\ 000$ kN，水塔受风压力 $F=60$ kN，作用在离地面高度 $H=15$ m 处。基础入土深度 $h=3$ m。设土的许用压应力$[\sigma]=0.3$ MPa，试求基础所需的直径 d。

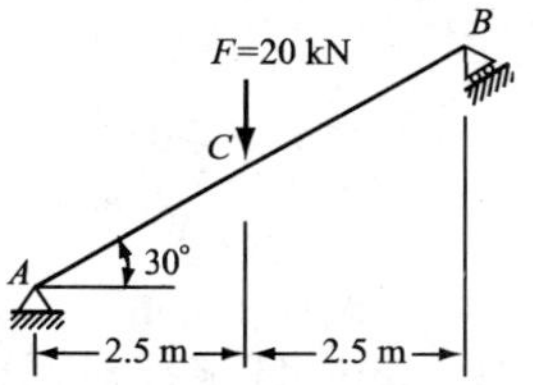

题 13.2 图

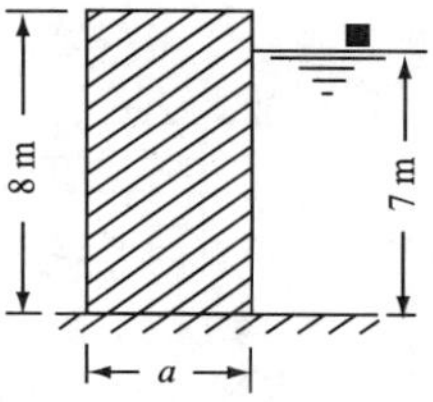

题 13.3 图

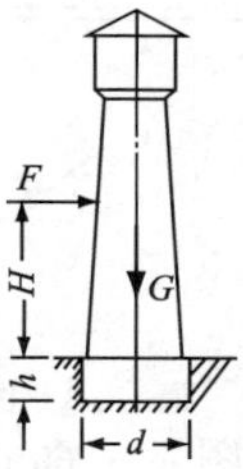

题 13.4 图

13.5 图 a 示一截面为 200 mm×200 mm 的木柱，下面垫一截面为 200 mm×300 mm 的柱脚。木柱受轴向荷载 $P=350$ kN，求柱脚内的最大压应力。如柱脚截面尺寸和木柱的一样，如图 b 所示，比较这两种情况柱脚内的最大压应力。

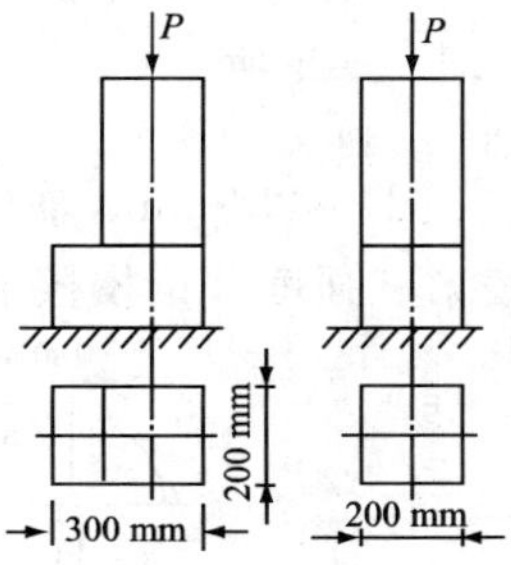

(a) (b)

题 13.5 图

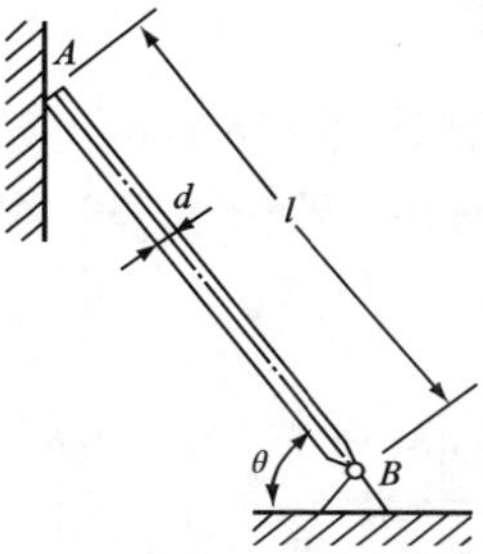

题 13.6 图

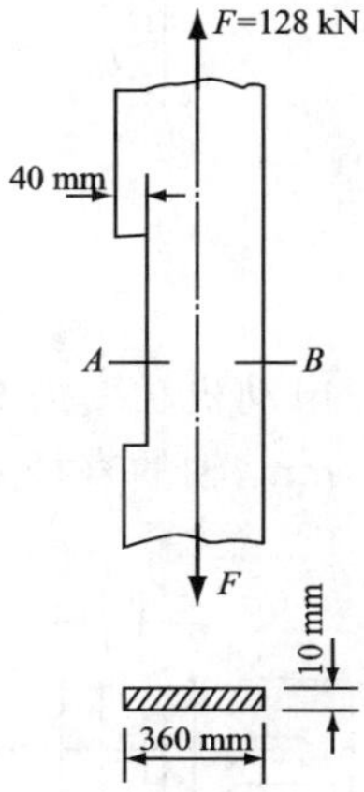

题 13.7 图

13.6 有一实心圆杆 AB，其 B 端为铰支承，其 A 端靠于光滑的竖直面上（无摩擦力）。试求由于杆重产生最大压应力的横截面到 A 端的距离 s。已知杆长为 l，直径为 d，杆的轴线与水平线间的夹角为 θ。

13.7 图示钢板，在一侧切去宽 40 mm 的缺口，试绘出截面 A-B 上的应力变化图，并求最大应力 σ_{max}。若两侧各切去宽 40 mm 的缺口，此时 σ_{max} 是多少？

13.8 图示正方形截面折杆，外力 F 的作用线通过 A 和 B 两截面的形心。已知 $F=10$ kN，正方形截面的边长 $a=60$ mm。试求杆内最大正应力。

13.9 承受偏心荷载的矩形截面杆如图所示。今用试验方法测得杆两侧的纵向应变分别为 $\varepsilon_a=1\times10^{-3}$ 和 $\varepsilon_b=0.4\times10^{-3}$，材料的弹性模量 $E=210$ GPa。试求拉力 P 和偏心距 e 的数值。

13.10 在力 F_1 和 F_2 联合作用下的短柱如图所示，试求固定端截面上角点 A、B、C、D 的正应力。

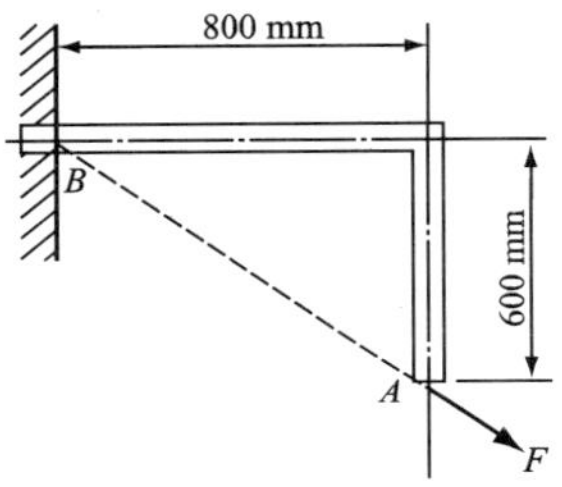

题 13.8 图

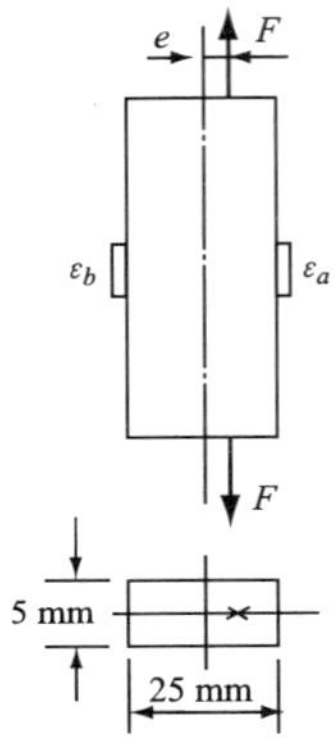

题 13.9 图

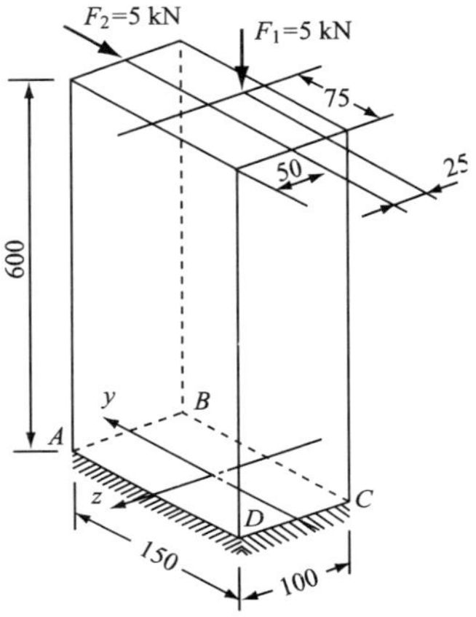

题 13.10 图

13.11 图示一曲拐，受荷载 $P=4$ kN。曲拐直径为 $d=100$ mm，试求杆横截面上的最大正应力和最大切应力。已知许用应力$[\sigma]=160$ MPa，试按第三强度理论校核强度。

13.12 钢曲柄轴在点 A 受一垂直于图纸平面的力 $F=20$ kN。试根据第三和第四强度理论计算最危险截面处的相当应力。截面上因剪力而产生的切应力略去不计。

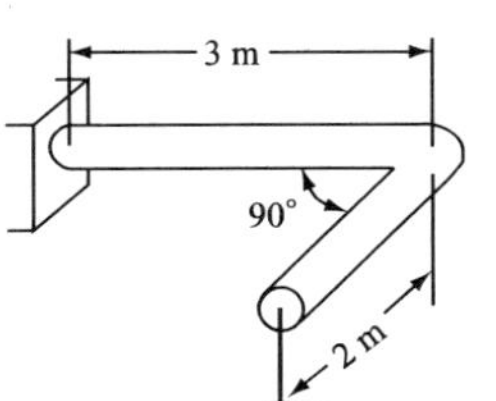

题 13.11 图

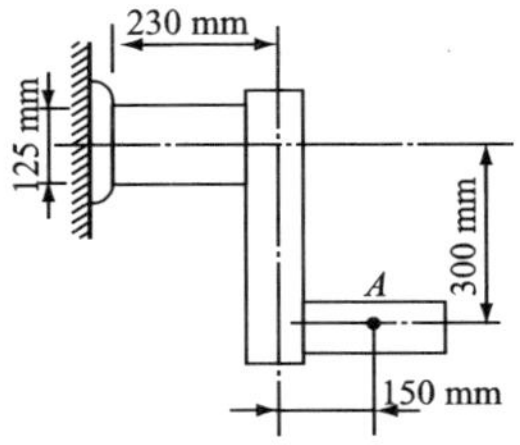

题 13.12 图

13.13 电动机功率为 9 kW，转速为 715 r/min，皮带轮直径 $D=250$ mm，轴外伸部分长度为 $l=120$ mm，轴的直径 $d=40$ mm。若$[\sigma]=60$ MPa，试按第三强度理论校核轴的强度。

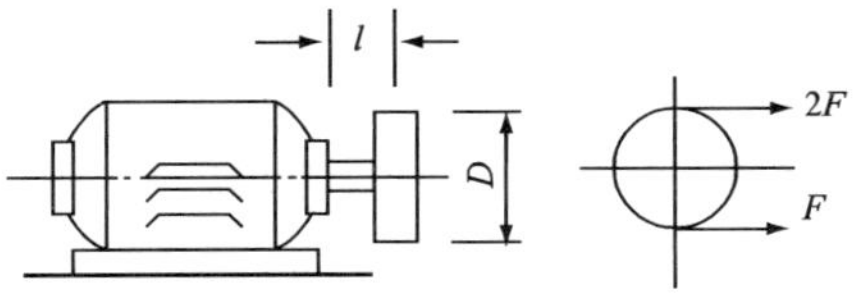

题 13.13 图

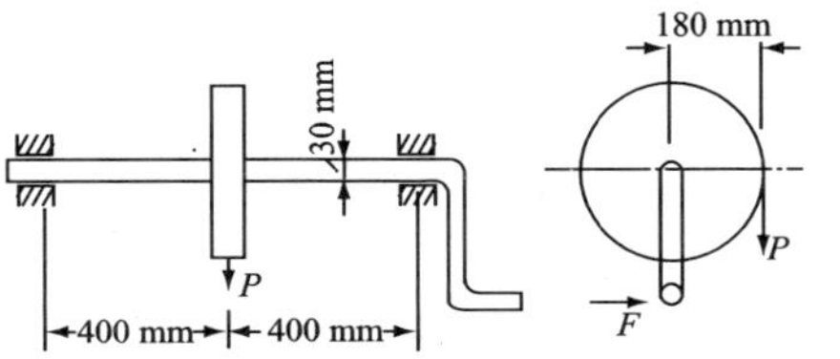

题 13.14 图

13.14 图示一铰车，铰车轴的直径 $d=30$ mm。如许用应力$[\sigma]=80$ MPa，试根据第三强度理论计算铰车能吊起的最大许可荷载 P。

13.15 图示传动轴，传递速率为 7.36 kW，转速为 100 r/min。轮 A 上皮带是水平的，轮 B 上皮带是铅垂的。若两轮直径均为 600 mm，且已知 $F_1>F_2$，$F_2=1\ 500$ N，轴的许用应力$[\sigma]=80$ MPa。试按第三强度理论设计轴的直径 d。

13.16 图示电动机的功率为 8.8 kW，转速 800 r/min，带轮的直径 $D=250$ mm，重量 $G=500$ N。轴的外伸长度 $l=120$ mm，许用应力$[\sigma]=60$ MPa。试按第三强度理论设计轴的直径 d。

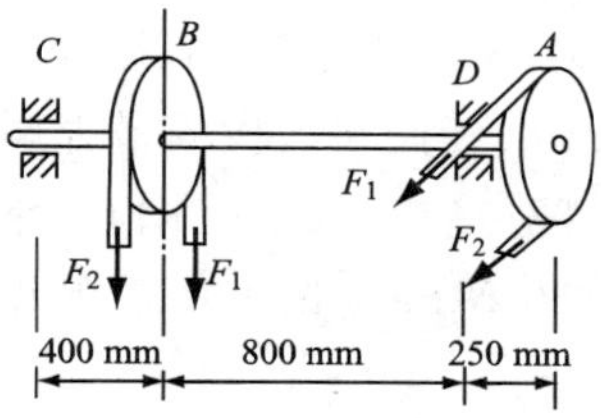

题 13.15 图

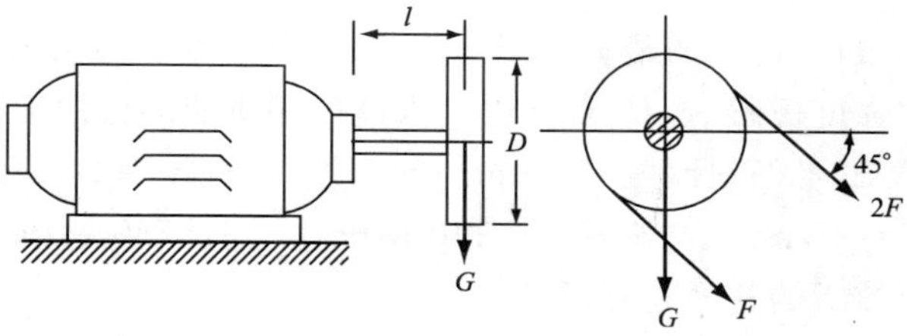

题 13.16 图

13.17 图示带轮传动轴传递功率 $P=7$ kW，转速 $n=200$ r/min，带轮重量 $G=1.8$ kN，左端齿轮上的啮合力 $\boldsymbol{F}$ 与齿轮节圆切线的夹角(压力角)为 20°，轴材料的许用应力$[\sigma]=80$ MPa。试按第四强度理论设计轴的直径。

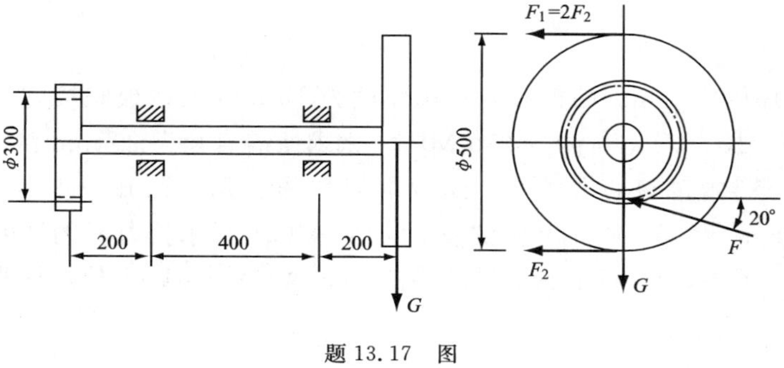

题 13.17 图

13.18 图示车床的传动光杆装有安全联轴器，超载时安全销即被剪断。已知安全销的平均直径为5 mm，材料为 5 mm，材料为 45 钢，其剪切极限应力 $\tau_u=370$ MPa，试求安全联轴器所能传递的力偶矩 M_e。

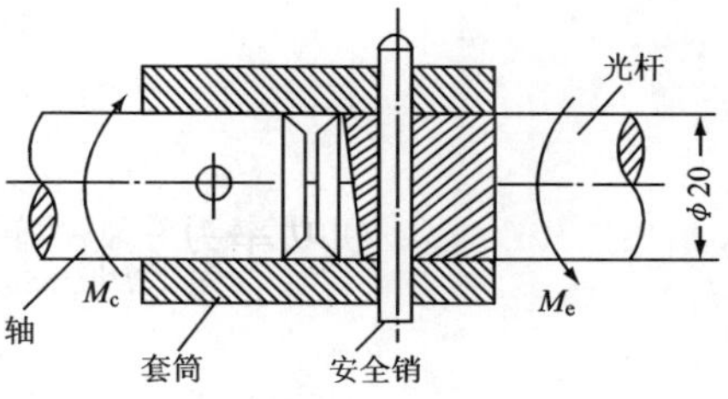

题 13.18 图

13.19 水轮发电机组的卡环尺寸如图所示。已知轴向荷载 $F=1\ 450$ kN，卡环材料的$[\tau]=80$ MPa，$[\sigma_{bs}]=150$ MPa，试对卡环进行强度校核。

13.20 图示轴的直径 $d=80$ mm，键的尺寸 $b=24$ mm，$h=14$ mm，键的许用切应力$[\tau]=40$ MPa，许用挤压应力$[\sigma_{bs}]=90$ MPa。若通过键所传递的扭转力矩为 $T=3.2$ kN·m。试求键的长度 l。

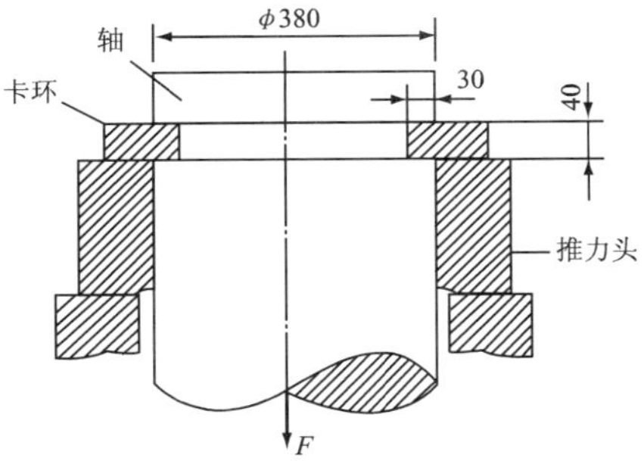

题 13.19　图

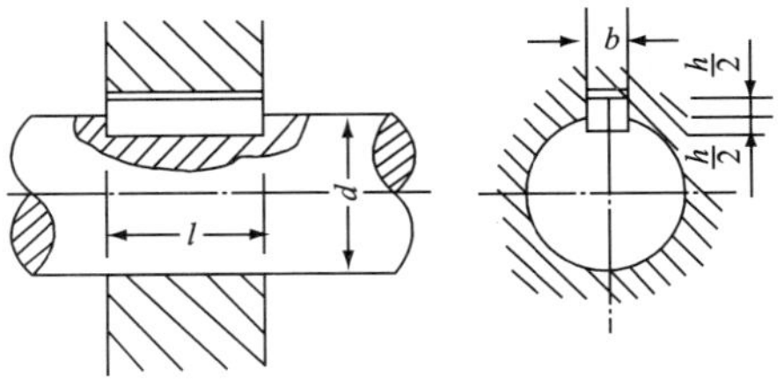

题 13.20　图

13.21　冲床的最大冲压力 $F=400$ kN，冲头材料的许用应力 $[\sigma]=440$ MPa，被冲剪钢板之剪切强度极限 $\tau_b=360$ MPa。求此冲床所能冲剪钢板圆孔的最小直径和钢板的最大厚度。

13.22　两块厚度为 10 mm 的钢板，用直径为 20 mm 的铆钉对接在一起(见图)。钢板受拉力 $F=80$ kN。已知：$[\tau]=140$ MPa，$[\sigma_{bs}]=280$ MPa，$[\sigma]=160$ MPa。试求所需的铆钉数目并校核板的宽度是否足够。

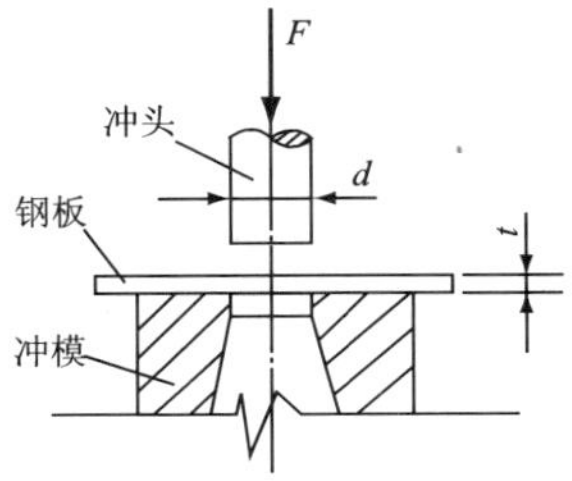

题 13.21　图

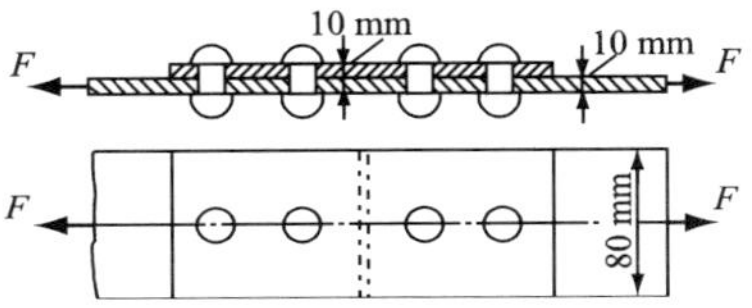

题 13.22　图

13.23　两块厚度为 5 mm 的钢板与一块厚度为 12 mm 的钢板联接，受拉力 $F=180$ kN(见图)。已知 $[\tau]=100$ MPa，$[\sigma_{bs}]=280$ MPa。试求所需直径为 20 mm 铆钉的数目。

13.24　两板搭接，铆钉直径为 25 mm，排列如图所示。已知 $[\tau]=100$ MPa，$[\sigma_{bs}]=280$ MPa。板 1 的 $[\sigma]_1=160$ MPa，板 2 的 $[\sigma]_2=140$ MPa。试求拉力 F 的许可值。如果铆钉排列次序相反，即自下而上，第一行是三个铆钉，第二行是两个铆钉，则 F 值如何改变？

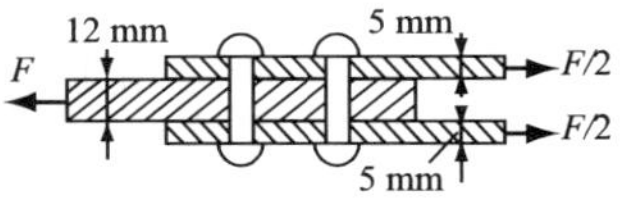

题 13.23　图

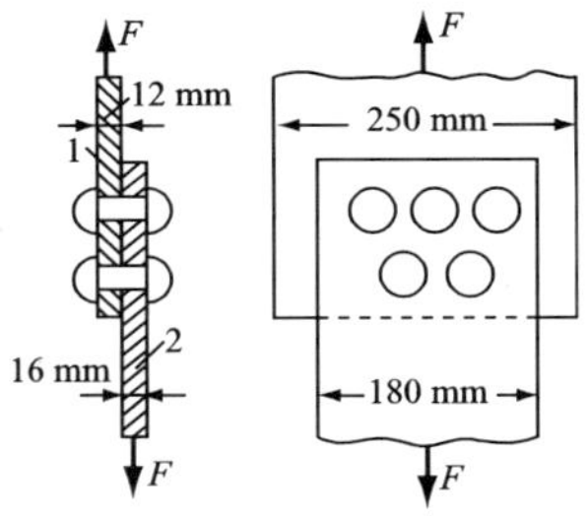

题 13.24　图

第十四章 压杆稳定

教学要求：
1. 正确建立压杆稳定以及临界荷载的基本概念；
2. 明确长度因数的力学意义，熟练掌握四种常见约束条件下细长压杆临界荷载的分析计算方法；
3. 正确建立压杆的柔度和临界应力以及临界应力总图的概念，掌握不同类型压杆的判别方法以及大柔度、中柔度和小柔度压杆临界应力的计算方法；
4. 理解压杆的稳定条件，熟练掌握压杆稳定计算的安全因数法；
5. 了解提高压杆稳定性的主要措施。

本章首先阐述压杆稳定的基本概念，然后主要讨论压杆的临界荷载、临界应力的求解方法，工程上稳定性设计的方法以及提高压杆稳定性的措施。

§14.1 稳定性的概念

前面几章，已经讨论了构件在静力平衡状态下的应力、应变以及强度和刚度的设计问题。构件除了强度和刚度不足而引起失效外，有时由于不能保持其原有的平衡状态而失效，这种失效形式称为丧失稳定性。因此，对某些构件必须进行稳定性设计。

构件在外力作用下，由于材料的弹性而产生变形，整个构件保持平衡，构件的任一部分在弹性内力作用下也保持平衡，这种状态称为弹性平衡。弹性平衡的形式有时是稳定的，有时是不稳定的。

现在来研究图 14.1 所示的两端铰支的细长压杆受轴向压力作用时，弹性平衡的稳定性问题。在杆两端加轴向压力，当压力逐渐增加，但小于某一临界值时，杆的轴线仍为直线。为检查这种弹性平衡是否稳定，可在杆的中间截面处，施加一微小的横向干扰力，使杆产生轻微弯曲(图 14.1a)。当干扰力除去后，杆经过若干次振动后恢复原直线形状(图 14.1b)，这表明在数值较小的压力作用下，压杆直线形式的弹性平衡是稳定的。当压力增加到某一临界值时，当横向扰力除去后，杆将保持微弯曲形态的平衡，而不能恢复原直线形状的平衡(图 14.1c)。此时，压杆直线形状的平衡是不稳定的，将转变为曲线形状的平衡，这种现象也称为**屈曲**(buckling)。

压杆的弹性平衡是否稳定，与所受轴向压力的大小有关。这可以用一个简单的实验来说明。例如，取一根直径为 4 mm、长为 1 m 的钢杆，下端固定、上端自由，在自由端装有一个重 3 N的铁块。在 3 N 力的作用下，杆处于直线平衡状态，如果轻轻推动铁块，杆会左右摆动产生弯曲变形，但最后能恢复其原有的直线平衡位形，如图 14.2a 所示。但是，若将铁块换为重 8 N的，则在干扰力作用下，钢杆不仅不能恢复原有的直线位形，而且会被压弯倒下去（图 14.2b）。这表明：在3 N的压力作用下，杆的直线位形是弹性稳定的；而在 8 N 的压力作用下，杆的直线位形是不稳定的，发生了失稳现象。可以推断，在 3 N 和 8 N 之间一定存在一个压力 F_{cr}，在该压力作用下，压杆的直线位形处于由稳定过渡到不稳定的临界状态。这个压力 F_{cr} 称为压杆的**临界力**(critical force)或**临界荷载**(critical load)，它是决定压杆直线位形是否稳定的关键。

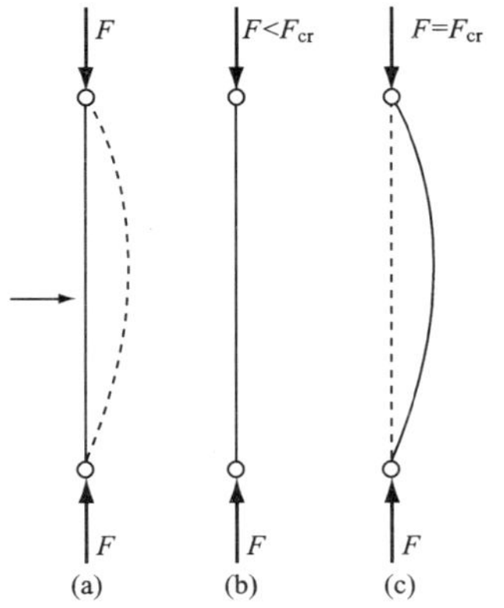

图 14.1

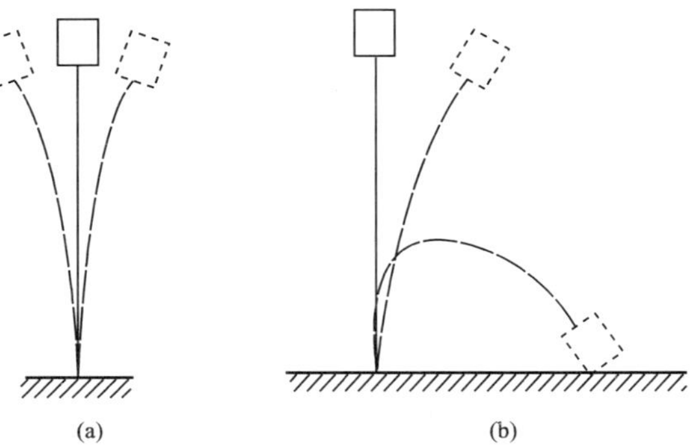

图 14.2

除上述压杆的失稳形式外，一些细长或薄壁的构件也存在静力平衡的稳定性问题。例如，细长圆杆的纯扭转、薄壁矩形截面梁的横力弯曲以及承受均布压力的薄壁圆环等，都有可能丧失原有的平衡状态而失效。图 14.3 给出了这几种构件失稳的示意图，图中虚线分别表示屈曲状态。本章只讨论压杆的稳定问题。

构件丧失了稳定，往往会造成突然破坏，甚至引起整个工程结构的崩溃，危害性是很严重的。工程上曾多次发生过这类严重事故。因此，在设计中要像强度和刚度问题一样，给予重视，防止意外事故的发生。

设计压杆时，除了强度以外，还必须考虑到平衡的稳定性。若能计算出压杆的临界荷载，而使压杆在轴向荷载远小于临界荷载的情况下工作，就可以避免发生丧失稳定的现象。由此可见，对压杆进行稳定性设计，首先需要确定临界荷载。

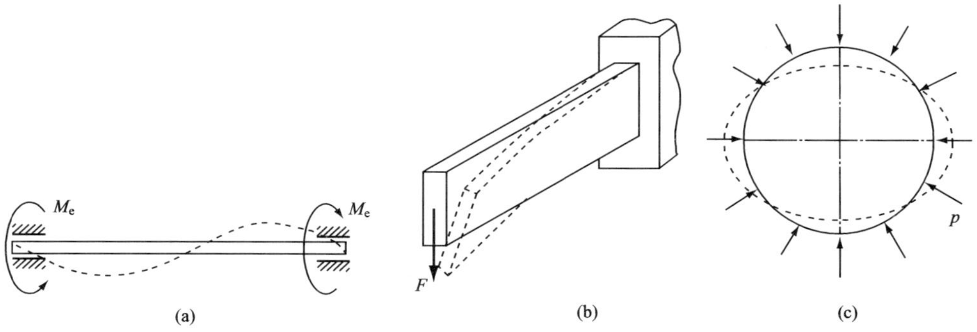

图 14.3

§ 14.2　压杆的临界荷载

1.细长压杆的临界荷载

(1)两端铰支压杆的临界荷载

设长度为 l 的等截面直杆，两端由球形铰支承，承受轴向压力 F 作用。若压力 F 达到临界荷载 F_{cr} 时，压杆将处于临界状态，即杆在微弯形态下保持平衡，如图 14.4a 所示。应用截面法，由图 14.4b 可得截面 x 上的弯矩和轴力。若略去轴力影响，其弯矩为

$$M(x)=-F_{cr}w$$

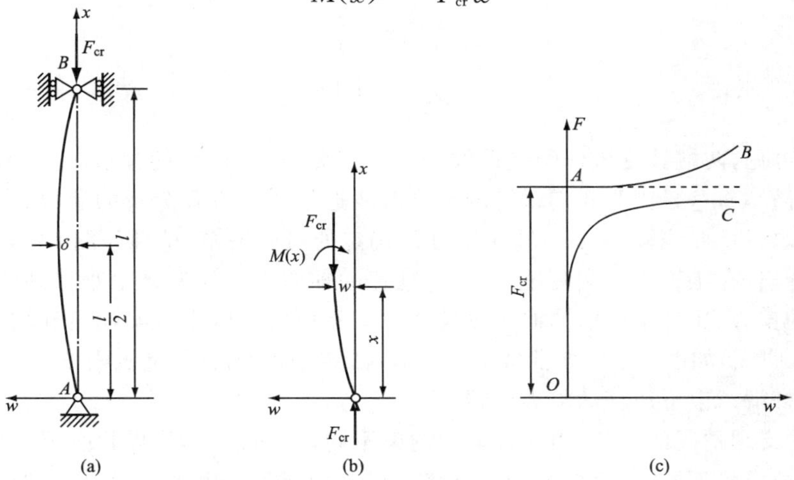

图　14.4

由于压杆的临界状态是微弯的平衡状态，可以用挠曲线近似微分方程进行分析。由式(11.3)可得

$$EI\frac{\mathrm{d}^2w}{\mathrm{d}x^2}=M(x)=-F_{cr}w \tag{a}$$

式中 EI 为杆的弯曲刚度。引入符号 k，并令

$$k^2=\frac{F_{cr}}{EI} \tag{b}$$

于是，式(a)可改写为

$$\frac{\mathrm{d}^2w}{\mathrm{d}x^2}+k^2w=0$$

方程的通解是

$$w=C_1\sin kx+C_2\cos kx \tag{c}$$

上式是杆挠曲线的方程，其中 C_1，C_2 是待定常数，k 为不定值。由图 14.4a 的边界条件：

在 $x=0$ 处，　$w=0$　得 $C_2=0$

在 $x=l$ 处，　$w=0$　得 $C_1=0$ 或 $\sin kl=0$。

显然 $C_1=0$ 不符合临界状态下杆微弯的特征。由 $\sin kl=0$，可得

$$kl=n\pi,\quad k=\frac{n\pi}{l}(n=0,1,2,\cdots) \tag{d}$$

将 $C_2=0$ 和式(d)代入式(c),挠曲线方程可写成为

$$w=C_1\sin\frac{n\pi}{l}x \qquad (n=0,1,2,\cdots)$$

临界荷载由式(b)得

$$F_{cr}=\frac{n^2\pi^2EI}{l^2} \qquad (n=0,1,2,\cdots)$$

可见,杆的挠曲线和临界荷载在理论上是多值的。但是,按照静力平衡稳定性的物理概念,当 $n=1$ 压杆开始处于微弯的临界状态时,已经丧失了原有的直线平衡状态,即丧失了稳定性。因此,压杆在没有其他支承的情况下,应取 $n=1$,即取一切理论上求出的临界荷载的最小值,作为实际的临界荷载和分析其挠曲线形态。据此

$$w=C_1\sin\frac{\pi}{l}x \tag{e}$$

$$F_{cr}=\frac{\pi^2EI}{l^2} \tag{14.1}$$

由式(e)可见,两端铰支压杆的挠曲线为半个正弦波,挠曲线的幅值 $w_{max}=\delta=C_1$ 是不确定值(仅要求微小),这是因为我们采用的是挠曲线近似微分方程分析的缘故。若采用精确的微分方程,可求得挠曲线幅值 w 与轴向压力 F 确定的对应关系,结果如图 14.4c 中曲线 OAB 所示。应该指出,在工程中的实际压杆,上述理想的轴向受压模型是很难遇到的,总是存在诸如轴向压力的偏心、压杆轴线的初曲率以及材料的不均匀等因素。实际压杆轴向压力与幅值的曲线(F-w 曲线)如图 14.4c 中曲线 OC 所示,临界荷载 F_{cr}是其上极限值。

(2)不同杆端约束下压杆的临界荷载

对于其他支承情况的压杆,由于杆端的约束不同,其约束力、临界状态下挠曲线的形态就不同,临界荷载也将不同,但分析方法和求解过程是相似的。表 14.1 给出了四种理想约束下压杆临界荷载的计算结果。

杆端不同约束时的临界荷载 表 14.1

杆端约束情况	两端铰支	一端固定,一端自由	一端固定,一端铰支	两端固定
挠曲线形状	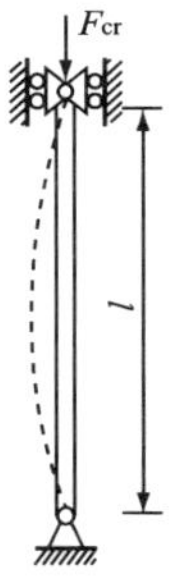	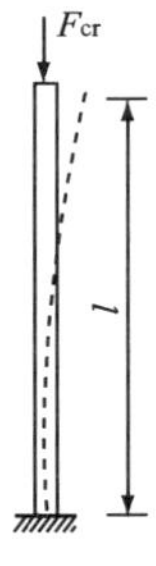	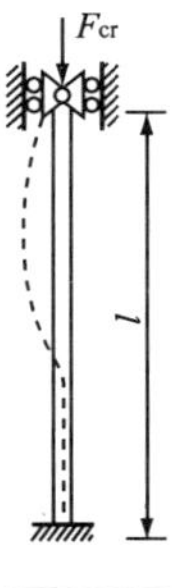	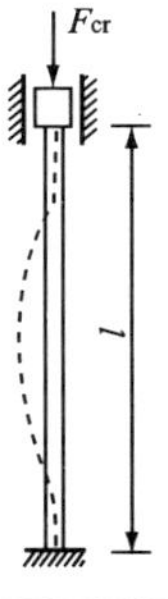
临界力	$F_{cr}=\frac{\pi^2EI}{l^2}$	$F_{cr}=\frac{\pi^2EI}{(2l)^2}$	$F_{cr}=\frac{\pi^2EI}{(0.7l)^2}$	$F_{cr}=\frac{\pi^2EI}{(0.5l)^2}$
长度因数	$\mu=1$	$\mu=2$	$\mu=0.7$	$\mu=0.5$

比较四种理想约束情况下压杆的临界荷载,可见表达式基本相似,仅在分母中长度 l 前的系数不同,因此可将不同杆端约束的临界荷载表达成统一的形式

$$F_{cr}=\frac{\pi^2EI}{(\mu l)^2} \tag{14.2}$$

式中，μ 是与杆端约束条件有关的系数，称为**长度因数**(factor of length)，μl 称为相当长度。式(14.2)称为细长压杆临界荷载的**欧拉公式**(Euler formula)。

应当注意，表 14.1 中所列的各种约束，均为理想约束，而工程中的实际约束，除某些典型支承可以简化为理想约束外，一般很难归结为某一种理想约束。此时需要根据实际情况，选取适当的长度因数 μ 值。

(3)临界应力及欧拉公式的适用范围

由于计算和工程设计的需要，定义压杆临界荷载除以横截面面积的量为临界应力，用 σ_{cr} 表示。

$$\sigma_{cr}=\frac{F_{cr}}{A}=\frac{\pi^2 EI}{A(\mu l)^2} \tag{f}$$

引入惯性半径 $i=\sqrt{\frac{I}{A}}$ 和 λ，且令

$$\lambda=\frac{\mu l}{i} \tag{14.3}$$

将 i 和 λ 代入临界应力表达式(f)得

$$\sigma_{cr}=\frac{\pi^2 E}{\lambda^2} \tag{14.4}$$

上式是欧拉公式的另一种表达形式。式中 λ 称压杆的**柔度**或**长细比**。柔度是一个量纲一的量，仅与压杆的杆端约束情况和几何特征有关，是压杆抵抗失稳能力的特征量。

由于欧拉公式是应用杆挠曲线近似微分方程而导出的，因此，仅适用于线弹性范畴。于是，临界应力公式(14.4)的适用范围可表示为

$$\sigma_{cr}=\frac{\pi^2 E}{\lambda^2}\leqslant\sigma_p \tag{14.5}$$

令

$$\lambda_p=\sqrt{\frac{\pi^2 E}{\sigma_p}} \tag{14.6}$$

则式(14.5)可写为

$$\lambda\geqslant\lambda_p \tag{14.7}$$

满足式(14.5)或式(14.7)的压杆，方可用欧拉公式计算临界荷载或临界应力。这样的压杆称为**大柔度杆**或**细长压杆**(long columns)。

由式(14.6)可见，λ_p 与材料的力学性质有关，材料不同，λ_p 也就不同，需要具体地计算。例如 Q235 钢，$E\approx 200$ GPa，$\sigma_p\approx 200$ MPa，由式(14.6)可得，$\lambda_p\approx 100$。因此，对 Q235 钢，只有当$\lambda\geqslant 100$时，才能使用欧拉公式。

例 14.1 进行压杆稳定实验时所用的钢杆(图 14.2)，长为 $l=1$ m，直径为 $d=4$ mm，材料的弹性模量 $E=200$ GPa。试计算该钢杆的临界力。

解：根据已知条件，可得钢杆横截面的惯性半径为

$$i=\sqrt{\frac{I}{A}}=\sqrt{\frac{\pi d^4}{64}\cdot\frac{4}{\pi d^2}}=\frac{d}{4}=1\text{ mm}$$

钢杆下端固定，上端自由，长度因数为 $\mu=2$。可得钢杆的柔度为

$$\lambda=\frac{\mu l}{i}=\frac{2\times 1\,000\text{ mm}}{1\text{ mm}}=2\,000>100$$

因此，实验所用的钢杆为细长压杆，可用欧拉公式计算临界力。

钢杆横截面的惯性矩为

$$I=\frac{\pi d^4}{64}=\frac{\pi}{64}(4\times10^{-3}\ \text{m})^4=1.257\times10^{-11}\ \text{m}^4$$

根据压杆下端固定，上端自由的约束条件，由表 14.1 中的相应公式，可得其临界力为

$$F_{cr}=\frac{\pi^2 EI}{(2l)^2}=\frac{\pi^2(200\times10^9\ \text{Pa})(1.257\times10^{-11}\ \text{m}^4)}{4\ \text{m}^2}=6.2\ \text{N}$$

计算结果表明，实验压杆的临界力 6.2 N 的确是介于 3 N 和 8 N 之间的一个压力。

例 14.2 试由挠曲线近似微分方程导出表 14.1 中上端铰支、下端固定的细长压杆的临界荷载表达式。

解：设压杆在临界荷载 F_{cr} 作用下，处于微弯的平衡状态，其计算简图如图 14.5 所示。杆任意横截面上的弯矩，可用截面法，在杆 x 处截开，由杆上部的平衡(图 14.5b)，求得

$$M(x)=-F_{cr}w+F_S(l-x)$$

将 $M(x)$ 代入挠曲线近似微分方程，并令 $k^2=\frac{F_{cr}}{EI}$，得

$$\frac{d^2w}{dx^2}+k^2w=\frac{F_S}{EI}(l-x)$$

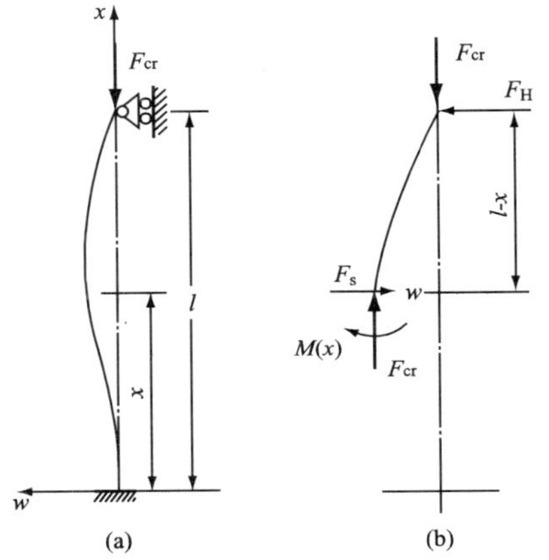

图 14.5

上式的通解为

$$w=A\sin kx+B\cos kx+\frac{F_S}{F_{cr}}(l-x)$$

由杆端的约束条件

$$\begin{cases}x=0, w=0, \dfrac{dw}{dx}=0\\ x=l, w=0\end{cases}$$

得

$$\begin{cases}B+\dfrac{F_S}{F_{cr}}l=0\\ kA-\dfrac{F_S}{F_{cr}}=0\\ A\sin kl+B\cos kl=0\end{cases}$$

上式是待定量 A、B、$\frac{F_S}{F_{cr}}$的线性齐次方程组。杆件在微弯状态下，A、B 和$\frac{F_S}{F_{cr}}$不能全为零，故其系数行列式等于零，即

$$\begin{vmatrix}0 & 1 & l\\ k & 0 & -1\\ \sin kl & \cos kl & 0\end{vmatrix}=0$$

展开上式，得

$$\tan kl=kl$$

上列方程可用三角函数表或图解法求解，解得 $kl=4.49$。由此，压杆的临界荷载

$$F_{cr}=\frac{(4.49)^2EI}{l^2}\approx\frac{\pi^2 EI}{(0.7l)^2}$$

例 14.3 试利用欧拉公式研究：对于长度相同、横截面面积相同的细长压杆，在同样的荷载和约束条件下，什么样的实心截面形状其稳定性最好。

解：可取圆截面和矩形截面进行研究(图 14.6)。假设：两细长压杆两端均铰支，受轴向压

力作用，长度皆为 $l=1.5\ \text{m}$，横截面皆为 $A=20\ \text{cm}^2$，材料的弹性模量皆为 $E=200\ \text{GPa}$。对于矩形截面，设 $h=2b$。通过分别计算两杆的临界荷载，来研究其压杆截面形状的抗失稳能力。

(1)圆截面

设圆截面的直径为 d，其横截面面积

$$A=\frac{\pi d^2}{4}$$

因此有

$$\pi d^4=\frac{16A^2}{\pi}$$

惯性矩为

$$I=\frac{\pi d^4}{64}=\frac{16A^2}{64\pi}=\frac{A^2}{4\pi}$$

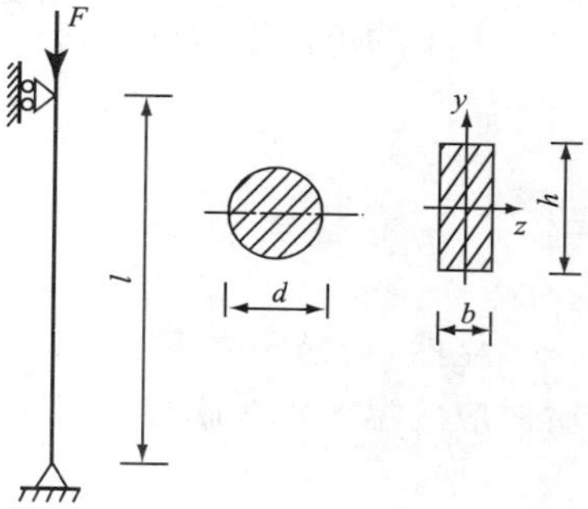

图 14.6

压杆两端均铰支，长度因数 $\mu=1$。由欧拉公式，可得圆截面压杆的临界荷载为

$$F_{cr}=\frac{\pi^2 EI}{l^2}=\frac{\pi^2(200\times10^9\ \text{Pa})(20\times10^{-4}\ \text{m}^2)^2}{4\pi(1.5\ \text{m})^2}=279\ \text{kN}$$

(2)矩形截面

由图 14.6 可见，$I_z>I_y$，所以截面绕轴 y 旋转而屈曲。截面绕轴 y 的惯性矩为

$$I_y=\frac{hb^3}{12}=\frac{b^4}{6}=\frac{A^2}{24}$$

压杆两端铰支，长度因数 $\mu=1$。由欧拉公式，可得矩形截面压杆的临界荷载为

$$F_{cr}=\frac{\pi^2 EI_y}{l^2}=\frac{\pi^2(200\times10^9\ \text{Pa})(20\times10^{-4}\ \text{m}^2)^2}{24(1.5\ \text{m})^2}=146\ \text{kN}$$

上述计算结果表明：圆截面压杆的稳定性远好于题设的矩形截面压杆。

分析题设的矩形截面压杆稳定性差的原因可知，由于 $I_z>I_y$，横截面绕轴 y 旋转而使压杆屈曲失稳。因此可以推断，在横截面积相同的情况下，若使 $I_z=I_y$，可显著提高压杆的临界荷载。下面计算正方形截面压杆的临界荷载。

(3)正方形截面

正方形截面的轴惯性矩为

$$I=\frac{hb^3}{12}=\frac{b^4}{12}=\frac{A^2}{12}$$

压杆两端铰支，长度因数 $\mu=1$。由欧拉公式，可得矩形截面压杆的临界荷载为

$$F_{cr}=\frac{\pi^2 EI}{l^2}=\frac{\pi^2(200\times10^9\ \text{Pa})(20\times10^{-4}\ \text{m}^2)^2}{12(1.5\ \text{m})^2}=292\ \text{kN}$$

上述计算结果表明：正方形截面压杆的稳定性好于圆截面压杆，但两者已相差不多。

上述研究表明，使压杆横截面的两个形心主惯性矩相等，可提高压杆的临界荷载。由欧拉公式可见，截面的惯性矩越大，临界荷载越大。因此，在工程中，常用圆环形或方环形作为压杆的截面形状。

例 14.4 两端铰支的细长压杆如图 14.7 所示，长度为 l，横截面面积为 A，抗弯刚度为 EI。设杆处于变化的均匀温度场中，若材料的线膨胀系数为 α_l，初始温度为 T_0，试求压杆失稳时的临界温度值 T_{cr}。

解：图示结构为一次超静定问题。其变形相容条件是

$$\Delta l=\Delta l_T-\Delta l_F=0$$

压杆的自由热膨胀量

$$\Delta l_T=\alpha_l(T-T_0)l$$

由于约束而引起的轴向压力 F_R 产生的变形为

$$\Delta l_R=\frac{F_R l}{EA}$$

故

$$F_R=EA\alpha_l(T-T_0)$$

显然，当轴向力 F_R 等于压杆的临界荷载 F_{cr} 时，杆将丧失稳定性。此时对应的温度称为临界温度 T_{cr}。由式(14.1)得

$$F_{cr}=\frac{\pi^2 EI}{l^2}=EA\alpha_l(T_{cr}-T_0)$$

$$T_{cr}=T_0+\frac{\pi^2 I}{\alpha_l A l^2}$$

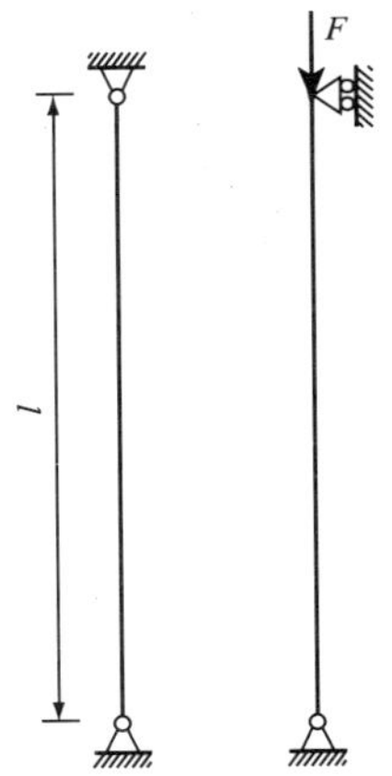

图 14.7

在超静定结构中，由于温度变化而引起的失稳问题称为**热屈曲**(thermal buckling)。对于轴向压力和热屈曲同时存在的问题，可以采用叠加方法求解。

在静定结构中，会产生热屈曲吗？为什么？

2.非细长压杆的临界荷载

在工程实际中，许多压杆的柔度往往低于 λ_P，在这种情况下，压杆横截面上的应力将超过材料的比例极限，欧拉公式已不再适用。对 $\lambda\leqslant\lambda_P$ 的这类压杆稳定性问题，人们在大量失稳试验的同时，做了弹塑性理论分析。由于试验结果具有明显的分散度和理论分析的复杂性，这里将不作进一步的讨论。工程上一般采用以试验结果为依据的经验公式。

目前根据我国的试验结果，考虑压杆存在的偏心等因素的影响而整理得到的公式为：

$$\sigma_{cr}=a-b\lambda^2 \tag{14.8}$$

式中 a、b 为与材料性质有关的常数，见表 14.2。

$$F_{cr}=\sigma_{cr}A \tag{14.9}$$

抛物线公式适用范围及常用材料 a、b 值 表 14.2

材　　料		a/MPa	b/MPa	式(14.8)适用范围 λ_K
Q235	$\sigma_s=235\sim240$ MPa $\sigma_b=380$ MPa	240	0.00682	0～123
Q275	$\sigma_s=275\sim280$ MPa $\sigma_b=500$ MPa	280	0.00872	0～108
$16M_n$	$\sigma_s=350$ MPa $\sigma_b=520$ MPa	350	0.001447	0～102
铸铁	$\sigma_b=400$ MPa	400	0.0193	0～102

由式(14.8)可见，σ_{cr} 与柔度 λ 成抛物线关系，一般称式(14.8)为抛物线公式。其范围可由式(14.4)和式(14.8)的交点求得。当柔度很小时，压杆的失效属于强度问题，因此，式(14.8)中的常数 a，即为材料的屈服极限或强度极限。工程上称这种压杆为**非细长压杆**。

求得压杆的临界应力后，其临界荷载为

3.临界应力总图

由上面讨论可知,压杆的临界应力 σ_{cr} 的计算与压杆的柔度 λ 有关。对于 $\lambda \geqslant \lambda_P$ 的细长压杆(大柔度杆),σ_{cr} 可用欧拉公式计算;对于 $\lambda \leqslant \lambda_P$ 的非细长压杆,σ_{cr} 应用抛物线公式计算。综合考虑临界应力和柔度的关系,若取横坐标为柔度,纵坐标为临界应力,则可作出临界应力与柔度间的关系曲线,这种图称为**临界应力总图**。

图 14.8 为结构的临界应力总图。抛物线 AK 与欧拉双曲线 PKB 的交点为 K,该点对应的应力为 σ_K,柔度为 λ_K。对于确定的材料可将式(14.4)和式(14.8)联立求解,得到 λ_K 和 σ_K 值。常用材料的 λ_K 值,列入表 14.2 中,以供参考。

同一种材料的 λ_P 和 λ_K 值一般不相同,这是因为抛物线经验公式是以实测结果为依据的,理论公式中未曾考虑的压力偏心和杆件初始曲率等因素,在经验公式中得到反映,因此采用 λ_K 作为抛物线公式和欧拉公式的分界点是适宜的。工程上通常将 $\lambda \geqslant \lambda_K$ 的压杆称为细长压杆,采用欧拉公式计算临界应力;将 $\lambda \leqslant \lambda_K$ 的压杆称为非细长压杆,采用抛物线公式计算其临界应力。

例 14.5 材料为 Q275 钢的三根轴向受压圆杆,长度 l 分别为 0.28 m、0.5 m 和 1 m,直径分别为 20 mm、40 mm 和 50 mm,各杆支承如图 14.9 所示。试求各杆的临界应力。

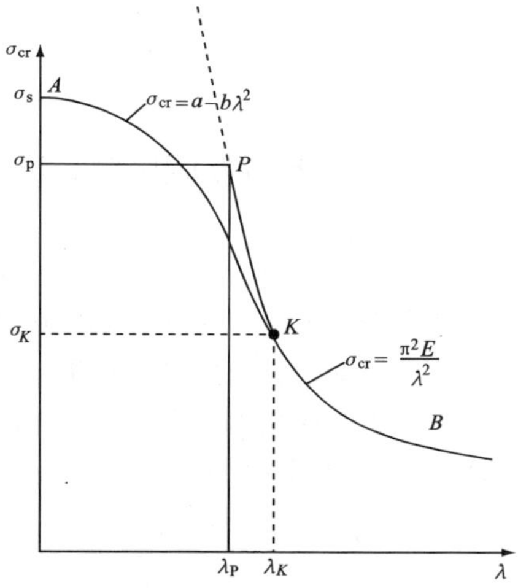

图 14.8

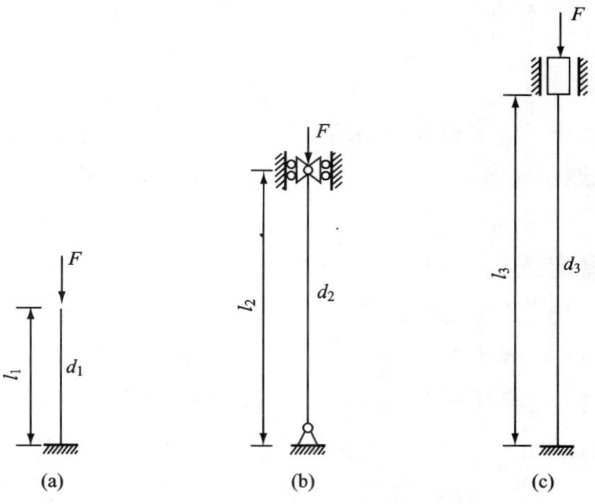

图 14.9

解:(1)计算各杆的柔度

杆 a:$\mu_1=2, l_1=0.25\ \text{m}, d_1=20\ \text{mm}$,则 $i_1=\sqrt{\frac{I}{A}}=\frac{d_1}{4}=5.0\ \text{mm}$

$$\lambda_1=\frac{\mu l_1}{i_1}=\frac{2\times 280\ \text{mm}}{5\ \text{mm}}=112$$

杆 b:$\mu_2=1, l_2=0.5\ \text{m}, d_2=40\ \text{mm}$,则 $i_2=10\ \text{mm}$

$$\lambda_2=\frac{\mu_2 l_2}{i_2}=\frac{1\times 500\ \text{mm}}{10\ \text{mm}}=50$$

杆 c:$\mu_3=0.5, l_3=1\ \text{m}, d_3=50\ \text{mm}$,则 $i_3=12.5\ \text{mm}$

$$\lambda_3=\frac{\mu_3 l_3}{i_3}=\frac{0.5\times 1\,000\ \text{mm}}{12.5\ \text{mm}}=40$$

(2)计算各杆的临界应力

查表 14.2 得，$\lambda_K=108$

杆 a：$\lambda_1>\lambda_K$，应选用欧拉公式(14.4)，可得

$$\sigma_{cr}=\frac{\pi^2 E}{\lambda_1^2}=\frac{\pi^2(200\times10^9\ \text{Pa})}{112^2}=157\times10^6\ \text{Pa}=157\ \text{MPa}$$

杆 b：$\lambda_2<\lambda_K$，应用抛物线公式(14.8)，可得

$$\sigma_{cr}=280-0.00872\lambda_2^2=280\ \text{MPa}-(0.00872\ \text{MPa})50^2=258\ \text{MPa}$$

杆 c：$\lambda_3<\lambda_K$，同样选用式(14.8)，可得

$$\sigma_{cr}=280-0.00872\lambda_3^2=280\ \text{MPa}-(0.00872\ \text{MPa})40^2=266\ \text{MPa}$$

§14.3 压杆的稳定计算

上面讨论了压杆的临界荷载和临界应力的计算方法，对于工程实际中的压杆往往需要根据稳定性条件校核压杆是否安全或者设计压杆安全工作时需要的尺寸或截面形状。这一类问题统称为**稳定性设计**(stability design)。

承受轴向荷载 F 的压杆，其稳定失效判据是

$$F=F_{cr}$$

若要确保其工作时不致失稳，其稳定条件是

$$F\leqslant\frac{F_{cr}}{n_{st}}\tag{14.10}$$

上式中，n_{st}为**稳定安全因数**(safety factor of stability)。若令 F_{cr}/F 的比值为 n，称为**工作安全因数**(safety factor of work)，则稳定条件式(14.10)可改写为

$$n\geqslant n_{st}\tag{14.11}$$

用稳定条件式(14.11)进行压杆稳定性设计的方法称为**安全因数法**(safety factor method)。

稳定安全因数的取值一般要比强度安全因数高。这是因为实际压杆总是存在诸如初曲率、材质的不均匀等缺陷，荷载也存在一定的偏心度，使临界荷载的理论值总是比实际值高。此外，n_{st}与压杆选用的材料，在结构中的重要程度、工况以及简化成力学模型时的近似性等因素有关。一般对于钢材，取 $n_{st}=1.8\sim3.0$；对于铸铁，取 $n_{st}=5.0\sim5.5$；对于木材，取 $n_{st}=2.8\sim3.2$。具体的取值，读者可查询有关工程手册或设计规范。

例 14.6 一压缩机连杆，材料为 Q275 钢，两端为柱形铰支承，力学简图如图 14.10 所示，承受最大轴向压力为 $F_{max}=60$ kN。若规定的稳定安全因数 $n_{st}=3.5$，试校核连杆的稳定性。

解：(1)计算压杆的柔度

由于柱形铰支承的特性，由图 14.10b、c 可见，在 xOy 和 xOz 两正交平面内，计算长度和约束情况均不同，因此需要分别计算相应的柔度，以确定连杆失稳的平面。

在 xOy 平面(图 14.10b)，两端视为铰支座，取 $\mu=1$，惯性半径 i_z 为

$$i_z=\sqrt{\frac{I_z}{A}}=\frac{h}{2\sqrt{3}}=\frac{45\ \text{mm}}{2\sqrt{3}}=12.99\ \text{mm}$$

柔度 λ_z 为

$$\lambda_z=\frac{\mu l_1}{i_z}=\frac{1\times800\ \text{mm}}{12.99\ \text{mm}}=61.9$$

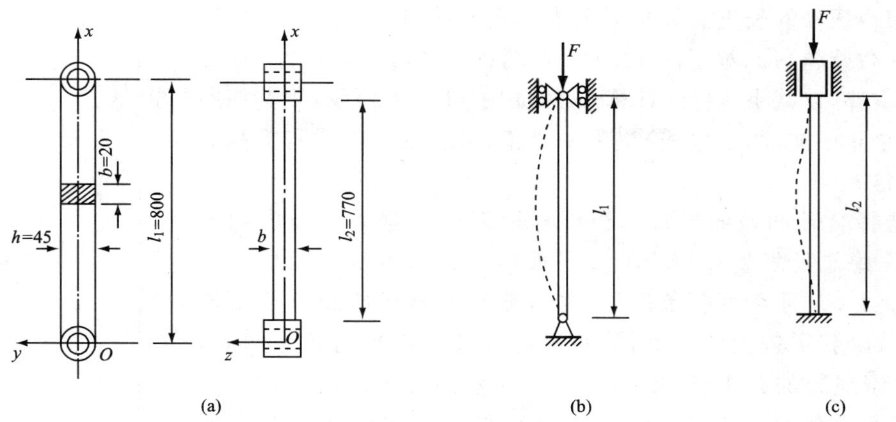

图 14.10

在 xOz 平面(图 14.10c),两端视为固定端,取 $\mu=0.5$,惯性半径 i_y 为

$$i_y=\sqrt{\frac{I_y}{A}}=\frac{h}{2\sqrt{3}}=\frac{20\ \text{mm}}{2\sqrt{3}}=5.77\ \text{mm}$$

柔度 λ_y 为

$$\lambda_y=\frac{\mu l_2}{i_y}=\frac{0.5\times 770\ \text{mm}}{5.77\ \text{mm}}=66.7$$

比较可得,$\lambda_y>\lambda_z$,连杆将在 xOz 平面内失稳(即绕轴 y 屈曲)。

(2)计算连杆的临界应力

对于 Q275 钢,$\lambda_K=108$,由于 $\lambda_y<\lambda_K$,连杆的临界应力可由式(14.8)和表 14.2 得到,即

$$\sigma_{cr}=280\ \text{MPa}-0.00872\ \text{MPa}(66.7)^2=241\ \text{MPa}$$

(3)校核连杆的稳定性

由式(14.9)和式(14.11)得

$$F_{cr}=\sigma_{cr}A=(241\times10^6\ \text{Pa})(20\times45\times10^{-6}\ \text{m}^2)=217\times10^3\ \text{N}=217\ \text{kN}$$

$$n=\frac{F_{cr}}{F}=\frac{217\ \text{N}}{60\ \text{N}}=3.62>n_{st}$$

连杆的工作安全因数大于规定的稳定安全因数,故具有足够的稳定性。

§14.4 提高压杆稳定性的措施

由以上各节的讨论可知,压杆的临界荷载与压杆的长度、支承、截面的形状以及选用的材料等因素有关。因此,通过对上述诸方面的综合考虑,进行合理设计,就可以提高压杆的稳定性。

1. 减小柔度

对于一定材料制成的压杆,临界应力随柔度的减小而增加,柔度越小,稳定性越好。为了减小柔度,在可能的条件下可以从下列几方面考虑:

(1)改善支承情况。支承越接近固定端,μ 值就越小,压杆的临界荷载就越大,故采用 μ 值较小的支座形式,可以提高压杆的稳定性。

(2)减小压杆的长度。杆长 l 与柔度成正比，杆长越小，柔度越小，临界荷载就越高。对于图 14.11a 两端铰支的杆，若在杆的中点增加一铰支座，以减小压杆的计算长度，如图 14.11b 所示，则其挠曲线将由半个正弦波（图中虚线）变为一个正弦波，临界荷载将提高为原来的 4 倍。

(3)选择合理的截面形状。当压杆两端在各弯曲平面内约束相同时，失稳总是发生在最小刚度平面内。因此当截面面积一定时，使 $I_y = I_z$，并且在可能条件下，尽可能地把材料放在离截面形心较远处，以获得较大的 I 值，从而提高压杆的临界荷载。例如，由四根角钢组成的起重臂，如图 14.12 所示。应将四根角钢分散安置在正方形截面的四角（图 14.12b），而不是集中地放置在截面形心的附近（图 14.12c）。同理，由型钢组成的大型桁架中的压杆以及建筑物中的钢结构柱，也都是将型钢分开安放，形成空心的正方形截面，如图 14.13 所示。当然，也不能无限制地增加环形截面的直径并减小其壁厚，这将有可能引起局部失稳而发生局部皱折。对于由型钢组成的组合压杆，也要用足够多和强的缀条或缀板把分开设置的型钢连接成一个整体，如图 14.12 和图 14.13 所示。否则，各型钢将变为单独的受压杆件，达不到预期的稳定性。

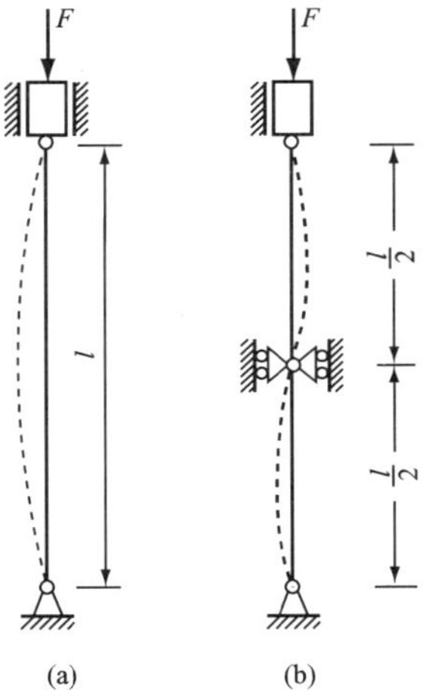

图 14.11

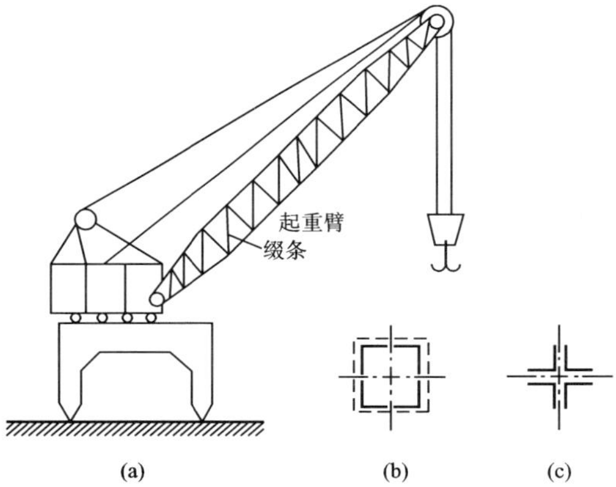

图 14.12

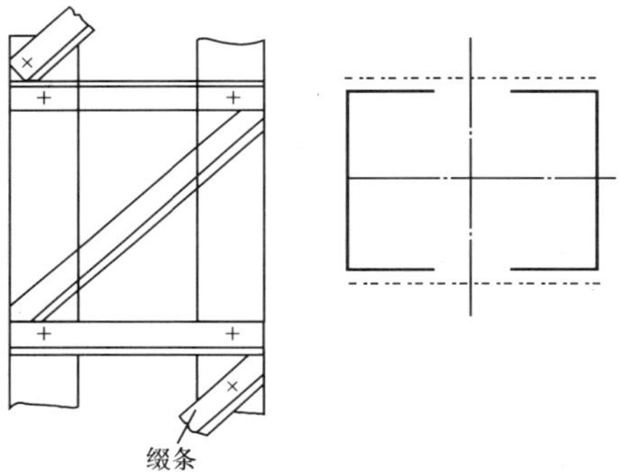

图 14.13

当压杆两端在二个正交弯曲平面内约束不同时，应使 $\lambda_y = \lambda_z$，这是压杆合理截面设计的原则。例如，例 14.6 中压缩机的连杆，应使得连杆截面在两个主惯性平面内的柔度接近相等，这样，连杆在两个主惯性平面内可以有接近相等的稳定性。

2. 合理选择材料

(1)对于细长压杆（$\lambda \geqslant \lambda_K$），临界应力 $\sigma_{cr} = \dfrac{\pi^2 E}{\lambda^2}$，可见临界应力与压杆材料的弹性模量 E 成正比，而与材料的强度指标（屈服极限和强度极限）无关。因此选择 E 数值大的材料可以提高压杆抗失稳的能力。对于 E 值大致相同的合金钢和普通碳钢，若选用合金钢作细长压杆，意义不大，只会造成材料的浪费。

(2)对于非细长压杆($\lambda<\lambda_K$),由式(14.8)和表14.2可见,临界应力与材料的强度有关,因此选用高强度钢可以提高非细长压杆的稳定性。

本章小结

1.压杆的柔度或长细比

$$\lambda=\frac{\mu l}{i}$$

2.细长压杆临界力的欧拉公式

$$F_{cr}=\frac{\pi^2 EI}{(\mu l)^2}$$

3.细长压杆的临界应力为

$$\sigma_{cr}=\frac{F_{cr}}{A}=\frac{\pi^2 E}{\lambda^2}$$

当压杆横截面上的应力达到材料的比例极限时,压杆的柔度值λ_p为

$$\lambda_p=\sqrt{\frac{\pi^2 E}{\sigma_p}}$$

当压杆的柔度$\lambda\geqslant\lambda_p$时,称为大柔度杆或细长杆。欧拉公式仅适用于大柔度压杆即细长压杆。

4.中长压杆临界应力的抛物线公式

$$\sigma_{cr}=a-b\lambda^2$$

5.稳定安全因数法

为保证压杆能安全工作,压杆的工作安全因数应大于等于规定的稳定安全因数,即压杆的稳定条件为

$$n=\frac{F_{cr}}{F}\geqslant n_{st}$$

与强度计算类似,压杆的稳定计算也包括三个方面:稳定校核;设计压杆截面;确定压杆的许可荷载。

习　　题

14.1　一长度为l的无重力刚性杆AB,杆两端由刚度系数为k_1和k_2的弹簧支承(如图)。试求杆轴向荷载F的临界值。

14.2　一刚性杆由两只刚度系数分别为k_1和k_2的水平弹簧和一只刚度系数为k_3的螺旋弹簧支承(如图)。试求系统的临界荷载F_{cr}。

14.3　两端为球形铰支的细长压杆,若其横截面分别为图示五种形状,试问压杆在丧失稳定时,将绕哪一个根轴弯曲。

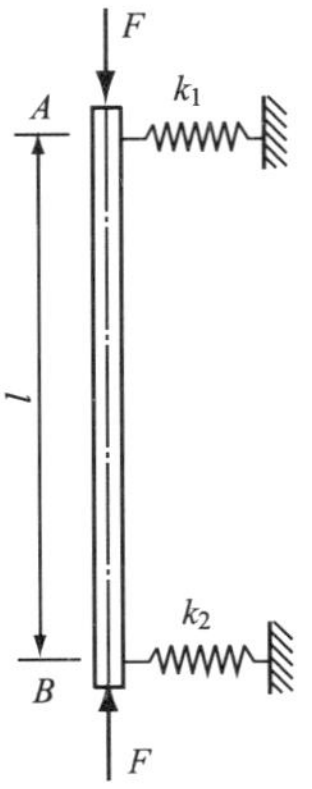

题 14.1 图

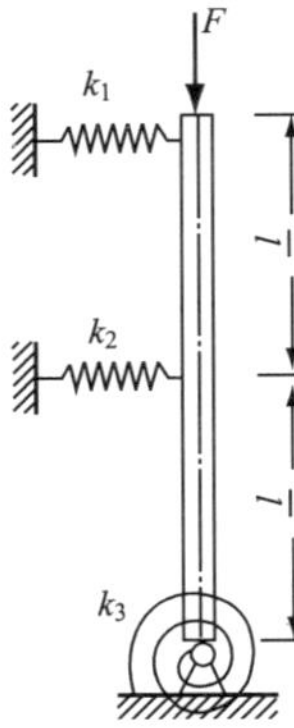

题 14.2 图

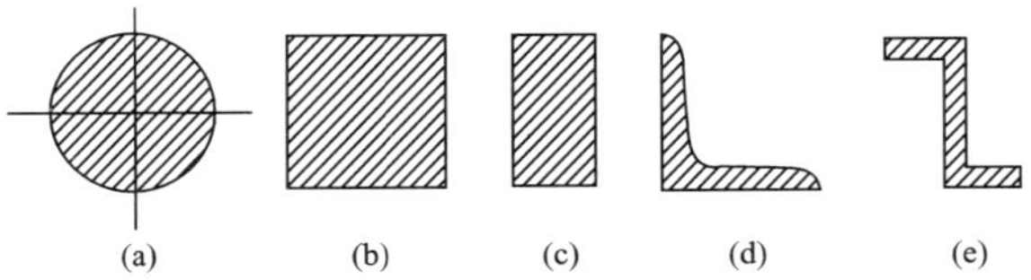

题 14.3 图

14.4 三根细长压杆如图，材料均为 Q235 钢，横截面均为圆形，且面积相同。试问哪一根杆能承受的压力最大？哪一根最小？

14.5 两材料均为铝合金的等直细长杆，铰接如图，承受集中荷载 F。已知铝合金的弹性模量 $E=70$ GPa，两杆的横截面均为 50 mm×50 mm 的正方形，试求结构在本身平面内失稳时的临界荷载。

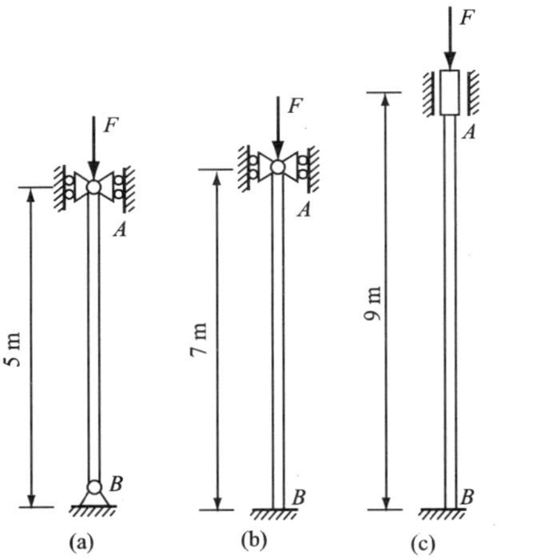

题 14.4 图

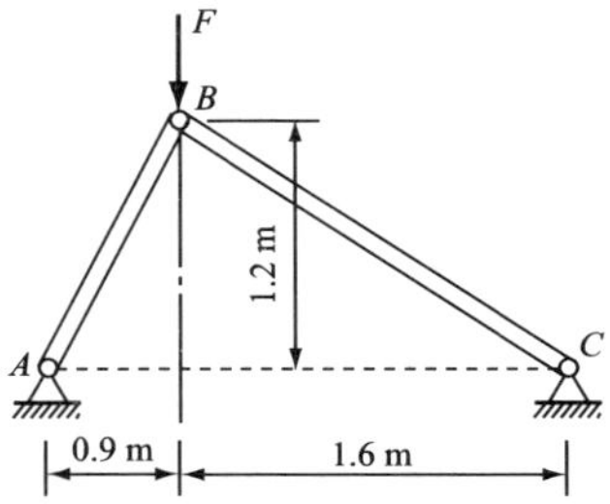

题 14.5 图

14.6 简易起重架如图，压杆 BD 为 20 号槽钢，材料为 Q235 钢，最大起重力 $F=40$ kN。若稳定安全因数 $n_{st}=5$，试校核压杆的稳定性。

14.7 图示结构中，AB 为圆杆，直径 $d=80$ mm，一端固定，一端铰支；BC 为正方形截面杆，边长 $a=70$ mm，两端均为球铰。已知两杆材料均为 Q235 钢，$l=3$ m，稳定安全因数 $n_{st}=2.5$，试求结构所能承受的最大荷载 F。

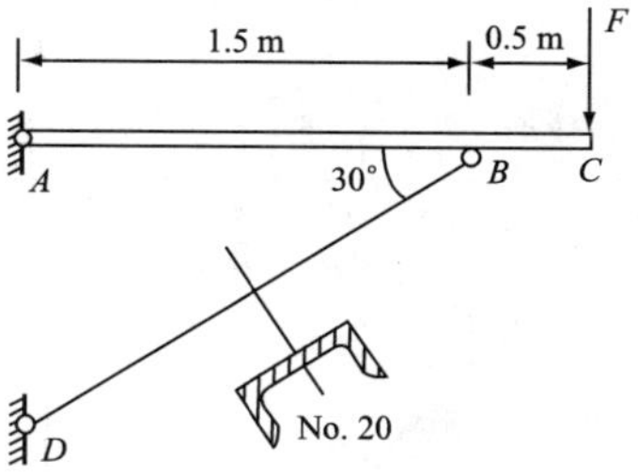

题 14.6　图

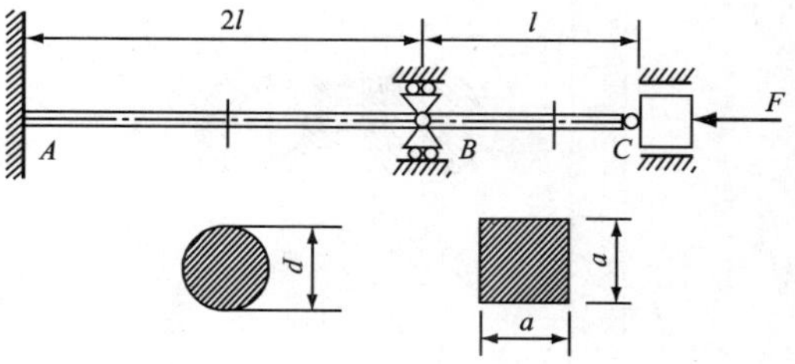

题 14.7　图

14.8　图示一刚性杆 AB，A 端铰支，C、D 处与两根抗弯刚度为 EI 的细长杆铰接，已知尺寸 h 和 l，试求该结构的临界荷载。

14.9　试求图示结构上荷载 F 的容许值。已知：该结构由 Q275 号钢制成，$E=205$ GPa，$\sigma_s=275$ MPa，$\sigma_{cr}=275-0.00872\lambda^2$，$\lambda_K=108$，安全因数 $n=2$，$n_{st}=3$。

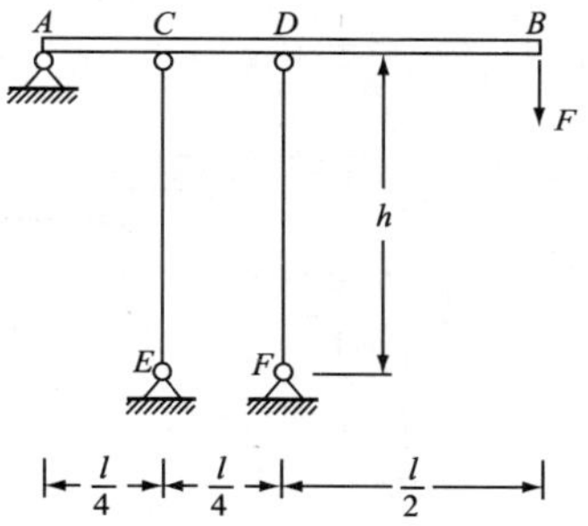

题 14.8　图

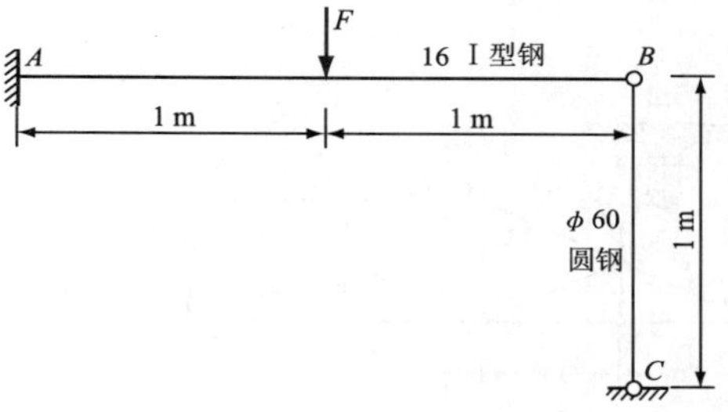

题 14.9　图

14.10　图示由两根钢质圆杆支承的水平平台。杆长度为 l，直径为 d，且两端均为刚性联结。在平台中点 C 处承受集中荷载 F，若可应用欧拉公式，试求其临界值。

14.11　两端铰支的工字钢受到轴向压力 $F=400$ kN 的作用，已知工字钢长度为 $l=3$ m，材料的许用应力为 $[\sigma]=160$ MPa，试选定工字钢的型号。

14.12　柱的两端为铰支，已知柱长为 $l=3$ m，轴向压力 $F=200$ kN，材料为铸铁，许用压应力为 $[\sigma_c]=90$ MPa，试在下列两种情况下确定柱的截面尺寸，并比较两者的重力：

(1)截面为圆形，直径为 d_1；

(2)截面为圆环形，内外直径之比为 $\alpha=\dfrac{d_2}{D_2}=0.6$。

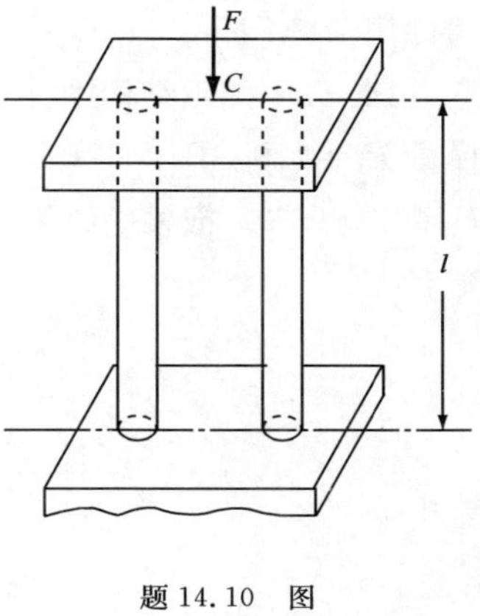

题 14.10　图

14.13　图示支架结构的水平梁 CD 上作用有均布荷载 $q=50$ kN/m，木柱 AB 的两端为铰支，许用压应力为 $[\sigma_c]=11$ MPa，试求木柱 AB 的直径 d。

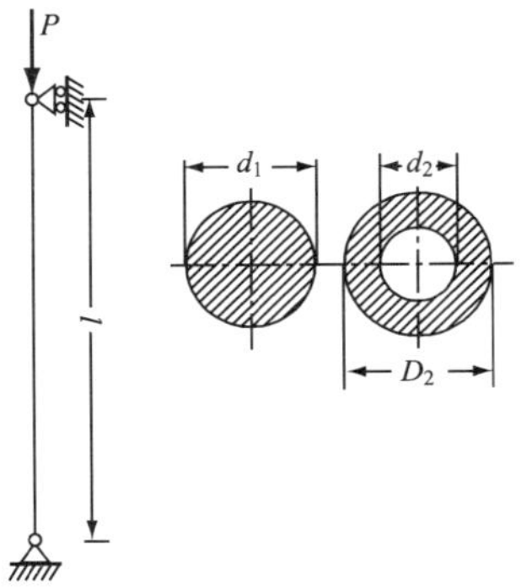

题 14.12　图

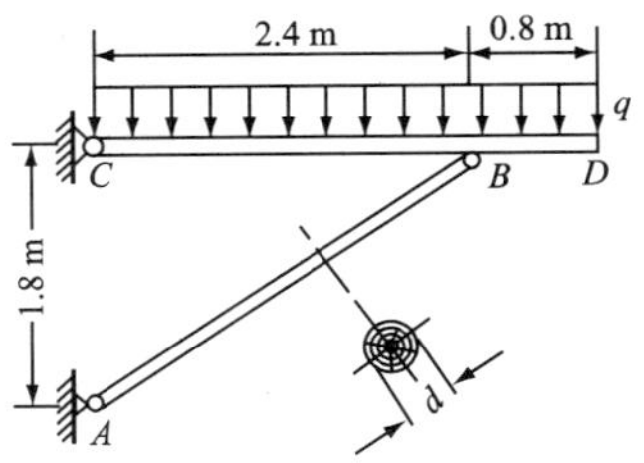

题 14.13　图

14.14　钢桁架如图所示，上部各节点处荷载均为 $F=30$ kN，杆 CD 由两个等边角钢组成，并连接为一个整体，截面上有铆钉孔，直径 $d=23$ mm，许用应力$[\sigma]=160$ MPa，试选择杆 CD 等边角钢的型号。

14.15　梁柱结构如图所示，其材料均为 Q235 钢，屈服极限为 $\sigma_s=240$ MPa，工字钢梁上均布荷载为 $q=50$ kN/m，立柱由两根 63 mm×63 mm×5 mm 的等边角钢连接为一整体，试确定梁及柱的工作安全因数。

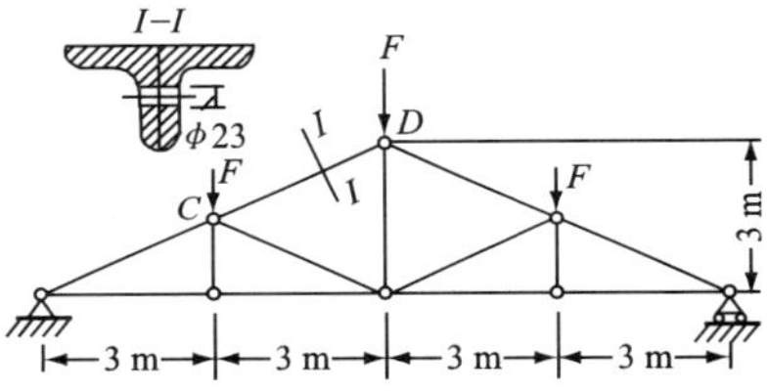

题 14.14　图

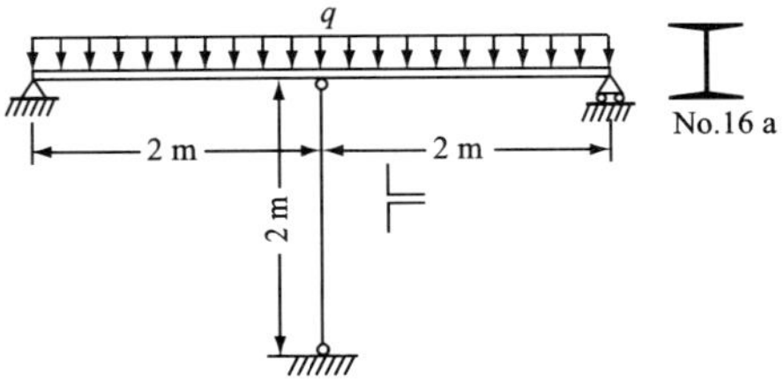

题 14.15　图

14.16　图示正方形结构由六根圆截面钢杆铰接而成，E 处两杆相互间无约束，每根杆的直径均为 $d=40$ mm，尺寸 $a=1$ m，材料为 Q235 钢，许用应力为$[\sigma]=160$ MPa，试求该结构的许用荷载$[F]$。

14.17　图示结构中杆 CF 为铸铁圆杆，直径 $d_1=100$ mm，许用压应力$[\sigma_c]=120$ MPa，弹性模量 $E_1=120$ GPa；杆 BE 为 Q235 钢圆杆，直径 $d_2=50$ mm，许用应力$[\sigma]=160$ MPa，弹性模量 $E_2=200$ GPa。横梁 $ABCD$ 变形很小，可视为刚体，试求该结构的许用荷载$[F]$。

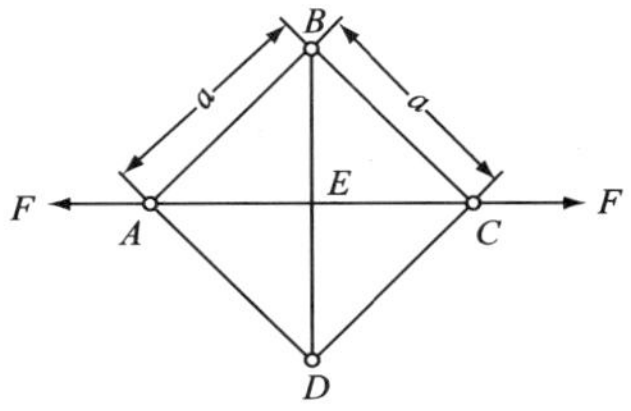

题 14.16　图

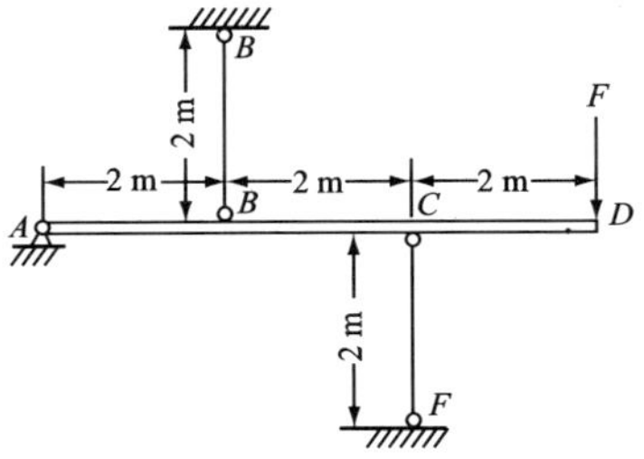

题 14.17　图

14.18　图示平面结构为三杆铰接而成，其中三杆均为 16Mn 钢圆杆，直径均为 d，弹性模量为 E，尺寸 $l=26d$。对于细长压杆，可认为压杆的轴向压力达到临界值后，其承载能力在小变形情况下不能再提高。假设结构在自身平面内失稳，试求结构的临界荷载。

14.19 图示结构中杆 AD 为铸铁圆杆，直径 $d_1=60$ mm，许用压应力 $[\sigma_c]=120$ MPa；杆 BC 为 Q235 钢圆杆，直径 $d_2=10$ mm，许用应力 $[\sigma]=160$ MPa，弹性模量 $E_2=200$ GPa。横梁为 No. 18工字钢，许用应力 $[\sigma]=160$ MPa，试求该结构的许用分布荷载 $[q]$。

14.20 图示结构中圆杆 AB 的直径 $d=160$ mm，杆 AC 和 CD 的截面均为 40 mm×60 mm矩形，材料均为木材，许用应力 $[\sigma]=10$ MPa，试求该结构的许用荷载 $[F]$。

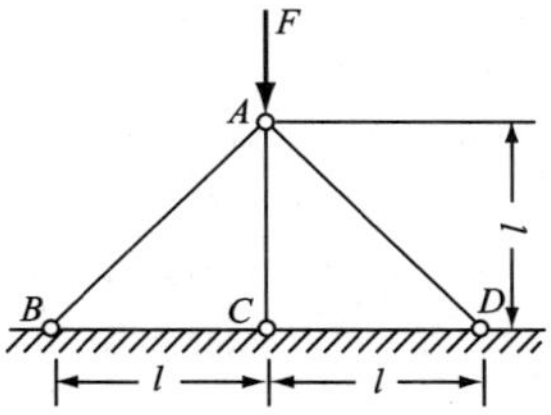

题 14.18 图

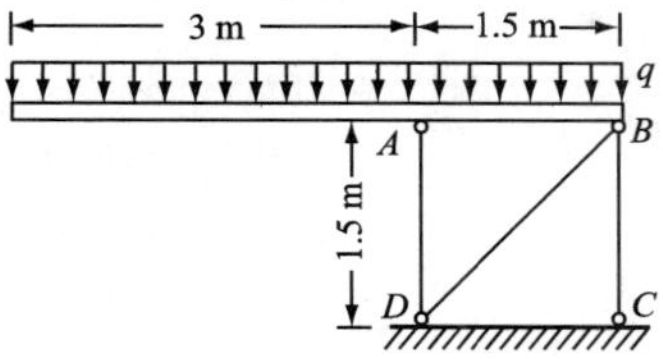

题 14.19 图

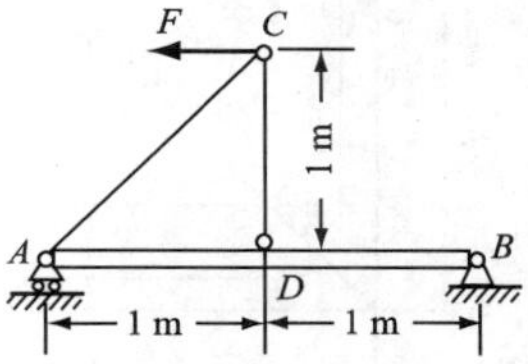

题 14.20 图

附录 型钢表

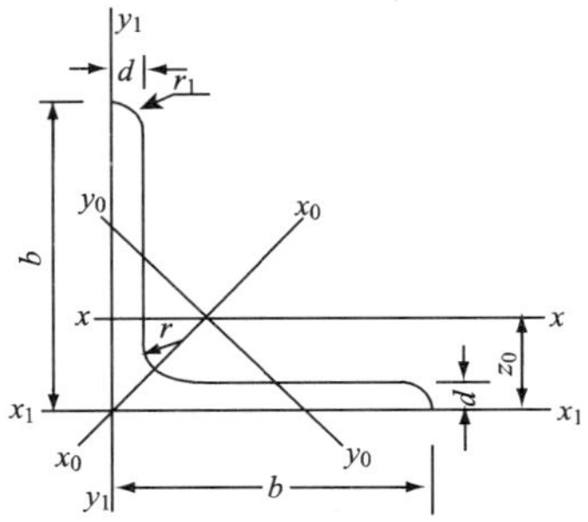

表1 热轧等边角钢(GB 9787—88)

符号意义:b——边宽度; I——惯性矩;
d——边厚度; i——惯性半径;
r——内圆弧半径; W——截面系数;
r_1——边端内圆弧半径; z_0——重心距离。

角钢号数	尺寸 mm			截面面积 cm^2	理论重量 kg/m	外表面积 m^2/m	参考数值										z_0 cm
							$x-x$			x_0-x_0			y_0-y_0			x_1-x_1	
	b	d	r				I_x cm^4	i_x cm	W_x cm^3	I_{x0} cm^4	i_{x0} cm	W_{x0} cm^3	I_{y0} cm^3	i_{y0} cm	W_{y0} cm^3	I_{x1} cm^4	
2	20	3	3.5	1.132	0.889	0.078	0.40	0.59	0.29	0.63	0.75	0.45	0.17	0.39	0.20	0.81	0.60
		4		1.459	1.145	0.077	0.50	0.58	0.36	0.78	0.73	0.55	0.22	0.38	0.24	1.09	0.64
2.5	25	3		1.432	1.124	0.098	0.82	0.76	0.46	1.29	0.95	0.73	0.34	0.49	0.33	1.57	0.73
		4		1.859	1.459	0.097	1.03	0.74	0.59	1.62	0.93	0.92	0.43	0.48	0.40	2.11	0.76
3.0	30	3	4.5	1.749	1.373	0.117	1.46	0.91	0.68	2.31	1.15	1.09	0.61	0.59	0.51	2.71	0.85
		4		2.276	1.786	0.117	1.84	0.90	0.87	2.92	1.13	1.37	0.77	0.58	0.62	3.63	0.89
3.6	36	3		2.109	1.656	0.141	2.58	1.11	0.99	4.09	1.39	1.61	1.07	0.71	0.76	4.68	1.00
		4		2.753	2.163	0.141	3.29	1.09	1.28	5.22	1.38	2.05	1.37	0.70	0.93	6.25	1.04
		5		3.382	2.654	0.141	3.95	1.08	1.56	6.24	1.36	2.45	1.65	0.70	1.09	7.84	1.07
4.0	4	3	5	2.359	1.852	0.157	3.59	1.23	1.23	5.69	1.55	2.01	1.49	0.79	0.96	6.41	1.09
		4		3.086	2.422	0.157	4.60	1.22	1.60	7.29	1.54	2.58	1.91	0.79	1.19	8.56	1.13
		5		3.791	2.976	0.156	5.53	1.21	1.96	8.76	1.52	3.10	2.30	0.78	1.39	10.74	1.17
4.5	45	3		2.59	2.088	0.177	5.17	1.40	1.58	8.20	1.76	2.58	2.14	0.89	1.24	9.12	1.22
		4		3.486	2.736	0.177	6.65	1.38	2.05	10.56	1.74	3.32	2.75	0.89	1.54	12.18	1.26
		5		4.292	3.369	0.176	8.04	1.37	2.51	12.74	1.72	4.00	3.33	0.88	1.81	15.25	1.30
		6		5.076	3.985	0.176	9.33	1.36	2.95	14.76	1.70	4.64	3.89	0.88	2.06	18.36	1.33
5	50	3	5.5	2.971	2.332	0.197	7.18	1.55	1.96	11.37	1.96	3.22	2.98	1.00	1.57	12.50	1.34
		4		3.897	3.059	0.197	9.26	1.54	2.56	14.70	1.94	4.16	3.82	0.99	1.96	16.69	1.38
		5		4.803	3.770	0.196	11.21	1.53	3.13	17.79	1.92	5.03	4.64	0.98	2.31	20.90	1.42
		6		5.688	4.465	0.196	13.05	1.52	3.68	20.68	1.91	5.85	5.42	0.98	2.63	25.14	1.46
5.6	56	3		3.343	2.624	0.221	10.19	1.75	2.48	16.14	2.20	4.08	4.24	1.13	2.02	17.56	1.48
		4		4.390	3.446	0.220	13.18	1.73	3.24	20.92	2.18	5.28	5.46	1.11	2.52	23.43	1.53
		5		5.415	4.251	0.220	16.02	1.72	3.97	25.42	2.17	6.42	6.61	1.10	2.98	29.33	1.57
		6		8.367	6.568	0.219	23.63	1.68	6.03	37.37	2.11	9.44	9.89	1.09	4.16	47.24	1.68

续上表

角钢号数	尺寸 mm			截面面积 cm^2	理论重量 kg/m	外表面积 m^2/m	参考数值										z_0 cm
							$x-x$			x_0-x_0			y_0-y_0			x_1-x_1	
	b	d	r				I_x cm^4	i_x cm	W_x cm^3	I_{x0} cm^4	i_{x0} cm	W_{x0} cm^3	I_{y0} cm^3	i_{y0} cm	W_{y0} cm^3	I_{x1} cm^4	
6.3	63	4	7	4.978	3.907	0.248	19.03	1.96	4.13	30.17	2.46	6.78	7.89	1.26	3.29	33.35	1.70
		5		6.143	4.822	0.248	23.17	1.94	5.08	36.77	2.45	8.25	9.57	1.25	3.90	41.73	1.74
		6		7.288	5.721	0.247	27.12	1.93	6.00	43.03	2.43	9.66	11.20	1.24	4.46	50.14	1.78
		8		9.515	7.469	0.247	34.46	1.90	7.75	54.56	2.40	12.25	14.33	1.23	5.47	67.11	1.85
		10		11.657	9.151	0.246	41.09	1.88	9.39	64.85	2.36	14.56	17.33	1.22	6.36	84.31	1.93
7	70	4	8	5.570	4.372	0.275	26.39	2.18	5.14	41.80	2.74	8.44	10.99	1.40	4.17	45.74	1.86
		5		6.875	5.397	0.275	32.21	2.16	6.32	51.08	2.73	10.32	13.34	1.39	4.95	57.21	1.91
		6		8.160	6.406	0.275	37.77	2.15	7.48	59.93	2.71	12.11	15.61	1.38	5.67	68.73	1.95
		7		9.424	7.398	0.275	43.09	2.14	8.59	68.35	2.69	13.81	17.82	1.38	6.34	80.29	1.99
		8		10.667	8.373	0.274	48.17	2.12	9.68	76.37	2.68	15.43	19.98	1.37	6.98	91.92	2.03
7.5	75	5	9	7.412	5.818	0.295	39.97	2.33	7.32	63.30	2.92	11.94	16.63	1.50	5.77	70.56	2.04
		6		8.797	6.905	0.294	46.95	2.31	8.64	74.38	2.90	14.02	19.51	1.49	6.67	84.55	2.07
		7		10.160	7.976	0.294	53.57	2.30	9.93	84.96	2.89	16.02	22.18	1.48	7.44	98.71	2.11
		8		11.503	9.030	0.294	59.96	2.28	11.20	95.07	2.88	17.93	24.86	1.47	8.19	112.97	2.15
		10		14.126	11.089	0.293	71.98	2.26	13.64	113.92	2.84	21.48	30.05	1.46	9.56	141.71	2.22
8	89	5	9	7.912	6.211	0.315	48.79	2.48	8.34	77.33	3.13	13.67	20.25	1.60	6.66	85.36	2.15
		6		9.397	7.376	0.314	57.35	2.47	9.87	90.98	3.11	16.08	23.72	1.59	7.65	102.50	2.19
		7		10.860	8.525	0.314	65.58	2.46	11.37	104.07	3.10	18.40	27.09	1.58	8.58	119.70	2.23
		8		12.303	9.658	0.314	73.49	2.44	12.83	116.60	3.08	20.61	30.39	1.57	9.46	136.97	2.27
		10		15.126	11.874	0.313	88.43	2.42	15.64	140.09	3.04	24.76	36.77	1.56	11.08	171.74	2.35
9	90	6	10	10.637	8.350	0.354	82.77	2.79	12.61	131.26	3.51	20.63	34.28	1.80	9.95	145.87	2.44
		7		12.301	9.656	0.354	94.83	2.78	14.54	150.47	3.50	23.64	39.18	1.78	11.19	170.30	2.48
		8		13.944	10.946	0.353	106.47	2.76	16.42	168.97	3.48	26.55	43.97	1.78	12.35	194.80	2.52
		10		17.167	13.476	0.353	128.58	2.74	20.07	203.90	3.45	32.04	53.26	1.76	14.52	244.07	2.59
		12		20.306	15.940	0.352	149.22	2.71	23.57	236.21	3.41	37.12	62.22	1.75	16.49	293.76	2.67
10	100	6	12	11.932	9.366	0.393	114.95	3.10	15.68	181.98	3.90	25.74	47.92	2.00	12.69	200.07	2.67
		7		13.796	10.830	0.393	131.86	3.09	18.10	208.97	3.89	29.55	54.74	1.99	14.26	233.54	2.71
		8		15.638	12.276	0.393	148.24	3.08	20.47	235.07	3.88	33.24	61.41	1.98	15.75	267.09	2.76
		10		19.261	15.120	0.392	179.51	3.05	25.06	284.68	3.84	40.26	74.35	1.96	18.54	334.48	2.84
		12		22.800	17.898	0.391	208.90	3.03	29.48	330.95	3.81	46.80	86.84	1.95	21.08	402.34	2.91
		14		26.256	20.611	0.391	236.53	3.00	33.73	374.06	3.77	52.90	99.00	1.94	23.44	470.75	2.99
		16		29.627	23.257	0.390	262.53	2.98	37.82	414.16	3.74	58.57	110.89	1.94	25.63	539.80	3.06

续上表

角钢号数	尺寸 mm			截面面积 cm^2	理论重量 kg/m	外表面积 m^2/m	参考数值										z_0 cm
							$x-x$			x_0-x_0			y_0-y_0			x_1-x_1	
	b	d	r				I_x cm^4	i_x cm	W_x cm^3	I_{x0} cm^4	i_{x0} cm	W_{x0} cm^3	I_{y0} cm^3	i_{y0} cm	W_{y0} cm^3	I_{x1} cm^4	
11	110	7	12	15.196	11.928	0.433	177.16	3.41	22.05	280.94	4.30	36.12	73.38	2.20	17.51	310.64	2.96
		8		17.238	13.532	0.433	199.46	3.40	24.95	316.49	4.28	40.69	82.42	2.19	19.39	355.20	3.01
		10		21.261	16.690	0.432	242.19	3.38	30.60	384.39	4.25	49.42	99.98	2.17	22.91	444.65	3.09
		12		25.200	19.782	0.431	282.55	3.35	36.05	448.17	4.22	57.62	116.93	2.15	26.15	534.60	3.16
		14		29.056	22.809	0.431	320.71	3.32	41.31	508.01	4.18	65.31	133.40	2.14	29.14	625.16	3.24
12.5	125	8	14	19.750	15.504	0.492	297.03	3.88	32.52	470.89	4.88	53.28	123.16	2.50	25.86	521.01	3.37
		10		24.373	19.133	0.491	361.67	3.85	39.97	573.89	4.85	64.93	149.46	2.48	30.62	651.93	3.45
		12		28.912	22.696	0.491	423.16	3.83	41.17	671.44	4.82	75.96	174.88	2.46	35.03	783.42	3.53
		14		33.367	26.193	0.490	481.65	3.80	54.16	763.73	4.78	86.41	199.57	2.45	39.13	915.61	3.61
14	140	10		27.373	21.488	0.551	514.65	4.34	50.58	817.27	5.46	82.56	212.04	2.78	39.20	915.11	3.82
		12		32.512	25.522	0.551	603.68	4.31	59.80	958.79	5.43	96.85	248.57	2.76	45.02	1 099.25	3.90
		14		37.567	29.490	0.550	688.81	4.28	68.75	1 093.56	5.40	110.47	284.06	2.75	50.45	1 284.22	3.98
		16		42.539	33.393	0.549	770.24	4.26	77.46	1 221.81	5.36	123.42	318.67	2.74	55.55	1 470.07	4.06
16	160	10	16	31.502	24.729	0.630	779.53	4.98	66.70	1237.30	6.27	109.36	321.76	3.20	52.76	1365.33	4.31
		12		37.441	29.391	0.630	916.58	4.95	78.98	1 455.68	6.24	128.67	377.49	3.18	60.74	1 639.57	4.39
		14		43.293	33.987	0.629	1 048.36	4.92	90.05	1 665.02	6.20	147.17	431.70	3.16	68.24	1 914.68	4.47
		16		49.067	38.518	0.629	1 175.08	4.89	102.63	1 865.57	6.17	164.89	484.59	3.14	75.31	2 190.82	4.55
18	180	12		42.241	33.159	0.710	1 321.35	5.59	100.82	2 100.10	7.05	165.00	542.61	3.58	78.41	2 332.80	4.89
		14		48.896	38.383	0.709	1 514.48	5.56	116.25	2 407.42	7.02	189.14	621.53	3.56	88.38	2 723.48	4.97
		16		55.467	43.542	0.709	1 700.99	5.54	131.13	2 703.37	6.98	212.40	698.60	3.55	97.83	3 115.29	5.05
		18		61.955	48.634	0.708	1 875.12	5.50	145.64	2 988.24	6.94	234.78	762.01	3.51	105.14	3 502.43	5.13
20	200	14	18	54.642	42.894	0.788	2 103.55	6.20	144.70	3 343.26	7.82	236.40	863.83	3.98	111.82	3 734.10	5.46
		16		62.013	48.680	0.788	2 366.15	6.18	163.65	3 760.89	7.79	265.93	971.41	3.96	123.96	4 270.39	5.54
		18		69.301	54.401	0.787	2 620.64	6.15	182.22	4 164.54	7.75	294.48	1 076.74	3.94	135.52	4808.13	5.62
		20		76.505	60.056	0.787	2 867.30	6.12	200.42	4 554.55	7.72	322.06	1 180.04	3.93	146.55	5 347.51	5.69
		24		90.661	71.168	0.785	3 338.25	6.07	236.17	5 294.97	7.64	374.41	1 381.53	3.90	166.65	6 457.16	5.87

注：截面图中的 $r_1=1/3d$ 及表中 r 值的数据用于孔型设计，不做交货条件。

表 2　热轧不等边角钢(GB9788—88)

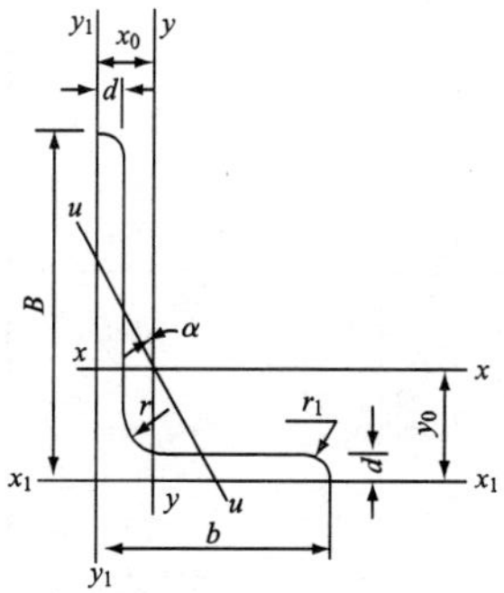

符号意义：

B——长边宽度；　b——短边宽度；
d——边厚度；　r——内圆弧半径；
r_1——边端内圆弧半径；　I——惯性矩；
i——惯性半径；　W——截面系数；
x_0——重心距离；　y_0——重心距离。

角钢号数	尺寸 mm				截面面积 cm^2	理论重量 kg/m	外表面积 m^2/m	参考数值													
								x—x			y—y			x_1-x_1		y_1-y_1		u—u			
	B	b	d	r				I_x cm^4	i_x cm	W_x cm^3	I_y cm^4	i_y cm	W_y cm^3	I_{x1} cm^4	y_0 cm	I_{y1} cm^4	x_0 cm	I_u cm^4	i_u cm	W_u cm^3	$tan\alpha$
2.5/1.6	25	16	3	3.5	1.162	0.912	0.080	0.70	0.78	0.43	0.22	0.44	0.19	1.56	0.86	0.43	0.42	0.14	0.34	0.16	0.392
			4		1.499	1.176	0.079	0.88	0.77	0.55	0.27	0.43	0.24	2.09	0.90	0.59	0.46	0.17	0.34	0.20	0.381
3.2/2	32	20	3		1.492	1.171	0.102	1.53	1.01	0.72	0.46	0.55	0.30	3.27	1.08	0.82	0.49	0.28	0.43	0.25	0.382
			4		1.939	1.522	0.101	1.93	1.00	0.93	0.57	0.54	0.39	4.37	1.12	1.12	0.53	0.35	0.42	0.32	0.374
4/2.5	40	25	3	4	1.890	1.484	0.127	3.08	1.28	1.15	0.93	0.70	0.49	5.39	1.32	1.59	0.59	0.56	0.54	0.40	0.385
			4		2.467	1.936	0.127	3.93	1.26	1.49	1.18	0.69	0.63	8.53	1.37	2.14	0.63	0.71	0.54	0.52	0.381
4.5/2.8	45	28	3	5	2.149	1.687	0.143	4.45	1.44	1.47	1.34	0.79	0.62	9.10	1.47	2.23	0.64	0.80	0.61	0.51	0.383
			4		2.806	2.203	0.143	5.69	1.42	1.91	1.70	0.78	0.80	12.13	1.51	3.00	0.68	1.02	0.60	0.66	0.380
5/3.2	50	32	3	5.5	2.431	1.908	0.161	6.24	1.60	1.84	2.02	0.91	0.82	12.49	1.60	3.31	0.73	1.20	0.70	0.68	0.404
			4		3.177	2.494	0.160	8.02	1.59	2.39	2.58	0.90	1.06	16.65	1.65	4.45	0.77	1.53	0.69	0.87	0.402
5.6/3.6	56	36	3	6	2.743	2.153	0.181	8.88	1.80	2.32	2.92	1.03	1.05	17.54	1.78	4.70	0.80	1.73	0.79	0.87	0.408
			4		3.590	2.818	0.180	11.45	1.79	3.03	3.76	1.02	1.37	23.39	1.82	6.33	0.85	2.23	0.79	1.13	0.408
			5		4.415	3.466	0.180	13.86	1.77	3.71	4.49	1.01	1.65	29.25	1.87	7.94	0.88	2.67	0.78	1.36	0.404

续上表

角钢号数	尺寸 mm				截面面积	理论重量	外表面积	参考数值													
								$x-x$			$y-y$			x_1-x_1		y_1-y_1		$u-u$			
	B	b	d	r	cm^2	kg/m	m^2/m	I_x cm^4	i_x cm	W_x cm^3	I_y cm^4	i_y cm	W_y cm^3	I_{x1} cm^4	y_0 cm	I_{y1} cm^4	x_0 cm	I_u cm^4	i_u cm	W_u cm^3	$\tan\alpha$
6.3/4	63	40	4	7	4.058	3.185	0.202	16.49	2.02	3.87	5.23	1.14	1.70	33.30	2.04	8.63	0.92	3.12	0.88	1.40	0.398
			5		4.993	3.920	0.202	20.02	2.00	4.74	6.31	1.12	2.71	41.63	2.08	10.86	0.95	3.76	0.87	1.71	0.396
			6		5.908	4.638	0.201	23.36	1.96	5.59	7.29	1.11	2.43	49.98	2.12	13.12	0.99	4.34	0.86	1.99	0.393
			7		6.802	5.339	0.201	26.53	1.98	6.40	8.24	1.10	2.78	58.07	2.15	15.47	1.03	4.97	0.86	2.29	0.389
7/4.5	70	45	4	7.5	4.547	3.570	0.226	23.17	2.26	4.86	7.55	1.29	2.17	45.92	2.24	12.26	1.02	4.40	0.98	1.77	0.410
			5		5.609	4.403	0.225	27.95	2.23	5.92	9.13	1.28	2.65	57.10	2.28	15.39	1.06	5.40	0.98	2.19	0.407
			6		6.647	5.218	0.225	32.54	2.21	6.95	10.62	1.26	3.12	68.35	2.32	18.58	1.09	6.35	0.98	2.59	0.404
			7		7.657	6.011	0.225	37.22	2.20	8.03	12.01	1.25	3.57	79.99	2.36	21.84	1.13	7.16	0.97	2.94	0.402
7.5/5	75	50	5	8	6.125	4.808	0.245	34.86	2.39	6.83	12.61	1.44	3.30	70.00	2.40	21.04	1.17	7.41	1.10	2.74	0.435
			6		7.260	5.699	0.245	41.12	2.38	8.12	14.70	1.42	3.88	84.30	2.44	25.37	1.21	8.54	1.08	3.19	0.435
			8		9.467	7.431	0.244	52.39	2.35	10.52	18.53	1.40	4.99	112.50	2.52	34.23	1.29	10.87	1.07	4.10	0.429
			10		11.590	9.098	0.244	62.71	2.33	12.79	21.96	1.38	6.04	140.80	2.60	43.43	1.36	13.10	1.06	4.99	0.423
8/5	80	50	5	8	6.375	5.005	0.255	41.96	2.56	7.78	12.82	1.42	3.32	85.21	2.60	21.06	1.14	7.66	1.10	2.74	0.388
			6		7.560	5.935	0.255	49.49	2.56	9.25	14.95	1.41	3.91	102.53	2.65	25.41	1.18	8.85	1.08	3.20	0.387
			7		8.724	6.848	0.255	56.16	2.54	10.58	16.96	1.39	4.48	119.33	2.69	29.82	1.21	10.18	1.08	3.70	0.384
			8		9.867	7.745	0.254	62.83	2.52	11.92	18.85	1.38	5.03	136.41	2.73	34.32	1.25	11.38	1.07	4.16	0.381
9/5.6	90	56	5	9	7.212	5.661	0.287	60.45	2.90	9.92	18.32	1.59	4.21	121.32	2.91	29.53	1.25	10.98	1.23	3.49	0.385
			6		8.557	6.717	0.286	71.03	2.88	11.74	21.42	1.58	4.96	145.59	2.95	35.58	1.29	12.90	1.23	4.13	0.384
			7		9.880	7.756	0.286	81.01	2.86	13.49	24.36	1.57	5.70	169.60	3.00	41.71	1.33	14.67	1.22	4.72	0.382
			8		11.183	8.779	0.286	91.03	2.85	15.27	27.15	1.56	6.41	194.17	3.04	47.93	1.36	16.34	1.21	5.29	0.380

续上表

角钢号数	尺寸 mm				截面面积 cm^2	理论重量 kg/m	外表面积 m^2/m	参考数值													
								$x-x$			$y-y$			x_1-x_1		y_1-y_1		$u-u$			
	B	b	d	r				I_x cm^4	i_x cm	W_x cm^3	I_y cm^4	i_y cm	W_y cm^3	I_{x1} cm^4	y_0 cm	I_{y1} cm^4	x_0 cm	I_u cm^4	i_u cm	W_u cm^3	$\tan\alpha$
10/6.3	100	63	6	10	9.617	7.550	0.320	99.06	3.21	14.64	30.94	1.79	6.35	199.71	3.24	50.50	1.43	18.42	1.38	5.25	0.394
			7		11.111	8.722	0.320	113.45	3.20	16.88	35.26	1.78	7.29	233.00	3.28	59.14	1.47	21.00	1.38	6.20	0.394
			8		12.584	9.878	0.319	127.37	3.18	19.08	39.39	1.77	8.21	266.32	3.32	67.88	1.50	23.50	1.37	6.78	0.391
			10		15.467	12.142	0.319	153.81	3.15	23.32	47.12	1.74	9.98	333.06	3.40	85.73	1.58	28.33	1.35	8.24	0.387
10/8	100	80	6	10	10.637	8.350	0.354	107.04	3.17	15.19	61.24	2.40	10.16	199.83	2.95	102.68	1.97	31.65	1.72	8.37	0.627
			7		12.301	9.656	0.354	122.73	3.16	17.52	70.08	2.39	11.71	233.20	3.00	119.98	2.01	36.17	1.72	9.60	0.626
			8		13.944	10.946	0.353	137.92	3.14	19.81	78.58	2.37	13.21	266.61	3.04	137.37	2.05	40.58	1.71	10.80	0.625
			10		17.167	13.476	0.353	166.87	3.12	24.24	94.65	2.35	16.12	333.63	3.12	172.48	2.13	49.10	1.69	13.12	0.622
11/7	110	70	6		10.637	8.350	0.354	133.37	3.54	17.85	42.92	2.01	7.90	265.78	3.53	69.08	1.57	25.36	1.54	6.53	0.403
			7		12.301	9.656	0.354	153.00	3.53	20.60	49.01	2.00	9.09	310.07	3.57	80.82	1.61	28.95	1.53	7.50	0.402
			8		13.944	10.946	0.353	172.04	3.51	23.30	54.87	1.98	10.25	354.39	3.62	92.70	1.65	32.45	1.53	8.45	0.401
			10		17.167	13.467	0.353	208.39	3.48	28.54	65.88	1.96	12.48	443.13	3.07	116.83	1.72	39.20	1.51	10.29	0.397
12.5/8	125	80	7	11	14.096	11.066	0.403	227.98	4.02	26.86	74.42	2.30	12.01	454.99	4.01	120.32	1.80	43.81	1.76	9.92	0.408
			8		15.989	12.551	0.403	256.77	4.01	30.41	83.49	2.28	13.56	519.99	4.06	137.85	1.84	49.15	1.75	11.18	0.407
			10		19.712	15.474	0.402	312.04	3.98	37.33	100.67	2.26	16.56	650.09	4.14	173.40	1.92	59.45	1.74	13.64	0.404
			12		23.351	18.330	0.402	364.41	3.95	44.01	116.67	2.24	19.43	780.30	4.22	209.67	2.00	69.35	1.72	16.01	0.400
14/9	140	90	8	12	18.038	14.160	0.453	365.64	4.50	38.48	120.69	2.59	17.34	730.53	4.50	195.79	2.04	70.83	1.98	14.31	0.411
			10		22.261	17.475	0.452	445.50	4.47	47.31	140.03	2.56	21.22	931.20	4.58	245.92	2.12	85.82	1.96	17.48	0.409
			12		26.400	20.724	0.451	521.59	4.44	55.87	169.79	2.54	24.95	1 096.09	4.66	296.89	2.19	100.21	1.95	20.54	0.406
			14		30.456	23.908	0.451	594.10	4.42	64.18	192.10	2.51	28.54	1 279.26	4.74	348.82	2.27	114.13	1.94	23.52	0.403

续上表

角钢号数	尺寸 mm				截面面积	理论重量	外表面积	参考数值															
								x—x			y—y			x_1-x_1		y_1-y_1		u—u			
	B	b	d	r	cm^2	kg/m	m^2/m	I_x cm^4	i_x cm	W_x cm^3	I_y cm^4	i_y cm	W_y cm^3	I_{x1} cm^4	y_0 cm	I_{y1} cm^4	x_0 cm	I_u cm^4	i_u cm	W_u cm^3	tanα
16/10	160	100	10	13	25.315	19.872	0.512	668.69	5.14	62.13	205.03	2.85	26.56	1 362.89	5.24	336.59	2.28	121.74	2.19	21.92	0.390
			12		30.054	23.592	0.511	784.91	5.11	73.49	239.06	2.82	31.28	1 635.56	5.32	405.94	2.36	142.33	2.17	25.79	0.388
			14		34.709	27.247	0.510	896.30	5.08	84.56	271.20	2.80	35.83	1 908.50	5.40	476.42	2.43	162.23	2.16	29.56	0.385
			16		39.281	30.835	0.510	1 003.04	5.05	95.33	301.60	2.77	40.24	2 181.79	5.48	548.22	2.51	182.57	2.16	33.44	0.382
18/11	180	110	10	14	28.373	22.273	0.571	956.25	5.80	78.96	278.11	3.13	32.49	1 940.40	5.89	447.22	2.44	166.50	2.42	26.88	0.376
			12		33.712	26.464	0.571	1 124.72	5.78	93.53	325.03	3.10	38.32	2 328.38	5.98	538.94	2.52	194.87	2.40	31.66	0.374
			14		38.967	30.589	0.570	1 286.91	5.75	107.76	369.55	3.08	43.97	2 716.60	6.06	631.95	2.59	222.30	2.39	36.32	0.372
			16		44.139	34.649	0.569	1 443.06	5.72	121.64	411.85	3.06	49.44	3105.15	6.14	726.46	2.67	248.94	2.38	40.87	0.369
20/12.5	200	125	12		37.912	29.761	0.641	1 570.90	6.44	116.73	483.16	3.57	49.99	3 193.85	6.54	787.74	2.83	285.79	2.74	41.23	0.392
			14		43.867	34.436	0.640	1 800.97	6.41	134.65	550.83	3.54	57.44	3 726.17	6.62	922.47	2.91	326.58	2.72	47.34	0.390
			16		49.739	39.045	0.639	2 023.35	6.38	152.18	615.44	3.52	64.69	4 258.86	6.70	1 058.86	2.99	366.21	2.71	53.32	0.388
			18		55.526	43.588	0.639	2 238.30	6.35	169.33	677.19	3.49	71.74	4 792.00	6.78	1 197.13	3.06	404.83	2.70	59.18	0.385

注：1. 括号内型号不推荐使用。

2. 截面图中的 $r_1=1/3d$ 及表中 r 的数据用于孔型设计，不做交货条件。

表 3　热轧槽钢(GB 707—88)

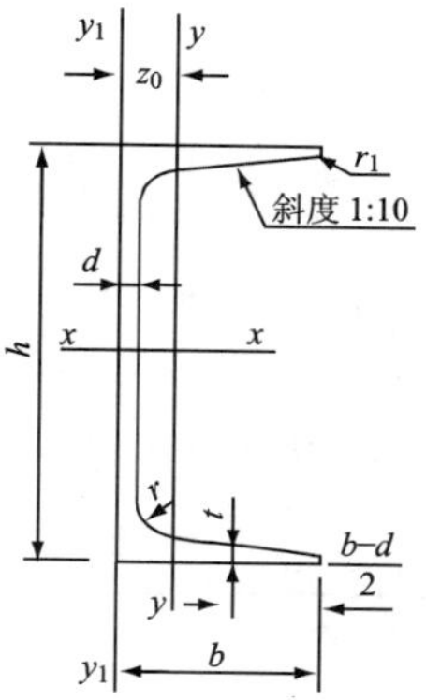

符号意义：

h——高度；
b——腿宽度；
d——腰厚度；
t——平均腿厚度；
r——内圆弧半径；
r_1——腿端圆弧半径；
I——惯性矩；
W——截面系数；
i——惯性半径；
z_0——$y-y$ 轴与 y_1-y_1 轴间距。

型号	尺寸 mm						截面面积 cm^2	理论重量 kg/m	参考数值							
									$x-x$			$y-y$			y_1-y_1	z_0 cm
	h	b	d	t	r	r_1			W_x cm^3	I_x cm^4	i_x cm	W_y cm^3	I_y cm^4	i_y cm	I_{y1} cm^4	
5	50	37	4.5	7	7.0	3.5	6.928	5.438	10.4	26.0	1.94	3.55	8.30	1.10	20.9	1.35
6.3	63	40	4.8	7.5	7.5	3.8	8.451	6.634	16.1	50.8	2.45	4.50	11.9	1.19	28.4	1.36
8	80	43	5.0	8	8.0	4.0	10.248	8.045	25.3	101	3.15	5.79	16.6	1.27	37.4	1.43
10	100	48	5.3	8.5	8.5	4.2	12.748	10.007	39.7	198	3.95	7.8	25.6	1.41	54.9	1.52
12.6	126	53	5.5	9	9.0	4.5	15.692	12.318	62.1	391	4.95	10.2	38.0	1.57	77.1	1.59
14a	140	58	6.0	9.5	9.5	4.8	18.516	14.535	80.5	564	5.52	13.0	53.2	1.70	107	1.71
14b	140	60	8.0	9.5	9.5	4.8	21.316	16.733	87.1	609	5.35	14.1	61.1	1.69	121	1.67
16a	160	63	6.5	10	10.0	5.0	21.962	17.240	108	866	6.28	16.3	73.3	1.83	144	1.80
16	160	65	8.5	10	10.0	5.0	25.162	19.752	117	935	6.10	17.6	83.4	1.82	161	1.75
18a	180	68	7.0	10.5	10.5	5.2	25.699	20.174	141	1 270	7.04	20.0	98.6	1.96	190	1.88
18	180	70	9.0	10.5	10.5	5.2	29.299	23.000	152	1 370	6.84	21.5	111	1.95	210	1.84
20a	200	73	7.0	11	11.0	5.5	28.837	22.637	178	1 780	7.86	24.2	128	2.11	244	2.01
20	200	75	9.0	11	11.0	5.5	32.837	25.777	191	1 910	7.64	25.9	144	2.09	268	1.95
22a	220	77	7.0	11.5	11.5	5.8	31.846	24.999	218	2 390	8.67	28.2	158	2.23	298	2.10
22	220	79	9.0	11.5	11.5	5.8	36.246	28.453	234	2 570	8.42	30.1	176	2.21	326	2.03
a	250	78	7.0	12	12.0	6.0	34.917	27.410	270	3 370	9.82	30.6	176	2.24	322	2.07
25b	250	80	9.0	12	12.0	6.0	39.917	31.335	282	3 530	9.41	32.7	196	2.22	353	1.98
c	250	82	11.0	12	12.0	6.0	44.917	35.260	295	3 690	9.07	35.9	218	2.21	384	1.92
a	280	82	7.5	12.5	12.5	6.2	40.034	31.427	340	4 760	10.9	35.7	218	2.33	388	2.10
28b	280	84	9.5	12.5	12.5	6.2	45.634	35.823	366	5 130	10.6	37.9	242	2.30	428	2.02
c	280	86	11.5	12.5	12.5	6.2	51.234	40.219	393	5 500	10.4	40.3	268	2.29	463	1.95
a	320	88	8.0	14	14.0	7.0	48.513	38.083	475	7 600	12.5	46.5	305	2.50	552	2.24
32b	320	90	10.0	14	14.0	7.0	54.913	43.107	509	8 140	12.2	49.2	2.47	2.47	593	2.16
c	320	92	12.0	14	14.0	7.0	61.313	48.131	543	8 690	11.9	52.6	2.47	2.47	643	2.09
a	360	96	9.0	16	16.0	8.0	60.910	47.814	660	11 900	14.0	63.5	455	2.73	818	2.44
36b	360	98	11.0	16	16.0	8.0	68.110	53.466	703	12 700	13.6	66.9	497	2.70	880	2.37
c	360	100	13.0	16	16.0	8.0	75.310	59.118	746	13 400	13.4	70.0	536	2.67	948	2.34
a	400	100	10.5	18	18.0	9.0	75.068	58.928	879	17 600	15.3	78.8	592	2.81	1 070	2.49
40b	400	102	12.5	18	18.0	9.0	83.068	65.208	932	18 600	15.0	82.5	640	2.78	1 140	2.44
c	400	104	14.5	18	18.0	9.0	91.068	71.488	986	19 700	14.7	86.2	688	2.75	1 220	2.42

表 4　热轧工字钢(GB 706—88)

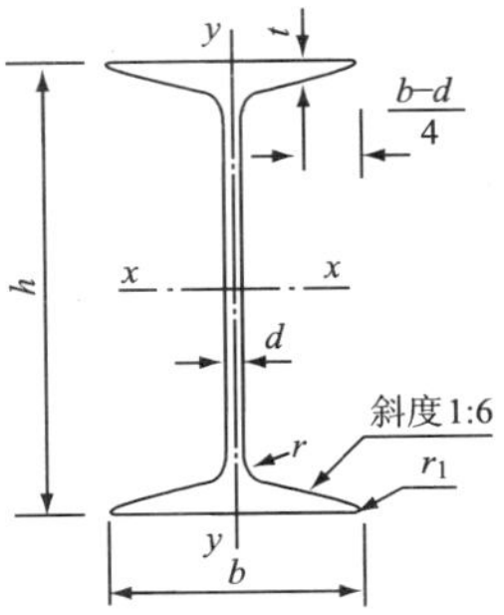

符号意义：

h——高度；

b——腿宽度；

d——腰厚度；

t——平均腿厚度；

r——内圆弧半径；

r_1——腿端圆弧半径；

I——惯性矩；

W——截面系数；

i——惯性半径；

S——半截面的静力矩。

型号	尺寸 mm						截面面积 cm²	理论重量 kg/m	参考数值						
									$x-x$				$y-y$		
	h	b	d	t	r	r_1			I_x cm⁴	W_x cm³	i_x cm	$I_x:S_x$ cm	I_y cm⁴	W_y cm³	i_y cm
10	100	68	4.5	7.6	6.5	3.3	14.345	11.261	245	49.0	4.14	8.59	33.0	9.72	1.52
12.6	126	74	5.0	8.4	7.0	3.5	18.118	14.223	488	77.5	5.20	10.8	46.9	12.7	1.61
14	140	80	5.5	9.1	7.5	3.8	21.516	16.890	712	102	5.76	12.0	64.4	16.1	1.73
16	160	88	6.0	9.9	8.0	4.0	26.131	20.513	1 130	141	6.58	13.8	93.1	21.2	1.89
18	180	94	6.5	10.7	8.5	4.3	30.756	24.143	1 660	185	7.36	15.4	122	26.0	2.00
20a	200	100	7.0	11.4	9.0	4.5	35.578	27.929	2 370	237	8.15	17.2	158	31.5	2.12
20b	200	102	9.0	11.4	9.0	4.5	39.578	31.069	2 500	250	7.96	16.9	169	33.1	2.06
22a	220	110	7.5	12.3	9.5	4.8	42.128	33.070	3 400	309	8.99	18.9	225	40.9	2.31
22b	220	112	9.5	12.3	9.5	4.8	46.528	36.524	3 570	325	8.78	18.7	239	42.7	2.27
25a	250	116	8.0	13.0	10.0	5.0	48.541	38.105	5 020	402	10.2	21.6	280	48.3	2.40
25b	250	118	10.0	13.0	10.0	5.0	53.541	42.030	5 280	423	9.94	21.3	309	52.4	2.40
28a	280	122	8.5	13.7	10.5	5.3	55.404	43.492	7 110	508	11.3	24.6	345	56.6	2.50
28b	280	124	10.5	13.7	10.5	5.3	61.004	47.888	7 480	534	11.1	24.2	379	61.2	2.49
32a	320	130	9.5	15.0	11.5	5.8	67.156	52.717	11 100	692	12.8	27.5	460	70.8	2.62
32b	320	132	11.5	15.0	11.5	5.8	73.556	57.741	11 600	726	12.6	27.1	502	76.0	2.61
32c	320	134	13.5	15.0	11.5	5.8	79.956	62.765	12 200	760	12.3	26.8	544	81.2	2.61
36a	360	136	10.0	15.8	12.0	6.0	76.480	60.037	15 800	875	14.4	30.7	552	81.2	2.69
36b	360	138	12.0	15.8	12.0	6.0	83.680	65.689	16 500	919	14.1	30.3	582	84.3	2.64
36c	360	140	14.0	15.8	12.0	6.0	90.880	71.341	17 300	962	13.8	29.9	612	87.4	2.60
40a	400	142	10.5	16.5	12.5	6.3	86.112	67.598	21 700	1 090	15.9	34.1	660	93.2	2.77
40b	400	144	12.5	16.5	12.5	6.3	94.112	73.878	22 800	1 140	15.6	33.6	692	96.2	2.71
40c	400	146	14.5	16.5	12.5	6.3	102.112	80.158	23 900	1 190	15.2	33.2	727	99.6	2.65
45a	450	150	11.5	18.0	13.5	6.8	102.446	80.420	32 200	1 430	17.7	38.6	855	114	2.89
45b	450	152	13.5	18.0	13.5	6.8	111.446	87.485	33 800	1 500	17.4	38.0	894	118	2.84
45c	450	154	15.5	18.0	13.5	6.8	120.446	94.550	35 300	1 570	17.1	37.6	938	122	2.79
50a	500	158	12.0	20.0	14.0	7.0	119.304	93.654	46 500	1 860	19.7	42.8	1 120	142	3.07
50b	500	160	14.0	20.0	14.0	7.0	129.304	101.504	48 600	1 940	19.4	42.4	1 170	146	3.01
50c	500	162	16.0	20.0	14.0	7.0	139.304	109.354	50 600	2 080	19.0	41.8	1 220	151	2.96
56a	560	166	12.5	21.0	14.5	7.3	135.435	106.316	65 600	2 340	22.0	47.7	1 370	165	3.18
56b	560	168	14.5	21.0	14.5	7.3	146.635	115.108	68 500	2 450	21.6	47.2	1 490	174	3.16
56c	560	170	16.5	21.0	14.5	7.3	157.835	123.900	71 400	2 550	21.3	46.7	1 560	183	3.16
63a	630	176	13.0	22.0	15.0	7.5	154.658	121.407	93 900	2 980	24.5	54.2	1 700	193	3.31
63b	630	178	15.0	22.0	15.0	7.5	167.258	131.298	98 100	3 160	24.2	53.5	1 810	204	3.29
63c	630	180	17.0	22.0	15.0	7.5	179.858	141.189	102 000	3 300	23.8	52.9	1 920	214	3.27

习题答案

第二章

2.1 $F_R = 161.2\ \text{N}, \angle(\boldsymbol{F}_R, \boldsymbol{F}_1) = 29°44'$

2.2 $F_R = 5\ 000\ \text{N}, \angle(\boldsymbol{F}_R, \boldsymbol{F}_1) = 38°28'$

2.3 $F_A = 5\ 000\ \text{N}, F_{BC} = 5\ 000\ \text{N}$(压)

2.4 $F_{AB} = 54.64\ \text{kN}$(拉)$, F_{BC} = -74.64\ \text{kN}$(压)

2.5 $F_{NH} = \dfrac{F}{2\sin^2\theta}$

2.6 $F = 80\ \text{kN}$

2.7 $\dfrac{F_1}{F_2} = 0.64$

2.8 $M = 4.5\ \text{kN} \cdot \text{m}$

2.9 $M_2 = 3\ \text{N} \cdot \text{m}; F_{AB} = 5\ \text{N}$

2.10 $F_C = F_A = \dfrac{\sqrt{2}M}{4a}$

2.11 $F_A = \dfrac{\sqrt{2}M}{l}$

2.12 $F_{NA} = 11.5\ \text{kN}, F_B = 11.5\ \text{kN}, F_{EC} = 14.1\ \text{kN}$

第三章

3.1 $F'_{Rx} = 2\ 100\ \text{N}, F'_{Ry} = -500\ \text{N}, M_O = 10\ \text{N} \cdot \text{m}$

3.2 $F'_{Rx} = -150\ \text{N}, F'_{Ry} = 0 \quad M_O = -900\ \text{N} \cdot \text{mm}$

3.3 $F_A = 1\ 075\ \text{N}$

3.4 $F_{Ox} = 0, F_{Oy} = -385\ \text{kN}, M_O = 1\ 626\ \text{kN} \cdot \text{m}$

3.5 (a)$F_{Ax} = 0, F_{Ay} = -\dfrac{1}{2}(F + \dfrac{M}{a}), F_B = \dfrac{1}{2}(3F + \dfrac{M}{a})$

(b)$F_{Ax} = 0, F_{Ay} = -\dfrac{1}{2}(F + \dfrac{M}{a} - \dfrac{5}{2}qa), F_{RB} = \dfrac{1}{2}(3F + \dfrac{M}{a} - \dfrac{1}{2}qa)$

3.6 $F_{Ax} = 0, F_{Ay} = 8\ \text{kN}, M_A = 21\ \text{kN} \cdot \text{m}$

3.7 $F_x = -20\ \text{kN}, F_y = 100\ \text{kN}, M = 130\ \text{kN} \cdot \text{m}$

3.8 $F_a = 53.3\ \text{kN}$(压)$, F_b = 70.7\ \text{kN}$(拉)$, F_c = 83.3\ \text{kN}$(压)

3.9 (1)$F_A = 33.2\ \text{kN}, F_B = 96.8\ \text{kN}$;(2)$P_{max} = 52.2\ \text{kN}$

3.10 $F_{BC} = 848.5\ \text{N}$(拉)$, F_{Ax} = 2\ 400\ \text{N}, F_{Ay} = 1\ 200\ \text{N}$

3.12 $F_1/F = 15.9$

3.13 $M = 286\ \text{kN} \cdot \text{m}, F_B = 176\ \text{kN}, F_{Ox} = 176\ \text{kN}, F_{Oy} = -3\ 150\ \text{kN}$

3.14 $F_{Ax} = 0, F_{Ay} = -48.3\ \text{kN}, F_B = 100\ \text{kN}, F_D = 8.33\ \text{kN}$

3.15 (a)$F_{Ax}=\frac{M}{a}\tan\theta, F_{Ay}=\frac{-M}{a}, M_A=-M; F_B=F_C=\frac{M}{a\cos\theta}$

(b)$F_{Ax}=\frac{qa}{2}\tan\theta, F_{Ay}=qa/2, M_A=qa^2/2;$

$F_{Bx}=\frac{qa}{2}\tan\theta, F_{By}=qa/2; F_C=\frac{qa}{2\cos\theta}$

3.16 $F_{Ax}=1\ 200\ \text{N}, F_{Ay}=150\ \text{N}, F_B=1\ 050\ \text{N}, F_{BC}=-1\ 500\ \text{N}$

3.17 $F_T=231\ \text{N}, |F_{Cx}|=231\ \text{N}, |F_{Cy}|=250\ \text{N}$

3.18 $F_{Ax}=-23\ \text{kN}, F_{Ay}=10\ \text{kN}; F_{Cx}=23\ \text{kN}, F_{Cy}=10\ \text{kN}$

3.19 $F_{Ax}=-F, F_{Ay}=-F; F_{Bx}=-F, F_{By}=0; F_{Dx}=2F, F_{Dy}=F$

3.20 $F_4=21.83\ \text{kN}, F_5=16.73\ \text{kN}, F_7=-20\ \text{kN}, F_{10}=-43.64\ \text{kN}$

3.21 $F_{CD}=-0.866F$

第四章

4.2 $F_1=26\ \text{kN}, F_2=20.9\ \text{kN}$

4.3 $s=0.456l$

4.4 $P\tan(\theta-\varphi_f)\leqslant F\leqslant P\tan(\theta+\varphi_f)$

4.5 $F=377\ \text{N}$

4.6 $b\leqslant 110\ \text{mm}$

4.7 $\frac{M\sin(\theta-\varphi_f)}{l\cos\theta\cos(\beta-\varphi_f)}\leqslant F\leqslant\frac{M\sin(\theta+\varphi_f)}{l\cos\theta\cos(\beta+\varphi_f)}$

4.8 $f_s=0.289$

4.9 (1)平衡;(2)$F=1.443\ \text{kN}$

第五章

5.1 $F_A=F_B=-26.4\ \text{kN}$(压),$F_C=33.5\ \text{kN}$(拉)

5.2 $M_x=-346.4\ \text{N}\cdot\text{m}, M_y=43.3\ \text{N}\cdot\text{m}, M_z=-200\ \text{N}\cdot\text{m}$

5.3 主矢 $\boldsymbol{F}'_R=(-144\boldsymbol{i}+1\ 011\boldsymbol{j}-517\boldsymbol{k})\text{N}$,主矩 $\boldsymbol{M}_O=(-48\boldsymbol{i}+21.1\boldsymbol{j}-19.4\boldsymbol{k})\text{N}\cdot\text{m}$

5.4 $F_1=4\ \text{kN}, F_2=4\ \text{kN}, F_3=12\ \text{kN}$

5.5 $F_{Ox}=150\ \text{N}, F_{Oy}=75\ \text{N}, F_{Oz}=500\ \text{N}; M_x=100\ \text{N}\cdot\text{m}, M_y=-37.5\ \text{N}\cdot\text{m}, M_z=-24.4\ \text{N}\cdot\text{m}$

5.6 $F_1=2F_2=10\ \text{kN}; F_{Ax}=-5.2\ \text{kN}, F_{Az}=6\ \text{kN}, F_{Bx}=-7.8\ \text{kN}, F_{Bz}=1.5\ \text{kN}$

5.7 $F_T=200\ \text{N}; F_{Ax}=86.6\ \text{N}, F_{Ay}=150\ \text{N}, F_{Az}=100\ \text{N}; F_{Bx}=F_{Bz}=0$

5.8 $F_{DE}=667\ \text{N}; F_{Kx}=-667\ \text{N}, F_{Kz}=-100\ \text{N}; F_{Mx}=133\ \text{N}, F_{Mz}=500\ \text{N}$

5.9 $F_1=F_5=-F, F_3=F, F_2=F_4=F_6=0$

5.10 $F_1=-F_2=\frac{F}{2\cos\varphi}, F_3=-F_5=\frac{cF}{a\cos\theta}, F_6=-F_4=F\cdot\frac{b+c\tan\theta}{a}$

5.11 $\tan\theta=\frac{f_s a}{\sqrt{l^2-a^2}}$

5.12 (a)$x_C=511.2\ \text{mm}, y_C=430\ \text{mm}$;(b)$x_C=90.7\ \text{mm}, y_C=35.7\ \text{mm}$

5.13 (a)$x_C=0, y_C=60.8\ \text{mm}$;(b)$x_C=110\ \text{mm}, y_C=0$;(c)$x_C=51\ \text{mm}, y_C=101\ \text{mm}$

第七章

7.5 $\sigma_{\mathrm{I},\max}=-150\ \mathrm{MPa}$，$\sigma_{\mathrm{II},\max}=37.5\ \mathrm{MPa}$

7.6

截面方位角	σ_α/MPa	τ_α/MPa
0°	100	0
30°	75	43.3
45°	50	50
60°	25	43.3
90°	0	0

7.7 $\Delta_D=\dfrac{Fl}{3EA}$

7.8 $\sigma=158.4\ \mathrm{MPa}$

7.9 $[F]=12.1\ \mathrm{kN}$

7.10 (1)$D=24.4\ \mathrm{mm}$，(2)$\sigma=119\ \mathrm{MPa}$，安全。

7.11 杆 AC：两根 10 号槽钢；
杆 BC：一根 14 号工字钢。

7.12 (1)$n=119$ 根，(2)40×40×4 等边角钢。

7.13 $[P]=97\ \mathrm{kN}$

7.14 $\theta=45°$

7.15 (1)$x=1.08\ \mathrm{m}$，(2)$\sigma_1=44\ \mathrm{MPa}$，$\sigma_2=33\ \mathrm{MPa}$

7.16 $\Delta l=0.34\ \mathrm{mm}$

7.17 $E=210\ \mathrm{GPa}$，$\upsilon=0.242$

7.18 $\delta_C=2.61\ \mathrm{mm}$

7.19 $u_B=-0.5\ \mathrm{mm}$，$u_C=0.25\ \mathrm{mm}$；$x=2\ \mathrm{m}$ 处位移为零

7.20 $l\leqslant\dfrac{A[\sigma]-F}{\rho gA}$，$l\leqslant\dfrac{A^2[\sigma]^2-F^2}{2EA^2\rho g}$

7.21 $\Delta l=0.0804\ \mathrm{mm}$

7.22 $\delta_C=0.0911\ \mathrm{mm}$

7.23 (1)不计自重：$V_\varepsilon=64\ \mathrm{J}$，$v_\varepsilon=64\times10^3\ \mathrm{J/m^3}$；
(2)不计自重：$V_\varepsilon=64.2\ \mathrm{J}$，$v_\varepsilon=64.3\times10^3\ \mathrm{J/m^3}$。

7.24 $\delta_A=0.249\ \mathrm{mm}$

7.25 $\delta_{AC}=0.683\times10^{-3}a$

7.26 $\dfrac{d_{AB}}{d_{AC}}=1.03$

7.27 力 F 作用点的垂直位移 $\delta=0.127\ \mathrm{mm}$；点 C 的水平位移 $\delta_{\mathrm{H}}=0.613\ \mathrm{mm}$。

7.28 $\sigma_{上}=10\ \mathrm{MPa}$，$\sigma_{下}=-40\ \mathrm{MPa}$

7.29 $\sigma_1=177\ \mathrm{MPa}$，$\sigma_2=29.8\ \mathrm{MPa}$，$\sigma_3=-19.4\ \mathrm{MPa}$

7.30 $\sigma_{BE}=200\ \mathrm{MPa}$，$\sigma_{CF}=100\ \mathrm{MPa}$

7.31 两边支柱：$\sigma=-8.1$ MPa，中间支柱：$\sigma=-1.7$ MPa

7.32 $u(x)=\dfrac{qa(l-x)}{2EA}$；$x=0.5l$，$u_{\max}=\dfrac{ql^2}{8EA}$

第八章

8.4 (1)$\tau_{\max}=16.36$ MPa，$\varphi=1.04°$；

(2)$\tau_A=8.18$ MPa，$\gamma_A=0.102\times10^{-3}$

8.5 $\tau_{\max}=53$ MPa

8.6 (2)$\tau_{AB}=2.4$ MPa，$\tau_{BC}=4.83$ MPa，$\tau_{CD}=12.1$ MPa

(3)$\varphi=0.645°$

8.7 $D=320$ mm

8.8 $d\geqslant111.4$ mm

8.9 $T=157.1$ N·m，$P=1.65$ kW

8.10 $d_1\geqslant56.4$ mm，$D_2\geqslant57.6$ mm

8.11 (1)$M=9.76$ N·m/m；(2)$\tau_{\max}=17.8$ MPa，安全；(3)$\varphi_{AB}=8.5°$

8.12 $P=1\ 033$ kW，$\tau_{\max}=41.9$ MPa

8.13 $d=70$ mm

8.14 $\tau_{\max}=26.4$ MPa，$\varphi'=0.27°/\text{m}$

8.15 (1)$d_1\geqslant84.6$ mm，$d_2\geqslant74.5$ mm

8.16 $M_A=\dfrac{32}{33}M_e$，$M_B=\dfrac{1}{33}M_e$

8.17 截面 C 左侧 $\tau_{\max}=59.8$ MPa，右侧 $\tau_{\max}=29.9$ MPa；$\varphi_{AC}=\varphi_{BC}=0.714°$

8.18 $T_A=T_B=\dfrac{G\beta I_{pA}I_{pB}}{l_AI_{pB}+l_BI_{pA}}$

8.19 1∶1.36

第十章

10.3 (a)$I_y=\dfrac{1}{12}[h_1b^3+(h_2-h_1)B^3]$，$I_z=\dfrac{1}{12}[Bh_2^3+(B-b)h_1^3]$

(b)$I_y=I_z=\dfrac{a^4}{12}$

(c)$I_y=\dfrac{\pi d^4}{128}$，$I_z=0.00686d^4$

(d)$I_y=3.25\times10^4\ \text{cm}^4$，$I_z=6.04\times10^3\ \text{cm}^4$

10.4 (a)$I_{yC}=2.86\times10^4\ \text{mm}^4$

(b)$I_{yC}=101.8\times10^6\ \text{mm}^4$

10.5 (a)$I_z=2\ 473\times10^4\ \text{mm}^4$，$i_z=65$ mm

(b)$I_z=1.547\times10^{10}\ \text{mm}^4$，$i_z=293$ mm

10.6 $\sigma_{\max}=\dfrac{Ed}{d+D}$

10.7 $\sigma_A=2.38\ \text{MPa}, \sigma_{\max}=3.24\ \text{MPa}$

10.8 $\sigma_{\max}=82.8\ \text{MPa}$

10.9 $\sigma_{t,\max}=73.6\ \text{MPa}, \sigma_{c,\max}=147\ \text{MPa}$

10.10 实心圆杆：$\sigma_{1,\max}=\dfrac{4dql^2}{\pi(2D^4-d^4)}$；空心圆管：$\sigma_{2,\max}=\dfrac{8Dql^2}{\pi(2D^4-d^4)}$

10.11 $l \leqslant 500\ \text{mm}$

10.12 两根 10 号槽钢

10.13 $q=15.7\ \text{kN/m}$

10.14 $a=1.385\ \text{m}$

10.15 $[F]=58.9\ \text{kN}$

10.16 $\tau_A=0, \tau_B=3.75\ \text{MPa}, \tau_C=2.81\ \text{MPa}$

10.17 $\sigma_{\max}=149\ \text{MPa}, \tau_{\max}=13.2\ \text{MPa}$

10.18 $\tau=27.9\ \text{MPa}$

10.19 $\tau=-1.57\ \text{MPa}$

10.20 $\sigma_{\max}=31\ \text{MPa}, \tau_{\max}=4.25\ \text{MPa}$

10.21 两根 25b 号工字钢

10.22 $\sigma_{\max}=130\ \text{MPa}, \tau_{\max}=29.9\ \text{MPa}$

10.23 $\dfrac{h}{b}=\sqrt{3}$

10.24 $\varphi=15°, \sigma_{\max}=151.4\ \text{MPa}; \varphi=0°, \sigma_{\max}=43.4\ \text{MPa}$

第十一章

11.2 (a)$\theta_B=-\dfrac{9Fl^2}{8EI}, w_B=-\dfrac{29Fl^3}{48EI}$

(b)$\theta_A=\dfrac{7ql^3}{24EI}, w_A=-\dfrac{11ql^4}{48EI}$

11.3 (a)$\theta_A=-\dfrac{M_0 l}{3EI}, \theta_B=\dfrac{M_0 l}{6EI}, w_C=-\dfrac{M_0 l^2}{16EI}$

(b)$\theta_B=-\theta_A=\dfrac{Fl^2}{16EI}+\dfrac{ql^3}{24EI}, \ w_C=-\dfrac{Fl^3}{48EI}-\dfrac{5ql^4}{384EI}$

11.4 (a)$\theta_B=-\dfrac{Fa}{6EI}(2l+3a), w_B=-\dfrac{Fa^2}{3EI}(l+a)$

(b)$\theta_A=\dfrac{qa^3}{4EI}, w_A=-\dfrac{5qa^4}{24EI}$

11.7 (a)$\theta_A=-\dfrac{7ql^3}{384EI}, w_C=-\dfrac{5ql^4}{768EI}$

(c)$\theta_A=\dfrac{Fal}{6EI}, w_C=-\dfrac{Fa^2}{3EI}(l+a)$

11.8 (a)$\theta_B=-\dfrac{9Fl^2}{8EI}, w_A=-\dfrac{Fl^3}{6EI}$

(b)$\theta_B=-\frac{5Fa^2}{4EI}$，$w_A=-\frac{3Fa^3}{2EI}$

(c)$\theta_B=-\frac{3qa^3}{128EI}$，$w_A=-\frac{5qa^4}{768EI}$

(d)$\theta_B=\frac{ql^2}{24EI}(5l+12a)$，$w_A=\frac{qal^2}{24EI}(5l+6a)$

11.9 $w_D=-\frac{Fa^3}{3EI}$

11.10 $w_C=-\left(\frac{4Fa}{EA}+\frac{Fl^3}{12EI}\right)$

11.12 $l\leqslant 8.6$ m

11.13 $w=12.05$ mm，安全

11.14 选 28a 工字钢

11.15 $a=1$ m，$[F]=18.5$ kN，$w_{max}=9.29$ mm$\leqslant[w]=10$ mm，安全

11.16 (a)$F_B=\frac{14}{27}F$；(b)$F_B=\frac{17}{16}ql$

11.17 (a)$F_B=\frac{11}{8}F$；(b)$F_A=\frac{9M_0}{8l}$；(c)$F_B=\frac{11}{8}F$

11.18 (1)$F_C=\frac{5}{4}F$，

(2)M_{max}减小 50%，w_B 减小 39%

第十二章

12.3 (a)$\sigma_A=\frac{F_1}{bh}+\frac{6F_2l}{bh^2}+\frac{6F_3l}{hb^2}$，$\sigma_B=\frac{F_1}{bh}-\frac{6F_2l}{bh^2}-\frac{6F_3l}{hb^2}$

(b)点 A：$\tau=4.38$ MPa，点 B：$\sigma=15.6$ MPa，$\tau=1.4$ MPa

(c)$\sigma=19$ MPa，$\tau=25.5$ MPa

(d)点 A：$\sigma=25.5$ MPa，$\tau=50.9$ MPa，点 B：$\tau=51.1$ MPa

12.4 (a)$\sigma_\theta=52.3$ MPa，$\tau_\theta=18.7$ MPa

(b)$\sigma_\theta=-27.3$ MPa，$\tau_\theta=27.3$ MPa

(c)$\sigma_\theta=-12.5$ MPa，$\tau_\theta=-65$ MPa

(d)$\sigma_\theta=79.6$ MPa，$\tau_\theta=-6$ MPa

12.5 (a)$\sigma_1=57$ MPa，$\sigma_2=0$，$\sigma_3=-7$ MPa，$\theta_0=19.3°$

(b)$\sigma_1=37$ MPa，$\sigma_2=0$，$\sigma_3=-27$ MPa，$\theta_0=-70.7°$

(c)$\sigma_1=11.2$ MPa，$\sigma_2=0$，$\sigma_3=-71.2$ MPa，$\theta_0=52°$

12.6 (a)$\sigma_1=80$ MPa，$\sigma_2=50$ MPa，$\sigma_3=-50$ MPa，$\tau_{max}=65$ MPa

(b)$\sigma_1=139$ MPa，$\sigma_2=30$ MPa，$\sigma_3=-69$ MPa，$\tau_{max}=104$ MPa

(c)$\sigma_1=144.3$ MPa，$\sigma_2=0$，$\sigma_3=-44.3$ MPa，$\tau_{max}=106.8$ MPa

12.8 (1)$\sigma_1=150$ MPa，$\sigma_2=75$ MPa，$\sigma_3=-3$ MPa，$\tau_{max}=76.5$ MPa

(2)$\Delta D=0.638$ mm，$\Delta\delta=-0.0034$ mm

12.9 $\Delta l_{AC}=9.29\times10^{-3}$ mm

12.10 $F=\frac{\pi d^2}{4}E\varepsilon_0$，$M_e=\frac{E}{1+\upsilon}\left(\varepsilon_{45}-\frac{1-\upsilon}{2}\varepsilon_0\right)\frac{\pi d^2}{16}$

12.12 (1)$V_\varepsilon=\dfrac{6M^2l}{Ebh^3}$

(2)$v_\varepsilon=\dfrac{18M^2}{Eb^2h^4}$,$v_V=\dfrac{6(1-\upsilon)M^2}{Eb^2h^4}$,$v_d=\dfrac{12(1+\upsilon)M^2}{Eb^2h^4}$

12.13 $\upsilon=\dfrac{2}{7}$

12.14 $v_V=0.12\times10^{-3}$,$v_\varepsilon=20.1\times10^3$ N·m/m^3,$v_d=18.9\times10^3$ N·m/m^3

12.15 (1)$\sigma_{r1}=30$ MPa,安全；

(2)$\sigma_{r1}=29.3$ MPa,安全。

12.16 (1)$\sigma_{r3}=125$ MPa,安全；

(2)$\sigma_{r3}=147$ MPa,安全。

12.17 $\sigma_{r4}=86.6$ MPa,安全

12.18 (1)$[F]=9.8$ kN;(2)$[F]=2.27$ kN

12.21 $\sigma_{r4}=60.5$ MPa

12.22 (1)$\sigma_{r3}=p$;(2)$\sigma_{r3}=\dfrac{1-2\upsilon}{1-\upsilon}p$

12.23 $\sigma_{r3}=50.5$ MPa,$\sigma_{r4}=48$ MPa

第十三章

13.2 $\sigma=-8.5$ MPa

13.3 $a=4.63$ m

13.4 $d=5.65$ m

13.5 (a)$\sigma=-11.66$ MPa,(b)$\sigma=-8.75$ MPa

13.6 $s=\dfrac{l}{2}+\dfrac{d}{8}\tan\theta$

13.7 (1)$\sigma_{max}=55$ MPa,(2)$\sigma_{max}=45.7$ MPa

13.8 $\sigma_{max}=135$ MPa

13.9 $F=18.38$ kN,$e=1.785$ mm

13.10 $\sigma_A=8.83$ MPa,$\sigma_B=3.83$ MPa,$\sigma_C=-12.2$ MPa,$\sigma_D=-7.17$ MPa

13.11 $\sigma_{r3}=147$ MPa,安全

13.12 $\sigma_{r3}=50.5$ MPa,$\sigma_{r4}=48$ MPa,安全

13.13 $\sigma_{r3}=58.3$ MPa,安全

13.14 $[P]=788$ N

13.15 $d\geqslant59.4$ mm

13.16 $d\geqslant39.5$ mm

13.17 $d\geqslant48.9$ mm

13.18 $M_e=145$ N·m

13.19 $\tau=30.3$ MPa,$\sigma_{bs}=44$ MPa

13.20 $l=127$ mm

13.21 $d=34$ mm,$t=10.4$ mm

13.22 $n=2$;$\sigma=138$ MPa,安全

13.23 $n=4$

13.24 $F \leqslant 245\ \text{kN}; F \leqslant 235\ \text{kN}$

第十四章

14.1 $F_{cr}=\dfrac{k_1 k_2}{k_1+k_2}l$

14.2 $F_{cr}=k_1 l+\dfrac{k_2}{4}l+\dfrac{k_3}{l}$

14.4 (c)最大,(a)最小

14.5 $F_{cr}=150\ \text{kN}$

14.6 $n=5.95>n_{st}$

14.7 $F \leqslant 90\ \text{kN}$

14.8 $F_{cr}=\dfrac{3\pi^2 EI}{4h^2}$

14.9 $[F]=51.6\ \text{kN}$

14.10 $F_{cr}=\dfrac{\pi^2 Ed^4}{128l^2}$

14.11 工字钢 No.28a

14.12 1. $d_1=89\ \text{mm}$; 2. $D_2=94\ \text{mm}; d_2=56\ \text{mm}$

14.13 $d=180\ \text{mm}$

14.14 等边角钢 75×75×5

14.15 梁:$n=1.82$;

柱:$n=2.09$

14.16 $[F]=240\ \text{kN}$

14.17 $[F]=180.2\ \text{kN}$

14.18 $F_{cr}=\dfrac{\pi^3 Ed^4}{64l^2}\left(1+\dfrac{\sqrt{2}}{2}\right)$

14.19 $[q]=5.59\ \text{kN/m}$

14.20 $[F]=3.56\ \text{kN}$

参考文献

[1] 南京工学院(现东南大学),西安交通大学主编.理论力学:上册,下册.第2版.北京:高等教育出版社,1986

[2] 郭应征,周志红.理论力学.北京:清华大学出版社,2005

[3] 哈尔滨工业大学理论力学教研室编.理论力学:Ⅰ,Ⅱ.第6版.北京:高等教育出版社,2002

[4] 贾书惠.理论力学.北京:清华大学出版社,2004

[5] 范钦珊主编.工程力学教程:Ⅰ,Ⅱ,Ⅲ.北京:高等教育出版社,1998

[6] 洪嘉振,杨长俊.理论力学.北京:高等教育出版社,2001

[7] 李俊峰主编.理论力学.北京:清华大学出版社,2001

[8] 王铎主编.理论力学解题指导及习题集:上册,下册.北京:高等教育出版社,1964

[9] 贾书惠,张怀瑾主编.理论力学辅导.北京:清华大学出版社,1997

[10] 浙江大学理论力学教研室编.理论力学.第2版.北京:高等教育出版社,1983

[11] 郝桐生.理论力学.第2版.北京:高等教育出版社,1982

[12] Meria J L, Kraige L G. Engineering mechanics: Vol. 1 Statics. 3th ed. New York: John Wiley & Sons Inc., 1992

[13] Meria J L, Kraige L G. Engineering mechanics: Vol. 1 Dynamics. 3th ed. New York: John Wiley & Sons Inc., 1992

[14] 梁治明,丘侃编.材料力学.北京:高等教育出版社,1985

[15] 梁治明,丘侃,陆耀洪合编.材料力学(删订本).第二版.北京:高等教育出版社,1984

[16] 郭应征,李兆霞主编.应用力学基础.北京:高等教育出版社,2000

[17] 郭应征.材料力学提要与例题解析.北京:清华大学出版社,2008

[18] 范钦珊主编.材料力学.北京:高等教育出版社,2000

[19] 孙训方等编.材料力学(Ⅰ).第四版.北京:高等教育出版社,2002

[20] 孙训方等编.材料力学(Ⅱ).第四版.北京:高等教育出版社,2002

[21] 刘鸿文主编.材料力学(Ⅰ).第4版.北京:高等教育出版社,2004

[22] 刘鸿文主编.材料力学(Ⅱ).第4版.北京:高等教育出版社,2004

[23] 马格努斯 K,缪勒 H H 著.张维等译.工程力学基础.北京:北京理工大学出版社,1997

[24] Ferdinand P. Beer, E. Russell Johnston, Jr., John T. DeWolf. Mechanics of Materials: 3th ed. McGraw-Hill Companies, Inc. 2002